Technologieförderung im Kontext betrieblicher Transformation

Europäische Hochschulschriften

Publications Universitaires Européennes
European University Studies

Reihe V
Volks- und Betriebswirtschaft

Série V Series V
Sciences économiques, gestion d'entreprise
Economics and Management

Bd./Vol. 2926

PETER LANG
Frankfurt am Main · Berlin · Bern · Bruxelles · New York · Oxford · Wien

Oliver Nellen

Technologieförderung im Kontext betrieblicher Transformation

Eine Untersuchung für die neuen Bundesländer

PETER LANG
Europäischer Verlag der Wissenschaften

Bibliografische Information Der Deutschen Bibliothek
Die Deutsche Bibliothek verzeichnet diese Publikation in der Deutschen Nationalbibliografie; detaillierte bibliografische Daten sind im Internet über <http://dnb.ddb.de> abrufbar.

Zugl.: Trier, Univ., Diss., 2000

D 385
ISSN 0531-7339
ISBN 3-631-37606-5

www.peterlang.de

Inhaltsverzeichnis

Abbildungsverzeichnis

Tabellenverzeichnis

Vorwort

Die vorliegende Arbeit wurde im Sommersemester 2000 von der wirtschaftswissenschaftlichen Fakultät der Universität Trier als Dissertation angenommen.

Die Ergebnisse dieser Arbeit resultieren aus Erkenntnissen, die ich während meiner mehrjährigen Tätigkeit für das Fraunhofer-Institut für Systemtechnik und Innovationsforschung in Karlsruhe gewinnen konnte. Ich danke dem Institut für die gewährte Unterstützung und die Bereitstellung weiter Teile der dieser Arbeit zugrunde liegenden Datenbank. Die Friedrich-Ebert-Stiftung hat meine Dissertation durch ein großzügig bemessenes Promotionsstipendium gefördert.

Mein besonderer Dank gilt meinem Doktorvater Herrn Prof. Dr. H. Spehl, der maßgeblich durch seine warmherzige Betreuung dem Gelingen der Arbeit Vorschub leistete. Meinem Zweitgutachter Herrn Prof. Dr. A. Schmidt danke ich für intensive Begleitung und konstruktive Diskussion des zugrunde liegenden Theorieteils.

Während meiner Tätigkeit am Wirtschaftsministerium des Landes Mecklenburg-Vorpommern entstand die Idee zur Durchführung dieser Untersuchung. In der wichtigen Startzeit erhielt ich durch die Herren Dres. Harald Ringstorff und Otto Ebnet entscheidende Unterstützung. Ihnen möchte ich nochmals ganz herzlich danken.

Ein Zustandekommen meiner Dissertation wäre ohne die Geduld und Hilfsbereitschaft meiner Frau Carola und meiner Töchter Pauline, Hannah und Pia-Klara nicht möglich gewesen. Sie waren für den Zeitraum der Erstellung bereit, ein Familienleben dem Gelingen dieser Arbeit unterzuordnen. Durch die langjährige und intensive Unterstützung meiner Eltern sowie meiner Großmutter wurde der Grundstein für diese Arbeit gelegt. Somit verdienen sie meinen besonderen Dank. Meinen engen Freunden Dr. Joachim Gläser sowie Ania und Oliver Dornheim danke ich für ihre kontinuierliche und konstruktive Diskussionsbereitschaft sowie Herrn Florian Abelein für die geduldige Hilfe bei der Endformatierung. Ohne die fürsorgende Unterstützung von Frau Gisela Münch hätte ich die Arbeit nicht in dem zeitlichen Umfang erstellen können.

A Einleitung

1 Problemstellung

Bei der Erreichung der Wettbewerbsfähigkeit von Unternehmen in einer sich ändernden Umwelt gilt die Entwicklung und Einführung neuer Techniken[1] als ein Erfolgsfaktor.[2] Um Hilfestellung bei einer Unternehmenstransformation zu leisten, wurden Instrumente zur betrieblichen Technologieförderung durch die öffentliche Hand geschaffen, die gezielt diesen Erfolgsfaktor stimulieren sollen.[3]

Nach der deutschen Vereinigung im Jahre 1990 wurde aus diesem Grunde das Instrumentarium zur betrieblichen Technologieförderung Westdeutschlands auf das Gebiet der ehemaligen DDR übertragen.[4] Im Anschluss wurde der Vorwurf erhoben, dass sich die betriebliche Technologieförderung nicht an den Bedürfnissen der Unternehmen in den neuen Bundesländern orientiert.[5] Während sich die westdeutsche Förderung in einem Zeitraum von ca. 40 Jahren fortentwickelte und sich hierbei am Bedarf der westdeutschen Industrieforschung orientierte, galten für die ostdeutschen Unternehmen andere Rahmenbedingungen, die durch die ostdeutsche Systemtransformation bestimmt wurden. Die Unternehmen in den neuen Bundesländern waren gezwungen, in einem kurzen Zeitraum einen gravierenden Wandlungsprozess zu durchlaufen, der diese auf einen für westliche Märkte wettbewerbsfähigen Stand bringen sollte.

Um zu überprüfen, ob das Instrumentarium der Technologieförderung die beabsichtigte Hilfestellung im Rahmen des betrieblichen Wandlungsprozesses erbringt, werden zahlreiche Evaluationen technologiepolitischer Fördermaßnahmen in Ost-

---

1 Als Technik wird neues Wissens bezeichnet, welches bei der Lösung eines sich stellenden Problems in wirtschaftlich verwertbare Produkte oder Verfahren verwendet wurde.

2 IFO-Schnelldienst 25-26/97: Innovation als Motor für Wachstum und Beschäftigung, S.3, sowie: DIW-Wochenbericht Nr. 38/97: Förderung der ostdeutschen Industrieforschung durch das Bundesministerium für Wirtschaft.

3 Die beschriebenen Ziele der Technologieförderung werden in Veröffentlichungen der Bundes- und Landesministerien beschrieben. (Vgl. Bundesministerium für Wirtschaft: Wirtschaftliche Förderung in den neuen Bundesländern, Bonn 1998, S. 7; oder Bundesministerium für Bildung, Wissenschaft, Forschung und Technologie: Bundesbericht Forschung – Faktenbericht 1998, 2. Teil, S. 152ff.)

4 Als Begründung für die Übertragung des westdeutschen Fördersystems wurde der hohe Zeitdruck nach der deutschen Vereinigung angeführt, der die öffentliche Hand zwang, bereits bekannte Förderstrukturen in den neuen Bundesländern zu etablieren. Hierdurch konnte gewährleistet werden, dass die betriebliche Technologieförderung unmittelbar nach der Vereinigung einsetzen konnte. (Vgl. IFO-Schnelldienst 30/98: Systemwechsel und Transformationsprozess in Ostdeutschland – Erfahrungen und Neuorientierung der Förderpolitik, S. 3.)

5 Vgl. Hilbert, A.: Industrieforschung in den neuen Bundesländern, Wiesbaden 1994, S. 189.

deutschland durchgeführt.[6] Hierbei werden deren direkte, indirekte sowie nichtintendierte Wirkungen untersucht und die Ergebnisse zur Kontrolle sowie zur Legitimation der staatlichen Technologieförderung genutzt.[7] Diese Wirkungskontrolle beschränkt sich hierbei ausschließlich auf die strategische Zielstellung einzelner Förderprogramme, die auf eine Beeinflussung der Innovationsaktivitäten gerichtet ist, und nicht auf den Transformationserfolg der Unternehmen.[8]

Aussagen darüber, ob die Erreichung förderstrategischer Ziele im Sinne des Transformationserfolgs der Unternehmen ist, beruhen ausschließlich auf Plausibilitätsüberlegungen.[9] Der Kontext der betrieblichen Transformation und somit die Rahmenbedingungen des Wandlungsprozesses finden hierbei keine Berücksichtigung. Insofern bleibt eine Frage unberücksichtigt: Werden betriebliche Innovationsaktivitäten durch die Technologieförderung so beeinflusst, dass diese die beabsichtigte Hilfestellung im Rahmen der Unternehmenstransformation leistet?

Beschränkt sich die Überprüfung der Förderinstrumente auf eine einfache Ursache-Wirkung-Beziehung, in der die Förderung die Ursache und die Innovationsaktivitäten der Unternehmen die Wirkung darstellen, ohne dass die Einbettung der Innovationsaktivitäten in den betrieblichen Transformationsprozess berücksichtigt wird, dann kann das hierauf basierende Ergebnis über die Wirkung des Instrumentariums auf den Erfolg des betrieblichen Wandlungsprozesses nicht abgebildet werden. Die Beurteilung der Förderwirkung auf den betrieblichen Transformationserfolg muss somit auf der Unternehmensebene ansetzen, um die Legitimation der Instrumente im Hinblick auf die beabsichtigte Hilfestellung beim betrieblichen Wandlungsprozess zu prüfen.[10]

Abbildung A-1 vermittelt einen Überblick über die bestehende Lücke der gegenwärtigen Evaluationspraxis.

---

6 Vgl.: Kuhlmann, S.: Evaluation von Technologiepolitik: Zur Analyse der Wirksamkeit politischer Techniksteuerung, in: Grimmer, K.; Häusler, J.; Kuhlmann, S.; Simonis, G. (Hrsg.): Politische Techniksteuerung – Forschungsstand und Forschungsperspektiven. Opladen 1992, S. 119-136.

7 Ebenda.

8 So wird beispielsweise überprüft, ob sich Programme zur Personalkostenbezuschussung auf die Anzahl der Mitarbeiter in Forschung und Entwicklung auswirken.

9 Vgl. Meyer-Krahmer, F.; Kuntze, U.: Bestandsaufnahme der Forschungs- und Technologiepolitik, in: Grimmer, K.; Häusler, J.; Kuhlmann, S.; Simonis, G. (Hrsg.): Politische Techniksteuerung – Forschungsstand und Forschungsperspektiven, a.a.O., S. 104.

10 Das Problem der fehlenden Mikroorientierung von Evaluationen der Förderinstrumente wird bei Maas diskutiert. (Vgl. Maas, C.: Determinanten des Innovationsverhaltens, Berlin 1990, S. 22f.)

Abb. A-1 Problemfeld der Arbeit

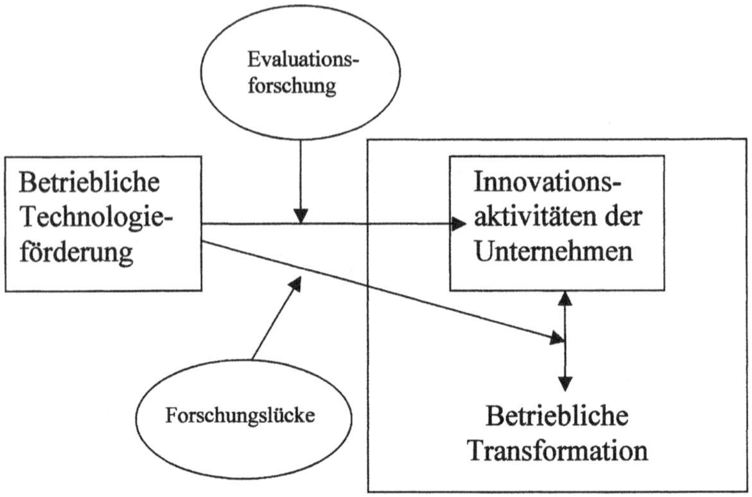

Vor diesem Hintergrund besteht Forschungsbedarf, die aufgezeigte Lücke in der Wirkungskontrolle zu schließen und sich mit der Frage zu beschäftigen, ob der Anspruch der mit der betrieblichen Technologieförderung verknüpft wird, Hilfestellung bei der Unternehmenstransformation zu leisten, erfüllt wird. [11]

2 Zielsetzung und Vorgehen der Untersuchung

Im Mittelpunkt der Untersuchung steht die Beantwortung der Frage, ob die Instrumente zur Technologieförderung die Einbindung der Innovationsaktivitäten in den Kontext der betrieblichen Transformation so tangieren, dass der Erfolg des betrieblichen Wandlungsprozesses hiervon beeinflusst wird.

Dieser Fragestellung liegt der Gedanke zu Grunde, dass die harmonische Einbettung der Innovationsaktivitäten in den Prozess der betrieblichen Transformation

11 Die Bundesministerien für Wirtschaft sowie Bildung und Technologie haben in zahlreichen Veröffentlichungen den Hilfestellungscharakter der betrieblichen Technologieförderung bei der Unternehmenstransformation dargestellt. Somit wird mit der Untersuchung diesem Anspruch der Fördergeber nachgegangen. (Vgl. bspw. Bundesministerium für Wirtschaft: Wirtschaftliche Förderung in den neuen Bundesländern, Bonn 1998, S. 7.)

eine Voraussetzung für den Erfolg des Wandlungsprozesses der Unternehmen darstellt.[12] Wird diese Voraussetzung im Rahmen der strategischen Zielsetzung der Instrumente nicht berücksichtigt, so kann die Förderung zwar eine Veränderung der Innovationsaktivitäten im Sinne der Zielformulierung bewirken, jedoch muss diese nicht zum Erfolg der Unternehmenstransformation führen. So ist es durchaus denkbar, dass die Förderung zum Misserfolg provoziert, wenn eine im Vorfeld der Ausreichung von Fördermitteln bestehende harmonische Einbindung gestört wird.

Dadurch, dass sich die Untersuchung auf Ostdeutschland beschränkt, ist es zunächst notwendig, die Bedingungen aufzuzeigen, in denen sich der betriebliche Transformationsprozess seit 1990 vollzog. Hierdurch soll ein Eindruck von der Intensität der Veränderung von Rahmenbedingungen unternehmerischen Handelns im Gefolge der Systemtransformation und somit geänderter Wettbewerbsbedingungen vermittelt werden. Nach der Einleitung und der Klärung grundlegender Begriffe im ersten Kapitel wird daher die Intensität der Änderung anhand des Bedeutungswandels, den die betriebliche Produktpolitik sowie die Innovationsaktivitäten der Unternehmen nahmen, im zweiten Kapitel dieser Arbeit diskutiert.

Die weitere Analyse teilt sich in zwei Untersuchungsschritte. In einem ersten gilt es zu überprüfen, ob die harmonische Einbindung der betrieblichen Innovationsaktivitäten in die Transformation der Unternehmen eine Voraussetzung für den Erfolg des Wandlungsprozesses darstellt. Diese Überprüfung bildet zugleich die Basis für den zweiten Untersuchungsschritt. In diesem wird analysiert, ob die betriebliche Technologieförderung diese Harmonie tangiert.

Auf der Grundlage literaturgestützter Auswertungen wird im Rahmen des dritten Kapitels dem ersten Untersuchungsschritt nachgegangen. Hierzu werden zunächst Ergebnisse empirischer Untersuchungen diskutiert, die betriebliche Transformationstypen identifizierten, die sich gegenüber anderen als erfolgreicher herausstellten. Zentrales Unterscheidungsmerkmal dieser Strategien ist die unterschiedliche Ausrichtung von Produktpolitik und Innovationsaktivitäten der Unternehmen, deren Bedeutungswandel nach der Systemtransformation bereits im zweiten Kapitel diskutiert wurde.

Anschließend lässt sich zeigen, dass sich betriebliche Innovationsaktivitäten innerhalb der verschiedenen erfolgsmöglichen Transformationstypen unterschiedlich darstellen. Unter Verwendung des Harmonieansatzes lassen sich diese unterschiedlichen Innovationsaktivitäten den erfolgsmöglichen Transformationstypen zuord-

---

12 Harmonie ist ein in der innovationsökonomischen Literatur eingeführter Begriff, der das auf ein gemeinsames Ziel ausgerichtete Zusammenwirken verschiedener Teilbereiche im Sinne einer Gesamtstrategie bezeichnet. (Vgl. Brockhoff, K.: Schnittstellenmanagement, a.a.O., S. 7.)

nen.[13] Das Kapitel endet mit der Formulierung des ersten Hypothesenkomplexes, welcher den analytischen Rahmen für die empirische Überprüfung des diskutierten Sachzusammenhangs zwischen harmonischer Einbindung der Innovationsaktivitäten in die Transformationstypen und dem Transformationserfolg der Unternehmen bildet.

Die Einbeziehung der betrieblichen Technologieförderung in die Untersuchung erfolgt im vierten Kapitel. Die Untersuchung baut auf den Ergebnissen der Analyse im dritten Kapitel auf. Hierbei wird im Rahmen des zweiten Analyseschritts der Frage nachgegangen, ob die Instrumente zur betrieblichen Technologieförderung die Innovationsaktionsaktivitäten der Unternehmen so beeinflussen, dass die diskutierte Harmonie tangiert wird.

Hierzu werden zunächst die unterschiedlichen Instrumente voneinander abgegrenzt und im Hinblick auf ihre strategische Zielstellung diskutiert. Hierauf basierend können Hypothesen über die Wirkung der Förderung auf die Innovationsaktivitäten der Unternehmen formuliert werden, die sich zu einem zweiten Hypothesenkomplex zusammenfassen lassen. Auf dieser Grundlage lässt sich im nächsten Schritt untersuchen, ob durch die Wirkung der Instrumente die harmonische Einbindung der Innovationsaktivitäten tangiert werden. Die Ergebnisse der literaturgestützten Untersuchung lassen sich dazu verwenden, Hypothesen zu formulieren, die zum dritten Komplex zusammengefasst werden.

Durch die drei Hypothesenbereiche wird der analytische Rahmen gespannt, der im fünften Kapitel eine Überprüfung der Hypothesen ermöglicht.

---

13 Unter Harmonie wird in diesem Zusammenhang ein unter verschiedenen Funktionsbereichen in Unternehmen abgestimmtes Wirken zur Erreichung eines gemeinsamen Zieles verstanden. (Vgl. Brockhoff, K.: Schnittstellenmanagement, Stuttgart 1989, S. 7.)

Abb. A-2 Aufbau der literaturgestützten Analyse bis zur Formulierung der Hypothesen

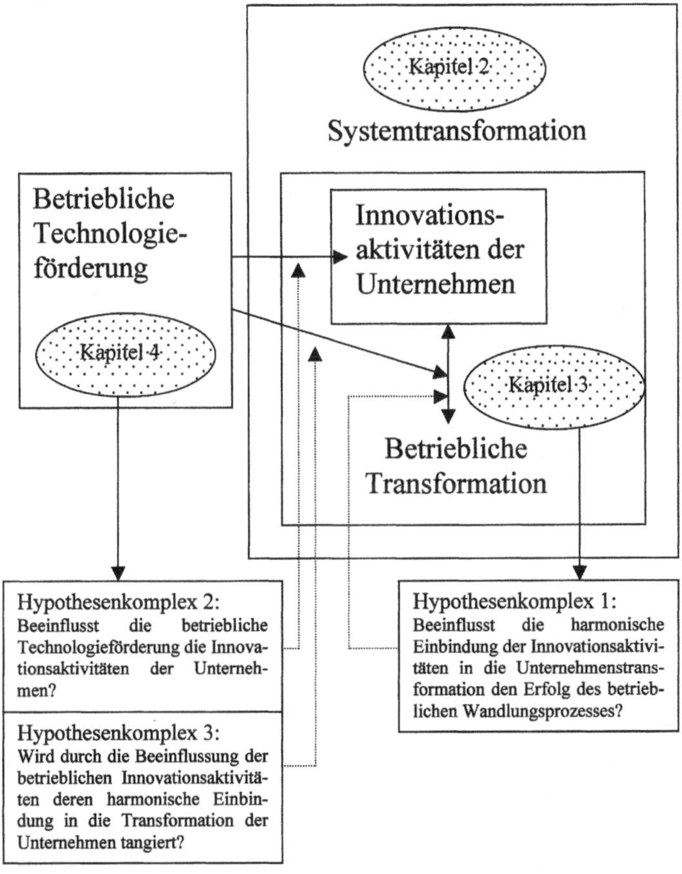

Die empirische Analyse im fünften Kapitel dient der Überprüfung der im Theorieteil formulierten Hypothesen. Hierbei stützt sich die Untersuchung auf statistische Auswertungen, die auf der Basis eines Datensatzes durchgeführt werden, der durch Erhebungen des Fraunhofer-Instituts für Systemtechnik und Innovationsforschung, Karlstruhe entstand. Die Analyse teilt sich in drei Analysebereiche. Im ersten Bereich gilt es zu überprüfen, ob die harmonische Einbindung der Innovationsaktivitäten in die Transformationstypen der Unternehmen in Zusammenhang zum Erfolg des betrieblichen Wandlungsprozesses steht. Die Untersuchungen im zweiten Bereich dienen der Überprüfung der Hypothesen, die einen Zusammenhang zwischen der Ausreichung von Mitteln aus verschiedenen Instrumenten zur betrieblichen Technologieförderung und einem Wechsel der Innovationsaktivitäten oder des Transformationstyps formulieren. Mit Hilfe der Ergebnisse, die im Rahmen des dritten Analysebereichs erzielt werden, soll die dieser Arbeit zu Grunde liegende Frage beantwortet werden. Hier wird untersucht, ob durch die Förderung die Innovationsaktivitäten oder der Transformationstyp so verändert wird, dass die Harmonie beider Aspekte und somit der Erfolg des betrieblichen Wandlungsprozesses beeinflusst wird.

Eine Abschlussbetrachtung erfolgt im sechsten Kapitel.

3 Klärung grundlegender Begriffe

Zum besseren Verständnis der in der Arbeit verwendeten Terminologie werden grundlegende Begriffe erklärt und somit voneinander abgegrenzt. Dies betrifft im Einzelnen:

- Technologie und Technik
- Innovation und Innovationsaktivitäten
- Forschung und Entwicklung
- Produktpolitik
- Technologiepolitik

3.1 Technologie und Technik

Unter dem Begriff Technologie wird in den meisten Fällen naturwissenschaftliches Wissen verstanden, welches die Grundlage für Produkte und Verfahren darstellt.[14] Die konkrete Anwendung einer oder mehrerer Technologien zur Lösung eines sich stellenden Problems in wirtschaftlich verwertbare Produkte oder Verfahren bezeichnet man gemeinhin als Technik.[15]

---

14 Vgl. Ewald, A.: Organisation des strategischen Technologiemanagements, Berlin 1989, S. 31ff.; oder: Zörbiegel, W.: Technologie in der Wettbewerbsstrategie, Darmstadt 1983, S. 11.

15 Vgl. Pavitt, K. Sectoral Patterns of Technical Change – Towards a Taxonomy and a Theory, in: Research Policy No. 13 (1984), S. 343-373, oder: Perillieux, R.: Der Zeitfaktor im strategischen Management – Früher oder später Einstieg bei technischen Produktinnovationen, Berlin 1987, S.11.

In der innovationsökonomischen Literatur wird diese Unterscheidung nicht durchgängig getroffen. So werden Technologien als „... eine sehr pragmatische Größe ..."[16] verstanden, die „... die praktische Anwendung von naturwissenschaftlichen oder technischen Möglichkeiten zur Realisierung von Leistungsmerkmalen von Produkten oder Prozessen ..."[17] charakterisieren. Darüber hinaus wird der Begriff „Technology" wie folgt verwendet: „The systematic application of fundamental device, process, or concept that performs a function useful to mankind or having commercial value."[18]

Im Rahmen dieser Arbeit wird Technologie und Technik im Sinne der ersten Abgrenzung begriffen.

3.2 Innovationen und betriebliche Innovationsaktivitäten

Der Innovationsbegriff lässt sich sowohl relativ weit als auch relativ eng abgrenzen. Eine Eingrenzung des Analysegegenstandes ergibt sich aus einer Beschränkung auf technische Neuerungen. Dies umfasst neue Produkte, Techniken und Verfahren.[19]

Der Innovationsbegriff, der technische Neuerungen beschreibt, ist – wie in der Innovationsforschung mittlerweile weitestgehend üblich – relativ weit gefasst. Er umfasst nicht nur die erstmalige volkswirtschaftliche Nutzung neuartiger Produkte, Verfahren und Techniken[20], sondern auch die Innovationen in Neuerungen, die lediglich aus Sicht des jeweilig betrachteten Unternehmens neu sind.

Die Verwendung dieses betriebswirtschaftlich orientierten Begriffs der Innovation erscheint einerseits auf Grund der großen Bedeutung von Innovation für die Realisierung einzelwirtschaftlicher Ziele sinnvoll, die vom gesamtwirtschaftlichen Neuerungsgrad weitgehend unabhängig sind. Andererseits ist die Abgrenzung von Inno-

---

16 Little, A. D. (Hrsg.): Management im Zeitalter der strategischen Führung – Von der Portfolio-Planung zum Führungssystem, Wiesbaden (ohne Jahresangabe), S. 17.

17 Ebenda.

18 Sherman, P. M.: Strategic Planing for Technology Industries, Reading (Mass.) 1982, S. 2.

19 Nach Schumpeter gilt jeder neue Gedanke, jeder Einfall oder jedes Verhalten, welches sich von vorherigen unterscheidet, als Innovation. „The fundamental input that sets and keeps the capitalist engine in motion comes from the new consumer goods, the new methods of production or transportation, the new markets, the new forms of industry organisation that capitalist enterprises creates." (Schumpeter, J.A.: a.a.O., zitiert nach Rothschild, K.: Technischer Fortschritt in dogmenhistorischer Sicht, in: Bombach, G.; Gahlen, B.; Ott, A. (Hrsg.): Technologischer Wandel – Analyse und Fakten, Tübingen 1986, S.36f.). Dieser Innovationsbegriff umfasst beispielsweise neue Organisationsformen, neue Managementmethoden, neue Absatzwege, neue Beschaffungswege, etc. Ein solcher wird im Rahmen dieser Arbeit nicht betrachtet.

20 Hierbei handelt es sich um Innovationen im engeren Sinne.

vationen im engeren Sinne in der Praxis häufig nicht eindeutig. So liegt es im Ermessen des Betrachters, ob die erstmalige Nutzung einer bekannten Technik in Betrieben einer bestimmten Größe in einer anderen Verwendung oder Branche aus volkswirtschaftlicher Sicht als Innovation anzusehen ist oder nicht.[21]

Unter dem Begriff der Innovationsaktivitäten werden alle Maßnahmen verstanden, die die Wirtschaftssubjekte bei der Durchführung von Innovationsprojekten ergreifen. Hierunter sind alle Aktivitäten subsummiert, die für das betrachtete Unternehmen zu neuen Ergebnissen führen. Auch hier wird der betriebwirtschaftlich orientierte weite Innovationsbegriff zugrundegelegt.

3.3 Forschung und Entwicklung

Forschung und Entwicklung wird in der innovationsökonomischen Literatur als Kombination von Produktionsfaktoren verstanden, die gezielte Gewinnung neuen Wissens ermöglichen soll.[22] Forschung und Entwicklung ist hierbei als zielgerichteter Such- und Experimentierprozess zu verstehen, der zur Befriedigung eines aktuellen Anspruchsniveaus durchgeführt wird.[23] Sowohl eine umfassende Expertise als auch Offenheit, Zufall und die Neukombination bestehenden Wissens können hierbei eine wichtige Rolle spielen.[24]

Die Definition von Forschung und Entwicklung im FRASCATI-Handbuch der OECD gilt als internationale Konvention.[25] Hierbei wird unterschieden zwischen[26]:

- Grundlagenforschung, die in erster Linie auf die Gewinnung neuer Erkenntnisse ohne bestimmten Anwendungsbezug ausgelegt ist.
- Angewandte Forschung, die auf ein bestimmtes, zumeist praktisches Ziel ausgerichtet ist und

---

21 Eine ausführliche Diskussion zur Abgrenzung des Innovationsbegriffs ist Brockhoff zu entnehmen. (Vgl. Brockhoff, K.: Forschung und Entwicklung, München 1999, S. 35ff.)

22 Vgl. Brockhoff, K.: Forschung und Entwicklung, a.a.O., S. 48.

23 Vgl. Witt, U.: Individualistische Grundlagen der evolutorischen Ökonomik, Tübingen 1987.

24 Vgl.: Leder, M.: Innovationsmanagement – ein Überblick, in: Albach, H. (Hrsg.): Innovatiosmanagement – Theorie und Praxis im Kulturvergleich, Wiesbaden 1990, S. 1 – 54.

25 Vgl. Wupperfeld, U.: Management und Rahmenbedingungen von Beteiligungsgesellschaften auf dem deutschen Seed-Capital-Markt, Frankfurt 1996.

26 Vgl. Bundesministerium für Forschung und Technologie (Hrsg.): Die Messung wissenschaftlicher und technischer Tätigkeiten. Allgemeine Richtlinie für statistische Überlegungen in Forschung und experimenteller Entwicklung – FRASCATI Handbuch, Bonn 1982.

- experimentelle Forschung, die auf vorhandenen Erkenntnissen aufbaut und auf die Herstellung neuer Produkte, Materialien etc. sowie auf die Einführung neuer Verfahren, Dienstleistungen etc. abzielt.

Produkt- oder Verfahrensinnovationen, die als Prototyp, Nullserie, Versuchsanlage oder marktfähige Neuerung vorliegen, können ein Ergebnis dieser Tätigkeiten sein.[27]

3.4 Betriebliche Produktpolitik

Unter dem Begriff der Produktpolitik werden im Rahmen dieser Untersuchung alle Maßnahmen verstanden, die darauf abzielen, dass äußere Erscheinungsbild des Produkts oder des Absatzprogramms der Unternehmen zu bestimmen. Das äußere Erscheinungsbild bestimmt das Auftreten der Unternehmen am Markt. Eine Veränderung des äußeren Erscheinungsbildes, kann somit entweder durch neue Produkte oder durch eine Veränderung des Absatzkonzepts herbeigeführt werden.[28]

3.5 Betriebliche Technologieförderung

Die anwendungsorientierte Forschung und Entwicklung sowie die Förderung der Anwendung der Ergebnisse in Form neuer Techniken in der Wirtschaft ist Gegenstand der betrieblichen Technologieförderung. Sie ist damit primär eine Politik, die sich auf naturwissenschaftlich-technische Bereiche konzentriert und eine finanzielle Unterstützung betrieblicher Innovationsprozesse durch Zuschüsse vorsieht.[29]

Während die Technologiepolitik auf eine Verbesserung der gesamtwirtschaftlichen Innovationsbedingungen abzielt, konzentriert sich die betriebliche Technologieförderung auf folgende Schwerpunkte[30]:

- Aufbau und Strukturierung der Forschungslandschaft,
- Schaffung von Rahmenbedingungen für Grundlagenforschung, anwendungsorientierte Forschung und Industrieforschung,
- Aufbau und Strukturierung einer innovationsorientierten Infrastruktur im Unternehmen und

27 Vgl. Brockhoff, K.: Forschung und Entwicklung, a.a.O., S. 48.

28 Vgl. Ahlert, D.: Grundzüge des Marketing, Düsseldorf 1984, S. 71f.

29 Vgl. Dreher, C.: Technologiepolitik und Technikdiffusion, Baden-Baden 1997, S. 24.

30 Vgl. Meyer-Krahmer, F.: Technologiepolitik, in: Kahsnitz, D.; Ropohl, G.; Schmid, A. (Hrsg.): Handbuch zur Arbeitslehre, München 1997, S.735.

- bewusste Einflussnahme auf Technikentwicklung hinsichtlich bestimmter Ziele wie Wettbewerbsfähigkeit, Lebensbedingungen, Infrastruktur etc.

Die betriebliche Technologieförderung versteht sich somit als Teilbereich der Technologiepolitik, die eine Vielzahl von Schnittstellen zu anderen Politikbereichen aufweist. So sind beispielsweise die Bildungs- oder die Wirtschaftspolitik zu nennen, die zugleich die Rahmenbedingungen der Technologiepolitik bestimmen. Daher kommt der Betrachtung von Interdependenzen der Politikbereiche eine wichtige Bedeutung zu.[31]

Die betriebliche Technologieförderung steht im Mittelpunkt des analytischen Interesses dieser Arbeit.

---

31 Vgl. Meyer-Krahmer, F.: Technologiepolitik, a.a.O., S. 732.

B Auswirkungen der Systemtransformation der ehemaligen DDR auf die Produktpolitik und die Innovationsaktivitäten der Unternehmen

Nach der Wirtschafts-, Währungs- und Sozialunion am 1. Juli 1990 und der folgenden Vereinigung beider deutschen Staaten am 3.10.1990 veränderten sich die gesamtwirtschaftlichen Bedingungen in der ehemaligen DDR grundlegend. Unternehmen mussten sich geänderten Wettbewerbsbedingungen anpassen, um deren Überleben zu sichern. Das folgende Kapitel soll einen Überblick darüber verschaffen, in welcher Intensität sich die Rahmenbedingungen unternehmerischen Handelns nach der Systemtransformation änderten. Diese Diskussion erfolgt anhand der betrieblichen Innovationsaktivitäten sowie der Produktpolitik der Unternehmen. Das Kapitel endet mit einer zusammenfassenden Darstellung der Ausgangsbedingungen für die betriebliche Transformation ostdeutscher Unternehmen.

1 Bedeutungswandel der betrieblichen Produktpolitik für die Unternehmen in der ehemaligen DDR nach Inkrafttreten der Wirtschafts-, Währungs- und Sozialunion

Die wirtschaftlichen Aktivitäten der Unternehmen in der ehemaligen DDR waren bis zum Inkrafttreten der Wirtschafts-, Währungs- und Sozialunion Teil des planwirtschaftlichen Systems der DDR und somit eingebettet in die Abstimmung des Rates für gegenseitige Wirtschaftshilfe (kurz: RGW). Was die einzelnen Betriebe zu produzieren hatten, war über die planwirtschaftlichen Mechanismen geregelt und entzog sich weitgehend deren Einflussbereich. Ein Vertrieb im marktwirtschaftlichen Sinne existierte nicht, Kundenkontakte fehlten völlig. „Die RGW-weite Zuständigkeit der DDR-Betriebe für bestimmte Produktbereiche führte zu vergleichsweise großen Serien, die in marktwirtschaftlichen Strukturen .... eher untypisch waren."[32] Hierdurch fehlte die Möglichkeit, spezifische Kundenwünsche zu erfüllen.

Neben der Versorgung des Inlands- und RGW-Marktes war es in beschränktem Maße auch Aufgabe einzelner Unternehmen der ehemaligen DDR, Güter auf „Westmärkten" zur Erwirtschaftung von Devisen anzubieten. Diese Zielsetzung erbrachte jedoch nur sehr geringe marktwirtschaftliche Impulse, da sich die Preis-

32 Vgl. Lay, G.; Gagel, S.: Die Anpassung der Produkt- und Vertriebsstrukturen an die Marktwirtschaft, in: Lay, G. (Hrsg.): Strukturwandel in der Investitionsgüterindustrie, Heidelberg 1995, S. 21.

gestaltung der angebotenen Güter an der Devisenbeschaffung und nicht an den hiermit verbundenen Produktionskosten orientierte.

Diese Rahmenbedingungen führten dazu, dass sich die Produktpolitik der Unternehmen in der ehemaligen DDR nicht an den Bedürfnissen des Marktes orientierte, sondern lediglich an einem festgesetzten Zielkorridor, den der Wirtschaftsplan diktierte.

Nachdem die planwirtschaftlichen Vorgaben im Gefolge der Wirtschafts-, Währungs- und Sozialunion aufgegeben wurden, löste sich zugleich das Binnenmarktmonopol der Unternehmen auf. Diese wurden abrupt der Weltmarktkonkurrenz ausgesetzt. Gleichzeitig wurde ihnen die Entscheidungskompetenz zur Formulierung einer eigenen Produktpolitik übertragen, die sich an den Bedürfnissen eines bis dahin unbekannten Marktes orientieren musste.

Die Homogenität und die häufig nicht konkurrenzfähige Qualität der Produkte sowie über Jahre zurückgehaltene Konsumwünsche ließen den ostdeutschen Produkten nur sehr begrenzt die Möglichkeit zu bestehen.[33] Der ostdeutsche Absatzmarkt wurde in den Jahren 1990 und 1991 nahezu komplett mit westlichen Produkten bedient[34], was dazu führte, dass viele Unternehmen in den neuen Bundesländern keine Chance mehr hatten, eigene Absatzmärkte aufzubauen.[35]

Neben der schlechten Konkurrenzsituation brach die Exportbasis der ehemaligen DDR zusammen. Ausschlaggebend hierfür waren:

- Die Herauslösung der DDR-Wirtschaft aus dem RGW - der bis 1990 ein sicherer Absatzmarkt für die Unternehmen der ehemaligen DDR darstellte - sowie die Umstellung des RGW-Handels auf konvertible Währungen, die die einseitig auf den Handel mit der ehemaligen Sowjetunion ausgerichteten Exportstrukturen vor große Probleme stellte,[36]

---

33 Zanger spricht in diesem Zusammenhang von ca. 70 % ostdeutscher Produkte, die in Folge der Systemtransformation eingestellt oder grundlegend modifiziert wurden. (Vgl. Zanger, C.: Unternehmenskrise und Produktentwicklung – Zum strategischen Verhalten von Unternehmen im Übergang von der Plan- zur Marktwirtschaft, in: Zeitschrift für Betriebswirtschaft H. 9, 1991, S. 982.)

34 Zanger schätzt, dass ca. 85% der Unternehmen der ehemaligen DDR unmittelbar nach Inkrafttreten der Wirtschafts-, Währungs- und Sozialunion in ihrer Existenz akut gefährdet waren. (Vgl. Zanger, C.: Innovative Produktpolitik und Unternehmenskrise: Eine Betrachtung zur Situation in den neuen Bundesländern, in: Domsch, M.; Sabisch, H.; Siemers, S. (Hrsg.): FuE-Management, Stuttgart 1993, S. 58.)

35 Ebenda.

36 Vgl. Hickel, R.; Priewe, J.: Preis der Einheit – Bilanz und Perspektive der deutschen Vereinigung, Frankfurt a.M. 1991, S. 56ff.

- der Wegfall der Subventionen für Exporte in das nicht-sozialistische Wirtschaftsgebiet,[37]
- die Auflösung der Preisbindung für Güter, die Grundlage für die Planung des Wirtschaftssystems der ehemaligen DDR war.[38]

Parallel zum Zusammenbruch der Absatzmärkte für ostdeutsche Unternehmen trat der völlig veralteter und wenig flexibler Kapitalbestand[39] zu Tage, der eine wettbewerbsfähige Produktion kaum zuließ. Hierdurch entstand vor allem das Problem, dass die Produktivität weit hinter der westlichen Konkurrenz zurückblieb. Dieser Rückstand wurde durch ein nicht konkurrenzfähiges Humankapital der Beschäftigten verstärkt. Die Produktivitätslücke zwischen Unternehmen der neuen und der alten Bundesländer konnte somit nicht ausschließlich durch die Modernisierung des Kapitalbestandes überwunden werden.[40]

Die Anpassung der Produktionsstrukturen der Unternehmen und/oder die Änderung der Produktpalette war somit eine notwendige Voraussetzung zur Erlangung der Wettbewerbsfähigkeit ostdeutscher Unternehmen. Eine Änderung des äußeren Erscheinungsbildes der meisten Unternehmen war somit eine Konsequenz veränderter Wettbewerbsverhältnisse nach der deutschen Vereinigung.[41]

---

37 Vgl. Sinn, G.; Sinn, H.-W.: Kaltstart – Volkswirtschaftliche Aspekte der deutschen Vereinigung, Tübingen 1991, S. 34f.

38 Vgl. Hickel, R.; Priewe, J.: Preis der Einheit – Bilanz und Perspektive der deutschen Vereinigung, a.a.O., S. 62.

39 Unter dem Begriff des Kapitalbestandes wird in diesem Zusammenhang das Anlagevermögen der Unternehmen verstanden.

40 So berichtet Fritsch darüber, dass trotz des Modernisierungsschubs des Kapitalbestandes in ostdeutschen Unternehmen der Produktivitätszuwachs nicht den durch die Produktionstechnik induzierten Möglichkeiten entspricht. Entscheidend sei in diesem Zusammenhang, dass der Bildung von Humankapital nicht die gleiche Bedeutung beigemessen wurde wie der Modernisierung des Anlagevermögens. (Vgl. Fritsch, M.: Technologieförderung als regionalpolitische Strategie?, in: Raumforschung und Raumordnung, Heft 2-3 / 1990, S. 121.) Lay stützt die Aussagen Fritschs durch eine empirische Untersuchung, die zu dem Ergebnis kommt, dass trotz eines international wettbewerbsfähigen Kapitalbestandes sächsische Unternehmen unterdurchschnittlich produktiv sind. Entscheidend sei auch in diesem Zusammenhang die im Vergleich zu westlichen Bundesländern schlechtere Humankapitalbasis. (Vgl. Lay, G.: Sachsens Investitionsgüterindustrie im Regionalvergleich, in: Mitteilungen aus der Produktionsinnovationserhebung 3, Karlsruhe 1996, S. 3ff.)

41 Die Anzahl ostdeutscher Unternehmen, die im Gefolge der deutschen Vereinigung ihr äußeres Erscheinungsbild änderten, ist nicht bekannt. Zanger berichtet von 70 % aller Unternehmen der ehemaligen DDR, die durch die geänderten Wettbewerbsverhältnisse akut in ihrer Existenz gefährdet wurden. (Vgl. Zanger, C.: Unternehmenskrise und Produktentwicklung – Zum strategischen Verhalten von Unternehmen im Übergang von der Plan- zur Marktwirtschaft, a.a.O. 1991, S. 982.) Dieser Anteil dürfte die untere Grenze der Unternehmen darstellen, die nach 1990 ihr äußeres Erscheinungsbild änderten.

2 Veränderte Anforderungen an die betrieblichen Innovationsaktivitäten durch die gesamtwirtschaftliche Transformation in Ostdeutschland

Neben einer Änderung der Rahmenbedingungen für die betriebliche Produktpolitik wandelten sich auch diejenigen für Innovationsaktivitäten der Unternehmen. Die Diskussion der Eckpunkte industrieller Innovationstätigkeit in der ehemaligen DDR vor Inkrafttreten der Wirtschafts-, Währungs- und Sozialunion im ersten Teil dieses Kapitels vermittelt einen Überblick über die Ausgangsbedingungen, denen die ostdeutsche Industrieforschung ausgesetzt war. Hierdurch soll die Grundlage für die Darstellung des Bedeutungswandels industrieller Innovationsanstrengungen im zweiten Teil geschaffen werden. Im Mittelpunkt steht hierbei der durch die Systemtransformation[42] aufgebaute Transformationsdruck auf die Unternehmen, der dazu führte, dass sich die Bedeutung industrieller Innovationsaktivitäten aus Unternehmenssicht erheblich änderte. Um die Dimension des Bedeutungswandels darzustellen, wird in der Analyse das Leitbild des dynamischen Wettbewerbs der reglementierten Wirtschaftsordnung der zentralen Planwirtschaft gegenübergestellt.

2.1 Industrielle Innovationsaktivitäten in der ehemaligen DDR

Die betrieblichen Innovationsaktivitäten in der ehemaligen DDR waren durch die staatlichen Planvorgaben stark reglementiert. Dies betraf den gesamten innerbetrieblichen Innovationsprozess. Der zentralen Planungsinstanz blieb das Recht vorbehalten,

- zwischen Vorschlägen für Innovationsprojekte zu selektieren,
- notwendige Ressourcen zu beschaffen und zu verwenden,
- die Innovationsaktivitäten durchzuführen (bzw. per Auftrag durchführen zu lassen), überbetrieblich zu koordinieren und zu kontrollieren,
- sich die aus der Innovation entstehenden Gewinne zuzurechnen und
- über die Verwendung der Innovationsergebnisse zu entscheiden.[43]

Unternehmen hatten in der ehemaligen DDR lediglich die Befugnis, den Verlauf von Innovationsprojekten innerbetrieblich zu koordinieren und zu kontrollieren. Staatliche Institutionen dominierten in weiten Teilen die Projektinitiierung sowie die Zuweisung von Ressourcen zur Durchführung der Innovationsprojekte. Ohne ihre Zustimmung durften weder Projektziele bestimmt noch Projekte ausgewählt

---

42 Unter dem Begriff der Systemtransformation wird die Wandlung des politischen Umfelds der ehemaligen DDR nach Inkrafttreten der Wirtschafts-, Währungs- und Sozialunion verstanden.

43 Vgl. Hilbert, A.: Industrieforschung in den neuen Bundesländern, a.a.O., S. 33.

werden. Sie kontrollierten zwischenbetriebliche Beziehungen und entschieden über die Verwendung der Forschungsergebnisse. Auf jeder Ebene, auf der geteilte Rechte existierten, wurden Koordinationsvorgänge zwischen den beteiligten Instanzen erforderlich.[44]

Die beschriebenen Rechte bezogen sich auf einzelne Innovationsprojekte. Zentrale staatliche Stellen übten ihre Entscheidungsrechte deutlicher bei Grundsatzentscheidungen aus. Dies galt sowohl für die Wahl der institutionellen und organisatorischen Form der Innovationstätigkeit als auch für Grundsatzentscheidungen, ein Innovationsprojekt überhaupt durchzuführen.[45]

Aus der staatlichen Reglementierung des Innovationssystems[46] erwuchs ein bedeutendes Problem für die Qualität zentraler Entscheidungen. Die Interaktionen zwischen den Hierarchieebenen der staatlichen Stellen und des Betriebes wurden durch imperative staatliche Planungen realisiert. Die Kommunikationskanäle waren institutionalisiert und somit zentralen Vorgaben unterworfen. Die Planvorgaben der staatlichen Institutionen konnten aus drei Gründen keine ökonomische Rationalität widerspiegeln:

- Ökonomische Ziele wurden politisch vorgegeben. Lautete beispielsweise das politische Ziel nationale Autarkie herzustellen[47], so spielte der internationale Vergleich von Produktentwicklungskosten keine Rolle. Da der zentralistische Staat als einzige Institution auf nationaler Ebene das Recht zur Grundsatzentscheidung hatte, oblag diesem die Möglichkeit, auch irrationale Entscheidungen durchzusetzen, um ein politisch festgesetztes Ziel zu verwirklichen.[48]
- Mit steigender Komplexität von Innovationsprojekten verminderte sich die Möglichkeit, Wissen bei der Entscheidungsinstanz zu zentralisieren, welches bei spezialisierten Individuen verstreut war. Bei der Bewertung der Innovationsprojekte, bei der Zielbildung und Erfolgskontrolle sowie bei Entscheidungen über Ergeb-

---

44 Vgl. Leipold, H.: Innovationen im Systemvergleich. Der Einfluss des Wirtschaftssystems auf die Hervorbringung von Innovationen, in: Oberender, P.; Streit, M.E. (Hrsg.): Marktwirtschaft und Innovation, Baden-Baden 1991, S. 163-182.

45 Vgl. Hilbert, A.: Industrieforschung in den neuen Bundesländern, Wiesbaden 1994, S. 32.

46 Bestandteile eine Innovationssystems sind staatliche, halbstaatliche und private Institutionen zur Finanzierung, Regulierung und Normensetzung. (Vgl. Meyer-Krahmer, F.: Innovation und Strukturwandel in Deutschland – Innovationssystem in einer globalen Ökonomie, in: Pleschak, F. (Hrsg.): Innovationen in Ostdeutschland, Heidelberg 1998, S. 3.)

47 Haustein schätzt, dass von ca. 427.000 Personen im Management der Unternehmen der ehemaligen DDR 43.000 direkte Marktkontakte mit westlichen Unternehmen unterhielten. (Vgl. Haustein, H.-D.: Experience and Prospects: The Case of the GDR, in: Giersch, H. (Hrsg.) Towards a Market Economy in Central and Eastern Europe, Berlin 1991, S. 153.)

48 Vgl. Krelle, W.: Probleme des Übergangs von einer Planwirtschaft zu einer Marktwirtschaft, in: Jens, U. (Hrsg.): Der Umbau. Von der Kommandowirtschaft zur sozialen Marktwirtschaft, Baden-Baden 1991, S. 17ff.

nisanwendungen war spezialisiertes Fachwissen notwendig, über welches die zentrale Instanz nicht in ausreichendem Maße und im Detail verfügte. Neben Fachwissen erforderten diese Entscheidungen zudem „... spezielles Wissen über die besonderen permanent wechselnden Umstände von Ort und Zeit“[49]. Die zentralen Institutionen mussten sich notwendiges Wissen von den Betrieben „zuliefern“ lassen. Dies führte dazu, dass notwendige Informationen selektiv und standardisiert angefordert wurden. Auf dieser Grundlage musste Wissen als Entscheidungsgrundlage zwangsläufig unvollständig bleiben. „Erfolgt Planung über den Erkenntnishorizont hinaus, entwickeln sich Situationen, in denen eine holistische Planung in eine ineffiziente Variante des Trial-and-error umkippt.“[50]

- Die Zentrale hatte aus ihrem begrenzten Wissen heraus nur geringe Möglichkeiten, die zugeleiteten Informationen aus den Betrieben auf ihre Glaubwürdigkeit zu überprüfen. Daraus ergaben sich für die Unternehmen Spielräume zur opportunistischen Ausnutzung von Eigeninteressen.[51] Hierdurch wurde zentralen Planungs- und Überwachungsinstanzen die Möglichkeit genommen, die Planvorgaben einer realistischen Kontrolle zu unterziehen. Ob eine Übereinstimmung der Ziele zwischen Zentrale und Unternehmen bestand, entzog sich in weiten Teilen der Kenntnis der Entscheidungsträger. Hierdurch war eine wesentliche Voraussetzung für die Funktionsfähigkeit sozialistischer Wirtschaftsplanung verletzt.[52]

Festzustellen ist, dass sich weite Teile des Innovationsprozesses nicht an den Bedürfnissen der potentiellen Nachfrager orientierten, sondern lediglich an Planvorgaben, die auf politische und nationale Ziele ausgerichtet waren.

Die Reglementierung des Innovationssystems erfasste auch die Kooperationsbeziehungen zwischen Industriebetrieben und Akademie- bzw. Hochschuleinrichtungen. Im Jahre 1986 wurde die Forschungskooperation der Industrie mit Einrichtungen der Universitäten, Hochschulen und der Akademie der Wissenschaften[53] durch die Forschungsverordnung neu gesetzlich geregelt.[54] Grundlage der Kooperation waren

---

49 Hayek, F.A.: The Use of Knowledge in Society, in: The American Economic Review, Vol. 35, S. 524.

50 Bretzke, W.-R.: Holistische Planung, in: Szyperski, N. (Hrsg.): Handwörterbuch der Planung, Stuttgart, 1989, Sp. 651.

51 Die Verwirklichung von Eigeninteressen ist eine zentrale Annahme der Property-Rights-Theorie. (Vgl. hierzu Richter, R.; Furubotn, E.: Neue Institutionenökonomik, Tübingen 1996, S. 359ff.)

52 Vgl. Krelle, W.: Über die Möglichkeit der Wirtschaftsrechnung in verschiedenen Wirtschaftsordnungen, in: Jahrbücher für Nationalökonomie und Statistik, Bd. 165/1953 , S. 154.

53 Die Akademieforschung in der ehemaligen DDR war nach dem Vorbild der sowjetischen Großforschungseinrichtungen aufgebaut worden.

einerseits langfristige Vereinbarungen, die weit über die gemeinsame Bearbeitung einzelner Innovationsprojekte hinausgingen. Andererseits umfassten projektbezogene Vereinbarungen ein fest umrissenes Leistungsspektrum.

Durch die gesetzliche Festlegung der Forschungskooperationen wurde den Industriebetrieben der ehemaligen DDR ihre bis dahin geltende enge Entscheidungskompetenz im Bereich innerbetrieblicher Innovationsaktivitäten weitgehend genommen. Zudem führte die verordnete Kooperation zu einer Vielzahl von Problemen, die vor allem durch die Verschiedenheit der Kooperationspartner herbeigeführt wurden. Die Unterschiede im Leistungsniveau und –spektrum hatte zur Konsequenz, dass viele Kooperationsvereinbarungen nicht praktisch umgesetzt werden konnten. Einerseits sahen viele Industriebetriebe keine Ansatzpunkte für eine Zusammenarbeit mit den Forschungseinrichtungen, da keine Schnittstellen zwischen Industriebetrieben und Forschungseinrichtungen für eine Zusammenarbeit in Innovationsprojekten bestanden. Andererseits sahen die Forschungseinrichtungen ihre Vorleistungen durch zu lange Überleitungszeiten entwertet. Verantwortlich hierfür machten diese ein unzureichendes Qualifikationsprofil in den Industriebetrieben, was dazu führte, dass Transferketten zerrissen.[55] Kam die Kooperation hingegen zu Stande, dann bedeutete diese für die Partner aus Akademie- und Hochschuleinrichtungen nicht selten, den Anschluss an das internationale Forschungsniveau und die damit verbundene Leistungsmotivation zu verlieren und sich auf das Anforderungsniveau und die Implementierungsbedingungen der Industrie der ehemaligen DDR einstellen zu müssen.[56]

Durch die gesetzliche Reglementierung der Kooperation sowie durch die Abhängigkeit der Finanzierung und technischen Ausstattung wurden die Forschungseinrichtungen der ehemaligen DDR zunehmend in eine Dienstleistungsrolle für die Industrie gedrängt. Die beabsichtigten Produktivitätswirkungen dieser Kooperation blieben gering, da unter den Bedingungen dieser Abhängigkeit das Potential der wissenschaftlichen Forschung nicht auf die Industriebetriebe übertragen werden konnte. Eine tendenziell höhere Qualität der Akademieforschung wurde durch Imitationsanforderungen der Industrie gesenkt. Auch hierdurch bestätigt sich, dass der Qualitätsstandard von Innovationen in der ehemaligen DDR keinesfalls mit dem der ehemaligen BRD verglichen werden konnte.[57]

---

54 Verordnung über die Leitung, Planung und Finanzierung der Forschung an der Akademie der Wissenschaften und an Universitäten und Hochschulen, insbesondere der Forschungskooperation mit den Kombinaten - Forschungsverordnung vom 12. Dezember 1985, GbI der DDR, Teil 1, S. 9ff.

55 Maier, H.: Innovation oder Stagnation – Bedingungen der Wirtschaftsreform in sozialistischen Ländern, Köln 1987, S. 131.

56 Vgl. Hilbert, A.: Industrieforschung in den neuen Bundesländern, a.a.O., S. 52.

57 Vgl. Hilbert, A.: Industrieforschung in den neuen Bundesländern, a.a.O., S. 53

2.2 Bedeutungswandel betrieblicher Innovationsaktivitäten in Ostdeutschland nach Inkrafttreten der Wirtschafts-, Währungs- und Sozialunion

Infolge der Einführung marktwirtschaftlicher Strukturen nach der Wirtschafts-, Währungs- und Sozialunion, die zum Wegfall der staatlichen Regulierung wirtschaftlicher Strukturen führte, wandelte sich die Bedeutung betrieblicher Innovationsanstrengungen von einem Instrument zur Erreichung politisch formulierter Ziele zu einem Bestandteil einer betrieblichen Transformation, die weitgehend im Ermessen des Unternehmens liegen.[58]

Die Dimension des Bedeutungswandels betrieblicher Innovationsaktivitäten im Gefolge der deutschen Vereinigung wird besonders dann ersichtlich, wenn evolutionstheoretische Überlegungen zu Grunde gelegt werden, die betriebliche Innovationsaktivitäten als eine Voraussetzung einzel- und gesamtwirtschaftlichen Wachstums[59] in marktwirtschaftlichen Wirtschaftsstrukturen begreifen.[60] Im Rahmen der „evolutorischen Theorie wirtschaftlichen Wandels"[61] wird wirtschaftliches Wachstum durch dynamischen Wettbewerb erklärt. Dieses Modell basiert auf Überlegungen von J.A. Schumpeter.[62] Es besagt im Kern, dass ein innovativer Unternehmer permanent auf der Suche ist, seine Marktsituation durch Innovationsanstrengungen zu verbessern. Wettbewerb wird in diesem Zusammenhang als Bewegungsvorgang verstanden, der sich aus Vorstoßen und Nachziehen bzw. Aktion und Reaktion zusammensetzt.[63] Innovation wird als wettbewerblicher Vorstoß, die Imitation als Nachziehen begriffen. Die Innovatoren realisieren Vorsprungsgewinne, die die

---

58 Die Handlungsspielräume der Unternehmen sind durch gesetzliche Rahmenbedingungen reglementiert, die Teilbereiche der Innovationsanstrengungen nicht oder erst nach Genehmigungsverfahren erlauben. Als Beispiele lassen sich Umweltschutzbestimmungen benennen.

59 Im Rahmen der evolutorischen Theorie wird Wachstum im herkömmlichen Sinne, also als die Zunahme des realen Sozialprodukts, verstanden.

60 Die Innovationsforschung bedient sich klassischer und evolutorischer Erklärungsansätze, um wirtschaftliches Wachstum durch Innovationen zu erklären. Im Rahmen dieser Arbeit wird auf evolutorische Erklärungsansätze zurückgegriffen, weil diese, anders als klassische, betriebliche Innovationsaktivitäten als Resultat wirtschaftlichen Handelns der Unternehmen erklären. Eine umfangreiche Gegenüberstellung klassischer und evolutorischer Innovationstheorien ist Schwitalla zu entnehmen. (Vgl. Schwitalla, B.: Messung und Erklärung industrieller Innovationsaktivitäten, Heidelberg 1993, S. 20-69.)

61 Die evolutorische Theorie wirtschaftlichen Wandels geht auf Analysen von Nelson und Winter zurück, die richtungsweisend für die gesamte Innovationstheorie waren. (Nelson, R.R.; Winter, S.G.: An Evolutionary Theory of Economic Change, Cambridge (Mass.) 1982.) Im Einzelnen wird auf die Überlegungen von Nelson und Winter noch verstärkt eingegangen.

62 Vgl. Schumpeter, J.A.: Theorie der wirtschaftlichen Entwicklung – Eine Untersuchung für Unternehmergewinn, Kapital, Kredit, Zins und den Konjunkturzyklus, 5. Aufl., Berlin 1954.

63 Heuss, E.: Wettbewerb, in: Albers, W.; u.a. (Hrsg.): Handwörterbuch der Wirtschaftswissenschaften, Stuttgart 1980, S. 682.

Imitatoren dazu veranlassen, diese nachzuahmen[64]. Erst durch die Imitation werden wirtschaftliche Wandlungs- und Wachstumsprozesse in Gang gesetzt. Diese setzen erst ein, wenn die Innovation betrieblichen Erfolg verheißt. Da Vorsprungsgewinne der Innovatoren durch Imitatoren nivelliert werden, besteht der Anreiz permanent zu innovieren. [65]

Eine Fortentwicklung des Modells führt zu den Überlegungen, dass Unternehmen, auf der Suche nach Möglichkeiten ihren Gewinn zu erhöhen, auf Erfahrungen und Verhaltensweisen zurückgreifen, die diese in den Besitz bestimmter Fähigkeiten brachten.[66] Das Verhalten der Unternehmen wird in diesem behavioristisch geprägten Ansatz in Routine und Innovation unterschieden. Mit Routine sind diejenigen Verhaltensweisen der Unternehmen gemeint, die Aktivitäten in geregelten Bahnen verlaufen lassen.[67] Diese dienen als Voraussetzung für eine reibungslose Funktionsweise innerbetrieblicher Leistungsprozesse. Innovationen hingegen werden in Analogie zur Biologie als Mutationen verstanden, die notwendige Voraussetzungen darstellen, auf Wandlungsprozesse am Markt zu reagieren. Nur so kann ein Unternehmen eine Marktposition halten. Im Unterschied zur Biologie können sich Unternehmen durch gezielte Verhaltensweisen der veränderten Marktsituation anpassen. Entscheidend ist in diesem Zusammenhang, dass der Innovationsprozess als bewusster und somit zielorientierter Handlungsprozess verstanden wird, an dessen Ende die Verbesserung der Marktposition eines Unternehmens steht.

Basierend auf diesen Überlegungen wird deutlich, wie sehr sich das Grundverständnis betrieblicher Innovationsaktivitäten zwischen den Wirtschaftssystemen unterschied. Im Rahmen planwirtschaftlicher Wirtschaftsstrukturen waren betriebliche Innovationsaktivitäten lediglich ein Instrument zur Erfüllung politisch vorgegebener Ziele. Nach Inkrafttreten der Wirtschafts-, Währungs- und Sozialunion wurden sie zum Bestandteil der betrieblichen Transformation, der sich an den individuellen Rahmenbedingungen des Unternehmens zur Erlangung der Wettbewerbsfähigkeit orientieren musste.

---

64 Zu berücksichtigen ist jedoch, dass im Rahmen von Produktinnovationen ein „Newcomer“ nicht mit einem identischen Gut auf einen bestehenden Markt eintreten wird. Der Markteintritt wird nur auf der Basis eines Leistungsvorteiles geschehen, da andernfalls Kunden keine Veranlassung sehen werden, den Anbieter zu wechseln. Vgl. Simon, H.: Management strategischer Wettbewerbsvorteile, in: Simon, H.; Bohnenkamp, J.: Wettbewerbsvorteile und Wettbewerbsfähigkeit, USW-Schriften für Führungskräfte, Stuttgart 1988, S.14.

65 Das Modell des dynamischen Wettbewerbs ist ausführlich bei Weber dargestellt. (Vgl. Weber, M.: Unternehmerische Marktstrategien bei dynamischem Wettbewerb, Münster 1991, S. 11ff.)

66 Vgl. Nelson, R.R.; Winter, S.: An Evolutionary Theory of Economic Change, a.a.O., 1982.

67 Hierbei wird zwischen verschiedenen Arten von Routinen unterschieden. Eine ausführliche Darstellung dieser Arten ist Schwitalla zu entnehmen. (Vgl. Schwitalla, B.: Messung und Erklärung industrieller Innovationsaktivitäten, Heidelberg 1993, S. 43.) Da eine Unterscheidung der verschiedenen Arten keinen Erklärungsbeitrag im Rahmen dieser Untersuchung bietet, wird auf eine Darstellung verzichtet.

3 Die Ausgangsbedingungen für die Transformation der Unternehmen in den neuen Bundesländern

Dadurch, dass weite Teile des ostdeutschen Produktspektrums - selbst modifiziert – nach der Systemtransformation nicht mehr am internationalen Markt absetzbar waren und daher eingestellt werden mussten[68], entstand die Situation, dass ostdeutsche Unternehmen nicht auf produktbezogenes Wissen[69] zurückgreifen konnten, welches der westlichen Konkurrenz durch Ihren „Wissensvorsprung" - der auf evolutorisch entstandene Marktstrukturen zurückzuführen ist - zur Verfügung stand. Somit führte die mangelnde Konkurrenzfähigkeit der ostdeutschen Produkte nicht nur dazu, dass ca. 40% aller Produkte völlig eingestellt werden mussten, sondern darüber hinaus Erfahrungen fehlten, die mit konkurrenzfähigen Produkten verbunden waren.[70] Dies betraf nicht nur Wissen zur Weiterentwicklung von Produkten, sondern auch das Wissen, welches für die Erneuerung bestehender Produktionsstrukturen notwendig war. Mangelnde Marketingerfahrungen ostdeutscher Unternehmen behinderten zusätzlich die Markteinführung von Innovationen. Somit fehlte ostdeutschen Unternehmen, in der Terminologie von Nelson und Winter, nach der Systemtransformation Routine, die eine Voraussetzung zur reibungslosen Leistungserstellung darstellt.[71]

Darüber hinaus wurden Innovationsprojekte ostdeutscher Unternehmen häufig mit der Aufgabe einer Produktpalette abgebrochen.[72] Bestehende Kontakte zu Forschungseinrichtungen oder anderen Unternehmen lösten sich auf. Hierdurch entstand für viele Unternehmen die Notwendigkeit, neue Kommunikationskanäle aufzubauen. Die hierzu notwendige Eigeninitiative musste zunächst entwickelt werden, da diese durch gesetzliche Reglementierungen in der ehemaligen DDR unterbunden wurde. Hierdurch entstand ein akuter Lernbedarf, den die Unternehmen zunächst für sich entdecken mussten. Die Innovationsfähigkeit war somit gegenüber westlicher Konkurrenz geringer ausgeprägt, was wiederum zu einem Wettbewerbsnachteil führte.

---

68 Vgl. Zanger, C.: Unternehmenskrise und Produktentwicklung – Zum strategischen Verhalten von Unternehmen im Übergang von der Plan- zur Marktwirtschaft, a.a.O., 1991, S. 982.

69 Produktbezogenes Wissen wird in der Terminologie von Nelson und Winter als Routine betrachtet. (Vgl. Nelson, R.R.; Winter, S.G.: An Evolutionary Theory of Economic Change, a.a.O., S. 16.)

70 Vgl. Zanger, C.: Unternehmenskrise und Produktentwicklung – Zum strategischen Verhalten von Unternehmen im Übergang von der Plan- zur Marktwirtschaft, a.a.O., 1991, S. 993.

71 Vgl. Nelson, R.R.; Winter, S.G.: An Evolutionary Theory of Economic Change, a.a.O. 1982, S. 14-21.

72 Als ein Grund für diese Entscheidung wurden häufig Liquiditätsengpässe angegeben. (Vgl. Pleschak, F.; Nellen, O.; Stummer, F.: Förderung technologieorientierter Unternehmensgründungen, Bonn 1998, S. 7ff.)

Für betriebliche Forschung und Entwicklung stellten sich die Ausgangsbedingungen wie folgt dar: Während die Mehrzahl der Unternehmen im Rahmen struktureller Anpassungsbemühungen nach Inkrafttreten der Wirtschafts-, Währungs- und Sozialunion eigene Forschung und Entwicklung kurzfristig zur Kostenreduzierung abbauten[73], zeigte sich bei einer Minderheit, dass deren Erhaltung als „Rettungsanker“ im Rahmen des betrieblichen Transformationsprozesses eine elementare Rolle spielte.

Unternehmen hatten zu Beginn des Transformationsprozesses in den Jahren 1990 bis 1993 durch den Abbau der betrieblichen Forschung und Entwicklung im Rahmen ihrer Konsolidierungsbemühungen ein „Teilopfer“ erbracht, um ein „Gesamtopfer“ in Form der Gesamtvollstreckung des Unternehmens zu vermeiden.[74] Da wirtschaftliche Effekte der betrieblichen Forschung und Entwicklung erst nach einem gewissen Zeitraum nach deren Abschluss erwartet wurden, war der Abbau des Forschungspersonals sowie Beschneidungen der Aufwendungen und die Ausgliederung der F&E-Abteilungen, die zudem die Option der Auftragsforschung offen ließ, ohne kurzfristig spürbare Negativwirkungen auf das Unternehmen möglich.[75]

Im Januar des Jahres 1992 gaben anlässlich einer Befragung des Institutes für Wirtschaftsforschung in Halle (IWH) unter 260 Unternehmen 30 % der Befragten an, keine eigene Forschung und Entwicklung zu benötigen.[76] Im Rahmen einer Folgeuntersuchung des IWH wurde festgestellt, dass im Jahre 1992 von ehemals 86.000 Beschäftigten in der Industrieforschung noch 15.000 in den neuen Bundesländern tätig waren.[77] Auch die häufigen Ausgliederungen der F&E-Abteilungen aus den Unternehmen der ehemaligen DDR bestätigen die Tatsache, dass Forschung und

---

73 So verweist Berteit darauf, dass von ehemals 86.000 Stellen in der industriellen Forschung und Entwicklung ca. 71.000 bis 1992 abgebaut wurden. (Vgl. Berteit, H.: Industrieforschung in den neuen Bundesländern akut gefährdet, in: Institut für Wirtschaftsforschung Halle, Konjunkturbericht 11-12, Halle 1992, S. 24.) Eine ausführliche Beschreibung des Abbaus industrieller Forschung und Entwicklung bis 1993 ist Hilbert zu entnehmen. (Vgl. Hilbert, A.: Industrieforschung in den neuen Bundesländern, a.a.O., S. 96.)

74 Witte befürwortet als Variante der Krisenbewältigung die Strategie der Teilliquidation und Ausgliederung mit der Begründung, dass im Sinne des Erhaltes der Unternehmung „Teilopfer“ zu erbringen sind, um ein „Gesamtopfer“ zu vermeiden, gibt jedoch zugleich zu bedenken, dass derartige kurzfristige Maßnahmen nur Sinn machen, wenn ihnen langfristig wirkende erfolgreiche Maßnahmen der Krisenbewältigung folgen. (Vgl.: Witte, E.: Die Unternehmenskrise - Anfang oder Ende vom Neubeginn, in: Bratschisch, R.; Schnellinger W. (Hrsg.): Unternehmenskrisen – Ursachen, Frühwarnung, Bewältigung, Stuttgart 1981, S. 7ff.)

75 Vgl. Felder, J.; Spielkamp, A.: Innovationsstrategien und Forschungsaktivitäten ostdeutscher Unternehmen, in.: Pleschak, F. (Hrsg.): Innovationen in Ostdeutschland – Potentiale und Probleme, Karlsruhe 1997, S.175.

76 Boden, S.; Lange, D.; Zimmermann, H.: Schrumpfende Industrieforschung gefährdet die Innovationskraft der Unternehmen, in: Institut für Wirtschaftsforschung Halle (Hrsg.): Konjunkturberichte Nr. 1, Halle 1992, S. 7ff.

77 Berteit, H.: Industrieforschung in den neuen Bundesländern akut gefährdet, a.a.O., S. 11ff.

Entwicklung der Krise häufiger „geopfert" wurden als andere Funktionsbereiche ostdeutscher Unternehmen.[78]

Untermauert wurde diese Erkenntnis durch die Ergebnisse einer weiteren Befragung, die ergab, dass die betriebliche Forschung und Entwicklung von der Mehrzahl der Unternehmen nicht als zentraler Engpass bei den Bemühungen um eine Stärkung der Unternehmen im Wettbewerb erachtet wurde.[79] Im Vergleich zu westdeutschen, bewerteten ostdeutsche Unternehmen FuE deutlich weniger als Quelle zum Erwerb neuer technologischer Kompetenz.[80] Die kurzfristige finanzielle Überlebenssicherung, die schnelle und nachhaltige Steigerung der Produktivität sowie die Erhaltung bisheriger, zumeist auf das Gebiet der ehemaligen DDR konzentrierter Märkte, stand im Mittelpunkt unternehmerischen Interesses.[81]

Im Gegensatz hierzu sahen andere Unternehmen in offensiv ausgerichteten Innovationsaktivitäten einen wichtigen Bestandteil ihrer betrieblichen Transformation. Ausschlaggebend hierfür war die Erwartung, dass durch diese ein Ausweg aus der Krisensituation eröffnet würde.[82] Diese Sichtweise basierte auf der Annahme, dass die Eintrittsbarrieren auf den westdeutschen Märkten nur hätten überwunden werden können, wenn ostdeutsche Unternehmen Produkte angeboten hätten, die Konkurrenzprodukte im Hinblick auf Kosten- und Qualitätsvorteile wesentlich überträfen.[83] Somit wurden offensiv ausgerichtete Innovationsaktivitäten als Basis für eine Neuausrichtung und Reorganisation ostdeutscher Unternehmen verstanden, die darauf abzielte, Märkte neu zu erschließen oder Anteile von bestehenden Märkten zu besetzen.[84]

---

78 Bis 1991 wurden 1014 Forschungsstellen in 157 Forschungs-GmbH's überführt. (Vgl. Haustein, H.-D.: Kreativer Wandel oder Katastrophe, in: Innovation & Management, Heft 9, 1991, S. 4-15.)

79 Vgl.: Becher, G.; Kuntze, U.: Forschung und Entwicklung in der Wirtschaft der ehemaligen DDR - Situationsanalyse im Juli/August 1990 und Beschreiben möglicher Veränderungen, Karlsruhe 1990. Eine Zusammenfassung der Ergebnisse ist zu entnehmen aus: Kuntze, U.: Forschung und Entwicklung in der Wirtschaft der ehemaligen DDR im Juli/August 1990, in: Holland, D.; Kuhlmann, S. (Hrsg.): Systemwandel und industrielle Innovation, Heidelberg 1995, S. 23-39. Diese Untersuchung wurde im Auftrag des ehemaligen Bundesministeriums für Forschung und Technologie (BMFT), Bonn, sowie des damaligen Ministeriums für Forschung und Technologie (MFT), Berlin, von einer Forschungsgruppe aus östlichen und westlichen Forschungsinstituten durchgeführt.

80 Holland, D.; Kuhlmann, S. (Hrsg.): Systemwandel und industrielle Innovation a.a.O., S. 28.

81 Vgl. Hilbert, A.: Industrieforschung in den neuen Bundesländern, a.a.O., S. 101.

82 Siebert, H.: Junge Bundesländer: Gibt es wirtschaftliche Alternativen?, Kieler Diskussionsbeiträge, Nr. 200, Kiel 1993.

83 So berichtete der ehemalige Geschäftsführer der Management KG Urban, dass ostdeutsche Unternehmen häufig um eine zweistellige Prozentzahl billiger als ihre westdeutschen Konkurrenten anbieten müssen, um überhaupt Auftragschancen zu erhalten. (Vgl.: Die Einkaufsoffensive öffnet die Westmärkte kaum, in: Der Tagesspiegel vom 21. Februar 1993.)

84 Vgl. Hilbert, A.: Industrieforschung in den neuen Bundesländern, a.a.O., S. 103

C Harmonie von Innovationsaktivitäten und Transformationstypen der Unternehmen als Voraussetzung für den Erfolg des betrieblichen Wandlungsprozesses

Im folgenden Kapitel wird der Frage nachgegangen, ob die harmonische Einbettung der Innovationsaktivitäten in den Transformationstyp der Unternehmen in Zusammenhang zum Erfolg des betrieblichen Wandlungsprozesses steht. Dieser Analyseschritt bildet somit die Grundlage für spätere Untersuchungen, die sich mit der Frage beschäftigen, ob die Instrumente zur betrieblichen Technologieförderung diese Harmonie[85] tangieren. Der Begriff der Harmonie ist in der innovationsökonomischen Literatur eingeführt und beschreibt das auf ein gemeinsames Ziel ausgerichtete Zusammenwirken verschiedener Teilbereiche eines Unternehmens im Sinne einer Gesamtstrategie.

Um die beschriebene Harmonie als Erfolgsdeterminante zu analysieren, wird im Folgenden in zwei Schritten vorgegangen. Im ersten Schritt werden auf der Basis literaturgestützter Auswertungen Ergebnisse von empirischen Untersuchungen aus der Reorganisationstheorie diskutiert, die erfolgsmögliche Transformationstypen von Unternehmen identifizierten.[86]

Im zweiten Schritt wird zu zeigen sein, dass sich die betrieblichen Innovationsaktivitäten innerhalb der verschiedenen Transformationstypen erheblich unterscheiden. Jedem Typ lässt sich im Folgenden ein bestimmtes Ausprägungsmuster betrieblicher Innovationsaktivitäten zuordnen. Es wird zu zeigen sein, dass diese Ausprägungsmuster eine Determinante für den Erfolg des betrieblichen Wandlungsprozesses sind.

Abschließend werden die Ergebnisse der literaturgestützten Auswertungen in einer tabellarischen Darstellung zusammengefasst und zur Formulierung eines Hypothesenkomplexes verwendet, der die empirische Überprüfung der getroffenen Aussagen zu einem späteren Zeitpunkt erlaubt.

---

85 . (Vgl. Brockhoff, K.: Schnittstellenmanagement, a.a.O., S. 7.)

86 In diesem Zusammenhang sind bspw. folgende Arbeiten zu nennen: Miller, D.; Friesen, P.: Organizations – A Quantum View, Eaglewood Cliffs 1984; Witte, E.: Die Unternehmenskrise - Anfang oder Ende vom Neubeginn, in: Bratschisch, R.; Schnellinger W. (Hrsg.): Unternehmenskrisen - Ursachen Frühwarnung, Bewältigung, Stuttgart 1981; Beer, M.; Eisenstat, R.A.; Spector, B.: The Critical Path to Corporate Renewal, Boston 1990; Lindbloom, C.E.: The Science of Muddling-Through, in: Ansoff, H. (Hrsg.): Business-Strategy, New-York 1969, S. 41-60.

1 Erfolgsmögliche Transformationstypen

Unternehmen in einer sich transformierenden Ökonomie können verschiedene erfolgsmögliche Transformationstypen verfolgen, die sich in der Ausrichtung von Produktpolitik und Innovationsaktivitäten unterscheiden. Daher werden zunächst Erscheinungsformen der Produktpolitik und der Innovationsaktivitäten der Unternehmen diskutiert, um diese als Abgrenzungskriterien bei der Darstellung erfolgreicher Transformationstypen[87] zu verwenden.

Produktpolitik von Unternehmen lässt sich vielfältig klassifizieren.[88] Die häufigste in der Literatur verwendete Differenzierung unterscheidet zwischen offensiver und defensiver Produktpolitik. Im Rahmen dieser Untersuchung wird die Produktpolitik eines Unternehmens dann als offensiv bezeichnet, wenn angestrebt wird, das äußere Erscheinungsbild und somit den Marktauftritt des Unternehmens zu verändern. Eine Produktpolitik ist somit offensiv, wenn eine der beiden Bedingungen erfüllt ist:

- Wenn ein Unternehmen neue Produkte auf den Markt bringt: Das bedeutet keinesfalls, dass diese Produkte ausschließlich das Ergebnis eigener FuE-Aktivitäten sein müssen. Zu denken wäre in diesem Zusammenhang auch an die Imitation eines Produktes.
- Wenn ein Unternehmen sein Vertriebskonzept ändert: Das Unternehmen ändert seinen Marktauftritt dadurch, dass es ein neues oder am Markt existierendes Produkt durch ein für das Unternehmen neues Vertriebskonzept abzusetzen versucht. So ist es denkbar, dass ein Unternehmen eine Kosten- oder Qualitätsführerschaft am Markt anstrebt. Ausgangspunkt hierfür könnte die Modernisierung des Produktionsprozesses sein, der es erlaubt, bestehende Produkte durch die Einführung neuer Produktionsverfahren deutlich günstiger herzustellen oder qualitativ zu verbessern.

Die betriebliche Produktpolitik wird vor dem Hintergrund dieser Abgrenzung dann als offensiv bezeichnet, wenn ein Unternehmen anstrebt, seine Position im Außenraum zu verändern.[89]

---

87 Unter dem Begriff des Transformationstyps wird hier und in der gesamten Arbeit nicht zwangsläufig die bewusste Auswahl einer Alternative aus einer Menge von Handlungsoptionen verstanden. Solche Typen können auch durch zufällige Ereignisse oder als spontane, alternativlose Reaktion auf den Druck objektiver Bedingungen entstehen, z.B. durch eine Änderung der Umwelt. (Vgl. Hilbert, A.: Industrieforschung in den neuen Bundesländern, a.a.O., S. 111.)

88 Eine Darstellung unterschiedlicher Differenzierungsformen findet sich bei Porter, M.: Wettbewerbsstrategie, a.a.O., S. 62ff.

89 Diese Differenzierung erfolgt in Anlehnung an Kramer. (Vgl. Kramer, F.: Innovative Produktpolitik, Berlin 1989, S. 292.)

Eine defensive Produktpolitik hingegen zeichnet sich dadurch aus, dass nicht angestrebt wird, das äußere Erscheinungsbild und somit der Auftritt des Unternehmens am Markt zu verändern.[90]

Da u.a. das Erscheinungsbild der Unternehmen im Außenraum deren Wettbewerbssituation determiniert, stellt die betriebliche Produktpolitik eine entscheidende Bestimmungsgröße der betrieblichen Transformationsstrategie dar.[91] Die transformationsstrategische Ausrichtung der Unternehmen wird jedoch dadurch bestimmt, wie die verfolgte Produktpolitik durch betriebliche Innovationsaktivitäten untermauert wird.

Betriebliche Innovationsaktivitäten können in ihrer langfristig festgelegten Ausrichtung ebenfalls als offensiv oder defensiv charakterisiert werden[92] und auf eine Veränderung des Produkt- bzw. des Leistungsprogramms und/oder auf eine Erneuerung von Produktionsanlagen abzielen. Dabei wird entweder versucht, durch betriebsinterne Forschungs- und Entwicklungsbemühungen zu einer eigenen Problemlösung zu gelangen, oder bereits am Markt bestehende Neuerungen zu übernehmen.

Eine offensive Ausrichtung der betrieblichen Innovationsaktivitäten zeichnet sich dadurch aus, dass ein Unternehmen versucht, Neuerungen durch Forschung und Entwicklung zu generieren, die auch betriebsextern als Innovationen erkannt werden. Hierbei ist entscheidend, dass die betriebliche Forschung und Entwicklung nicht die einzige Quelle der Neuerungen darstellt. So können Unternehmen auch Wissen, welches bisher nicht in Innovationen eingesetzt war, erwerben oder im Rahmen von Kooperationen mit betriebsexternen Akteuren generieren. Hierbei zeigt sich jedoch, dass ohne betriebliche Forschung und Entwicklung sowohl der Erwerb dieses Wissens als auch dessen Generierung über Kooperationen mit betriebsexternen Akteuren nicht möglich ist. Als Grund hierfür werden Zugangsvoraussetzungen für das Wissen genannt.[93] So ist ein Unternehmen bspw. ohne entsprechend qualifizierte Mitarbeiter nicht in der Lage, im Rahmen von Kooperationsprojekten einen Beitrag zur Wissensgenerierung zu leisten oder bereits beste-

90 Das äußere Erscheinungsbild von Transformationsunternehmen muss sich nicht zwangsläufig verändern. Im weiteren Verlauf dieser Untersuchung wird sich zeigen, dass einzelne Transformationstypen der Unternehmen durchaus von einer defensiv ausgerichteten Produktpolitik begleitet sein können.

91 Vgl. McDaniel, St. W.; Kolari, J.W.: Marketing Strategy Implications of the Miles and Snow-Strategic Typology, in: Journal of Marketing, Vol. 51 / 1987, S. 28. Andere Determinanten, die die Wettbewerbssituation der Unternehmen bestimmen, unterliegen hier keiner näheren Betrachtung.

92 Eine ausführliche Abgrenzung einer offensiven von einer defensiven Ausrichtung der Innovationsaktivitäten ist Kern und Schröder zu entnehmen. (Vgl. Kern, W.; Schröder, H.-H.: Forschung und Entwicklung in der Unternehmung, Reinbek 1977, S. 83-87.)

93 Vgl. Hicks, D.: Published Papers, Tacid Competencies and Corporate Management of the Public/Private Character of Knowledge, in: Oxford University Press 1995, S. 408f.

hendes und bisher nicht in bestehenden Produkt- oder Prozessinnovationen verwendetes Wissen zu bewerten.[94]

Defensiv ausgerichtete Innovationsaktivitäten hingegen zeichnen sich dadurch aus, dass Unternehmen keine eigenen Forschungs- und Entwicklungsaktivitäten aufweisen. Eingeführte Neuerungen sind entweder das Produkt von Imitation oder eines Veränderungsprozesses bereits bestehender Produkte. Diese Veränderung ist nicht das Ergebnis eines zielgerichteten Forschungs- und Entwicklungsprozesses.[95]

Imitierende Unternehmen übernehmen bereits am Markt eingeführte und als erfolgreich bekannte Innovationen und nehmen somit die Funktion eines Technologiefolgers im dynamischen Wettbewerb ein.[96] Durch den technischen Stand und die Ausgereiftheit der Innovation ist eigene Forschung und Entwicklung für den Imitator nicht notwendig. Unternehmen, die eigene am Markt eingeführte Produkte lediglich verändern und hierbei auf Forschung und Entwicklung verzichten, verfolgen ebenfalls defensive Innovationsaktivitäten.

In der innovationsökonomischen Literatur wird als weiteres Unterscheidungsmerkmal zwischen offensiven und defensiven Innovationsaktivitäten das mit der Durchführung von Innovationsprojekten verbundene Risiko genannt.[97] Offensive Innovationsaktivitäten sind durch ein hohes Risiko gekennzeichnet, dem hohe Renditeerwartungen entgegenstehen müssen, um ein Innovationsprojekt durchzuführen.[98] Das Risiko besteht bei offensiven Innovationsaktivitäten darin, dass noch keine Erfahrungen über die technische Realisierbarkeit und die ökonomische Verwertbarkeit vorliegen. Der wirtschaftliche Erfolg wird darüber hinaus dann gefährdet, wenn der Patentschutz keine weit reichende Sicherheit bietet, Monopolrenten zu realisieren.[99]

---

94 Als weitere Gründe werden bspw. die Nutzung bestimmter Informationskanäle genannt. (Vgl. Hicks, D.: Published Papers, Tacid Competencies and Corporate Management of the Public/Private Character of Knowledge, a.a.O., S. 409.)

95 Vgl. Kern, W.; Schröder, H.-H.: Forschung und Entwicklung in der Unternehmung, a.a.O., S. 85.

96 Vgl. Weber, M.: Unternehmerische Marktstrategien bei dynamischem Wettbewerb, a.a.O., S. 34.

97 Vgl. Maas, C.: Determinanten betrieblichen Innovationsverhaltens, Berlin 1990, S. 177ff.

98 Vgl. Mansfield, E.; Rapoport, J.; Romeo, A.; Villau, E.; Wagner, S.; Husic, F.: The Production and Application of New Industrial Technology, New York 1977, S. 36ff.

99 Vgl. Hanusch, H, Canter, U.: Neuere Ansätze in der Innovationstheorie und der Theorie des technischen Wandels – Konsequenzen für eine Industrie- und Technologiepolitik, in: Meyer-Krahmer, F. (Hrsg.): Industrieökonomik und Technologiepolitik, Heidelberg 1993, S. 16

Defensive Innovationsaktivitäten zeichnen sich durch ein geringeres Risiko und damit verbundene geringere Ertragsaussichten aus.[100] Diese bedürfen geringerer finanzieller Ressourcen. Zudem ist das Ziel der Innovationsaktivitäten bereits bekannt und die Erfolgsaussichten erprobt. Imitatoren können anhand der Erfahrungen der Pionierunternehmen abschätzen, welche Absatzaussichten ein Produkt hat oder welche Einsparungen eine Prozessinnovation mit sich bringt.[101]

Im Rahmen dieser Untersuchung wird ausschließlich die Durchführung eigener Forschung und Entwicklung als Kriterium zur Unterscheidung zwischen offensiv und defensiv ausgerichteten Innovationsaktivitäten herangezogen.[102]

1.1 Ausrichtung von Produktpolitik und Innovationsaktivitäten der Unternehmen als Abgrenzungskriterien erfolgsmöglicher Transformationstypen

Im Folgenden werden Ergebnisse von Untersuchungen diskutiert, die sich mit der Reaktion von Unternehmen auf eine Veränderung der wirtschaftlichen Umwelt beschäftigten. Die Ergebnisse dienen der Erweiterung von Ansätzen der Reorganisationstheorie.[103] Ein Teil dieser Analysen widmete sich der Identifizierung folgender erfolgsmöglicher Transformationstypen von Unternehmen in einer sich ändernden Umwelt:

- Nucleus-Transformationstyp
- Engpass-Transformationstyp
- Reversal- oder Recreation-Transformationstyp
- Muddling-Through-Transformationstyp.

---

100 Geringere Ertragsaussichten resultieren aus dem Verzicht der Unternehmen auf ein temporäres Monopol. (Vgl. Mansfield, E.; et al.: The Production and Application of New Industrial Technology, a.a.O., S.36ff)

101 Hierbei ergibt sich jedoch das Problem, dass Abnehmer am Markt etablierte Produkte als Vertrauensgüter betrachten. In diesem Fall besteht auch für inkremental verbesserte Produkte das Problem eines höher zu bewertenden Risikos. In diesem Falle tragen inkrementale Innovationsaktivitäten durchaus einen offensiven Charakter, da das hiermit verbundene Risiko höher eingeschätzt werden muss. (Vgl. Schellhass, H.-M.: Dynamische Marktschranken und Funktionsfähigkeit der Märkte, in: Bombach, G.; Gahlen, B.; Ott, A.E. (Hrsg.): Industrieökonomik – Theorie und Empirie, Tübingen 1985, S. 273)

102 In der innovationsökonomischen Literatur wird überwiegend dieses Kriterium zur Unterscheidung von defensiven gegenüber offensiven Innovationsaktivitäten herangezogen. (Vgl. Hassink, R.: Regional Innovation Policy: Case-Studies from the Ruhr-Area, Baden-Würtemberg and the North East of England, Utrecht 1992, S.35f.)

103 Die Reorganisationstheorie bietet Erklärungen für die Umstrukturierung von Unternehmen nach einer Veränderung der Umwelt. Zentraler Bestandteil dieser Theorie ist Diskussion über erfolgreiche Reorganisationsmaßnahmen. (Vgl. Waragai, T.: Der Einfluss der Reorganisation auf die Unternehmensentwicklung – eine ökonomische Analyse, in: Albach, H. (Hrsg.): Organisation: Mikroökonomische Theorie und deren Anwendung, Wiesbaden 1989.)

Die Abgrenzung defensiver und offensiver Innovationsaktivitäten, die eine defensiv oder offensiv ausgerichtete Produktpolitik untermauern, dient der Unterscheidung dieser Transformationstypen. Die folgende Abbildung vermittelt einen Überblick darüber, wie sich die Typen im Hinblick auf die Produktpolitik und die Innovationsaktivitäten der Unternehmen unterscheiden.

Abb. C-1 Ausrichtung von Produktpolitik und Innovationsaktivitäten im Rahmen erfolgsmöglicher Transformationstypen

		Innovationsaktivitäten: offensiv	Innovationsaktivitäten: defensiv
Produktpolitik	offensiv	Recreation Reversal	Engpass
Produktpolitik	defensiv	Nucleus	Muddling- Through

Folgend werden die in Abb. C-1 dargestellten Typen betrieblicher Transformation einzeln diskutiert.

1.1.1 Der Nucleus-Transformationstyp

Untersuchungen, die zur Selbstorganisation von Unternehmen durchgeführt wurden, kommen zu dem Ergebnis, dass diejenigen Unternehmen, die nach einer Veränderung ihrer Umwelt zunächst einen Wandel in einem „Nucleus", einem Teilbereich des Unternehmens, durchführen, besonders erfolgreich sind.[104] Der Wandel muss sich jedoch nach seiner Verfestigung im Teilbereich auf das gesamte Unternehmen übertragen. Entscheidende Voraussetzung für diese Übertragung ist die Unabhängigkeit und die Stärke des „Nucleus"-Managements" sowie die Frage, ob die Unterstützung der Unternehmensführung gewonnen werden kann.[105] Weil der

---

104 Richtungsweisend für die Untersuchung dieser Reorganisationsform sind die Arbeiten von Beer et al., der seine Ergebnisse auf naturwissenschaftliche Beobachtungen von Prigogine und Stengers stützt. (Vgl. Beer, M.; Eisenstat, R.A.; Spector, B.: The Critical Path to Corporate Renewal, a.a.O., S. 135; sowie: Prigogine, I.; Stengers, I.: Order Out of Chaos – Man´s New Dialogue with Nature, New York 1990.)

105 Vgl. Prigogine, I.; Stengers, I.: Order Out of Chaos – Man´s New Dialogue with Nature, New York 1994, S. 67.

Wandlungsprozess des Gesamtunternehmens von einem in weiten Teilen autonomen Teilbereich ausgeht, wird im Rahmen der Diskussion um den Nucleus-Transformationstyp von einem „buttom-up-Ansatz“ gesprochen.[106]

Offensiv orientierte Innovationsaktivitäten bilden die Basis für einen intensiven Wandel eines betrieblichen Teilbereichs, der als Ausgangspunkt für einen breiten Transformationsprozess der Unternehmen in der Zukunft verstanden wird. Die Produktpolitik der Unternehmen ist in der Zeit bis zur unternehmensweiten Transformation defensiv ausgerichtet, um die Geschäftstätigkeit des Unternehmens aufrecht zu erhalten. [107]

Somit zeichnet sich eine Nucleus-Transformationstyp durch offensive Innovationsaktivitäten aus, die weitgehend unabhängig von der gegenwärtigen Produktpolitik der Unternehmen ausgerichtet sind.[108]

1.1.2 Der Engpass-Transformationstyp

Engpassorientierte Maßnahmen, die Erkenntnisse aus Lernprozessen in die Planung der Reorganisation einbeziehen und diese bewusst auf einen bestehenden Engpass im Unternehmen konzentrieren, entsprechen dem „Gutenbergschen Engpassgesetz der Planung“[109]. Hierin wird die Handlungsmaxime formuliert, kurzfristig betriebliche Teilpläne auf den bestehenden Engpass auszurichten.[110]

Die Quelle des betrieblichen Wandels von Unternehmen, die diesem Transformationstyp zuzurechnen sind, liegt nicht im Unternehmen selbst. Der von der Unternehmensführung eingeleitete Transformationsprozess basiert darauf, dass bereits am Markt bestehende Produkte oder Produktionstechniken übernommen werden. [111] Daher verstehen sich diese Unternehmen als Imitatoren, die im „dynamischen

---

106 Vgl. Hilbert, A.: Industrieforschung in den neuen Bundesländern, a.a.O., S. 108.

107 Vgl. Beer, M.; Eisenstat, R.A.; Spector, B.: The Critical Path to Corporate Renewal, a.a.O., S. 135.

108 Vgl. Beer, M.; Eisenstat, R.A.; Spector, B.: The Critical Path to Corporate Renewal, a.a.O., S. 139.

109 Vgl. Gutenberg, E.: Grundlagen der Betriebswirtschaftslehre, Bd. 1, Die Produktion, 7. Auflage, Berlin 1961, S. 124.

110 Witte greift diese Maxime für das Problem der Unternehmenskrise auf und fordert als ersten Schritt der Krisenbewältigung einen Ausgleich innerhalb der bestehenden Faktorkombinationen zur Anpassung an den Engpasssektor im Unternehmen. (Vgl. Witte, E.: Unternehmenskrise – Anfang oder Ende vom Neubeginn, a.a.O., S. 19.)

111 Vgl. Hedberg, B.; Nystrom, P.; Starbuck, W.: Camping on Seasaw – Prescription of a Self-Designing Organization, in: Administrative Science Quarterly, Vol. 21/1976, S. 41-65; sowie: Ansoff, H.I.; Stewart, J.M.: Strategy for a Technology Based Business, in: Rothberg, R. (Hrsg.): Corporate Strategy and Product Innovation, New York 1976, S. 72.

Wettbewerb“ die Funktion eines „Verfolgers“ einnehmen und eine erfolgreiche Innovation kopieren.

Der Engpass-Transformationstyp führt nicht zwangsläufig dazu, dass bestehende Innovationen gänzlich kopiert werden. Sowohl die Übernahme eines Teils einer bestehenden Innovation als auch deren Veränderung zur marginalen Diversifizierzung der Unternehmen sind denkbar.[112]

Dieser auf Imitation aufbauende Transformationstyp basiert somit auf Innovationsaktivitäten, die sich darauf konzentrieren, die mit der Übernahme auftretenden Engpässe im Unternehmen zu beseitigen.[113] Diese reagieren auf Impulse einer offensiv ausgerichteten Produktpolitik.[114]

Die mit diesem Transformationstyp verbundenen Risiken der Innovationsprojekte sind deutlich geringer als bei Transformationstypen, die mit offensiv ausgerichteten Innovationsaktivitäten verbunden sind. Das hängt damit zusammen, dass der Aufwand für die Innovationsaktivitäten deutlich geringer ist, da bereits auf vorhandenes Wissen, welches mit der zu übernehmenden Technik verbunden ist, zurückgegriffen werden kann. [115] Zudem sind die wirtschaftlichen Risiken weitgehend durch das Pionierverhalten anderer Unternehmen bekannt.[116]

1.1.3 Der Reversal- und Recreation-Transformationstyp

Für den Fall der Auslösung des Wandels durch die Unternehmensführung äußern Vertreter der Reorganisationstheorie unterschiedliche Auffassungen, ob ein Erfolg der Reorganisation eher durch engpassorientierte Maßnahmen ermöglicht wird[117]

---

112 Ansoff, H.I.; Stewart, J.M.: Strategy for a Technology Based Business, a.a.O., S75.

113 Vgl. Hilbert, A.: Industrieforschung in den neuen Bundesländern, a.a.O., S. 106.

114 Vgl. Hedberg, B.; Nystrom, P.; Starbuck, W.: Camping on Seasaw – Prescription of a Self-Designing Organization, in: Administrative Science Quarterly, Vol. 21 / 1976, S. 53.

115 Eine ausführliche Diskussion über das Verhalten von Imitatoren findet sich bei Hanusch und Canter. (Vgl. Hanusch, H, Canter, U.: Neuere Ansätze in der Innovationstheorie und der Theorie des technischen Wandels – Konsequenzen für eine Industrie- und Technologiepolitik, in: Meyer-Krahmer, F. (Hrsg.): Industrieökonomik und Technologiepolitik, Heidelberg 1993, S. 11-46.)

116 Die wirtschaftlichen Risiken bestehen bei der Übernahme von Produktinnovationen in der Einschätzung der Absatzmärkte. Die Einführung neuer Prozesstechnologien ist mit Risiken verbunden, dass neue Produktionstechniken nicht die gewünschten Effekte im Hinblick auf das verfolgte Kosten- oder Qualitätsziel erreichen.

117 Vgl. Hedberg, B.; Nystrom, P.; Starbuck, W.: Camping on Seasaw – Prescription of a Self-Designing Organization, a.a.O., S. 41-65.

oder ob einschneidende und simultane Veränderungen aller Unternehmensbereiche notwendig sind.[118]

Kritiker des „Engpass-Ansatzes" geben zu verstehen, dass die Konzentration unternehmensinterner Ressourcen auf die Bewältigung eines Engpasses nicht dazu beitragen, bestehende Disharmonien im Zusammenwirken einzelner Unternehmenssektoren zu überwinden. Diese können letztlich die Ursache für eine Unternehmenskrise sein, die durch eine Konzentration auf einen bestehenden Engpass nicht beseitigt werden. Mintzberg meint hierzu: „Wavering between two structures – the old, established one no longer appropriate and the new, uncertain one now necessary – leads to a kind of organizational schizophrenia that may be the most damaging state of all."[119] Erst die Beseitigung alter Strukturen durch einen radikalen, das ganze Unternehmen umfassenden Wandel, kann zu einem Reorganisationserfolg führen.[120] Dieser Typ der Unternehmenstransformation wird in der Literatur als Reversal oder Recreation bezeichnet.[121]

Als Recreation wird ein umfassender Umbau eines Unternehmens vor dem Hintergrund einer günstigen Unternehmenssituation verstanden, in der durch einen Wandel diese nochmals verbessert werden kann. Kennzeichnend für diesen Transformationstyp ist eine hohe Risikobereitschaft der Unternehmensführung, die sich als Vorreiter am Markt versteht. Der Transformationstyp des Reversal hingegen setzt eine akute Krisensituation im Unternehmen voraus, die die Risikobereitschaft der Unternehmensführung beeinflusst.

Die in beiden Fällen zugrundegelegte hohe Risikobereitschaft der Unternehmensführung, die zur Realisierung dieses Transformationstyps notwendig ist, hat zwei verschiedene Ursachen. Zum einen steht dem hohen Risiko ein hoher Ertragswert des Innovationsprojekts entgegen. Dieser lässt die Bereitschaft zur Durchführung des Projektes in der Unternehmensführung steigen. Je höher der Ertragswert des Innovationsprojektes ausfällt, desto geringer muss die Risikobereitschaft ausfallen, damit das Innovationsprojekt durchgeführt wird.

Verschlechtert sich hingegen die Unternehmenssituation, so steigt die Bereitschaft auch Innovationsprojekte zu realisieren, deren Risiko für die Unternehmen beson-

---

118 Vgl. Miller, D.; Friesen, P.: Organizations – A Quantum View, a.a.O., S. 212ff.

119 Mintzberg, H.: The Structuring of Organizations, Eaglewood Cliffs 1979, S. 479.

120 Diese Behauptung wird von Miller und Friesen anhand verschiedener Unternehmenssamples aus verschiedenen Nationen empirisch bestätigt, indem erfolgreiche Unternehmenstransformationen häufiger als nicht erfolgreiche mit extremen und simultanen Veränderungen der Unternehmenssektoren verbunden waren. (Vgl. Miller, D.; Friesen, P.: Organizations – A Quantum View, a.a.O., S. 225ff.)

121 Vgl. Miller, D.; Friesen, P.: Organizations – A Quantum View, a.a.O., S. 227.

ders hoch ist. Die von Schumpeter formulierte Theorie, dass Unternehmen in Krisensituationen zu risikoreicheren Innovationen eher bereit sind als bei Prosperität[122], wurde von Bowman[123] sowie Perlitz und Löbler[124] empirisch überprüft und bestätigt. Das als Risk-Return-Paradoxon beschriebene Phänomen erklärt die Innovationsbereitschaft nicht allein über die Ertragsaussichten des Innovationsprojektes, sondern darüber hinaus auch über die wirtschaftliche Situation der Unternehmen.[125]

Beide Transformationstypen zeichnen sich durch die gleiche Ausrichtung von Produktpolitik und Innovationsaktivitäten aus und streben einen umfassenden Wandel des gesamten Unternehmens an[126] Aus diesem Grunde werden sie gemeinsam im Rahmen dieser Analyse untersucht.

Unternehmen, die diesem Transformationstyp zuzurechnen sind, streben eine technische Führerschaft auf einem Markt an, um temporäre Monopolgewinne zu realisieren.[127] Sie übernehmen damit die Rolle eines Vorreiters im dynamischen Wettbewerb und entsprechen somit dem Leitbild des innovativen Unternehmers nach Schumpeter.[128]

1.1.4 Der Muddling-Through-Transformationstyp

Vertreter, die einen Muddling-Through-Transformationstyp im Rahmen der Unternehmenstransformation favorisieren, verweisen darauf, dass ein breiter und intensiver Wandel der Unternehmen der Dynamik eines gesamtwirtschaftlichen Strukturwandels nicht gerecht wird. Durch die allzu starre Ausrichtung der Unternehmen auf lediglich ein Ziel könnten Fehlentwicklungen eingeleitet werden, die zum Scheitern des Gesamtunternehmens führen. Somit müsse ein Transformationstyp

---

122 Vgl. Schumpeter, J.A.: Business Cycles, New-York 1961, S. 92ff.

123 Vgl. Bowman, E.: A Risk/Return-Paradox for Strategic Management, in: Sloan Management Review, Vol. 21, Spring, S. 17-31.

124 Vgl. Perlitz, M.; Löbler, H.: Brauchen Unternehmen zum Innovieren Krisen?, in: Zeitschrift für Betriebswirtschaft, Heft 5, 1985, S. 424-450.

125 Hinter dieser Verhaltensweise dürfte ein generelles psychologisches Phänomen stehen, das Kahnemann und Tversky nachweisen und mit der Prospect-Theorie erklären. Diese Theorie erklärt Abweichungen vom rationalen Verhalten der Maximierung von Nutzenerwartungswerten. Für Situationen drohender Verluste wird durch die Prospect-Theorie ein risikofreudiges Verhalten prognostiziert und durch Befunde experimenteller Studien mehrfach bestätigt. (Vgl. Tversky, A.; Kahnemann, D.: Advances in Prospect Theory: Cumulative Representation of Uncertainty, in: Journal of Risk and Uncertainty, Vol. 5, 1992, S. 297-323.)

126 Vgl Mintzberg, H.: The Structuring of Organizations, a.a.O., S. 485.

127 Vgl. Miller, D.; Friesen, P.: Organizations – A Quantum View, a.a.O, S. 235.

128 Vgl. Schumpeter, J.A.: Theorie der wirtschaftlichen Entwicklung– Eine Untersuchung für Unternehmergewinn, Kapital, Kredit, Zins und den Konjunkturzyklus, 5. Aufl., a.a.O. S.24.

permanent sich ändernde Umweltbedingungen berücksichtigen, um erfolgreich zu sein.[129]

Ziel von Unternehmen, die einen Muddling-Through- Transformationstyp verfolgen, ist die Verteidigung der bestehenden Marktsituation, die sich in einer defensiv ausgerichteten Produktpolitik niederschlägt.[130] Innovationsaktivitäten orientieren sich nicht an einem festgesetzten Ziel in Form von betrieblichen Forschungs- und Entwicklungsbemühungen, sondern treten in Form von „Trial-and-Error-Prozessen" auf, die sich weitgehend dem Einflussbereich der Unternehmensleitung entziehen.[131] Ein Veränderungsprozess dieser Unternehmen verläuft lediglich in kleinen Schritten und ist weder breit noch intensiv.[132] Der Transformationstyp des Unternehmens in seiner Gesamtheit ist somit defensiv ausgerichtet und in ihrer konkreten Ausprägung zufällig, weil Ergebnisse des „Muddling-Through-Prozesses" nicht im Vorfeld bestimmbar sind.[133]

1.2 Unterscheidungsmerkmale der Transformationstypen – eine Zusammenfassung

Die dargestellten Transformationstypen unterscheiden sich in der Intensität und in der Breite des betrieblichen Wandlungsprozesses. Während die Intensität der Unternehmenstransformation darüber entscheidet, ob der Wandlungsprozess radikal oder in kleinen Schritten verläuft, gibt die Breite darüber Aufschluss, ob der betriebliche Wandlungsprozess das gesamte Unternehmen ergreift oder sich lediglich auf einen Teilbereich dessen konzentriert.[134] Abb. C-2 verdeutlicht die Unterschiede der diskutierten Transformationstypen.

---

129 Vgl. Lindbloom, C.E.: The Science of Muddling-Through, a.a.O., S. 41ff.

130 Vgl. Hilbert, A.: Industrieforschung in den neuen Bundesländern, a.a.O., S. 106.

131 Diese Eigenschaft führte auch dazu, dass die Vertreter, die diesem Transformationstyp die größten Erfolgschancen einräumen, diesem Transformationstyp den Namen Muddling-Through gaben. (Vgl. Lindbloom, C.E.: The Science of Muddling-Through, a.a.O., S. 42.)

132 Angesichts der radikalen Veränderungen der gesamtwirtschaftlichen Rahmenbedingungen in den ostdeutschen Bundesländern bezweifeln einige Vertreter der Reorganisationstheorie, dass der Transformationstyp des Muddling-Through zum Erfolg der Unternehmen im Transformationsprozess führt. Hierzu lägen „...die Probleme der Unternehmen zu deutlich auf der Hand ...". Ein Muddling-Through führe zu einer Verzögerung von Entscheidungen zur Unternehmenstransformation, die mit sehr hohen Kosten für die Betriebe verbunden seien. (Vgl. Hilbert, A.: Industrieforschung in den neuen Bundesländern, a.a.O., S. 110.)

133 Vgl. Lindbloom, C.E.: The Science of Muddling-Through, a.a.O., S. 53

134 Vgl.: Hilbert, A.: Industrieforschung in den neuen Bundesländern, a.a.O., S. 107

Abb. C-2 Unterscheidungsmerkmale erfolgsmöglicher Transformationstypen

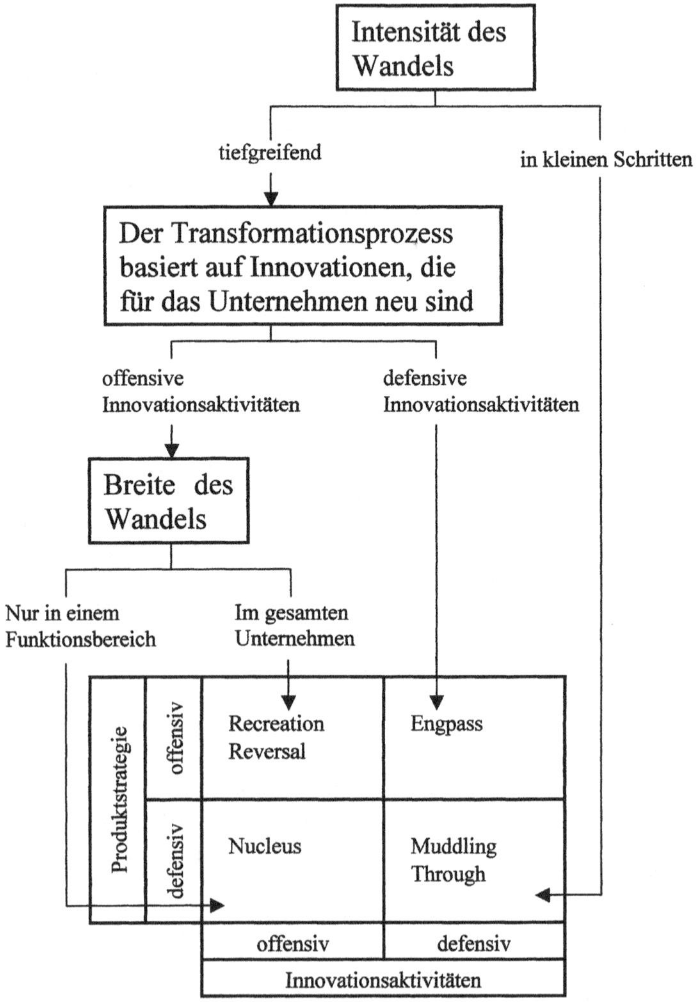

Drei der vier diskutierten erfolgsmöglichen Transformationstypen zeichnen sich durch einen intensiven Wandel des äußeren Erscheinungsbildes aus.[135] Lediglich Unternehmen, die einen Transformationstyp des Muddling-Through verfolgen, sind darum bestrebt, ihren Marktauftritt nicht intensiv zu verändern. Die Ausrichtung der Innovationsaktivitäten unter den Unternehmen, die eine intensive Transformation anstreben, entscheidet darüber, ob dieser Prozess durch Imitation oder durch eigene Forschung und Entwicklung vorangetrieben wird. Die Unternehmen, die eigene Forschung und Entwicklung als Basis des Transformationsprozesses durchführen, unterscheiden sich hinsichtlich des Zeitpunkts der Änderung des Marktauftritts. Diejenigen, die im Zeitwettbewerb temporäre Monopolrenten anstreben, stellen ihre Forschung und Entwicklung auf eine breite organisatorische Basis. Unternehmen hingegen, die durch Forschung und Entwicklung einen tiefgreifenden Wandel in der Zukunft vorbereiten und nicht vorrangig beabsichtigen, temporäre Monopolrenten zu realisieren, werden diese auf einen bestimmten Funktionsbereich im Unternehmen konzentrieren.

2 Die harmonische Einbettung betrieblicher Innovationsaktivitäten in erfolgsmögliche Transformationstypen

Die Ergebnisse der empirisch geprägten Analysen, die erfolgsmögliche Transformationstypen von Unternehmen in einer sich ändernden Umwelt untersuchen, werden in dieser Arbeit übernommen und keiner weiteren Überprüfung unterzogen.[136]

Im weiteren Verlauf dieses Kapitels wird auf der Basis von Literaturauswertungen analysiert, ob der Erfolg der beschriebenen erfolgsmöglichen Transformationstypen in Zusammenhang zu bestimmten Ausprägungen betrieblicher Innovationsaktivitäten stehen, die konform zum dargestellten Harmonieansatz ausgestaltet sind.

Die Untersuchung geht hierbei in zwei Schritten vor. Zunächst wird der zu Grunde liegende Harmonieansatz diskutiert, welcher die harmonische Einbindung der Innovationsaktivitäten in die Transformationstypen der Unternehmen in Zusammenhang zum Erfolg des betrieblichen Wandlungsprozesses stellt. Im nächsten Schritt werden die beschriebenen Typen hinsichtlich ihrer Innovationsaktivitäten unterschieden. Hierbei wird auf der Grundlage des Harmonieansatzes jedem dargestellten Transformationstyp ein bestimmtes Ausprägungsmuster betrieblicher Innovations-

---

135 Unternehmen, die einen Nucleus- Transformationstyp verfolgen streben nach erfolgreicher Transformation eines Unternehmensteils erst eine Veränderung des äußeren Erscheinungsbildes an.

136 Die Gültigkeit der Ergebnisse wurden für Ostdeutschland bestätigt. (Vgl. Hilbert, A.: Industrieforschung in den neuen Bundesländern, a.a.O., S.111ff.)

aktivitäten zugeordnet. Das Kapitel endet mit einer tabellarischen Zusammenfassung der literaturgestützten Analyseergebnisse.

2.1 Der Harmonieansatz

Typen betrieblicher Transformation stellen keine eindimensionale Größe dar, sondern setzen sich aus verschiedenen „Teilstrategien betrieblicher Funktionsbereiche“[137] zusammen, die harmonisch in einen Transformationstyp eingebunden sein sollten.[138] Die gemeinsame Ausrichtung stellt eine Voraussetzung für den Erfolg des betrieblichen Wandlungsprozesses dar.[139] Die Innovationsaktivitäten eines Unternehmens müssen gemäß diesem Ansatz zum Transformationstyp passen, um zum Erfolg des betrieblichen Wandlungsprozess führen zu können. Eine Abweichung führt zur Disharmonie und somit zum Misserfolg.[140]

Die Strategie der betrieblichen Funktionsbereiche wird u.a.[141] durch deren Innovationsaktivitäten bestimmt.[142] Eine Veränderung der Innovationsaktivitäten führt zwangsläufig zu einem Wechsel der Funktionsbereichsstrategien.[143] Somit entscheidet die Ausgestaltung der Innovationsaktivitäten darüber, ob die Funktionsbereichsstrategien harmonisch in einen Transformationstyp der Unternehmen eingebunden sind.[144]

---

137 Als Funktionsbereiche werden Teilbereiche der Unternehmen verstanden. Hierunter ist beispielsweise Produktion, Forschung und Entwicklung oder Marketing zu verstehen. (Vgl. Brockhoff, K.: Schnittstellenmanagement, a.a.O., S. 1.)

138 Hinterhuber, H.-H.: Wettbewerbsstrategie, Berlin 1982, S. 32f.

139 Vgl.: Hilbert, A.: Industrieforschung in den neuen Bundesländern, a.a.O., S. 111ff. sowie: Brockhoff, K.: Schnittstellenmanagement, a.a.O., S. 9ff.

140 Zur Vermeidung von Friktionen kopieren Unternehmen eines gleichen Marktsegmentes erfolgreiche Kombinationen von Funktionsbereichsstrategien ihrer Konkurrenten. Auf diese Weise können sich auf reiferen Märkten erfolgreiche Strategiekombinationen etablieren. Als Beispiel kann auf den Laufschuhhersteller „Nike“ hingewiesen werden, der in der frühen 80er-Jahren die erfolgreiche Strategiekombination von „adidas“ auf dem amerikanischen Markt kopiert hat. (Vgl. Porter, M.: Wettbewerbsstrategien, a.a.O., S. 26.)

141 Neben den Innovationsaktivitäten existieren andere Determinanten, die Einfluss auf die Funktionsbereichsstrategien ausüben. Diese unterliegen jedoch im weiteren Verlauf dieser Arbeit keiner weiteren Analyse, da sie keinen Erklärungsbeitrag zur Beantwortung der dieser Arbeit zu Grunde liegenden Fragestellung leisten. Eine Übersicht über Determinanten betrieblicher Funktionsbereichsstrategien bietet Arnoldo et. al. (Vgl. Arnoldo, C.; Hax, N.; Majluf, S.: Strategisches Management, Frankfurt a.M. 1991.)

142 Vgl. McDaniel, St. W.; Kolari, J.W.: Marketing Strategy Implications of the Miles and Snow-Strategic Typology, a.a.O., S. 28.

143 Vgl. Brockhoff, K.: Schnittstellenmanagement, a.a.O., S. 17.

144 Ebenda.

Legt man diesen Harmonieansatz zu Grunde, so wird deutlich, dass sich die Ausgestaltung der Innovationsaktivitäten innerhalb erfolgsmöglicher Transformationstypen erheblich unterscheiden muss. Es wird somit im kommenden Kapitel zu überprüfen sein, ob jeder erfolgsmögliche Transformationstyp durch eine bestimmte Ausprägung betrieblicher Innovationsaktivitäten untermauert sein muss, damit die betriebliche Transformation erfolgreich verlaufen kann.

2.2 Innovationsaktivitäten im Rahmen erfolgsmöglicher Transformationstypen

Um untersuchen zu können, wie Innovationsaktivitäten ausgestaltet sein müssen, damit sie harmonisch in den betrieblichen Transformationstyp eingebettet sind, ist es zunächst notwendig, diese abzubilden. Eine Möglichkeit hierzu bietet die Zuhilfenahme von Bestimmungsfaktoren betrieblicher Innovationsaktivitäten. Diese werden im ersten Teil dieses Kapitels diskutiert. Auf der Basis der gewonnenen Ergebnisse wird sich im zweiten Teil zeigen, dass jedem erfolgsmöglichen Transformationstyp ein Ausprägungsmuster dieser Bestimmungsfaktoren betrieblicher Innovationsaktivitäten zuzuordnen ist.

2.2.1 Bestimmungsfaktoren betrieblicher Innovationsaktivitäten – ein Literaturüberblick

Welchen Einfluss- oder Bestimmungsfaktoren betriebliche Innovationsaktivitäten unterliegen, ist Gegenstand zahlreicher Untersuchungen.[145] Ein Ergebnis dieser Analysen ist, dass zwischen betriebsinternen und betriebsexternen Bestimmungsfaktoren unterschieden werden muss. Während sich betriebsexterne Faktoren dem Einflussbereich der Unternehmen weitgehend entziehen, können Unternehmen über die Ausprägung betriebsinterner bestimmen.[146]

Zur Übersicht erfolgt eine getrennte Darstellung betriebsinterner und externer Bestimmungsfaktoren betrieblicher Innovationsaktivitäten.[147]

---

145 Einen sehr umfassenden Überblick über den Stand der Forschung zu diesem Thema bietet Maas. (Vgl. Maas, C.: Determinanten betrieblichen Innovationsverhaltens, a.a.O.)

146 Vgl. Maas, C.: Determinanten betrieblichen Innovationsverhaltens, a.a.O., S. 30f.

147 Die Ergebnisse der Literaturauswertungen in diesem Abschnitt werden im Rahmen der empirischen Überprüfung der Harmonie von Innovationsaktivitäten und Transformationstyp als Voraussetzung für den Transformationserfolg verwendet, um die Innovationsaktivitäten zu operationalisieren.

2.2.1.1. Betriebsexterne Bestimmungsfaktoren betrieblicher Innovationsaktivitäten

Im Rahmen empirisch geprägter Untersuchungen wurden unter anderem folgende betriebsexterne Faktoren bezüglich ihres Einflusses auf die Innovationsaktivitäten der Unternehmen analysiert[148]:

- Unternehmensgröße[149],
- Branchenzugehörigkeit[150],
- Art und Intensität des Wettbewerbs.

Folgend werden die Ergebnisse der Literaturauswertungen zum Einfluss dieser Faktoren auf die betrieblichen Innovationsaktivitäten einzeln dargestellt.

2.2.1.1.1 Die Unternehmensgröße

Die Mehrzahl der Analysen zur Erklärung betrieblicher Innovationsaktivitäten untersuchen den Zusammenhang zwischen der Unternehmensgröße und der Intensität der FuE-Aktivitäten.[151] Als Grund hierfür vermuten Schmidt und Eißler[152], dass die von Schumpeter formulierten Hypothesen, die einen Zusammenhang von Unternehmensgröße und FuE-Aktivitäten formulieren[153], das Interesse an diesem Forschungsgegenstand geweckt haben.

---

148 Einen Überblick über die meisten Analysen bietet Maas. (Vgl. Maas, C.: Determinanten betrieblichen Innovationsverhaltens, a.a.O.) Die weitere Analyse konzentriert sich auf die im weiteren Verlauf aufgezählten Bestimmungsfaktoren, da diese auf den im Abschnitt E verwendeten Datensatz ideal anwendbar ist.

149 Die Unternehmensgröße als ein in der innovationsökonomischen Literatur häufig untersuchter Einflussfaktor betrieblicher Innovationsaktivitäten wird in diesem Zusammenhang als betriebsextern angesehen, da er sich nicht vollkommen im Einflussbereich des Unternehmens befindet. Andere Determinanten bestimmen die Größe eines Unternehmens, die hier nicht näher untersucht werden. Einen Überblick hierzu bietet Frisch, A.: Unternehmensgröße und Innovation, Frankfurt a.M. 1993, S 123f.

150 Die Branchenzugehörigkeit liegt lediglich bei der Unternehmensgründung im Einflussbereich eines Unternehmens. Danach entzieht diese sich dem Einfluss des Unternehmens. Daher wird die Branchenzugehörigkeit als betriebsexterner Einflussfaktor bewertet.

151 Keßler, U.: Unternehmensgröße, Innovation und Wertschöpfungswachstum, Frankfurt a.M. 1992, S.11; sowie: Rottmann, H.: Innovationsaktivitäten und Unternehmensgröße in Ost- und Westdeutschland, München 1996, S.34.

152 Vgl. Schmidt, I.; Eißer, S.: Innovationsoptimale Unternehmensgrößen und Marktstrukturen, in: WiSt Heft 11 / 1990, S.556.

153 Vgl. Schumpeter, J.A.: Theorie der wirtschaftlichen Entwicklung, – Eine Untersuchung für Unternehmergewinn, Kapital, Kredit, Zins und den Konjunkturzyklus, 5. Aufl., a.a.O., S.35.

Viele Untersuchungen kommen zu dem Ergebnis, dass ein positiver Zusammenhang zwischen Unternehmensgröße und FuE-Aktivitäten besteht.[154] Hierfür werden folgende Gründe angeführt:

- Für die Durchführung eines Innovationsprojekts und seine spätere Kommerzialisierung sind auf Grund der Unvollkommenheit der Kapitalmärkte bzw. der mit einer Innovation verbundenen Unsicherheit finanzielle Ressourcen in einer Höhe notwendig, wie sie kleinen und mittleren Unternehmen verschlossen bleiben.[155]
- Großunternehmen haben häufig ein Portefeuille an Forschungsprojekten und unterliegen somit nicht einem so großen Innovationsrisiko wie Kleinunternehmen, deren Existenz oft vom Gelingen eines Innovationsprojektes abhängt.[156]
- Die Möglichkeit der Arbeitsteilung, des Gedankenaustauschs und der häufigen Nutzung kapitalintensiver Forschungsanlagen in großen FuE-Abteilungen führen zu „economies of scale“[157] bei der Produktion von Innovationen.
- Großunternehmen sind in der Regel diversifiziert und bieten daher eine breite Produktpalette an. Für die Ergebnisse der Innovationsaktivitäten bietet sich somit unter Umständen ein breiteres Anwendungsfeld.[158]

Andere Untersuchungen widersprechen diesen Ergebnissen und kommen zu anderen Resultaten. So weist Müller[159] nach, dass kein Zusammenhang zwischen der Unternehmensgröße und den FuE-Aktivitäten besteht. Kamien und Schwartz[160] hingegen kommen in ihren Untersuchungen zu dem Ergebnis, dass die Größe der Unternehmen die Intensität der FuE-Aktivitäten negativ beeinflusst. Baldwin und Scott[161] identifizieren einen Schwelleneffekt, der angibt, dass die FuE-Aktivitäten

---

154 Einen Überblick über die durchgeführten Analysen bietet Kessler. (Vgl. Keßler, U.: Unternehmensgröße, Innovation und Wertschöpfungswachstum, a.a.O. 1992.)

155 Vgl. Schmidt, I.; Eißer, S.: Innovationsoptimale Unternehmensgrößen und Marktstrukturen, a.a.O., S. 556.

156 Vgl. Keßler, U.: Unternehmensgröße, Innovation und Wertschöpfungswachstum, a.a.O., S. 76.

157 Unter dem Begriff der „economies of scale“ werden in diesem Zusammenhang positive Skaleneffekte verstanden, die einen Zusammenhang zwischen Unternehmensgröße und Wirtschaftlichkeit formulieren. Je größer ein Unternehmen ist, desto besser gestalten sich die Möglichkeiten zur Kostensenkung. (Vgl. Gabler Wirtschaftslexikon, 12. Auflage, Wiesbaden 1988, Sp. 1337.)

158 Vgl. Jüttner-Kramny, L.: Unternehmensgröße, Unternehmenskonzentration und technologische Entwicklung, Göttingen 1976, S. 138.

159 Müller, U.: Wettbewerb, Unternehmenskonzentration und Innovation, Göttingen 1975, S. 43.

160 Vgl. Kamien, M.J., Schwartz, N.L.: Uncertain Entry and Express Capacity, in: American Economic Review, 62 Jg. 1972, S. 918 – 927; sowie: dies.: Market Structure and Innovation, Cambridge 1983, S.25f.

161 Baldwin, W.L.; Scott, J.T.: Market Structure and Technological Change, Chur 1987, S.45.

bis zu einer bestimmten Unternehmensgröße permanent ansteigen und sodann wieder abfallen.

Der Erkenntniswert der zitierten Analysen ist vor dem Hintergrund ihrer Widersprüchlichkeiten als vergleichsweise gering zu bewerten. Zudem konzentrieren sich die Untersuchungen auf die FuE-Aktivitäten als abhängige Variable. Da es sich hierbei lediglich um einen Teilbereich des Begriffs der Innovationsaktivitäten handelt, der dieser Arbeit zu Grunde gelegt wird[162], kann hier kaum ein Erklärungsbeitrag zur Beantwortung der zentralen Fragestellung geleistet werden.

Im Rahmen der deskriptiven Innovationsforschung wurden hingegen Untersuchungen durchgeführt, die einen Eindruck darüber vermitteln, ob sich Unternehmen unterschiedlicher Größe in ihren Innovationsaktivitäten unterscheiden.[163] So wurde die Struktur investiver und innovativer Aktivitäten ermittelt, um diese von Unternehmen unterschiedlicher Größe vergleichen zu können. Hierbei kommt man zu dem Ergebnis, dass keine systematischen Unterschiede in der Ausgestaltung der Innovationsaktivitäten zwischen verschiedenen Unternehmensgrößenklassen festzustellen sind.[164] Hingegen lässt sich nachweisen, dass Unternehmen unterschiedlicher Größe im gesamtwirtschaftlichen Innovationssystem verschiedene Aufgaben wahrnehmen. Während Großunternehmen stärker im Bereich der Grundlagenforschung, der angewandten Forschung und der experimentellen Entwicklung tätig sind, liegt die Stärke kleinerer und mittlerer Unternehmen bei marktnäheren Innovationsaktivitäten, die eines geringeren Einsatzes finanzieller Ressourcen bedürfen.[165]

Damit lässt sich abschließend feststellen, dass im Rahmen empirischer Untersuchungen kein einheitliches Ergebnis erzielt wurde, welches auf einen Zusammenhang zwischen der Größe der Unternehmen und deren Innovationsaktivitäten schließen lässt.[166]

---

162 Vgl. Kap. A 3.2.

163 Vgl. Gielow, G.; Kuntze, U.; Meyer-Krahmer, F.: Investition und Innovation in kleinen und mittleren Unternehmen, Karlsruhe 1984.

164 Vgl. Gielow, G.; Kuntze, U.; Meyer-Krahmer, F.: Investition und Innovation in kleinen und mittleren Unternehmen, a.a.O., S. 35.

165 Vgl. Gielow, G.; Kuntze, U.; Meyer-Krahmer, F.: Investition und Innovation in kleinen und mittleren Unternehmen, a.a.O., S.36f.

166 Da mit Hilfe der Bestimmungsfaktoren die Innovationsaktivitäten abgebildet werden sollen, um zu überprüfen, ob deren harmonische Einbindung in die diskutierten Transformationstypen eine Voraussetzung für den Erfolg des betrieblichen Wandlungsprozesses darstellt und nicht auszuschließen ist, dass die Innovationsaktivitäten durch die Größe der Unternehmen beeinflusst werden, muss im Rahmen der empirischen Überprüfung dieses Sachverhalts untersucht werden, ob die erzielten empirischen Ergebnisse durch diesen Bestimmungsfaktor beeinflusst werden.

2.2.1.1.2 Die Branchenzugehörigkeit

Untersuchungen über den Sachzusammenhang zwischen Branchenzugehörigkeit und Innovationsaktivitäten konzentrieren sich, wie die Mehrzahl der Analysen zur Unternehmensgröße, ausschließlich auf die Höhe der FuE-Aufwendungen als abhängige Variable.[167]

So lässt sich nachweisen, dass traditionell hoch entwickelte Branchen, die im internationalen Vergleich Schrittmacherfunktion ausüben, die höchsten Aufwendungen für FuE aufweisen.[168] Darüber hinaus lassen sich Hysteresis-Effekte[169] feststellen. Wirtschaftszweige, die in der Vergangenheit hohe Aufwendungen für FuE hatten, zeigen auch in der Gegenwart, dass der Anteil der Aufwendungen für FuE am Umsatz deutlich höher ist als in anderen Wirtschaftszweigen.[170]

Da bisherige Analysen lediglich einen Zusammenhang zwischen Brachenzugehörigkeit und Aufwendungen für FuE untersuchten, ist deren Beitrag für die Abbildung betrieblicher Innovationsaktivitäten, wie sie im Rahmen dieser Untersuchung verstanden werden, sehr gering.

Untersuchungen über den Einfluss der Branchenzugehörigkeit der Unternehmen auf die betrieblichen Innovationsaktivitäten, wie sie dieser Arbeit zugrundegelegt werden, wurden bisher nicht durchgeführt. Vor dem Hintergrund der zitierten Ergebnisse, die lediglich FuE-Aufwendungen als abhängige Variable definierten, kann jedoch nicht ausgeschlossen werden, dass dieser Bestimmungsfaktor die Innovationsaktivitäten beeinflusst.[171]

---

167 Einen Überblick über Untersuchungen zum Zusammenhang der Branchenstruktur und den FuE-Aktivitäten bietet Nellen u.a..(Vgl.: Nellen, O.; Hemer, J.; Zenker, A.: Fortschreibung der Technologiepolitischen Konzeption im Freistaat Thüringen, Karlsruhe 1998.)

168 Als Beispiel kann der Wirtschaftszweig Maschinenbau genannt werden, der in den neuen Bundesländern durchschnittlich 6 % seines Umsatzes für Forschung und Entwicklung aufwendet. (Vgl.: Nellen, O.; Hemer, J.; Zenker, A.: Fortschreibung der Technologiepolitischen Konzeption im Freistaat Thüringen, Karlsruhe 1998, S. 85ff.)

169 Unter dem Begriff des Hysteresis-Effekts ist die Wirkung eines Ereignisses in der Gegenwart auf zukünftige Begebenheiten zu verstehen. „Gemeint ist die Tatsache, dass in dynamischen Systemen eine Wirkung selbst dann zurückbleiben kann, wenn die Ursache bereits wieder verschwunden, das heißt nicht mehr aktiv wirksam ist." (Vgl. Simon, H.: Hysterese in Marketing und Wettbewerb, in: Zeitschrift für Betriebswirtschaft, 65. Jg. (1995), S. 1155 – 1182.)

170 Als Beispiel kann in diesem Zusammenhang auf den Wirtschaftszweig Mess-, Steuer- und Regelungstechnik verwiesen werden, der in der Vergangenheit gegenüber anderen Wirtschaftszweigen überdurchschnittliche Aufwendungen für Forschung und Entwicklung aufbrachte. (Vgl.: Nellen, O.; Hemer, J.; Zenker, A.: Fortschreibung der Technologiepolitischen Konzeption im Freistaat Thüringen, Karlsruhe 1998, S. 89ff.)

171 Im Rahmen der empirischen Analyse zum Zusammenhang zwischen der harmonischen Einbindung der Innovationsaktivitäten in die diskutierten Transformationstypen und dem Erfolg des betrieblichen Wandlungsprozesses, bei der die dargestellten Bestimmungsfaktoren der Abbil-

2.2.1.1.3 Art und Intensität des Wettbewerbs

Die Wettbewerbsverhältnisse auf den Absatzmärkten[172] beeinflussen sowohl die Innovationsbereitschaft als auch die Innovationsfähigkeit der Unternehmen. So hängt die Innovationsbereitschaft von den mit der Durchführung eines Innovationsprojekts verbundenen positiven Gewinnaussichten bzw. bei Unterlassung oder Verzögerung eines Projektes drohenden Verlusten ab. Diese wiederum werden von der Art und Intensität des Wettbewerbs determiniert. Herrscht beispielsweise ein intensiver Preiswettbewerb, so wird die Bereitschaft der Unternehmen zur Einführung kostenreduzierender Prozessinnovationen sehr hoch sein.[173] Stellt nicht der Preis, sondern die Produktqualität und/oder die Liefergeschwindigkeit den entscheidenden Wettbewerbsfaktor dar, so ist von einer hohen Wettbewerbsintensität eher ein mindernder Einfluss auf die Einführung von Kosten sparenden Prozessinnovationen zu erwarten, da hiervon die Gefahr ausgehen kann, dass temporäre Produktionsstörungen infolge friktioneller Einführungsschwierigkeiten auftreten.[174] Im Falle eines intensiven Qualitätswettbewerbs, bei dem die Konkurrenten versuchen, sich Vorteile durch eine hohe Produktqualität zu verschaffen, ist mit großen innovativen Anstrengungen im Produktbereich zu rechnen. Kostenüberlegungen kommt hingegen nur eine untergeordnete Bedeutung zu.[175]

Eine hohe Wettbewerbsintensität kann sich, durch eine Reduktion der Unternehmensgewinne, auf die betriebliche Innovationsfähigkeit auswirken. [176] Als Grund hierfür wird angegeben, dass die Möglichkeit zur Innenfinanzierung betrieblicher Innovationsprojekte abnimmt. Empirischen Untersuchungen zufolge weisen Unternehmen in Märkten mit einer geringen Anbieterkonzentration deutlich geringere FuE-Aktivitäten auf, als Unternehmen, die in Märkte mit hoher Anbieterkonzentration anbieten. [177] Als Erklärung wird angeführt, dass neben den besseren Voraussetzungen zur Darstellung der Finanzierung betrieblicher Innovationsprojekte auch

---

dung der Innovationsaktivitäten dienen, muss somit überprüft werden, ob die Branchenzugehörigkeit der untersuchten Unternehmen die erzielten Ergebnisse beeinflusst.

172 So kann die Marktmacht einzelner Anlagenhersteller beispielsweise dazu führen, dass potentielle Abnehmer Vorleistungen, die diese vom Anlagenhersteller beziehen würden durch eigene FuE substituieren. Auch ist bei einem preiswerten und längerfristig gesicherten Personal-, Material-, Energieangebot etc. in geringerem Maße von einem arbeits-, bzw. ressourcensparendem technischen Fortschritt auszugehen als bei einem zunehmend knapper werdenden Angebot an Produktionsfaktoren.

173 Vgl. Eickhof, N.: Strukturkrisenbekämpfung durch Innovation und Kooperation, Tübingen 1982, S.137ff.

174 Vgl. Maas, C.: Determinanten betrieblichen Innovationsverhaltens, a.a.O., S. 204.

175 Vgl. Porter, M.E.: Wettbewerbsstrategien, a.a.O., S. 35.

176 Vgl. Scherer, F.M.: Innovation and Groth – Schumpetrian Perspectives, Cambridge 1985, S. 33.

177 Vgl. Scherer, F.M.: Innovation and Groth – Schumpetrian Perspectives, a.a.O., S. 34.

die Bereitschaft zur Durchführung an FuE-Projekten zunimmt. Als Grund hierfür wird angegeben, dass die Innovatoren einen größeren Teil der mit der Neuerung verbundenen Vorteile einbehalten können und diese nicht in gleichem Maße an die Nachfrager weitergeben müssen wie Anbieter mit weniger Marktmacht.[178]

Diese Ergebnisse widersprechen dem Resultat einer anderen, ebenfalls empirisch geprägten Analyse.[179] Diese zeigt auf, dass mit steigender Marktmacht die Bereitschaft, Innovationsprojekte durchzuführen, abnimmt. Den Ergebnissen zufolge stellt der Wettbewerbsdruck erst eine entscheidende Voraussetzung dar, Innovationsaktivitäten der Unternehmen zu entwickeln. Als Grund hierfür wird das permanente Bemühen der Unternehmen genannt, sich von Konkurrenten hervorzuheben, um temporäre Monopolgewinne zu realisieren.[180]

Vor dem Hintergrund der zitierten Untersuchungsergebnisse ist der Einfluss, den die Wettbewerbsintensität auf die Innovationsaktivitäten der Unternehmen ausübt, nicht darstellbar. Ursächlich hierfür dürften die unterschiedlichen Einflussfaktoren auf die Wettbewerbsintensität sein, denen sich Unternehmen ausgesetzt sehen. Diese lassen sich nicht allein durch Merkmale der Marktstruktur, insbesondere der Konzentration auf Angebots- und Beschaffungsmärkte, beschreiben. Diese Faktoren stellen zwar wichtige Rahmenbedingungen der Marktprozesse dar, die Wettbewerbsart und -intensität hängen jedoch auch entscheidend vom Verhalten tatsächlicher oder potentieller Konkurrenten ab. Entscheidend ist in diesem Zusammenhang die Innovationsbereitschaft und die Bereitschaft der Anbieter, bestehende Marktstrukturen zu ihren Gunsten umzugestalten. Hierdurch wird deutlich, dass die Wettbewerbsart und -intensität als erklärende Variablen in empirischen Untersuchungen nur schwer zu operationalisieren sind. Da sich dieses Problem auch für diese Untersuchung stellt, unterliegt dieser Aspekt einer „Ceteris-paribus-Bedingung“[181].

---

178 Als Vorteile werden in diesem Zusammenhang temporäre Monopolrenten verstanden. (Vgl. Scherer, F.M.: Innovation and Groth – Schumpetrian Perspectives, a.a.O., S. 34.)

179 Vgl. Kantzenbach, E.: Das Konzept der optimalen Wettbewerbsintensität. Eine Erwiderung auf den gleichnamigen Besprechungsaufsatz von Erich Hoppman, in: Jahrbücher für Nationalökonomie und Statistik, Bd. 181/1968.

180 Vgl. Kantzenbach, E.: Das Konzept der optimalen Wettbewerbsintensität. Eine Erwiderung auf den gleichnamigen Besprechungsaufsatz von Erich Hoppman, a.a.O., S. 213.

181 Unter sonst gleichen Bedingungen.

2.2.1.2 Unternehmensinterne Bestimmungsfaktoren betrieblicher Innovationsaktivitäten

Als betriebsintern lassen sich folgende Faktoren bezeichnen[182]:

- Persönlichkeitsmerkmale der am Innovationsprozess Beteiligten,
- das Informationsverhalten,
- die Organisationsstruktur von Unternehmen.

Zur Systematisierung der Darstellung von Ergebnissen der Literaturauswertungen bietet es sich an, diese am betrieblichen Innovationsprozess zu orientieren, da hierdurch die Vielschichtigkeit des Einflusses, den die betriebsinternen Faktoren auf die Innovationsaktivitäten ausüben, deutlich wird. So wird bspw. zu zeigen sein, dass das betriebliche Informationsverhalten die Innovationsaktivitäten sowohl in frühen als auch in späten Stadien der Innovationsgenese[183] tangiert.

In der Literatur wird der betriebliche Innovationsprozess unterschiedlich beschrieben.[184] Eine häufig verwendete Darstellung unterteilt diesen in vier Phasen[185]:

(1) Wahrnehmung von Chancen und Problemen (Wahrnehmungsphase)

(2) Entwicklung eigener Problemlösungen (Ideen-Generierungsphase)

(3) Bewertung und Auswahl von Alternativen (Entscheidungsphase)

(4) Umsetzung des Projekts (Implementierungsphase)

---

182 Einen Überblick über die Vielzahl von Untersuchungen, die sich mit dem Einfluss dieser Faktoren auf die betrieblichen Innovationsaktivitäten beschäftigen, bietet Maas. (Vgl. Maas, C.: Determinanten betrieblichen Innovationsverhaltens, a.a.O.) Auch diese Aufzählung erhebt nicht den Anspruch vollzählig zu sein. Die Determinanten lassen sich ideal auf die Datenbasis anwenden, die die Grundlage für Abschnitt E dieser Arbeit darstellt.

183 Unter dem Begriff der Innovationsgenese wird der Fortgang des Innovationsprozesses verstanden. (Vgl. Brockhoff, K.: Forschung und Entwicklung – Planung und Kontrolle, 5. Aufl., München 1999, S. 38.)

184 Einen Überblick bietet Voigt. (Voigt, K.: Strategien im Zeitwettbewerb, Wiesbaden 1998, S. 164.) Eine der eingängisten Analysen zum Innovationsprozess bieten Kline und Rosenberg. Diese untersuchen den betrieblichen Innovationsprozess im Kontext des Technologietransfers und der Wissensgenerierung. Eine umfangreiche Darstellung dieses Modells findet sich bei Muller. (Vgl. Muller, E.: Innovation interactions between Knowledge-Intensive Business Services and Small and Medium-sized Enterprises, Strasbourg 1999, S. 9ff.) Weitere Untersuchungen zum Innovationsprozess in Unternehmen bieten Hennings und Thom. (Vgl. Hennings, R.: Entwicklung und Deckung des Kapitalbedarfs kleiner und mittlerer Unternehmen im Innovationsprozess, Frankfurt 1983, S.15ff. sowie: Thom, N.: Grundlagen des betrieblichen Innovationsmanagements, Königsstein 1980, S.102f.)

185 Vgl. Maas, C.: Determinanten betrieblichen Innovationsverhaltens, a.a.O., S. 50f.

Innovationsökonomische Analysen kommen in der Mehrzahl zu dem Ergebnis, dass Innovationsprozesse in Unternehmen in Gang kommen, sobald sich ein Problem stellt oder eine Chance ergibt, Gewinne zu realisieren. Dem liegt eine Interpretation des Innovationsprozesses als ein Informationsverarbeitungsprozess zu Grunde[186], demzufolge mit Hilfe umfassender Informationsaktivitäten potentielle Probleme und Chancen entdeckt, Lösungen für auftretende Probleme entwickelt, ausgewählt und realisiert werden.[187]

Ist in einem Unternehmen eine Innovationsmöglichkeit erkannt und als relevant eingestuft worden, so sind Informationen über bereits am Markt verfügbare - alternative - Lösungen einzuholen oder eigene Ideen zu entwickeln. Die Identifikation betriebsextern verfügbarer Neuerungsmöglichkeiten ist von den gleichen Determinanten abhängig wie die Wahrnehmung von Problemen sowie - aus externen Veränderungen resultierenden - Chancen.[188] Die Generierung von Ideen hingegen hängt von grundlegend anderen Faktoren ab, sodass sie als zusätzliche Phase des betrieblichen Innovationsprozesses zu verstehen ist.[189]

Wenn alternative Lösungs- und Umsetzungsmöglichkeiten identifiziert werden, müssen sie miteinander verglichen und eine Entscheidung darüber getroffen werden, ob und wenn ja, welche Idee weiterzuverfolgen oder zu realisieren ist. Diese Phase des Innovationsprozesses kann man als Bewertungs- oder Entscheidungsphase bezeichnen.[190]

Haben sich die Entscheidungsträger für eine Lösung entschieden, so muss diese umgesetzt werden. Hiervon sind alle Funktionsbereiche eines Unternehmens betroffen, die von einem bestimmten Innovationsprojekt tangiert werden. Diese Phase wird in der Literatur als Implementierungsphase verstanden.[191] Hiermit sind Investitionen verbunden, die mitunter erhebliche Ressourcen binden können. Zu denken ist beispielsweise an die Anschaffung oder Erweiterung von Produktions- oder Forschungs- und Entwicklungsanlagen oder an die Qualifizierung des betroffenen Personals. Bei Produktinnovationen ergibt sich zusätzlich das Problem der Markt-

---

186 Die von Nelson und Winter dargestellte Terminologie des Innovierens als ein zielgerichteter Prozess wird hier aufgegriffen. (Vgl. Nelson, R.R.; Winter, S.G.: An Evolutionary Theory of Economic Change, a.a.O. 1982, S.16.)

187 Einen Überblick liefert Kirsch. (Vgl. Kirsch, W.: Entscheidungsprozesse, Bd. 1, Wiesbaden 1977, S.134f.)

188 Vgl. Maas, C.: Determinanten betrieblichen Innovationsverhaltens, a.a.O., S.114.

189 Vgl. Maas, C.: Determinanten betrieblichen Innovationsverhaltens, a.a.O., S.51.

190 Ebenda.

191 Ebenda.

einführung. Es muss ein Werbekonzept erarbeitet und realisiert werden, Markttests sind durchzuführen und Absatzwege zu erschließen.[192]

Diese Unterteilung erhebt nicht den Anspruch, eine Beschreibung von in der Praxis feststellbaren, klar abgrenzbaren Phasen zu sein. Es handelt sich hierbei lediglich um eine Systematisierung, mit deren Hilfe die betriebsinternen Determinanten der Innovationsaktivitäten von Unternehmen besser dargestellt werden können. In der Praxis werden sich die verschiedenen Phasen nur selten eindeutig identifizieren lassen, da es im Einzelfall durchaus zu Überschneidungen kommen kann. Eine eindeutige Abgrenzung der Phasen ist auch für den weiteren Analyseverlauf nicht notwendig, da die Phasenunterteilung lediglich Hilfestellung leistet, in späteren Analyseschritten den verschiedenen, erfolgsmöglichen Transformationstypen bestimmte Bedingungen zuzuordnen. Da es nicht notwendig ist, den Stand der Unternehmen im Innovationsprozess zu analysieren, kann dieses Problem billigend in Kauf genommen werden.

2.2.1.2.1 Persönlichkeitsmerkmale der am Innovationsprozess beteiligten Individuen

Unter Persönlichkeitsmerkmalen der am Innovationsprozess beteiligten Individuen lassen sich alle Eigenschaften von Personen subsumieren, die den innerbetrieblichen Innovationsprozess tangieren.[193] Hierbei erweist sich das Qualifikationsprofil der am Innovationsprozess beteiligten Individuen als der entscheidender Faktor, der die Innovationsaktivitäten der Unternehmen bestimmt.[194] Weiterhin kann jedoch auch die Risikobereitschaft sowie generelle Persönlichkeitsmerkmale wie Alter, Geschlecht etc. Einfluss auf die betrieblichen Innovationsaktivitäten ausüben.

Die Wahrnehmung von Chancen und Problemen

Die Wahrnehmung von Chancen und Problemen wird in erster Linie durch das Informationsverhalten der am Innovationsprozess beteiligten Individuen determiniert.[195] Hierbei muss unterschieden werden, ob die Individuen in der Lage und

---

192 Vgl. Maas, C.: Determinanten betrieblichen Innovationsverhaltens, a.a.O., S. 52.

193 Eine ausführliche Darstellung aller Persönlichkeitsmerkmale der am Innovationsprozess beteiligten Individuen ist Maas zu entnehmen. (Vgl.: Maas, C.: Determinanten betrieblichen Innovationsverhaltens, a.a.O., S. 78ff.)

194 Vgl. Werner, H.: Entwicklungsverlauf und Erfolgsfaktoren junger Technologieunternehmen, (bisher unveröffentlichtes Manuskript).

195 Einen Überblick über die Formen der Wahrnehmung bietet Fink. (Vgl. Fink, W.F.: Kognitive Stile – Informationsverhalten und Effizienz in komplexen betrieblichen Beurteilungsprozessen, Frankfurt a.M. 1987.)

bereit sind, Chancen und Probleme wahrzunehmen. Mit dem ersten Aspekt wird die Qualifikationsstruktur der Beschäftigten eines Unternehmens angesprochen, mit dem zweiten deren Motivation.[196] Der Zusammenhang zwischen den Persönlichkeitsmerkmalen und dem Verhalten ist in der beschriebenen Phase des Innovationsprozesses also primär indirekter Natur.

Die persönlichen Merkmale der Mitarbeiter eines Unternehmens, die mit der Informationsaufnahme beschäftigt sind, beeinflussen Art und Umfang der wahrgenommenen Informationen. Nicht alle Informationen können durch diese in gleichem Maße aufgenommen und dem Unternehmen im Rahmen der Innovationsaktivitäten zur Verfügung gestellt werden. Es erfolgt vor dem Hintergrund der individuellen Qualifikation eine Selektion der Informationen. Somit stellt das Qualifikationsprofil einen selektierenden Filter dar, der zugleich über die Qualität und Quantität der wahrgenommenen und weitergegebenen Signale entscheidet.[197]

Die Fähigkeit, Informationen nachzufragen, nimmt mit dem generellen Qualifikationsstand zu. Diese Informationen im Sinne des Unternehmens zu interpretieren hängt maßgeblich von Kenntnissen über innerbetriebliche Prozesse der Leistungserstellung ab. Zum Aufbau betriebsspezifischer Qualifikation[198] ist der informelle, nicht institutionalisierte und nicht zertifizierbare Prozess des „learning-by-doing“ oder des „training-on-the-job“ als der grundlegende Modus anzusehen.[199]

Unternehmen, die Innovationsprojekte anstreben, die auf einer bestehenden Produkt- oder Leistungspalette aufbauen, sind deutlich intensiver auf betriebsspezifisches Humankapital angewiesen als diejenigen, die durch ein bestimmtes Innovationsprojekt neue Geschäftsfelder zu eröffnen versuchen.

Der Einfluss, den die formale Ausbildung auf die Wahrnehmung von Chancen und Risiken ausübt, ergibt sich daraus, dass die Analyse und längerfristige Prognose betriebsexterner Rahmenbedingungen erst durch die Kenntnis entsprechender

---

196 Vgl. Oechsler, W.A.: Personal und Arbeit, München 1992, S. 25.

197 Zudem muss darauf verwiesen werden, dass Individuen nach Ergebnissen verhaltenswissenschaftlicher Forschung primär Informationen aufnehmen, die ihren Interessen, Zielen und Erwartungen entsprechen und darüber hinaus zu bereits getroffenen Entscheidungen passen. Andererseits neigen Menschen dazu, Informationen, die nicht zu ihren Interessen, Zielen und Erwartungen passen, zu ignorieren oder umzudeuten. (Vgl. Fink, W.F.: Kognitive Stile, Informationsverhalten und Effizienz in komplexen betrieblichen Beurteilungsprozessen, a.a.O., 1987, S. 35ff.)

198 Unter dem Begriff des betriebsspezifischen Humankapitals werden Fähigkeiten verstanden, die durch eine Tätigkeit in einem Unternehmen erworben wurden. Hierunter sind vor allem Erfahrungen sowie diese ergänzenden Qualifikationen zu verstehen, die ausschließlich dem Unternehmen zugute kommen. (Vgl. Drumm, H.-J.: Personalwirtschaftslehre, Berlin 1989, S.208ff.)

199 Vgl. Doeringer, P.B.; Piore, M.J.: Internal Labour Markets and Manpower Analysis, Lexington 1971, S. 17ff.

Techniken[200] sowie analytische Fähigkeiten ermöglicht wird. Zudem setzt die Nutzung einiger betriebsexterner Informationsquellen eine formale Ausbildung voraus.[201]

Berufliche Erfahrungen hingegen stellen eine notwendige Voraussetzung dar, die generierten Informationen im Sinne des bisherigen Leistungsspektrums der Unternehmen zu interpretieren und somit für dieses nutzbar zu machen. Wenn hingegen Innovationsprojekte angestrebt werden, die nicht auf dem bisherigen Leistungsspektrum aufbauen, so kann die Nutzung betriebsspezifischen Humankapitals kontraproduktiv sein. Als Grund hierfür wird das Auftreten mentaler Dispositionen[202] genannt, was dazu führen kann, dass Beschäftigte ihre Beteiligung an den Projekten aufgeben.[203]

Werden die Informationen nicht vom Management direkt nachgefragt, sondern von Mitarbeitern, dann kommt neben den genannten Aspekten vor allem dem Verhalten des Managements gegenüber den Beschäftigten eine große Bedeutung zu. Unternehmen, die qualifizierte Mitarbeiter gezielt für die Wahrnehmung von Chancen und Problemen einsetzen, müssen sicher stellen, dass die Ziele der Beschäftigten mit den Zielen der Unternehmen kongruieren. Somit kommt es darauf an, dass es dem Unternehmensmanagement gelingt, materielle und immaterielle Anreize zur Informationsnachfrage zu schaffen, die den Zielsetzungen des Unternehmens entsprechen.[204] Zu denken wäre in diesem Zusammenhang an Lohnsysteme, die bestimmte Prämien für die Akquisition von Informationen über Chancen und Probleme gewährleisten.[205]

Die Ideengenerierung

Ebenso wie die Motivation zur Informationsnachfrage hängt die Bereitschaft Ideen zu generieren, von den Zielen und Erwartungen der Betriebsmitglieder sowie von

200 Als Beispiel sei auf die strategische Unternehmensplanung verwiesen.

201 Beispielsweise kann erst der Kontakt zu einer Hochschule, der durch ein Universitätsstudium hergestellt wurde, dazu beitragen, dass die Universität als Informationsquelle genutzt werden kann. (Vgl. Maas, C.: Determinanten des betrieblichen Innovationsverhaltens, a.a.O., S. 79.)

202 Marz nennt Dispositionen „... jene in Jahrzehnten eingeschliffenen und tief in den Menschen verwurzelten Wahrnehmungs-, Denk-, Entscheidungs- und Verhaltensmuster“ (Vgl. Marz, L.: Dispositionskosten des Transformationsprozesses, in: Aus Politik und Zeitgeschichte, Nr. 41, 1992, S. 7.)

203 Vgl. Maas, C.: Determinanten betrieblichen Innovationsverhaltens, a.a.O., S. 80.

204 Vgl. Neuberger, O.: Führen und geführt werden, Stuttgart 1990, S. 199ff; sowie: Drumm, H.-J.: Personalwirtschaftslehre, Berlin 1989, S. 255ff.

205 Einen Überblick über mögliche entgeltgekoppelte Anreizsysteme vermittelt Drumm. (Vgl. Drumm, H.-J.: Personalwirtschaftslehre, a.a.O., S.255ff.)

ihrem Umfeld ab. Besonders motivierte Mitarbeiter werden technischen Neuerungen offener gegenüberstehen und eher an neuen Lösungen zur Bewältigung sich abzeichnender Probleme arbeiten als Mitarbeiter, die weniger motiviert sind und/oder andere Ziele verfolgen.

Von besonderer Bedeutung ist darüber hinaus die Möglichkeit, generierte Ideen auf Erfahrungen, die im Rahmen bereits durchgeführter Innovationsprojekte gesammelt werden konnte, aufzubauen. Die Irrtumswahrscheinlichkeit kann hierdurch reduziert und somit die Effizienz deutlich erhöht werden.[206] Auch im Rahmen der Ideengenerierung benötigen Unternehmen, die Innovationsprojekte durchführen, die auch außerhalb des Unternehmens als neu gelten, formal qualifizierter Mitarbeiter. Diese sollten über Erfahrungen mit ähnlich tiefgreifenden Innovationsprojekten verfügen, um die Effizienz der Ideengenerierung zu erhöhen.[207]

Die Entscheidungsfindung

Auf der Basis der Erwartung von Kosten und Erträgen, die ein Innovationsprojekt mit sich bringt, hängt die Entscheidung zur Durchführung maßgeblich von der Risikobereitschaft bzw. –aversion sowie von optimistischen bzw. pessimistischen Denkstrukturen der Entscheidungsträger ab.[208]

Die Qualifikation der am Innovationsprozess beteiligten Individuen entscheidet über deren Risikopräferenz. Je höher die Qualifikation ist, desto eher kann das mit dem Innovationsprojekt verbundene Risiko bewertet und somit reduziert werden. Die Qualifikation der Entscheidungsträger bestimmt somit zugleich die Art und Stärke der Motivation, eine Entscheidung zur Durchführung eines Innovationsprojekts zu treffen. [209]

Je höher das formale Qualifikationsniveau ist, desto eher sind diese in der Lage, über ein Innovationsprojekt zu entscheiden, welches für das Unternehmen generell neu ist. Entscheidungsträger mit einem hohen betriebsspezifischen Qualifikationsniveau, welches in erster Linie durch Erfahrungen im Unternehmen geprägt ist, können das Risiko, welches vor dem Hintergrund der betriebsspezifischen Ressourcen zu bewerten ist, besser antizipieren.

---

206 Vgl. De Pay, D.: Informationsmanagement von Innovationen, Wiesbaden 1995, S. 202f.

207 Vgl. De Pay, D.: Informationsmanagement von Innovationen, a.a.O., S. 209.

208 Vgl. Maas, C.: Determinanten betrieblichen Innovationsverhaltens, a.a.O., S. 84.

209 Ebenda.

Die Implementierung

„Die Qualifikation und Erfahrung der an den Innovationsprozessen beteiligten Mitarbeiter ist von entscheidender Bedeutung für die Geschwindigkeit der Implementierung und die damit verbundenen Kosten.“[210] Dies betrifft sowohl das formale als auch das betriebsspezifische Humankapital. Die Verfügbarkeit von Know-how trägt dazu bei, unvorhersehbare Probleme bei der Implementierung von Innovationen durch selbstständig erarbeitete Lösungen schneller und kostengünstiger zu bewältigen. Die Hinzuziehung betriebsexternen Sachverstandes wird die Implementierung deutlich hinauszögern.

Selbst wenn im Rahmen der Implementierung einer neuen Technologie auftretende Probleme gelöst werden können, zeigt sich, dass ein Innovationsprojekt verzögert wird, wenn das Personal, das nach der Implementierung im täglichen Arbeitsleben von der Neuerung betroffen ist, nicht in hinreichendem Maße qualifiziert ist. In diesem Fall sind Mitarbeiter fortzubilden oder geeignete Arbeitnehmer zu akquirieren. Ist die Leitung eines Unternehmens hierzu nicht in der Lage oder nicht bereit, so kann eine Innovation scheitern.[211]

Von Beschäftigten, deren Arbeitsumfeld durch die zu implementierende Innovation direkt tangiert wird, kann dem Unternehmen erheblicher Widerstand entgegen gebracht werden.[212] Dieser Widerstand hat seinen Ursprung in der prinzipiellen Ablehnung von Veränderungen des Lebens- und Arbeitsumfeldes, in der Angst, die gewonnene Sicherheit des Arbeitsplatzes aufgeben zu müssen sowie in der empfundenen Gefahr, dass die Veränderung zur Dequalifikation führt, die in der Befürchtung endet, den sich stellenden Anforderungen nicht gerecht werden zu können.[213]

---

210 Maas, C.: Determinanten betrieblichen Innovationsverhaltens, a.a.O., S. 85.

211 Ein unzureichender Qualifikationsstandard der Belegschaft kann darauf zurückzuführen sein, dass zu implementierende Neuerungen nicht auf Anhieb in die Unternehmensstruktur passen. So können Friktionen bei der Anpassung vorhandenen Humankapitals an die neuen Produktionsbedingungen eintreten, die die Implementierung neuer Technologien verzögern oder scheitern lassen. (Vgl. Pleschak, F.; Sabisch, H.: Innovationsmanagement, Stuttgart 1996, S. 270ff.)

212 Empirische Untersuchungen zeigen, dass Mitarbeiter, die stark strukturierte Tätigkeiten ausüben, deutlich häufiger Widerstand gegenüber Innovationen in ihrem Arbeitsumfeld ausüben, als Arbeitnehmer, deren Betätigungsfeld breiter ausgelegt ist. Eine Erklärung für diesen Sachverhalt ist die breitere Qualifikationsstruktur dieser Beschäftigten. Besonders signifikant gestaltet sich dieser Zusammenhang bei der Implementierung von Verfahrensinnovationen. (Vgl.: Hermann, U.: Die Implementierung betrieblicher Rationalisierungshandlungen und der personelle Widerstand – eine Anwendung des funktional-strukturellen Systemsansatzes auf betriebliche Problemstellungen, Göttingen 1984, S.39.)

213 Eine Untersuchung des IFO-Instituts aus dem Jahre 1977 kam zu dem Ergebnis, dass Arbeitnehmer, die vom Einsatz flexibler Fertigungssysteme tangiert waren, häufig mit passivem Widerstand oder gar mit Sabotageakten auf die Veränderung ihrer Arbeitsumwelt reagierten. (Vgl.: Grefermann, K.; Sprenger, R.-U.: Probleme der Innovationspraxis in der Industrie, Berlin 1977, S.89.)

2.2.1.2.2 Das Informationsverhalten

Die Bedeutung von Informationen[214] im betrieblichen Innovationsprozess wird wie folgt beschrieben: „Sie machen den Neuerungsbedarf im Unternehmen durch Inanspruchnahme der externen Informationsquellen wahrnehmbar und fördern oder hindern die Adoption einer Innovation, indem sie die Entscheidung vorbereiten oder beeinflussen."[215]

Informationen beeinflussen die Innovationsaktivitäten der Wirtschaftssubjekte in jeder Phase des Innovationsprozesses. Es lassen sich unterschiedliche Arten von Informationen feststellen, die sich in erster Linie durch ihre Bezugskanäle unterscheiden und ungleiche Wirkungen auf die Innovationsaktivitäten ausüben. Die Arten und Bezugskanäle stellen sich wie folgt dar:

- Die Fachliteratur ist eine primäre Bezugsquelle für Erstinformationen über neue Technologien[216],
- die Informationsbeschaffung über Patentstellen und Forschungsinstitute dient der Akquirierung genauerer technischer Informationen[217],
- zur Bewertung einer neuen Technologie werden Informationen über persönliche Kontakte der am Innovationsprozess Beteiligten herangezogen. Dies gilt sowohl für Kooperationspartner in einem etablierten sozialen Netzwerk[218] als auch für Kontakte, die auf Tagungen, Messen und Kongressen geknüpft und gepflegt werden[219],

---

214 Maas bezeichnet die Informationen, die eine Adoptionsentscheidung determinieren, als „zweckorientiertes Wissen". Durch diese Bezeichnung wird deutlich herausgestellt, dass die Informationsbeschaffung einen aktiven Akt seitens der am Innovationsprozess beteiligten Wirtschaftssubjekte darstellt. Die Erlangung von Informationen stellt somit keinen zufälligen Sachverhalt dar, sondern dieser bedarf einer gezielten Akquisition. (Vgl. Maas, C.: Determinanten betrieblichen Innovationsverhaltens, a.a.O., S. 112.)

215 Dreher, C.: Technologiepolitik und Technikdiffusion, a.a.O., S. 73.

216 Empirische Untersuchungen des Fraunhofer-Instituts für Systemtechnik und Innovationsforschung belegen, dass Erstinformationen über die Existenz neuer Technologien sowie eine erste Bewertung über Fachmagazine erfolgt. (Vgl. Pleschak, F.; Nellen, O.; Stummer, F.: Förderung technologieorientierter Unternehmensgründungen, Bonn 1998, S.13.)

217 Vgl. Herden, R.: Technologieorientierte Außenbeziehungen im betrieblichen Innovationsmanagement: Ergebnisse einer empirischen Untersuchung, Heidelberg 1992, S.32.

218 Unter einem Netzwerk wird ein Beziehungsgefüge aus selbstständigen Einheiten verstanden, welche durch gemeinsame Werte verbunden sind. Grafisch bilden die Knoten des Netzwerks die sozialen Aktoren (Personen, Gruppen), die Verbindungslinien ihre sozialen Beziehungen zueinander. Eine ausführliche Darstellung sozialer Netzwerke ist Picot u.a. zu entnehmen. (Vgl. Picot, A.; Reichwald, R.; Wigand, R.T.: Die grenzenlose Unternehmung, Wiesbaden 1996, S. 166ff.)

219 Gemünden, H.G.; Heydebreck, P.: The Influence of Business Strategies on Technological Network Activities, in: Research Policy No. 24 (1995), S. 831-849.

- eine Abschätzung über mögliche Marktentwicklungspotentiale erfolgt über Kundenbeziehungen[220].

Die Wahrnehmung von Chancen und Problemen

Eine unabdingbare Voraussetzung für die Wahrnehmung eines Neuerungsbedarfs sind Informationen über Veränderungen betriebsinterner und –externer Rahmenbedingungen. Hierdurch lassen sich Chancen und Risiken eingrenzen und konkret benennen. Daher ist die Wahrscheinlichkeit, dass ein Unternehmen frühzeitig einen Veränderungsbedarf erkennt, umso höher, je mehr Informationen sowohl betriebsintern als auch -extern akquiriert werden.[221]

Wenn im Rahmen von Innovationsprojekten Neuerungen hervorgebracht werden sollen, die bisher nicht existieren, so sind Unternehmen auf Informationen über Fortentwicklungen in verschiedenen Technologiefeldern angewiesen.[222] Hierzu sind Informationskanäle zu wissenschaftlichen Forschungseinrichtungen wichtiger als bei Unternehmen, die eine Veränderung eines bestehenden Produktes anstreben und hierzu vorrangig auf Erfahrungswissen zurückgreifen.[223]

Die Ideengenerierung

Die Generierung von Ideen kann durch Informationen über die Veränderung betriebsexterner und betriebsinterner Rahmenbedingungen angestoßen werden. So können bspw. innovative Aktionen direkter Konkurrenten oder eine Veränderung der Absatzsituation bzw. auf den Beschaffungsmärkten der Unternehmen positive Wirkungen auf die betriebliche Ideengenerierung ausüben.[224] Somit ist ein enger Zusammenhang zwischen der Akquisition von Informationen im Rahmen der Wahrnehmung von Chancen und Problemen und der Entwicklung von Ideen feststellbar.[225]

---

220 Vgl. Herden, R.: Technologieorientierte Außenbeziehungen im betrieblichen Innovationsmanagement: Ergebnisse einer empirischen Untersuchung, a.a.O. 1992, S. 34.

221 Vgl. Maas, C.: Determinanten betrieblichen Innovationsverhaltens, a.a.O.

222 Ebenda.

223 Ebenda.

224 Vgl. Staudt, E.; Schmeisser, W.: Invention, Kreativität und Erfinder, in: Staudt, E. (Hrsg.): Das Management von Innovationen, Frankfurt a. M. 1986, S. 289-294.

225 Die enge Verbindung zwischen der Informationsgewinnung und der Ideengenerierung ist Gegenstand zahlreicher empirisch geprägter Untersuchungen. Die enge Korrelation wurde immer bestätigt. (Vgl. Maas, C.: Determinanten betrieblichen Innovationsverhaltens, a.a.O., S. 114, sowie: Häusser, E.: Mehr Innovation durch bessere Information, in: Oppenländer, K.H. (Hrsg.): Patentwesen, technischer Fortschritt und Wettbewerb, Berlin 1984, S. 133-150.)

Die Nutzung von bereits bestehendem Wissen über technologische Neuerungen führen bei der Generierung von Ideen zu Kosten- und Zeitersparnissen. Dieser Effekt kann beispielsweise dadurch eintreten, dass Informationen über bereits verfügbares Know-how verhindern, gleiches Wissen, welches bereits an anderer Stelle verfügbar ist und dort kostengünstiger beschafft werden kann, nochmals generiert wird.[226]

Zudem kann durch Informationen über Erfahrungen anderer Wirtschaftssubjekte im Innovationssystem eine Fehlentwicklung bereits frühzeitig erkannt und vermieden werden. Die Kenntnisnahme von technischen Informationen kann bewirken, „... dass der im Ideenstadium nicht selten zu beobachtende Höhenflug erfinderischer Planungen in realistische Bahnen gelenkt und auf machbare Lösungen reduziert wird".[227]

Die Entscheidungsfindung

Das Informationsverhalten von Unternehmen bei der Entscheidungsfindung zur Durchführung eines Innovationsprojektes wird maßgeblich durch die hiermit verbundene Risikostruktur determiniert.[228] Diese unterscheidet sich zwischen Unternehmen, die vorhandene, neue Technologien übernehmen sowie denen, die Innovationsprojekte vor dem Hintergrund eigener FuE durchführen.

Die Entscheidung zur Durchführung eines Innovationsprojektes wird durch Informationen sowohl in ihrer Art (ja/nein) als auch in ihrer Qualität beeinflusst. Darüber hinaus sind Wirkungen auf den Durchführungszeitpunkt der Innovationsmaßnahme möglich. In der Innovationsforschung geht man beispielsweise davon aus, dass eine frühzeitige Kenntnisnahme einer neuen Technologie den Zeitpunkt zur Übernahme dieser bestehenden Technologie positiv beeinflusst.[229] Empirische Untersuchungen zeigen, dass der Zusammenhang zwischen der erstmaligen Kenntnisnahme einer Innovation und dem Übernahmezeitpunkt schwach ausgeprägt ist.[230] Dieses Ergeb-

---

226 Vgl. Maas, C.: Determinanten betrieblichen Innovationsverhaltens, a.a.O.

227 Häusser, E.: Mehr Innovation durch bessere Information, in: Oppenländer, K.H. (hrsg.): Patentwesen, technischer Fortschritt und Wettbewerb, a.a.O., S. 142.

228 So geht man beispielsweise in der Entscheidungsforschung davon aus, dass die Bedeutung der Informationsgewinnung mit dem Grad der Unsicherheiten zunimmt. Die Unsicherheit wird wiederum maßgeblich durch die dem Innovationsprojekt anhaftenden Eigenschaften bestimmt. (Vgl. Witte, E.: Informationsverhalten in Entscheidungsprozessen, in: Witte, E. (Hrsg.): Informationsverhalten in Entscheidungsprozessen, Tübingen 1972, S. 12-15.)

229 Vgl. Dreher, C.: Technologiepolitik und Technikdiffusion, a.a.O., S. 63.

230 Hakanson untersuchte den Zusammenhang anhand der finnischen Papierindustrie. (Vgl. Hakanson, S.: Special Presses in Paper-Making, in.: Nasbeth, L.; Ray, G.F.: The Diffusion of New Industrial Processes – An International Study, Cambridge (MA), 1974, S. 58-104.)

nis verwundert nicht, wenn man bedenkt, dass die Beurteilung einer neuen Technologie auf der Basis einer erstmaligen Kenntnis maßgeblich durch Unsicherheiten geprägt ist.

Besonders förderlich für eine Entscheidung zu Gunsten eines Innovationsprojektes erweisen sich Informationen über Erfahrungen früherer Anwender einer bestimmten Technologie, die mit der Innovation verbunden ist. So können Unternehmen in erster Linie davon profitieren, dass Lösungen über gegebenenfalls auftretende Probleme, die sich mit einem Innovationsprojekt ergeben, zur Verfügung stehen. Ferner ermöglichen es die Informationen, die mit der Neuerung verbundenen Kosten und Erträge sowie die Anforderungen an das Management und die Mitarbeiter ex-ante zuverlässiger abzuschätzen.

Untersuchungen, die die Korrelation zwischen dem Informationsverhalten und den Innovationsaktivitäten untersuchten, kommen zum Ergebnis, dass Unternehmen, die stark mit anderen Unternehmen oder mit Forschungsinstitutionen kooperieren, eher dazu bereit sind, bestehende Technologien zu übernehmen, als Unternehmen, die wenig vernetzt sind.[231] Eine höhere Kapitalverflechtung mit anderen Unternehmen sowie die Mitgliedschaft in industriellen Forschungsverbünden führt ebenfalls dazu, dass die Übernahmebereitschaft gegenüber neuen Technologien ebenfalls höher ausgeprägt ist als bei Unternehmen, die dies nicht aufweisen.[232]

Anders gestaltet sich das Informationsverhalten von Unternehmen, die Innovationsprojekte auf der Grundlage eigener FuE durchführen. Die mit der Durchführung verbundenen Risiken werden weniger durch Informationen über Implementierungsmaßnahmen anderer Unternehmen reduziert als vielmehr durch die Kenntnisnahme von Forschungsergebnissen, die betriebsexterne Akteure erzielen. Die Reduktion der Aufwendungen durch die Verhinderung von Doppelforschung steht hierbei im Mittelpunkt des Interesses.[233]

Weiterhin zeigt sich, dass die Risikoeinschätzung von Unternehmen, deren Innovationsprojekte auf eigener FuE basieren, maßgeblich durch die Abschätzung zukünftiger Marktpotentiale beeinflusst wird. Hierin unterscheidet sie sich gegenüber imitierenden Unternehmen, die eine bereits verfügbare Technik übernehmen und somit auf Erfahrungen anderer Unternehmen zurückgreifen können.[234]

---

231 Vgl. Hakanson, S.: Special Presses in Paper-Making, a.a.O., S. 83. Eine Untersuchung von Witte kommt zur Bereitschaft von Unternehmen zur Übernahme von EDV-Anlagen kommt zu gleichen Ergebnissen. Witte, E.: Das Informationsverhalten in Entscheidungsprozessen, a.a.O., S. 76.

232 Vgl. Hakanson, S.: Special Presses in Paper-Making, a.a.O., S. 1-88.

233 Vgl. Pleschak, F.; Nellen, O.; Stummer, F.: Förderung technologieorientierter Unternehmensgründungen, a.a.O., S. 19ff.

234 Vgl. Maas, C.: Determinanten betrieblichen Innovationsverhaltens, a.a.O., S. 117.

Die Implementierung

Für die Implementierung von Innovationsprojekten sind Informationen im Rahmen einer Bedarfsanalyse notwendig. Diese umfasst die Ressourcenausstattung, die letztlich die Rahmenbedingungen der Implementierung festlegen. Dies ist umso wichtiger, je mehr Anpassungsinvestitionen zur Implementierung notwendig sind.[235]

Die Akquisition außerbetrieblicher Informationen übernimmt zwei Funktionen. Erstens kann den ermittelten betrieblichen Ressourcen der Implementierungsbedarf des Innovationsprojekts gegenübergestellt werden. Zweitens dienen Erfahrungen anderer Unternehmen bei der Implementierung eines bestimmten Innovationsprojekts dazu, innerbetriebliche Friktionen zu vermeiden oder zu minimieren.

Vor allem bei der Übernahme betriebsextern entwickelter Neuerungen kann die Implementierung durch Informationen hinsichtlich der in anderen Unternehmen gesammelten Erfahrungen beschleunigt oder preiswerter gestaltet werden. Neben Informationen über technische Probleme und über Möglichkeiten diese zu vermeiden, sind Informationen über auftretende Konsequenzen für das betroffene Personal von Bedeutung. Diese können gegebenenfalls dazu beitragen, auftretenden Ressentiments frühzeitig entgegenzutreten.[236]

Die Bedarfsanalyse in Form des Soll-Ist-Vergleichs kann dazu beitragen, Lücken in der identifizierten Humankapitalausstattung des Unternehmens vor dem Auftreten von Problemen durch Qualifikationsmaßnahmen oder Neueinstellungen zu schließen. Gleichsam können Probleme in der technischen Ausstattung des Unternehmens erkannt und beseitigt werden. In der Regel ist jedoch eine Korrelation zwischen Mängeln in der Humankapital- und technischen Ausstattung feststellbar.[237]

2.2.1.2.3 Die Organisationsstruktur

Die Organisationsstruktur eines Unternehmens beeinflusst, wie auch die anderen betriebsinternen Bestimmungsfaktoren, die betrieblichen Innovationsaktivitäten in jeder Phase des Innovationsprozesses der Unternehmen.[238]

---

235 Vgl. Dreher, C.: Technologiepolitik und Technikdiffusion, a.a.O., S. 67.

236 Vgl. Maas, C.: Determinanten betrieblichen Informationsverhaltens, a.a.O., S. 119.

237 Vgl. Ebmeyer, K.: Transformation durch Qualifikation – Weiterbildung im Übergang zur Marktwirtschaft; Berlin 1993, S. 53.

238 Einen umfassenden Überblick hierzu bietet Kneerich. (Vgl. Kneerich, O.: FuE: Abstimmung von Strategie und Organisation, Berlin 1995, S. 157ff.)

Die Wahrnehmung von Chancen und Problemen

Die Wahrnehmung potentieller Chancen und Probleme eines Innovationsprojektes wird dadurch erleichtert, dass Mitarbeiter eines Unternehmens ihre Aufmerksamkeit auf einen geringen Teil der Umwelt konzentrieren.[239] Hierdurch nimmt die Komplexität der Teilbereiche tendenziell ab.[240] Eine Einengung der Zuständigkeitsbereiche in einem Unternehmen birgt jedoch die Gefahr in sich, dass sich die Mitarbeiter lediglich auf ihr „Spezialgebiet" konzentrieren und die Einordnung ihrer Tätigkeit in die Gesamtzusammenhänge des Unternehmens aus den Augen verlieren. Zudem besteht die Gefahr, dass sich für neu entstehende Bereiche niemand zuständig fühlt und diese daraufhin vernachlässigt werden.[241] Diesem Dilemma kann man durch eine intensive betriebsinterne Kommunikationsstruktur entgegenwirken. Hierbei besteht jedoch das Problem, dass Spezialisten in verschiedenen Schwerpunkten Probleme gänzlich anders wahrnehmen, verschiedenen Problemfeldern zuordnen und deren Relevanz somit unterschiedlich bewerten.[242]

Maßnahmen zur Überwindung dieses organisatorischen Dilemmas können in der Organisationsstruktur implementiert sein. So sind beispielsweise Qualitätszirkel[243] sowie das betriebliche Vorschlagswesen[244] zu nennen. Diese Maßnahmen dienen einzig dazu, die beschriebene Problematik der Unternehmensorganisation bei der

239 Dies bezieht sowohl die interne als auch die externe Umwelt mit ein.

240 Vgl. Luhmann, N.: Zweckbegriffe und Systemrationalität. Über die Funktion von Zwecken in sozialen Systemen, Tübingen 1968, S. 17f.

241 Vgl. Maas, C.: Determinanten betrieblichen Innovationsverhaltens, a.a.O., S. 154.

242 Als Beispiel wird in der Literatur auf den Umsatzrückgang eines Unternehmens verwiesen. So sehen Mitarbeiter des Verkaufs hierin voraussichtlich ein längerfristiges Absatzproblem, während Angehörige des Rechnungswesens ein kurzfristiges Kostenproblem und Mitglieder der Produktion ein technisches Problem erkennen. (Vgl. Maas, C.: Determinanten betrieblichen Innovationsverhaltens, a.a.O., S. 155.)

243 Unter einem Qualitätszirkel oder einem Kreativitätsstab wird eine kleine Arbeitsgruppe verstanden, die gemeinsam in ihrem Arbeitsbereich auftretende Probleme lösen oder Ideen zur Durchführung von Innovationsprojekten generieren. Sie sind kein Organ des Managements und entziehen sich der Weisung der Unternehmensleitung. (Vgl. Kieser, A.; Kubicek, H.: Organisation, Berlin 1992, S. 398.)

244 Unter dem Begriff des betrieblichen Vorschlagswesens versteht man die organisatorische Behandlung und Belohnung von technischen und nicht-technischen Verbesserungen aus dem Kreis der Arbeitnehmer mit dem Ziel, die Leistungen des Betriebes ständig zu verbessern. Entscheidend ist dabei, dass die Erfahrungen der Beschäftigten im Sinne des Unternehmens genutzt werden. Es handelt sich somit nicht um einen zielgerichteten Prozess der Informationsgewinnung durch die Beschäftigten, sondern um die Nutzung von betriebsspezifischem Humankapital. Die Wahrnehmung von Chancen und Problemen unterliegt somit dem Zufall. (Vgl. Oechsler, W.A.: Personal und Arbeit, S. 207f, sowie: Gablers Wirtschaftslexikon Bd. 1, a.a.O., Sp. 722.)

Wahrnehmung von Problemen und Chancen sowie bei der Generierung von Ideen zu mindern.[245]

Eine zentralistisch ausgeprägte Organisationsstruktur eines Unternehmens führt in Verbindung mit einer geringen Delegation von Entscheidungskompetenzen und einer stark am Leitungssystem orientierten Kommunikation zu einer Überlastung des Managements. Dies führt zumeist dazu, dass eine systematische Suche nach Problemen und Chancen unterbleibt.[246] Durch das breite Aufgabenspektrum, das die Leitungsebene bewältigen muss, fehlt in dieser eine spezialisierte Qualifikation[247], die als notwendige Voraussetzung für das frühzeitige Erkennen von Problemen und Chancen anzusehen ist.[248] Die Delegation von Entscheidungsbefugnissen und Kompetenzen kann die Identifikation der Mitarbeiter mit den Unternehmenszielen erhöhen und somit dazu beitragen, das Bewusstsein für Probleme und Chancen, denen sich das Unternehmen ausgesetzt sieht, zu erhöhen.[249]

Die Ideengenerierung

Wenn die Generierung von Ideen als Informationsverarbeitungsprozess verstanden wird, in dem sich Ideen aus einer neuartigen Kombination bereits bekannten Wissens ergeben[250], so setzt die Neukombination kreatives Potential voraus, das nur dadurch entstehen kann, dass am Innovationsprozess beteiligte Individuen über eine Vielzahl verschiedenartiger Informationen verfügen. Weiterhin müssen diese Informationen durch den Mitarbeiter neu miteinander verbunden werden. Damit ist nach Ergebnissen der Kreativitätsforschung nur dann zu rechnen, wenn das Indivi-

245 Die beschriebenen organisatorischen Maßnahmen können keinesfalls das beschriebene Dilemma überwinden. Sie vermögen lediglich, die auftretenden Probleme zu reduzieren. So können Kreativstäbe durchaus einen Beitrag leisten, konkrete Lösungsvorschläge zur Bewältigung sich abzeichnender Probleme zu erarbeiten oder Ideen zu generieren, die die Produktpalette eines Unternehmens sinnvoll erweitern. Jedoch werden die Beiträge der Kreativstäbe bei Mitarbeitern in der Linie auf Akzeptanzprobleme stoßen, was wieder Konsequenzen bei der Implementierung mit sich bringt. (Vgl. Maas, C.: Determinanten betrieblichen Innovationsverhaltens, a.a.O., S. 163f.)

246 Vgl. Maas, C.: Determinanten betrieblichen Innovationsverhaltens, a.a.O., S. 164

247 Zur Erlangung der notwendigen Spezialisierung ist betriebsspezifisches Humankapital notwendig. Durch die zentrale Stellung der Leitungsebene fehlt häufig dieses spezialisierte und zugleich betriebswirtschaftliche Humankapital völlig. (Vgl. zu Knyphausen-Aufsess, D.: Theorie der strategischen Unternehmensführung, Wiesbaden 1995, S. 274ff.)

248 Vgl. Maas, C.: Determinanten betrieblichen Innovationsverhaltens, a.a.O., S. 155.

249 Vgl. Neuberger, O.: Führen und geführt werden, Stuttgart 1990, S. 83 ff.

250 Vgl. Röpke, J.: Die Strategie der Innovation – Eine systemorientierte Untersuchung der Interaktion von Individuum, Organisation und Markt im Neuerungsprozess, Tübingen 1977, S. 198.

duum in einer angstfreien Situation agieren kann.[251] Sowohl die Verfügbarkeit notwendiger Informationen als auch das situative Umfeld des Individuums werden durch die Organisationsstruktur eines Unternehmens bedingt. Somit spielt diese eine herausragende Rolle für die Generierung und Weitergabe von Ideen.

Die Bereitschaft zur Ideengenerierung nimmt tendenziell mit dem Aufgabenspektrum der Mitarbeiter zu. Einerseits stehen mehr Informationen zur Verfügung, andererseits kann eine Vielzahl von Handlungsfeldern dazu beitragen, die Kreativität und somit das spezifische Wissen als notwendige Voraussetzung zur Neukombination der vorhandenen Informationen zu unterstützen. Eine zu intensive Spezialisierung trägt dazu bei, dass der einzelne Mitarbeiter seine Tätigkeiten nicht mehr in den Unternehmenskontext einbinden kann, was generell dazu führt, die Bildung von neuen Ideen zu hemmen.[252]

Ein größerer Handlungsspielraum hat neben den bereits beschriebenen Effekten zur Folge, dass sich durch bereits generierte Ideen ein Erfolgsdruck einstellt, der zu weiteren Such-, Informations- und Lernprozessen führt. Dieser Effekt steuert dazu bei, betriebsspezifisches Humankapital zu bilden, welches als notwendige Voraussetzung zur Generierung neuer Ideen angesehen wird.[253]

Besonders hemmenden Einfluss auf die Ideengenerierung wird der Standardisierung der Aufgabenbereiche in einem Unternehmen zugesprochen.[254] Sowohl die Bereitstellung von Informationen als auch die Unterstützung der Kreativität, die die Qualifikation der Mitarbeiter voraussetzt, werden hierdurch nicht unterstützt. Darüber hinaus muss festgestellt werden, dass die Standardisierung von Aufgaben sich durch vorgeschriebene Verhaltensweisen der Mitarbeiter auszeichnet. Eine Abweichung von der diktierten Norm ist unerwünscht und führt unter Umständen zu einer negativen Sanktionierung. Da die Ideengenerierung die Durchbrechung bekannter Verhaltensweisen voraussetzt, wird diese durch standardisierte Aufgabenbereiche verhindert.

Zudem kann eine starke Standardisierung und Formalisierung der Arbeitsbereiche die Kommunikationswege, die zur Sammlung von innovationsrelevanten Informationen notwendig sind, überlasten. Das bedeutet, dass ein Unternehmen, welches

---

[251] Vgl. Gebert, D.: Innovation – organisationsstrukturelle Bedingungen innovatorischen Verhaltens, in: Zeitschrift für Organisation, 48. Jg., S. 284.

[252] Vgl. Maas, C.: Determinanten betrieblichen Informationsverhaltens, a.a.O., S. 157.

[253] Vgl. Gebert, D.: Innovation – organisationsstrukturelle Bedingungen innovatorischen Verhaltens, a.a.O., S. 286. Der besonderen Rolle des betriebsspezifischen Humankapitals im Innovationsprozess hat sich auch Thom gewidmet. (Vgl.: Thom, N.: Grundlagen des betrieblichen Innovationsmanagements, a.a.O., S. 257f.)

[254] Vgl. Kneerich, O.: FuE: Abstimmung von Strategie und Organisation, a.a.O. 1995, S. 111ff.

durchaus bereit ist, Innovationen durchzuführen, jedoch eine Einlinieorganisation[255] implementiert hat, konkrete Problemen aufweist, Informationen weiterzugeben. Ist dagegen Aufgabenkomplexität sowie Entscheidungsfreiheit der Individuen gewährleistet, so kann eine Standardisierung der Arbeit durchaus zur Entlastung der Mitarbeiter beitragen und so erheblich zur Generierung neuer Ideen führen.[256]

Einer aktiven Beteiligung der Mitarbeiter an grundlegenden Entscheidungen des Unternehmens wird ebenfalls eine positive Wirkung auf die Generierung neuer Ideen zugeschrieben.[257] Als Gründe werden sowohl das Verständnis gegenüber den konkreten Problemen des Unternehmens als auch eine verstärkte Identifizierung des Mitarbeiters angegeben. Durch die genauere Kenntnis des Unternehmens wird dem Mitarbeiter die Möglichkeit eröffnet, das betriebsexterne Umfeld seines Arbeitsplatzes zu erkennen, was dazu führt, externes Wissen zu Gunsten der Unternehmung zu akquirieren. Diesem Aspekt wird eine zentrale Bedeutung für die Einschätzung der eigenen Ideen zugesprochen, da sowohl die Menge der zur Verfügung stehenden Informationen steigt, als auch die Kreativität systematisch unterstützt wird.[258]

Eine intensive Kommunikation sowohl unter betriebsinternen als auch unter betriebsinternen und –externen Akteuren zeigt sich als notwendige Voraussetzung sowohl für die Akquirierung von Informationen als auch für deren neue Verknüpfung und stellt somit eine Bedingung für die Schaffung kreativen Potentials dar.[259] Ein intensiver Informationsaustausch kann darüber hinaus dazu beitragen, dass bisher nicht genutztes kreatives Potential erschlossen und somit für die Generierung von Ideen nutzbar gemacht wird.[260]

---

255 Die Einlinieorganisation ist eine Organisationsform, in der hierarchisch untergeordnete Einheiten Weisungen ausschließlich von einer übergeordneten Instanz erhalten. (Vgl. Kieser, A.; Kubicek, H.: Organisation, a.a.O., S.96.)

256 Vgl.: Thom, N.: Grundlagen des betrieblichen Innovationsmanagements, a.a.O., S. 263.

257 Oechsler, W.A.: Personal und Arbeit, a.a.O., S. 25ff.

258 Vgl. Maas, C. Determinanten betrieblichen Innovationsverhaltens, a.a.O., S. 157.

259 Ebenda.

260 Vgl. Gebert, D.: Innovation – organisationsstrukturelle Bedingungen innovatorischen Verhaltens a.a.O., S. 288.

Die Entscheidungsfindung

Die Akzeptierung und Weiterführung einer generierten Idee erfolgt in einem Unternehmen in mehreren Stufen. Zunächst muss der Innovator[261] bereit sein, die Idee weiterzugeben. Wenn dies über den Dienstweg geschieht, müssen auch die Vorgesetzten dem Vorschlag zustimmen. Die Durchführung von größeren Innovationsprojekten wird letztlich vom Vorstand eines Unternehmens entschieden.[262] Neben dem Einfluss der Organisationsstruktur, die letztlich auch die Geschwindigkeit der Entscheidungsfindung determiniert, ist auch die Qualität der getroffenen Entscheidung zu berücksichtigen.[263]

Die Qualität hängt einerseits von der Qualifikationsstruktur der Beschäftigten im Unternehmen und vom Formalisierungsgrad betrieblicher Prozesse ab. Andererseits ist die Qualifikation der Entscheidungsträger als limitierender Faktor der Entscheidungsfindung zu bewerten.

Mit einem breiteren Betätigungsfeld nimmt vor allem das betriebsspezifische Humankapital des mit der Ideengenerierung beauftragten Mitarbeiters zu. Die Wahrscheinlichkeit, dass durch einen Mitarbeiter ein Verbesserungsvorschlag unterbreitet wird, nimmt ceteris paribus mit der Möglichkeit zu, Hypothesen selbst zu überprüfen. Hierbei ist zu beachten, dass notwendige Rückfragen oder Genehmigungsverfahren eher dazu beitragen, eine Idee zu verwerfen. Eine Ursache hierfür kann mangelndes Vertrauen des Mitarbeiters in seine eigene Leistung sein, die dazu führt, eher eine Idee nicht weiter zu verfolgen als sich der „Blamage“ einer falschen Idee im Unternehmensverbund auszusetzen.[264]

Je tiefer die Organisationsstruktur eines Unternehmens gegliedert ist, desto wahrscheinlicher ist, dass selbst wertvolle Ideen nicht an die Entscheidungsträger gelangen. Der Grund hierfür kann darin liegen, dass deren Weitergabe nicht mit den Zielen des „Middle-Managements“ übereinstimmt. Vor diesem Hintergrund können Friktionen innerhalb einer Organisation dazu führen, dass Innovationsprozesse aufgehalten oder gar nicht durchgeführt werden.[265]

---

261 Unter einem Innovator wird in diesem Zusammenhang der Mitarbeiter verstanden, der die Idee generiert hat.

262 Zumeist wird die letzte Entscheidungskompetenz zur Durchführung eines Innovationsprozesses nach dem Finanzierungsvolumen differenziert. Je höher dieses ausfällt, desto höher muss die Hierarchieebene sein, welche die notwendige Entscheidungskompetenz besitzt.

263 Vgl. Maas, C.: Determinanten betrieblichen Innovationsverhaltens, a.a.O., S. 158.

264 Vgl. Gebert, D.: Innovation – organisationsstrukturelle Bedingungen innovatorischen Verhaltens, a.a.O., S. 290.

265 Vgl. Maas, C.: Determinanten betrieblichen Innovationsverhaltens, a.a.O., S. 159.

Im Falle, dass die Entscheidungsträger eine Innovationsidee wahrgenommen haben, werden diese den Vorschlag nur dann realisieren, wenn er vorteilhaft für das Unternehmen erscheint. Um dies beurteilen zu können, gilt es beispielsweise zu prüfen, ob sich das Innovationsprojekt unter ökonomischen Gesichtspunkten vorteilhaft darstellt und ob es finanzierbar ist.[266] Eine Arbeitsteilung auf der Entscheidungsebene kann die Qualität der Innovationsentscheidung erheblich verbessern. Es wird darauf verwiesen, dass unterschiedliche Entscheidungskriterien durch verschiedene spezialisierte Mitarbeiter überprüft werden können und somit eine differenzierte Analyse eines sich stellenden Problems möglich ist.[267] Voneinander abweichende Einschätzungen können auf diese Weise gegenseitig abgewogen werden.

Eine Zentralität der Entscheidungskompetenzen hingegen wird in der Regel[268] dazu beitragen, den Zeitraum der Entscheidungsfindung zu verkürzen, da eine Partizipation zur Verlängerung von Entscheidungsfindungsprozessen führt. Die Einbindung von Spezialisten stellt nicht nur sicher, dass die Qualität der Entscheidung steigt, sondern dass zugleich das betriebsspezifische Humankapital gänzlich in die Entscheidung zur Durchführung eines Innovationsprojektes einfließt. Da mit der Größe und der Komplexität des Betätigungsfeldes eines Unternehmens das betriebsspezifische Humankapital steigt, ist die Leitungsebene kaum in der Lage, in größeren oder breit gefächerten Unternehmen bei Entscheidungen über die Durchführung von Innovationsprojekten alle betriebsinternen und -externen Bedingungen zu berücksichtigen.

Zudem werden die Interessen der Mitarbeiter in die Innovationsentscheidung eingebracht, was dazu beiträgt, das Akzeptanzniveau in der Belegschaft gegenüber einem Innovationsprojekt zu erhöhen.[269]

Eine Formalisierung des Entscheidungsprozesses wird sicherstellen können, dass einerseits betriebsinterne Rahmenbedingungen systematisch in die Entscheidungsfindung einbezogen werden. Andererseits werden die am Entscheidungsprozess beteiligten Personen von Routinearbeiten entlastet und können sich auf Aspekte des

---

266 Hierbei ist zu berücksichtigen, dass die Finanzierung eines Projektes nur vorgenommen wird, wenn es ökonomisch sinnvoll ist. So wird beispielsweise durch Finanzintermediäre gezielt darauf geachtet, dass vor dem Hintergrund der ökonomischen Tragfähigkeit der Kapitaldienst für das zu finanzierende Innovationsprojekt gewährleistet ist.

267 Vgl. Maas, C.: Determinanten betrieblichen Innovationsverhaltens, a.a.O., S. 159.

268 Eine Abweichung von dieser Aussage ergibt sich, wenn eine unzureichende Delegation zu einer Überlastung der Leitungsebene eines Unternehmens führt, hierdurch Entscheidungen nicht oder fehlerhaft getroffen werden und es daher zu Verzögerungen in späteren Entscheidungsprozessen kommt.

269 Empirische Untersuchungen zeigen, dass Partizipation und Delegation von Entscheidungskompetenzen einen intensivierenden Einfluss auf die Innovationsaktivitäten der Unternehmen ausüben. (Vgl. Hage, J.; Deware, D.: Elite Values Versus Organizational Structure in Predicting Innovation, in: Administrative Science Quarterly 18. Jg. 1973, S. 279.)

Innovationsprojekts konzentrieren, die außerhalb des bisherigen Geschäftsfeldes liegen.[270] Somit kann neben der Problemlösungsumsicht auch die Zielspezifikation und die Zielbedachtsamkeit zunehmen.[271]

Die Implementierung

Im Rahmen der Realisierung von Innovationsprojekten sind Neuerungen, die routinemäßig implementiert werden können, von denjenigen zu unterscheiden, deren Umsetzung mit umfangreichen Lernprozessen begleitet sind. Die Implementierung von komplexen grundlegenden Neuerungen kann durch eine Organisationsstruktur unterstützt werden, die auch die Ideengenerierung positiv beeinflusst. Ein Innovationsprojekt, welches einer schnellen Umsetzung bedarf und weniger komplex ist sowie keine Verknüpfungspunkte mit der Peripherie des Unternehmens aufweist, sondern einfach zu implementieren ist, bedarf einer entgegengesetzten Organisationsstruktur. Ein hohes Maß an Arbeitsteilung und ein vergleichsweise hoher Formalisierungsgrad sowie eine geringe Partizipation und klare Weisungsbefugnisse werden eine schnelle Umsetzung von Projekten unterstützen.[272] Diese Organisationsformen sind eher bei Neuerungen zu erwarten, die keine oder nur sehr geringe Lernprozesse bei den am Produktionsprozess beteiligten Mitarbeitern voraussetzen. Je höher jedoch die mit dem Innovationsprojekt einhergehende Veränderung der Arbeitsumwelt und des Betätigungsfeldes ist, desto höher wird die Einbeziehung der Mitarbeiter in den Implementierungsprozess ausfallen müssen, um sowohl den Qualifikationssprung als auch die notwendige Akzeptanz der Mitarbeiter mit dem Innovationsprojekt zu gewährleisten.[273]

Ein offener Informationsaustausch wird in jedem Fall die Implementierung eines Innovationsprojektes erleichtern. Dieser wird dazu beitragen, potentielle Probleme zu antizipieren und Aktivitäten zu deren Lösung zu koordinieren.

---

270 Vgl. Maas, C.: Determinanten betrieblichen Innovationsverhaltens, a.a.O., S. 159.

271 Hinsichtlich der Formalisierung von Handlungsabläufen zeigen empirische Untersuchungen von Baumberger et. al. sowie Duchesneau et. al. keinen signifikanten Zusammenhang zwischen dem Formalisierungsgrad der Unternehmensorganisation und der Innovationshäufigkeit. (Vgl.: Baumberge, J.; Gmür, U.; Käser, H.: Ausbreitung und Übernahme von Neuerungen – Ein Beitrag zur Diffusionsforschung, Stuttgart 1973, S. 105-112; sowie. Duchesneau, T.D.; Cohn, S.F.; Dutton, J.E.: A study of Innovation in Manufacturing – Determinants, Processes and Methodological Issues, Toronto 1979, S. 53f.)

272 Vgl. Maas, C.: Determinanten betrieblichen Innovationsverhaltens, a.a.O., S.161.

273 Vgl. Pichottka, S.: Personelle Erfolgsfaktoren von Innovationsmanagement und Innovationsführung, Berlin 1991, S. 111, sowie: Drumm, H.-J.: Personalwirtschaftslehre, a.a.O., S. 123ff.

Ein hoher Formalisierungsgrad der Organisation hingegen kann die Implementierung eines Innovationsprojektes dadurch verzögern, dass zunächst neue Tätigkeitsbeschreibungen erarbeitet und aufeinander abgestimmt werden müssen.

2.2.1.3 Die Abbildung betrieblicher Innovationsaktivitäten – eine Zusammenfassung

Die Darstellung der Analyseergebnisse diente dazu, für die weitere Untersuchung betriebliche Innovationsaktivitäten mit Hilfe von Bestimmungsfaktoren abbilden zu können. Erst hierdurch wird eine Analyse darüber ermöglicht, ob die harmonische Einbettung der Innovationsaktivitäten in den Transformationstyp der Unternehmen eine Voraussetzung für den Erfolg des betrieblichen Wandlungsprozesses darstellt.

Auf der Basis von Literaturauswertungen konnte aufgezeigt werden, dass die Qualifikation der am Innovationsprozess beteiligten Akteure sowie das betriebliche Informationsverhalten und die Organisationsstruktur der Unternehmen deren Innovationsaktivitäten als betriebsinterne Faktoren bestimmen. Darüber hinaus zeigte sich, dass sich die Ausprägung dieser Bestimmungsfaktoren gegenseitig beeinflusst. So wurde aufgezeigt, dass in verschiedenen Phasen des betrieblichen Innovationsprozesses die Qualifikationsstruktur der Beschäftigten von der Organisationsstruktur im Unternehmen abhängt. Das Informationsverhalten wird teilweise von der Organisationsstruktur und der Qualifikation der am Innovationsprozess beteiligten Akteure bestimmt. Somit ist davon auszugehen, dass diese gegenseitige Beeinflussung dazu führt, dass ein bestimmtes Ausprägungsmuster der internen Bestimmungsfaktoren über die Harmonie von Transformationstyp und Innovationsaktivitäten bestimmt.

Die zitierten Analysen, die sich mit dem Einfluss betriebsexterner Faktoren auf die Innovationsaktivitäten beschäftigen, kommen zu dem Ergebnis, dass die Größe und die Branchenzugehörigkeit der Unternehmen in Zusammenhang zur FuE-Intensität stehen. Den Einfluss, den diese Faktoren auf die betrieblichen Innovationsaktivitäten ausüben, wie sie im Rahmen dieser Arbeit verstanden werden, wurde bisher nicht ermittelt.[274]

Neben diesem Problem zeigten die Literaturrecherchen, dass die Ergebnisse der Analysen zum Zusammenhang der Unternehmensgröße und der FuE-Intensität widersprüchlich sind.

---

274 Lediglich im Rahmen der deskriptiven Innovationsforschung zeigt sich, dass die Größe der Unternehmen im Zusammenhang zu deren Funktion im gesamtwirtschaftlichen Innovationssystem steht. Welchen Einfluss dieser Faktor jedoch auf die Innovationsaktivitäten der Unternehmen hat, konnte auch hier nicht ermittelt werden.

Im Ergebnis konnte festgehalten werden, dass der Einfluss, den beide Faktoren auf die betrieblichen Innovationsaktivitäten ausüben, nicht eindeutig bestimmbar ist. Vor dem Hintergrund dieser Ergebnisse der Literaturrecherche muss festgehalten werden, dass sich zwar betriebsexterne Faktoren nicht dazu eignen, die betrieblichen Innovationsaktivitäten für die weitere Analyse abzubilden, jedoch kann nicht ausgeschlossen werden, dass diese deren harmonische Einbettung in den Transformationstyp der Unternehmen tangieren.

Aus diesem Grunde wird im Rahmen der empirischen Überprüfung der im Abschluss dieses Kapitels formulierten Hypothese - zum Zusammenhang der beschriebenen Harmonie und dem Erfolg der betrieblichen Transformation - zu überprüfen sein, ob die Ergebnisse durch die Branchenzugehörigkeit oder die Größe der Unternehmen beeinflusst werden.

Die folgende Grafik soll einen Überblick darüber verschaffen, welche Faktoren die betrieblichen Innovationsaktivitäten bestimmen und sich somit dazu eigenen, im weiteren Verlauf der Analyse diese abzubilden. Gleichzeitig ist der Abbildung zu entnehmen, welche Faktoren sich in ihrer Ausprägung gegenseitig bestimmen.

Abb. C-3: Abbildung betrieblicher Innovationsaktivitäten

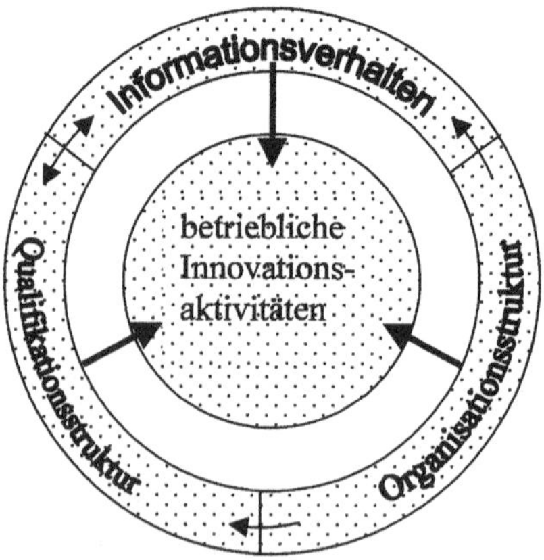

2.2.2 Harmonische Ausprägung der Bestimmungsfaktoren betrieblicher Innovationsaktivitäten im...

Im nunmehr folgenden Kapitel soll der Frage nachgegangen werden, ob es bestimmte Kombinationen von Bestimmungsfaktoren betrieblicher Innovationsaktivitäten gibt, die im Rahmen unterschiedlicher Transformationstypen als harmonisch gelten. Hierbei wird auf das unter 2.1 diskutierte Harmonieansatz zurückgegriffen. Die Innovationsaktivitäten werden durch die Ausprägung ihrer Bestimmungsfaktoren dargestellt. Im Ergebnis dieses Kapitels wird sich zeigen, dass vor dem Hintergrund der gegenseitigen Beeinflussung dieser Faktoren, jedem Typ ein bestimmtes Ausprägungsmuster dieser Bestimmungsfaktoren zugeordnet werden kann.

Um zu analysieren, ob in jeder Phase des Innovationsprozesses die harmonische Einbettung der Innovationsaktivitäten in den Transformationstyp, durch die Ausprägung der diskutierten Faktoren bestimmt wird, soll im Folgenden jede dieser Phasen einzeln diskutiert werden. Darüber hinaus kann durch diese Darstellung ein Eindruck von der Vielschichtigkeit der Harmonie von Transformationstyp und Innovationsaktivitäten der Unternehmen vermittelt werden.

Den Abschluss dieses Kapitels bildet eine tabellarische Zusammenfassung der Ergebnisse der Literaturrecherche.

2.2.2.1 ... Nucleus-Transformationstyp

In einem Unternehmen, das einen Nucleus-Transformationstyp verfolgt, sind Innovationsaktivitäten weitgehend auf einen Unternehmensbereich konzentriert. Dieser ist als Keimzelle zu verstehen, der durch offensiv ausgerichtete Innovationsaktivitäten die Basis für einen grundlegenden Wandel des Unternehmens in der Zukunft legt.[275]

Wahrnehmung von Chancen und Problemen

Die Wahrnehmung von Chancen und Problemen setzt vor dem Hintergrund des angestrebten tiefgreifenden Wandels formal qualifiziertes Personal, ausgestattet mit viel gestalterischer Freiheit an entscheidungsrelevanten Stellen im Unternehmen, voraus. Dies kann die Unternehmensspitze oder die Leitung eines Funktionsbereichs sein, die über Kompetenzen verfügt, den Anstoß zur Gesamttransformation zu leisten.

---

275 Vgl. Miller, D.; Friesen, P.: Organizations – A Quantum View, a.a.O., S. 226, sowie: Beer, M.; Eisenstat, R.A.; Spector, B.: The Critical Path to Corporate Renewal, a.a.O., S. 135; sowie: Prigogine, I.; Stengers, I.: Order Out of Chaos – Man's New Dialogue with Nature, a.a.O., S. 83.

Wenn die Notwendigkeit zum langfristigen Wandel des Unternehmens erkannt wird, ist es entscheidend, dass einem Funktionsbereich, der für Innovationsaktivitäten zuständig sein soll, eigene Entscheidungskompetenzen zuerkannt werden. Nur hierdurch kann gewährleistet werden, dass sich Innovationsaktivitäten als Nucleus eines zukünftigen Wandlungsprozesses für das gesamte Unternehmen etablieren.[276] Sobald der Nucleus im Unternehmen etabliert ist, kann die Nutzung betriebsspezifischen Humankapitals zur Wahrnehmung von Chancen und Problemen u.U. kontraproduktiv sein, weil bestehende Inflexibilitäten dazu beitragen können, die hierfür notwendigen Informationen nicht zu erkennen.[277] Darüber hinaus können, bedingt durch die abrupte Entwertung des betriebsspezifischen Humankapitals nach dem Wandel, mentale Dispositionen[278] dazu beitragen, die Wahrnehmung von Chancen und Problemen zu behindern.

Eine formale Qualifikation der Mitarbeiter im Nucleus garantiert die Wahrnehmung von Weiterentwicklungen in relevanten Technologiefeldern. Hierdurch können technische Chancen und Probleme identifiziert und u.U. für den vorzubereitenden Wandlungsprozess nutzbar gemacht werden. Eine notwendige Voraussetzung für diese Wahrnehmung durch den Nucleus ist die Schaffung und der Ausbau betriebsexterner Kommunikationskanäle.[279]

Die Ideengenerierung

Die Generierung neuer Ideen im Nucleus muss unabhängig von Erfahrungen und betriebsspezifischem Wissen im sonstigen Unternehmen erfolgen. Nur hierdurch kann die Unabhängigkeit des Nucleus, die eine Voraussetzung für den zukünftigen unternehmensweiten Wandlungsprozess darstellt, garantiert werden.[280]

Formal qualifiziertes Personal stellt die Voraussetzung für die Aufnahme von Informationen dar, die für die Generierung von Ideen notwendig sind. Hierbei wird ausschließlich auf betriebsexterne Informationsquellen zurückgegriffen. In der Phase der Ideengenerierung sollte ebenfalls auf betriebsspezifisch qualifiziertes Personal verzichtet werden. Hierfür lassen sich im Wesentlichen zwei Gründe benennen: Erstens besteht die Gefahr, dass betriebsspezifisch qualifizierte Mitarbeiter nicht über die notwendige Flexibilität verfügen, unabhängig von ihrem bisheri-

---

276 Vgl. Miller, D.; Friesen, P.: Organizations – A Quantum View, a.a.O., S. 226.

277 Vgl. Schmal, K.: Technologischer Wandel als innerbetriebliches Konfliktfeld, in: Staudt, E. (Hrsg.): Das Management von Innovationen, a.a.O., S. 434 – 444.

278 Vgl. Marz, L.: Dispositionskosten des Transformationsprozesses, a.a.O., S. 3-14.

279 Vgl. Miller, D.; Friesen, P.: Organizations – A Quantum View, a.a.O., S. 228.

280 Vgl. Miller, D.; Friesen, P.: Organizations – A Quantum View, a.a.O., S. 229.

gen Betätigungsfeld Ideen zu generieren, die als Keimzelle für einen tiefgreifenden Wandel dienen können. Der bewusste Verzicht auf bisheriges Wissen als Voraussetzung für die Bereitschaft zum Wandel könnte sich in diesem Zusammenhang als Problem herausstellen.[281] Zweitens könnte die Nutzung oder Schaffung betriebsexterner Kommunikationskanäle behindert werden, da betriebsspezifisch qualifizierte Beschäftigte eher etablierte Kommunikationskanäle nutzen, die u.U. nicht geeignet sind, Informationen zu akquirieren, die für einen tiefgreifenden Wandel notwendig sind. Grund hierfür ist die bestehende soziale Vernetzung dieser Mitarbeiter.
Ein Unternehmen, welches einen tiefgreifenden Wandel in der Zukunft anstrebt, wird darum bemüht sein, die Qualifikationsstruktur der Beschäftigten im Nucleus weitgehend betriebsunabhängig auszugestalten, um sicherzustellen, dass bisherige Verhaltensweisen und Strukturen bewusst durchbrochen werden, um die Richtung des zukünftigen Wandlungsprozesses nicht durch betriebsinterne Erfahrungen vorwegzunehmen oder zu behindern.

Die organisatorische Unabhängigkeit, die sich in einer weit gehenden Übertragung der Entscheidungskompetenzen ausdrückt, führt dazu, dass die Ideengenerierung bei den Mitarbeitern dieses Funktionsbereichs angstfrei verläuft.[282] Zudem führt diese dazu, die Mitarbeiter von Routinetätigkeiten zu entlasten, die für den Ideengenerierungsprozess sehr kontraproduktiv wären.[283]

Die Entscheidungsfindung

Die Entscheidungskompetenz zur Durchführung eines Innovationsprojektes liegt beim Management des Nucleus und entzieht sich somit der Geschäftsführung des Unternehmens. [284] Um zu gewährleisten, dass das Nucleus-Management im Sinne des Gesamtunternehmens handelt, muss die Motivationsstruktur der Entscheidungsträger im Nucleus mit der Geschäftsführung übereinstimmen. Hierzu bedient sich die Geschäftsführung der Formulierung von Zielen der Innovationsaktivitäten. Deren Erreichung liegt in der Kompetenz des Nucleus.[285]

---

281 Vgl. Marz, L.: Dispositionskosten des Transformationsprozesses, a.a.O., S.11.

282 Vgl. Gebert, D.: Innovation – organisationsstrukturelle Bedingungen innovatorischen Verhaltens, a.a.O., S. 284.

283 Ein mögliches organisatorisches Instrument zur Unterstützung der Ideengenerierung wäre die Einführung von Kreativitätsstäben oder Qualitätszirkeln, die nicht in die Unternehmenshierarchie eingebunden sind.

284 Vgl. Beer, M.; Eisenstat, R.A.; Spector, B.: The Critical Path to Corporate Renewal, a.a.O., S.139.

285 Ebenda.

Das Informationsverhalten konzentriert sich in der Phase der Entscheidungsfindung auf die Reduktion des mit der Projektdurchführung verbundenen technischen Risikos. Daher ist eine intensive Kommunikation zu betriebsexternen Akteuren notwendig, die Informationen über die technische Machbarkeit von Innovationsprojekten sowie gegebenenfalls auftretende Schwierigkeiten geben zu können.[286]

Die Beschaffung von Informationen hängt auch in der Entscheidungsfindung von einer formalen Qualifikation der Entscheidungsträger ab, weil diese erst die Nutzung von Informationen zur Risikoreduktion erlaubt.

2.2.2.2 ... Engpass-Transformationstyp

Unternehmen, die einem Engpass-Transformationstyp zuzurechnen sind, verzichten auf eigene FuE und kopieren erfolgreiche Innovationen der Konkurrenz. Sie übernehmen damit die Funktion eines Folgers im dynamischen Wettbewerb und verfolgen das Ziel, von den innovationsspezifischen Investitionen der Pionierunternehmen zu profitieren respektive an ihren Erfahrungen zu partizipieren. [287]

Die Wahrnehmung von Chancen und Problemen

Im Rahmen der Imitation orientiert sich die Wahrnehmung von Chancen ausschließlich auf die wirtschaftliche Situation von Führungsunternehmen im dynamischen Wettbewerb und auf die Innovationen die dieser zu Grunde liegen.[288] Darüber hinaus müssen Marktpotentiale abgeschätzt werden. [289]

Da eine Innovation bereits erfolgreich am Markt eingeführt wurde, konzentriert sich die Akquisition von Informationen auf bestehendes Erfahrungswissen anderer Unternehmen sowie beratender Institutionen. Informationen über die technische Machbarkeit der Innovation treten hierbei in den Hintergrund.

Bei der Wahrnehmung von Problemen gilt es abzuschätzen, ob die Übernahme einer Technologie auf Friktionen im Unternehmen stößt.[290] Zur Bewertung der

---

286 Zu denken wäre in diesem Zusammenhang bspw. an wissenschaftliche Forschungseinrichtungen. (Vgl. Beer, M.; Eisenstat, R.A.; Spector, B.: The Critical Path to Corporate Renewal, a.a.O., S. 139.)

287 Vgl. Hedberg, B.; Nystrom, P.; Starbuck, W.: Camping on Seasaw – Prescription of a Self-Designing Organization, a.a.O., S. 52ff.

288 Vgl. Weber, M.: Marktstrategien bei dynamischem Wettbewerb, a.a.O., S.45.

289 Vgl. Ansoff, H.I.; Stewart, J.M.: Strategy for a Technology Based Business, a.a.O., S77.

290 Vgl. Weber, M.: Marktstrategien bei dynamischem Wettbewerb, a.a.O., S.45.

Innovation muss dann auf formal qualifizierte Mitarbeiter zurückgegriffen werden, wenn diese für das Unternehmen neu ist. Um jedoch die Ausgangssituation im Unternehmen für die Übernahme abschätzen zu können, müssen Kenntnisse über die Qualifikationsstruktur der Beschäftigten zu Verfügung stehen.[291]

Die Ideengenerierung

Da eine bereits am Markt eingeführte Innovation kopiert wird, spielt die Generierung von Ideen nur dann eine Rolle, wenn diese geringfügig verändert werden soll. Eine Voraussetzung ist dann das Wissen über die, dieser Innovation zu Grunde liegende, Technik. Für diesen Fall ist eine formale Qualifikation der Beschäftigten dann notwendig, wenn die zu übernehmende Innovation für das Unternehmen neu ist.[292]

Die Entscheidungsfindung

Die Innovationsprojekte[293] der Imitatoren konzentrieren sich entweder auf notwendige Anpassungen im Unternehmen, die mit der Übernahme der Innovationen verbunden sind, und/oder auf deren geringfügige Fortentwicklung. Diese Unterscheidung hat Auswirkungen auf die Entscheidungsfindung.

Dadurch, dass Unternehmen dieses Transformationstyps, auf eigene FuE verzichten, werden im Rahmen der Entscheidungsfindung ausschließlich Informationen gesammelt, die das Risiko der Imitation reduzieren. Hierbei stehen neben den Ergebnissen der Forschungs- und Entwicklungsaktivitäten die Erfahrungen, die Pionierunternehmen bei der Umsetzung der Projekte sammelten, im Mittelpunkt des Interesses. Informationen über technische Erkenntnisse außerhalb der Innovation haben für die Risikominderung bei der Innovationsübernahme keine Relevanz.[294]

Diese können aber bei der Veränderung der Neuerungen eine Rolle spielen. Auch hierbei sind die Unternehmen auf Informationen angewiesen, die aus der betrieblichen Forschung und Entwicklung der Pionierunternehmen resultieren. Die Entscheidungsträger werden der Veränderung einer Innovation nur dann zustimmen,

291 Ebenda.

292 Ansoff, H.I.; Stewart, J.M.: Strategy for a Technology Based Business, a.a.O., S75.

293 Der Begriff Imitationsprojekt trifft den Charakter des Projektes aus gesamtwirtschaftlicher Sicht besser. Aus innerbetrieblicher Sicht handelt es sich um ein Innovationsprojekt.

294 Ansoff, H.I.; Stewart, J.M.: Strategy for a Technology Based Business, a.a.O., S.74.

wenn Informationen über Fehlentwicklungen und „Sackgassen“ der Innovationsaktivitäten der Konkurrenz bekannt sind.[295]

Zudem wird die Entscheidung zur Durchführung eines Innovationsprojekts von den Ressourcen im Unternehmen determiniert. Sind diese nicht ausreichend den Anforderungen des Innovationsprojektes gewachsen, so wird die Entscheidung negativ beeinflusst, da erst Anpassungsinvestitionen durchgeführt werden müssten, die sowohl zu einer zeitlichen Verzögerung als auch zu erheblichen Transaktionskosten betragen könnten.

Durch die Unterschiedlichkeit des Informationsverhaltens zwischen Pionier- und Folgeunternehmen gestalten sich auch die Kommunikationskanäle gänzlich verschieden. Während für Pionierunternehmen Kooperationen mit Forschungsinstituten von primärem Interesse sind, stellen Kontakte zu anderen Unternehmen für Imitatoren den primären Kommunikationskanal dar. Die Partizipation an Unternehmenskooperationen ermöglicht einen Informationsfluss über Ergebnisse von Forschungs- und Entwicklungsanstrengungen auf der einen sowie über betriebsspezifische Probleme bei der Durchführung von Innovationsprojekten auf der anderen Seite. Daher sollten Unternehmen, die eine Imitationsstrategie verfolgen, zu Unternehmenskooperationen bereit sein.[296]

Die Organisationsstruktur kann die Entscheidung zur Durchführung von Innovationsprojekten dann positiv beeinflussen, wenn sie einerseits die Schnittstellen zur Unternehmenskooperation fördert und andererseits gezielt Entscheidungsträger im Unternehmen in die Lage versetzt, das mit dem Innovationsprojekt verbundene Risiko schnell zu antizipieren.

Eine Möglichkeit zur Schaffung von Kooperationsschnittstellen ist die informationstechnische Vernetzung der Partner. Hierdurch kann sicher gestellt werden, dass die für die Risikoreduktion relevanten Informationen allen Kooperationspartnern zur Verfügung stehen und somit im Rahmen des Entscheidungsprozesses Gruppeneffekte zu tragen kommen, die eine positive Entscheidung zur Durchführung eines Innovationsprojektes unterstützen.[297] Durch die Einbindung der Entscheidungsträger in den Innovationsprozess des Unternehmens können diese in die Lage versetzt werden, die relevanten betrieblichen Ressourcen zu bewerten und somit das Risiko eventuell zu tätigender Anpassungsinvestitionen bei der Implementierung zu antizipieren.

---

295 Ebenda.

296 Vgl.: Nellen, O.; Hemer, J.; Zenker, A.: Fortschreibung der Technologiepolitischen Konzeption im Freistaat Thüringen, a.a.O., S. 85ff.; sowie: Hakanson, S.: Special Presses in Paper-Making, a.a.O., S. 76.

297 Vgl. Vier, C.: Unternehmenstransformation und Netzwerkorganisation, Bern 1996, S. 170ff.

Die Implementierung

Erst die Implementierung von Innovationsprojekten durch die Imitatoren eröffnet den dynamischen Wettbewerb. Da eine Vielzahl von Unternehmen daran interessiert ist, eine erfolgreiche Neuerung zu übernehmen, stehen Folgeunternehmen unter Zeitdruck. Daher sollten zur Vermeidung von Friktionen Kenntnisse über notwendige innerbetriebliche Anpassungsinvestitionen im Vorfeld der Implementierung bestehen.

Know-how und Kreativität in den Unternehmen tragen dazu bei, unvorhersehbare Probleme bei der Implementierung von Innovationen durch selbstständig erarbeitete Lösungen schneller und kostengünstiger zu bewältigen. Die Hinzuziehung betriebsexternen Sachverstandes könnte die Implementierung hinauszögern, was zu Nachteilen im Zeitwettbewerb führen würde.[298]

Darüber hinaus kann durch die Implementierung das Arbeitsumfeld einiger Mitarbeiter des Unternehmens erheblich verändert werden. Ressentiments, die hierdurch entstehen können, schränken nicht nur die Produktivität der Mitarbeiter ein, sondern führen darüber hinaus ebenfalls zu Friktionen, die im Zeitwettbewerb Nachteile mit sich bringen.[299] Um sowohl dieser möglichen Entwicklung entgegenzutreten, als auch Know-how und Kreativität zu schaffen, müssen die betroffenen Mitarbeiter frühzeitig in die Implementierung eingebunden und projektspezifisch qualifiziert werden. Hierdurch wird nicht nur der zu erwartende Widerstand aufgelöst, sondern auch die Möglichkeit geschaffen, die Flexibilität des Unternehmens durch einen höheren Qualifikationsstand der Beschäftigten zu erhöhen.[300]

Zur Bewältigung von Implementierungsfriktionen sind auch Informationen, die Pionierunternehmen bei der Einführung des Innovationsprojektes gesammelt haben, von besonderer Bedeutung. Um diese zu gewinnen, sind Imitatoren auf Kooperationen mit anderen Unternehmen angewiesen.[301]

Je intensiver die mit der Implementierung verbundenen Lernprozesse für die Beschäftigten ausfallen, desto wichtiger ist eine Organisationsstruktur, die die Ideengenerierung im Unternehmen unterstützt, um kurzfristig mit der Implementierung

---

298 Vgl. Voigt, K.-I.: Strategien im Zeitwettbewerb, a.a.O., S. 149.

299 Vgl.: Grefermann, K.; Sprenger, R.-U.: Probleme der Innovationspraxis in der Industrie, a.a.O. S.36, sowie Marz, L.: Dispositionskosten des Transformationsprozesses, a.a.O., S.3-14.

300 Vgl.: Grefermann, K.; Sprenger, R.-U.: Probleme der Innovationspraxis in der Industrie, a.a.O., S.36, sowie: Voigt, K.-I.: Strategien im Zeitwettbewerb, a.a.O., S. 150.

301 Vgl. Weber, M.: Unternehmerische Marktstrategien bei dynamischem Wettbewerb, a.a.O., S.24; sowie: Nellen, O.; Hemer, J.; Zenker, A.: Fortschreibung der technologiepolitischen Konzeption für den Freistaat Thüringen, a.a.O., S.92.

des Innovationsprojekts auftretende Probleme zu lösen. Eine intensive innerbetriebliche Kommunikation ist erforderlich, um auftretende Schwierigkeiten kurzfristig zu identifizieren und um allen anderen Betroffenen die Möglichkeit der Fehlervermeidung zu geben.

Während rigide formale Strukturen eine schnelle Umsetzung von Ideen zur Lösung von Implementierungsproblemen behindern können, tragen dezentral planende, steuernde und kontrollierende Instanzen dazu bei, kurzfristig auftretende Schwierigkeiten zu identifizieren und Problemlösungen zu erarbeiten. Eine innerbetriebliche Kommunikationskultur, die gezielt die Bildung von Know-how und Kreativität stützt, bildet die Grundlage für diesen Typ, der letztlich auf die Vermeidung von Friktionen bei der Implementierung der Innovationsprojekte angewiesen ist.[302]

2.2.2.3 ... Reversal- oder Recreation-Transformationstyp

Unternehmen des Transformationstyps Reversal oder Recreation haben einen tiefgreifenden, das ganze Unternehmen umfassenden, Wandlungsprozess zum Ziel. Lediglich die Auslöser für die Reorganisation des Unternehmens unterscheiden sich. Während Unternehmen, die dem Transformationstyp des Recreation zuzuordnen sind, eine bewusste Vorreiterposition im dynamischen Wettbewerb anstreben, sehen sich Unternehmen, des Reversal-Transformationstyps mit einer akuten Krisensituation konfrontiert, der sie mit einem radikalen Umbau des Unternehmens begegnen wollen.

Unternehmen beider Typen haben zum Ziel, im dynamischen Wettbewerb die Funktion des Innovators zu übernehmen. Hierdurch sollen Erfolgspotentiale realisiert werden, die aus einer zeitlich befristeten Monopolstellung bestehen.[303] Die Erzielung von Pioniergewinnen[304], die Realisierung einer Preisabschöpfungspolitik[305] und die daraus resultierende Verkürzung der Amortisationsdauer der Innovationen sind die Konsequenz. Darüber hinaus können sich auch zeitliche Wettbewerbsvorteile durch den Gewinn von Erfahrungen, durch Imagevorteile und durch Beziehungen zu Abnehmern ergeben. Diese Vorteile versetzen die Pionierunternehmen in eine Vorsprungssituation gegenüber der Konkurrenz, die den Vorreitern

---

302 Voigt, K.-I.: Strategien im Zeitwettbewerb, a.a.O., S. 149.

303 Vgl. Kneerich, O.: FuE: Abstimmung von Strategie und Organisation, a.a.O., S. 91.

304 Schätzle, G.: Forschung und Entwicklung als unternehmerische Aufgabe, Opladen 1965, S. 97ff.

305 Bei einer Preisabschöpfungspolitik eines Unternehmens beginnt dieses am oberen Ende des Preisbewilligungsspielraums, um dann je nach dem Stand fortschreitender Markterschließung den Preis sukzessive herabzusetzen. Im Gegensatz hierzu steht die Preisdurchdringungspolitik, die dadurch gekennzeichnet ist, dass Unternehmen die mögliche Marktdurchdrängung schnell über einen günstigen Preis zu erreichen versucht. (Vgl. Koppelmann, U.: Produktmarketing – Entscheidungsgrundlage für Produktmanager, 2. Aufl. Stuttgart 1987, S. 377.)

im dynamischen Wettbewerb auch zukünftig diese Position sichern kann. Voraussetzung hierfür ist, dass betriebsinternes Wissen nicht diffundiert.[306]

Die Wahrnehmung von Chancen und Problemen

Ein umfassender Wandlungsprozess des gesamten Unternehmens erfordert eine starke und hoch qualifizierte Geschäftsführung mit dem Wissen um das Ziel der Reorganisation.[307] Die Zielformulierung der Gesamtmaßnahme erfolgt mit der Wahrnehmung von Chancen und Problemen.[308] Die Qualifikation der am Innovationsprozess beteiligten Individuen entscheidet in diesem Zusammenhang, ob Chancen und Probleme erkannt, deren Stellung und Stärke darüber, ob die durch die Wahrnehmung formulierten Ziele auch durchgesetzt werden können.

Die Funktion des Vorreiters bringt es mit sich, dass die Wahrnehmung von Chancen und Problemen als zielgerichteter Prozess im Rahmen einer aktiven Informationspolitik des gesamten Unternehmens erfolgt.[309]

Unternehmen, des Recreation-Typs werden stärker als diejenigen, die vor dem Hintergrund akuter Gefährdung agieren, versuchen, zukünftige Chancen und Probleme zu erkennen, um diese bewusst in die langfristige Zielplanung des Unternehmens zu integrieren.[310] Unternehmen des Reversal-Typs werden erst durch die Wahrnehmung einer Unternehmenskrise dazu veranlasst, das Ziel des Unternehmens zu formulieren.[311] Durch eine akute Existenzgefährdung sind bei diesen Unternehmen die Planungszeiträume deutlich kürzer.[312]

Je größer der Geschäftsbereich eines Unternehmens ist, desto größer ist die Gefahr, dass die Geschäftsführung mit der Wahrnehmung von Chancen und Problemen überlastet ist.[313] Eine Delegation von Aufgaben- und Kompetenzbereichen auf

---

306 Voigt, K.-I.: Strategien im Zeitwettbewerb, a.a.O., S. 170.

307 Vgl. Miller, D.; Friesen, P.: Organizations – A Quantum View, a.a.O., S. 215; sowie: Hilbert, A.: Industrieforschung in den neuen Bundesländern, a.a.O., S. 110.

308 Eine partielle Korrektur kann durchaus in späteren Phasen erfolgen. Jedoch wird ein formuliertes Hauptziel der Reorganisation dadurch nicht tangiert. (Vgl. Kneerich, O.: Abstimmung von Strategie und Organisation, a.a.O., S. 156.)

309 Vgl. Weber, M.: Unternehmerische Marktstrategien bei dynamischem Wettbewerb, a.a.O., S.83.

310 Grund hierfür ist die kurzfristige Handlungsbereitschaft und höhere Risikopräferenz der Entscheidungsträger in krisenhaften Unternehmen. (Vgl. Zanger, C.: Unternehmenskrise und Produktentwicklung – Zum strategischen Verhalten von Unternehmen im Übergang von der Planzur Marktwirtschaft, a.a.O., S. 997.)

311 Ebenda.

312 Ebenda.

313 Vgl. Maas, C.: Determinanten betrieblichen Innovationsverhaltens, a.a.O., S. 155.

Funktionsbereiche des Unternehmens muss die Konsequenz sein.[314] Somit muss in dieser Phase des Innovationsprozesses die Generierung von Informationen über mögliche Chancen und Probleme auf alle Funktionsbereiche des Unternehmens ausgedehnt werden.
Um eine schnelle Weitergabe der gewonnenen Erkenntnisse sicherzustellen, ist in dieser Phase des Innovationsprozesses eine intensive Kommunikation der Teilbereiche mit der Geschäftsführung notwendig. Diese sammelt die Informationen, die letztlich zur Zielformulierung des betrieblichen Transformationsprozesses genutzt werden.

Die Ideengenerierung

Unternehmen, die Vorreiterposition im dynamischen Wettbewerb anstreben, sind im Ideengenerierungsprozess auf Wissen angewiesen, welches auch außerhalb des Unternehmens als neu angesehen wird. Daher müssen Informationen über neue Erkenntnisse auf relevanten Technologiefeldern akquiriert werden. Neben einer formalen Qualifikation der am Innovationsprozess beteiligten Individuen sind daher betriebsexterne Kommunikationskanäle zu schaffen und zu nutzen. Da das gesamte Unternehmen vom Wandlungsprozess erfasst werden soll, ist es darüber hinaus notwendig, dass alle hiervon betroffenen Funktionsbereiche in die Generierung von Ideen eingebunden werden.[315]

Wie bei der Wahrnehmung von Chancen und Problemen stellt die Qualifikation der Mitarbeiter auch bei der Ideengenerierung ein limitierendes Element für die Realisierung und Nutzung der Informationen über die Fortentwicklung auf Technologiefeldern dar, die für die Unternehmenstransformation relevant sind. So zeigt sich, dass diese bereits die Schaffung von Kommunikationskanälen zu wissenschaftlichen Forschungseinrichtungen bestimmt.[316] Zudem ist eine formale Qualifikation notwendig, Informationen zu realisieren und das hierdurch akquirierte Wissen neu zu kombinieren.

Dadurch, dass das gesamte Unternehmen vom Wandlungsprozess ergriffen werden soll, müssen alle Funktionsbereiche – wie auch bei der Wahrnehmung von Chancen und Problemen - in die Generierung von Ideen integriert werden.[317] Je breiter das Betätigungsfeld der Unternehmen ist, desto wichtiger ist die Einbeziehung mehrerer spezialisierter Mitarbeiter in den Prozess der externen Informationssammlung sowie

---

314 Vgl. Kneerich, O.: FuE: Abstimmung von Strategie und Organisation, a.a.O., S. 90f.

315 Vgl. Miller, D.; Friesen, P.: Organizations – A Quantum View, a.a.O., S. 226.

316 Vgl. Kuhlmann, S.; Holland, D.: Erfolgsfaktoren der wirtschaftsnahen Forschung, Heidelberg 1995, S. 75.

317 Vgl. Miller, D.; Friesen, P.: Organizations – A Quantum View, a.a.O., S. 227.

in denjenigen, der neu erworbenes Wissen neu kombiniert.[318] Eine intensive innerbetriebliche Kommunikation ist notwendig, um die betriebsextern gewonnenen Informationen im Rahmen der Ideengenerierung mehreren u.U. spezialisierten Mitarbeitern zur Verfügung zu stellen. Somit kann vermieden werden, dass Informationen doppelt akquiriert werden. Zudem können Ideen auf einer breiteren Basis generiert und diskutiert werden. Im dynamischen Wettbewerb führt dies zur Zeitersparnis.[319]

Die Entscheidungsfindung

Die Geschäftsleitung übernimmt die unternehmensinterne Sammlungs- und Koordinationsfunktion für generierte Ideen.[320] Zur Wahrnehmung dieser Funktionen muss die Geschäftsführung über ein hohes formales Qualifikationsniveau verfügen, um die für das Unternehmen relevanten Ideen im Sinne des Transformationsprozesses zu selektieren[321]. So muss diese die technische Durchführbarkeit der Idee bewerten und den hiermit verbundenen Aufwand beurteilen können. Neben der Abschätzung von Marktpotentialen bestimmen beide Aspekte das mit der Durchführung eines Innovationsprojektes verbundene Risiko.[322]

Da Informationen in Form von Erfahrungen über den Einsatz neuer Techniken im Geschäftsfeld des Unternehmens nicht zur Verfügung stehen, verstärkt sich das Risiko für deren Einsatz beträchtlich. Dies erhöht die Anforderungen an die formale Qualifikation der Entscheidungsträger, die beurteilen müssen, ob neue Erkenntnisse im Hinblick auf den Wandlungsprozess des Unternehmens genutzt werden können, um einen für das Unternehmen neuen Markt zu erschließen.

Die Entscheidung zur Durchführung eines Innovationsprojektes hängt zudem maßgeblich davon ab, welche Möglichkeiten die Entscheidungsträger im Unternehmen haben, ihre Vorstellungen durchzusetzen. Um eine schnelle Entscheidung im Rah-

318 Vgl. Maas, C.: Determinanten betrieblichen Innovationsverhaltens, a.a.O., S. 116.

319 Vgl. Weber, M.: Unternehmerische Marktstrategien bei dynamischen Wettbewerb, a.a.O., S.78.

320 Vgl. Miller, D.; Friesen, P.: Organizations – A Quantum View, a.a.O., S. 228.

321 Ebenda.

322 Hierbei lässt sich feststellen, dass Unternehmen, die den Transformationstyp des Recreation verfolgen, eine positive Entscheidung zur Durchführung von höheren Renditeerwartungen des Projektes abhängig machen als Unternehmen, die eine Reversal-Strategie verfolgen. Dies hängt damit zusammen, dass akut gefährdete Betriebe eher zu risikoreicheren Innovationsprojekten bereit sind. Dieses Phänomen wurde im Rahmen des Risk-Return-Paradoxons diskutiert. (Vgl. Zanger, C.: Unternehmenskrise und Produktentwicklung – Zum strategischen Verhalten von Unternehmen im Übergang von der Plan- zur Marktwirtschaft, a.a.O., S. 982.)

men des Zeitwettbewerbs treffen zu können, ist eine zentrale Organisationsstruktur notwendig.[323]

Die Implementierung

Die Partizipation von Mitarbeitern am Entscheidungsprozess wird in Unternehmen, des Reversal- oder Recreation-Transformationstyps dem entstehenden Zeitdruck, der sich durch den dynamischen Wettbewerb ergibt, geopfert. Daher ist es notwendig, die Mitarbeiter bei der Vorbereitung der Entscheidung zu integrieren.[324]

Ein intensiver innerbetrieblicher Informationsaustausch trägt dazu bei, auftretende Friktionen schnell zu erkennen. Weiterhin werden Mitarbeiter in die Lage versetzt, ihren eigenen Beitrag am Wandlungsprozess des Unternehmens zu erkennen, was dazu führt, dass die Akzeptanz gegenüber dem Wandel des eigenen Arbeitsplatzes steigt.[325]

Eine formale Qualifikation der Beschäftigten trägt dazu bei, dass die mit der Implementierung verbundene Entwertung eigener Fähigkeiten und Erfahrungen geringer ausfällt als bei einer betriebsspezifisch geprägten Qualifikationsstruktur. Der Widerstand unter den Beschäftigten gegen die Implementierung fällt somit umso geringer aus, je höher der Anteil formal qualifizierter Mitarbeiter im Unternehmen ist.[326]

Zur Unterstützung der innerbetrieblichen Kommunikation sollte die Organisationsstruktur der Unternehmen flach ausgestaltet sein. Dies trägt zur Transparenz und somit zur schnellen Implementierung der Innovation bei.[327]

2.2.2.4 ... Muddling-Through-Transformationstyp

Innovationsaktivitäten, die in Form von Trial-and-error-Prozessen nicht zielgerichtet in die Unternehmenstransformation eingebunden sind, stellen das entscheidende Charakteristikum für Unternehmen des Transformationstyps Muddling-Through dar. Dieser Transformationstyp ist der einzige unter den erfolgsmöglichen, der eine Veränderung eines bestehenden Leistungs-, Produkt- oder Produktionsspektrums in

---

323 Vgl. Miller, D.; Friesen, P.: Organizations – A Quantum View, a.a.O., S. 212ff.

324 Vgl. Marz, L.: Dispositionskosten des Transformationsprozesses, a.a.O., S. 10.

325 Vgl. Oechsler, W.A.: Personal und Arbeit, a.a.O., S.262.

326 Vgl. Pichottka, S.: Personelle Erfolgsfaktoren von Innovationsmanagement und Innovationsführung, a.a.O., S. 90.

327 Vgl. Miller, D.; Friesen, P.: Organizations – A Quantum View, a.a.O., S. 146.

inkrementalen Schritten als Basis für einen Wandel des Unternehmens aufweist.[328] Als langfristiges Ziel der Unternehmenstransformation wird lediglich die Verteidigung der erreichten Marktposition zu Grunde gelegt.[329]

Die Wahrnehmung von Chancen und Problemen

Die Basis des betrieblichen Transformationsprozesses stellt das bestehende Produkt- oder Leistungsspektrum der Unternehmen dar. Jede Veränderung baut auf diesem auf, weil sich bereits die Wahrnehmung von Chancen und Problemen ausschließlich auf den Status quo aufbaut. Somit wirken Hysterese-Effekte, die die zukünftige Entwicklung des Unternehmens determinieren. [330]

Sowohl Chancen als auch Probleme werden im Rahmen der Leistungserstellung im Unternehmen wahrgenommen. Anders als in anderen diskutierten Transformationstypen handelt es sich hierbei nicht um einen gezielten Suchprozess, sondern um ein Zufallsprodukt. Je breiter die Kenntnisse der Mitarbeiter über die betriebliche Leistungserstellung sind, desto eher können Chancen und Probleme wahrgenommen werden, die zu einer Veränderung eines Produkts oder eines Prozesses führen.

Eine Unternehmensorganisation, die die Wahrnehmung von Chancen und Problemen unterstützt, muss somit darauf abzielen, die Entwicklung betriebsspezifischen Humankapitals zu fördern.[331] Eine starke Segmentierung der Arbeitsprozesse nach tayloristischem Vorbild[332] würde das Gesichtsfeld der Mitarbeiter einschränken und somit dazu führen, Chancen und Probleme lediglich für einen Teilbereich des

---

328 Da dieser Transformationstyp einen Wandel auf der Basis bestehender Strukturen eines Unternehmens anstrebt, wird innerhalb der Reorganisationstheorie bezweifelt, ob die Ergebnisse der Untersuchungen Lindblooms eine Unternehmenstransformation beschreibt. (Vgl. Miller, D.; Friesen, P.: Organizations – A Quantum View, a.a.O., S. 226.) Im Rahmen dieser Arbeit soll diese Auseinandersetzung nicht näher diskutiert werden, da hiervon kein Erkenntnisgewinn im Sinne der zu Grunde liegenden Fragestellung zu erwarten ist. Entscheidend ist in diesem Zusammenhang lediglich, dass sich während der inkrementalen Fortentwicklung eines bestehenden Produkt- oder Leistungsprogramms bzw. einer bestehenden Produktionstechnik ein Wandel der Unternehmen vollzieht. Vor diesem Hintergrund wird hier die Position Lindblooms geteilt, dass das Muddling-Through eine Unternehmenstransformation zur Folge hat. (Vgl. Lindbloom, C.E.: The Science of Muddling-Through, a.a.O., S.44.)

329 Vgl. Lindbloom, C.E.: The Science of Muddling-Through, a.a.O., S.54.

330 Vgl. Franz, W.: Hysteresis in Economic Relationship: An Overview, in: Franz, W. (Hrsg.) Hysteresis Effects in Economic Models, Heidelberg 1990, S. 1-17.

331 Vgl. Lindbloom, C.E.: The Science of Muddling-Through, a.a.O., S. 57.

332 Unter dem Begriff des Taylorismus wird eine Teilung der Arbeit in kleinste Einheiten verstanden, zu deren Bewältigung keine oder nur ganz geringe Denkvorgänge durch die Beschäftigten zu leisten und auf Grund des geringen Umfangs bzw. Arbeitsinhalts schnell und repetitiv zu wiederholen sind. (Vgl. Kieser, A.; Kubicek, H.: Organisation, a.a.O., S.346.)

Arbeitsprozesses zu erkennen. Eine fehlende Kenntnis über die Einbindung der individuellen Arbeitsinhalte in den Prozess der betrieblichen Leistungserstellung könnte dazu führen, dass wahrgenommene Chancen und Probleme nicht dazu geeignet sind, einen Innovationsprozess im Unternehmen in Gang zu setzen, weil die Konsequenzen für andere Arbeitsinhalte nicht berücksichtigt wurden. [333]

Darüber hinaus besteht die Gefahr, dass sich eine tiefe auf einen Arbeitsbereich konzentrierte Qualifikation der Beschäftigten entwertet, wenn sich ein Produkt oder Produktionsprozess verändert. Somit könnten mentale Dispositionen gegenüber einer Veränderung der Arbeitsinhalte auftreten, die die Wahrnehmung von Chancen und Problemen verhindern.[334]

Eine Aufgabenintegration hingegen fördert ein zur Wahrnehmung von Chancen und Problemen notwendiges betriebsspezifisches Humankapital durch die Kenntnis von Zusammenhängen betrieblicher Leistungserstellung. Die Kooperations- und Informationsbereitschaft kann durch eine Integration von Aufgaben ebenfalls positiv beeinflusst werden, da den am Innovationsprozess beteiligten Individuen der Zugang zu Kenntnissen über Chancen und Probleme eröffnet wird. Zugleich nimmt die Bereitschaft zu, an einem Innovationsprozess zu partizipieren, der das eigene Arbeitsumfeld verändert.[335]

Die Ideengenerierung

Anders als im Rahmen jedes anderen beschriebenen Transformationstypen basiert auch die Generierung von Ideen auf betriebsspezifischem Humankapital der Mitarbeiter. Ideen entwickeln sich überwiegend während der Leistungserstellung im Unternehmen und stellen nicht das Resultat eines gezielten Suchprozesses dar.[336] Die Sammlung von Informationen und somit die Akquirierung von Wissen, welches im Rahmen der Ideengenerierung neu kombiniert wird, stellt ein Zufallsprodukt dar.

Um das betriebsspezifische Humankapital im Sinne der Unternehmenstransformation zu nutzen, müssen Mitarbeiter motiviert werden, am Prozess der Ideengenerierung zu partizipieren. Ein entscheidender Bestandteil dessen ist die Bereitschaft zur Informationsweitergabe sowie zur Kooperation mit anderen Mitarbeitern des Unternehmens.

---

333 Vgl. Kieser, A.; Kubicek, H.: Organisation, a.a.O., S. 345.

334 Vgl. Drumm, H.-J.: Personalswirtschaftslehre, a.a.O., S. 218.

335 Eine ausführliche Darstellung der Folgen einer Aufgabenintegration auf die Qualifikation und Motivation der Beschäftigten ist Kieser, Kubicek zu entnehmen. (Vgl. Kieser, A.; Kubicek, H.: Organisation, a.a.O., S. 343 ff.)

336 Vgl. Lindbloom, C.E.: The Science of Muddling-Through, a.a.O., S. 57

Um die Weitergabe generierter Ideen sicherzustellen sowie die Bereitschaft zur Partizipation an betrieblichen Innovationsprozessen zu stimulieren, könnte ein betriebliches Vorschlagswesen dienen. Dieses in ein betriebliches Entgeltsystem zu integrieren könnte dazu beitragen, die Generierung von Ideen zur Verbesserung der bestehenden Produkt- und/oder Leistungspalette des Unternehmens in das Arbeitsspektrum der Beschäftigten fest einzubinden.[337]

Eine Organisationsstruktur im Unternehmen, die gezielt das Gesichtsfeld der Mitarbeiter erweitert und somit den Beschäftigten die Möglichkeit eröffnet, Kenntnisse über den Prozess der Leistungserstellung zu gewinnen, wirkt auch in der Phase der Ideengenerierung dem Auftreten mentaler Dispositionen entgegen und fördert darüber hinaus die Möglichkeit der Beschäftigten, Wissen zu akquirieren, welches die Basis für die Generierung neuer Ideen darstellt.[338]

Die Entscheidungsfindung

Die Entscheidung zur Durchführung eines Innovationsprojekts wird maßgeblich durch die zur Verfügung stehenden Informationen beeinflusst. Wenn Verbesserungsvorschläge von Mitarbeitern zur Verfügung stehen, dann hängt die Entscheidung von der Übersicht und der Qualifikation des Entscheidungsträgers und von den Möglichkeiten der Informationsvermittlung im Unternehmen ab. Eine Formalisierung des Entscheidungsprozesses wird sicherstellen können, dass betriebsinterne Rahmenbedingungen systematisch in die Entscheidungsfindung einbezogen werden.[339]

Sollte im Rahmen der Entscheidungsfindung festgestellt werden, dass die betrieblichen Ressourcen nicht ausreichen, ein Projekt zur Veränderung der Produktpalette oder des Produktionsverfahrens zu bewerten, so wird auf externe Informationen zurückgegriffen. Diese lassen sich entweder durch Unternehmenskooperationen oder durch die gezielte Suche von verwertbaren Forschungsergebnissen Dritter akquirieren.[340] Beide Formen der externen Informationsakquisition nehmen jedoch im Vergleich zu anderen erfolgsmöglichen Transformationstypen einen deutlich geringeren Raum ein. Grund hierfür stellen die betriebsspezifischen Rahmenbedingungen der benötigten Informationen dar, die auf Erfahrungswissen der Unternehmen aufbauen. Somit ergibt sich das Problem, dass betriebsexterne Akteure, die die benötigten Informationen bereitstellen könnten, ebenfalls über die betriebsspezifi-

337 Vgl. Oechsler, W.A.: Personal und Arbeit, a.a.O., S. 33.

338 Vgl. Hax, A. C.; Majulf, N. S.: Strategisches Management – Ein integratives Konzept aus dem MIT, a.a.O., S. 137.

339 Vgl. Maas, C.: Determinanten betrieblichen Innovationsverhaltens, a.a.O., S. 159.

340 Vgl. Brockhoff, K.: Schnittstellenmanagement, a.a.O., S.21.

schen Rahmenbedingungen informiert sein müssen. Da diese Bedingung häufig ausschließlich durch Konkurrenzunternehmen erfüllt wird, unterbleibt die betriebsexterne Kommunikation.

Verfügen betriebsexterne Akteure nicht über das notwendige Erfahrungswissen, so sind die Informationen nicht kongruent. Entscheidungsrelevante Informationsdefizite können nicht geschlossen werden.[341]

Weiterhin spielen Erfahrungen, die durch die Realisierung vorhergehender Innovationsprojekte entstanden sind, eine bedeutende Rolle. Hierdurch werden Entscheidungsträger in die Lage versetzt, auftretende Probleme, die mit der Implementierung im Unternehmen verbunden sind, zu bewerten. Wenn sich in der Vergangenheit zeigte, dass Friktionen bei der Realisierung und Implementierung von Innovationsprojekten auftraten, so determinieren die hier entstandenen Kosten die Entscheidungsbereitschaft in der Gegenwart.[342]

Unternehmen, die Muddling-Through als Basis der betrieblichen Transformation betreiben, gewichten diese Erfahrungen im Rahmen der Entscheidungsfindung deutlich höher als Unternehmen, die einen anderen Transformationstypen aufweisen, da diese einen intensiveren, nicht auf der Vergangenheit des Unternehmens aufbauenden Transformationsprozess anstreben.

Somit zeigt sich, dass nicht nur die Wahrnehmung von Chancen und Problemen oder die Generierung neuer Ideen maßgeblich durch ein betriebsspezifisch geprägtes Humankapital determiniert werden, sondern auch die Entscheidungsfindung. In allen Phasen des betrieblichen Transformationsprozesses wird durch die Qualifikationsstruktur der am Innovationsprozess beteiligten Individuen deren Informationsverhalten bestimmt. Die Humankapitalstruktur der Entscheidungsträger muss daher ebenfalls betriebsspezifisch geprägt sein.

Die Implementierung

Da Unternehmen, die dem Transformationstyp des Muddling-Through folgen, lediglich Veränderungen an ihren Produkten oder Produktionsverfahren vornehmen, fallen gegebenenfalls auftretende Anpassungsinvestitionen im Vergleich zur Implementierung von Innovationsprojekten bei Unternehmen, die einen anderen der

---

341 Vgl. Brockhoff, K.: Forschung und Entwicklung, a.a.O., S. 121.

342 Vgl. De Pay, D.: Informationsmanagement von Innovationen, a.a.O., S. 202f.

diskutierten Transformationstypen verfolgen, geringer aus. Zudem dürfte in deutlich geringerem Maße mit sozialen Anpassungsschwierigkeiten zu rechnen sein.[343]

Informationen über möglicherweise auftretende Friktionen werden dann betriebsintern akquiriert, wenn die Veränderung ausschließlich unter Nutzung betriebsinterner Ressourcen erfolgt. Wenn hingegen betriebsexterne Informationen erworben werden, so sind Unternehmen daran interessiert, sich über Probleme anderer Betriebe, die mit der Übernahme einer Innovation in Verbindung stehen, zu informieren. Hierzu sind die gleichen Informationen notwendig, die im Rahmen der Entscheidungsfindung zur Durchführung eines Innovationsprojektes relevant sind.

Im Sinne einer schnellen Implementierung sollte die gewählte Organisationsstruktur klar umrissene Aufgabengebiete für jeden Mitarbeiter, einen hohen Formalisierungsgrad sowie ein geringes Maß an Partizipation und klare Weisungsbefugnisse aufweisen.[344] Da dieses Ergebnis im Konflikt mit den Aussagen über die Motivationsstruktur bei der Wahrnehmung von Chancen und Problemen sowie bei der Generierung von Ideen steht, muss in diesem Zusammenhang auf ein extrinsisch geprägtes Motivationssystem zurückgegriffen werden.[345] Hierdurch kann gewährleistet werden, dass formalisierte Arbeitsstrukturen in einem Unternehmen dennoch dazu führen, dass Mitarbeiter motiviert sind, am betrieblichen Innovationsprozess zu partizipieren.

2.3 Zusammenfassende Betrachtung

Mit Hilfe von Literaturauswertungen wurde untersucht, ob sich die im ersten Teil dieses Kapitels diskutierten erfolgreichen Transformationstypen hinsichtlich der in diese harmonisch eingebundenen Innovationsaktivitäten unterscheiden. Grundlage dieses Analyseschritts stellte ein Ansatz dar, welcher die Harmonie von Innovationsaktivitäten und Transformationstyp der Unternehmen als Voraussetzung für den Erfolg des betrieblichen Wandlungsprozesses postuliert.

Um die Einbettung der Innovationsaktivitäten in den Transformationstyp der Unternehmen untersuchen zu können, wurden diese mit Hilfe von Bestimmungsfaktoren

---

343 Vgl. Schmal, K.: Technologischer Wandel als innerbetriebliches Konfliktfeld, in.: Staudt, E.: Das Management von Innovationen, a.a.O., S. 438, sowie Lindbloom, C.E.: The Science of Muddling-Through, a.a.O., S. 51.

344 Vgl. Maas, C.: Determinanten betrieblichen Innovationsverhaltens, a.a.O., S.161.

345 Während ein intrinsisch geprägtes Motivationssystem auf Faktoren aufbaut, welche aus der ausgeübten Tätigkeit an sich gebildet werden, ist ein extrinsisch geprägtes Motivationssystem auf Faktoren angewiesen, die von außen eingeführt werden. Extrinsische Motivationsfaktoren können sowohl materieller, zumeist pekuniärer, als auch immaterieller Natur sein. (Vgl. Drumm, H.-J.: Personalwirtschaftslehre, a.a.O., S.253.)

abgebildet. Im Ergebnis einer Literaturrecherche zeigte sich, dass sich die Ausprägung des Qualifikationsprofils der Beschäftigten, des Informationsverhaltens sowie der Organisationsstruktur der Unternehmen - als betriebsinterne Bestimmungsfaktoren betrieblicher Innovationsaktivitäten[346] - innerhalb der verschiedenen Transformationstypen unterscheiden.

Darüber hinaus ließ sich aufzeigen, dass die Bestimmungsfaktoren nicht dichotom betrachtet werden können, sondern in einem interdependenten Zusammenhang zueinander stehen. So konnte nachgewiesen werden, dass die Qualifikationsstruktur der Beschäftigten darüber bestimmt, wie sich das betriebliche Informationsverhalten darstellt. Die Organisationsstruktur determiniert die Bedingungen, in denen Informationen in den verschiedenen Phasen des betrieblichen Innovationsprozesses akquiriert und die Qualifikation der Mitarbeiter im Sinne der Transformation gebildet oder eingesetzt werden kann.

Diese gegenseitige Beeinflussung der Bestimmungsfaktoren führt dazu, dass jedem diskutierten Transformationstyp ein bestimmtes Ausprägungsmuster dieser Bestimmungsfaktoren zugeordnet werden kann.

Abb. C-4 systematisiert die Ergebnisse dieses Kapitels und ordnet den diskutierten erfolgsmöglichen Transformationstypen die Ausprägungsmuster der dargestellten Determinanten betrieblicher Innovationsaktivitäten zu.[347]

---

346 Betriebsexterne Bestimmungsfaktoren wie die Unternehmensgröße, die Branchenzugehörigkeit der Unternehmen sowie die Wettbewerbsintensität wurden nicht zur Abbildung betrieblicher Innovationsaktivitäten verwendet, da deren Einfluss nicht eindeutig dargestellt werden konnte. (Vgl. Kap. C 2.2.1.1)

347 Hierbei wird auf die Darstellung der Phasen des betrieblichen Innovationsprozesses verzichtet, da sich herausstellte, dass die Ausprägung der Bestimmungsfaktoren innerhalb dieser Phasen nicht differiert.

Tab. C-1 Harmonische Ausprägung von Bestimmungsfaktoren betrieblicher Innovationsaktivitäten im Rahmen erfolgsmöglicher Transformationstypen – eine systematische Darstellung

Bestimmungsfaktoren	Nucleus	Engpass	Recreation / Reversal	Muddling-Through
Qualifikationsprofil der Beschäftigten	formal qualifizierte Mitarbeiter	überwiegend formal qualifizierte Mitarbeiter	formal qualifizierte Mitarbeiter	betriebsspezifisch qualifizierte Mitarbeiter
Informationsverhalten	ausschließlich betriebsexterne Informationsquellen, primär zu wissenschaftlichen Forschungseinrichtungen; keine innerbetriebliche Kommunikation zwischen Nucleus und sonstigen Funktionsbereichen des Unternehmens	Betriebsexterne Informationsquellen vorwiegend zu anderen Unternehmen in Form von Kooperationsbeziehungen; starke innerbetriebliche Kommunikation	Nutzung betriebsexterner Informationsquellen, überwiegend zu wissenschaftlichen Forschungseinrichtungen; starke innerbetriebliche Kommunikation	starke innerbetriebliche Kommunikation,
Organisationsstruktur	Innovationsaktivitäten werden in einem Funktionsbereich durchgeführt; dezentrale Entscheidungskompetenzen; keine Vernetzung des Nucleus im Unternehmen	zentrale Entscheidungsstrukturen	breite Beteiligung an betrieblichen Innovationsprojekten; zentrale Entscheidungsprozesse	breite Beteiligung an betrieblichen Innovationsprojekten; entgeltgebundenes Anreizsystem zur Beteiligung an Innovationsprojekten; zentrale Entscheidungskompetenzen

Legt man den diskutierten Harmonieansatz zu Grunde, so müsste ein Zusammenhang zwischen den Ausprägungen der dargestellten Bestimmungsfaktoren betrieblicher Innovationsaktivitäten und dem Erfolg des betrieblichen Wandlungsprozesses bestehen. Weicht das Ausprägungsmuster ab, so führt dies zu einer Veränderung der betrieblichen Innovationsaktivitäten, was wiederum zur Disharmonie und somit zu zum Misserfolg des betrieblichen Wandlungsprozesses führen kann. [348] Die gegenseitige Abhängigkeit der betriebsinternen Einflussgrößen kann diesen Effekt verstärken.

348 Vgl. Brockhoff, K.: Schnittstellenmanagement, a.a.O., S. 13ff; sowie Voigt, K.-I.: Strategien im Zeitwettbewerb, a.a.O., S. 136ff.

Die bisherige Analyse stützt sich ausschließlich auf Literaturrecherchen, in deren Resultat die Ergebnisse von unabhängigen, zumeist empirisch geprägten Analysen zusammengetragen und auf den Harmonieansatz angewendet wurden. Um zu überprüfen, ob die harmonische Einbettung der betrieblichen Innovationsaktivitäten in Zusammenhang mit dem Erfolg der Unternehmenstransformation steht, wird die folgende erste Hypothese formuliert, deren empirische Überprüfung zugleich die Basis für die weitere Analyse darstellt, die der Beantwortung der dieser Untersuchung zu Grunde liegenden Fragestellung dient.

> Hypothese 1: Die wirtschaftliche Situation wird von Unternehmen, deren Transformationstyp durch ein harmonisches Ausprägungsmuster von Bestimmungsfaktoren betrieblicher Innovationsaktivitäten untermauert wird, positiver beurteilt, als von Unternehmen, deren Innovationsaktivitäten nicht harmonisch zum Transformationstyp ausgestaltet sind.

D Betriebliche Technologieförderung in den neuen Bundesländern und deren Einfluss auf die Voraussetzungen für einen betrieblichen Transformationserfolg

Im folgenden Kapitel soll der Frage nachgegangen werden, ob die Instrumente zur betrieblichen Technologieförderung in den neuen Bundesländern die harmonische Einbindung der betrieblichen Innovationsaktivitäten in den Transformationstyp der Unternehmen beeinflussen.

Um den Einfluss der betrieblichen Technologieförderung auf die beschriebene Harmonie analysieren zu können, werden im ersten Teil dieses Kapitels die verschiedenen Instrumente einzeln diskutiert und voneinander abgegrenzt. Hierbei wird sich zeigen, dass innerhalb jedes Instruments verschiedene Förderprogramme der öffentlichen Hand zusammengefasst werden können, die eine gleiche förderstrategische Zielstellung verfolgen.

Die förderstrategische Ausrichtung der Programme, die in einem Instrument zusammengefasst wurden wird im nächsten Analyseschritt untersucht. Hierdurch können Hypothesen formuliert werden, die den analytischen Rahmen spannen, um den Einfluss der Instrumente auf die beschriebene Harmonie empirisch analysieren zu können.

Das Kapitel endet mit einer systematischen Darstellung der formulierten Hypothesen.

1 Instrumente zur betrieblichen Technologieförderung in den neuen Bundesländern

Im Rahmen dieser Untersuchung werden ausschließlich Förderprogramme analysiert, die eine finanzielle Zuwendung in Form von Zuschüssen an Unternehmen seitens der öffentlichen Förderinstitutionen vorsehen.[349] Zu den Förderinstitutionen zählen die Bundesministerien für Wirtschaft (BMWi) sowie für Bildung, Wissenschaft, Forschung und Technologie (BMBF) auf der Seite des Bundes und die zu-

349 Die Infrastrukturförderung sowie Programme zur Refinanzierung von Darlehen werden im Rahmen dieser Arbeit nicht betrachtet.

ständigen Ministerien der Länder[350] auf der anderen Seite. Die ihnen zur Verfügung stehenden Förderinstrumente lassen sich wie folgt klassifizieren:[351]

- Direkte Projektförderung
- Indirekte Förderung
- Verbundforschungsförderung
- Indirekt-spezifische Förderung

Folgend werden diese Instrumente einzeln diskutiert und abschließend gegenübergestellt.

1.1 Direkte Projektförderung

Im Rahmen der direkten Projektförderung kann ein Unternehmen Zuschüsse für eigene Forschungs- und Entwicklungsaufwendungen erhalten, die Gegenstand eines im Vorfeld beschriebenen Innovationsprojektes sind. Die Förderadministration legt ex-ante fest, welches Ziel die Innovationsprojekte der Unternehmen verfolgen sollen. Die Förderempfänger sind während der Projektlaufzeit mehrfach dazu verpflichtet, Rechenschaft über die Verwendung der Fördermittel und über den Zielerreichungsgrad des Projektes abzugeben.

Die Förderprogramme, die der direkten Projektförderung zuzurechnen sind, haben eine starke Lenkungsfunktion im Hinblick auf FuE-Zielvorstellungen und Technikbereiche, weil geförderte Innovationsprojekte immer aus Sicht der Förderadministration von besonderer gesellschaftlicher und/oder politischer Bedeutung sind.[352]

Durch die starke Lenkungsfunktion sollte nach Aussagen der „Kommission für wirtschaftlichen und sozialen Wandel“ diese Förderart nur in Betracht kommen, wenn die Förderadministration inhaltlich die hiermit verfolgten Ziele präzise bestimmen kann. Andernfalls bestünde die Gefahr von Fehlentwicklungen oder

---

350 In Mecklenburg-Vorpommern, Sachsen-Anhalt, Brandenburg und Sachsen treten die Wirtschaftsministerien als verantwortliche Förderinstitutionen auf. In Thüringen ist neben dem Wirtschaftsministerium auch das Forschungsministerium für einen Teil der betrieblichen Technologieförderung verantwortlich.

351 Vgl. Dreher, C.: Technologiepolitik und Technikdiffusion, a.a.O., S. 92ff.; sowie Meyer-Krahmer, F.: Der Einfluss staatlicher Technologiepolitik auf industrielle Innovationen, Baden-Baden 1989, S. 96ff.

352 Vgl. Bundesministerium für Wirtschaft; Bundesministerium für Bildung, Wissenschaft, Forschung und Technologie: Innovationsförderung für kleine und mittlere Unternehmen – Gesamtkonzept der Bundesregierung, Bonn 1997, S. 44.

Fehlallokationen der öffentlichen Mittel.[353] „Dagegen eigne sich die indirekte Form der Forschungs- und Technologie-Förderung in allen jenen Fällen, in denen die technologischen und bedarfsbezogenen Unsicherheiten und Risiken ungelöst sind und daher die Suche nach neuen technologischen Entwicklungen und Marktchancen aktiviert werden muß ...“[354]

Durch die Unterstützung einzelner Forschungs- und Entwicklungsprojekte in den Unternehmen wirkt die direkte Projektförderung angebotsseitig, weil sie die Angebotsbedingungen neuer Techniken zu verbessern sucht. Nachfrageseitig soll die Förderung von Demonstrations- oder Pilotanlagen potentiellen Nachfragern die Machbarkeit der Innovation demonstrieren und damit die Unsicherheit unter möglichen Abnehmern reduzieren und somit die Nachfrage stimulieren.[355]

1.2 Indirekte Förderung

Da Unternehmen, die Empfänger von Mitteln aus der indirekten Technologieförderung sind, selbst über die Zielrichtung ihrer geförderten Innovationsaktivitäten entscheiden können, ist die Lenkungsfunktion dieser Förderinstrumente deutlich geringer als bei der direkten Projektförderung. Im Vordergrund der Förderbemühungen jeder indirekten Förderung steht die Verbesserung der Innovationsbedingungen und somit des Innovationsklimas.[356]

Indirekte Fördermaßnahmen verfolgen das Ziel, Innovationsaktivitäten in den Unternehmen anzustoßen, ohne Einfluss auf die Inhalte der Innovationsprojekte auszuüben. Diese wirken ausschließlich angebotsseitig indem das Innovationspotential der geförderten Unternehmen erhöht und somit die Häufigkeit und/oder die Intensität der Innovationsbemühungen gesteigert werden soll. Die Verbesserung der Voraussetzungen zur Entwicklung und Übernahme von Produkt- und/oder Verfahrensinnovationen in den Unternehmen ist Ziel dieser Förderart.[357] Die Durchführung eigener Forschung und Entwicklung ist keine Zuwendungsvoraussetzung.[358]

---

353 Vgl. Kommission für wirtschaftlichen und sozialen Wandel: Wirtschaftlicher und sozialer Wandel in der Bundesrepublik Deutschland, Göttingen 1977, S. 35.

354 Meyer-Krahmer, F.: Der Einfluss staatlicher Technologiepolitik auf industrielle Innovationen, a.a.O., S. 99.

355 Vgl. Dreher, C.: Technologiepolitik und Technikdiffusion, a.a.O., S. 93.

356 Vgl. Meyer-Krahmer, F.: Der Einfluss staatlicher Technologiepolitik auf industrielle Innovationen, a.a.O., S. 96ff.

357 Vgl. Meyer-Krahmer, F.: Der Einfluss staatlicher Technologiepolitik auf industrielle Innovationen, a.a.O., S. 107.

358 Vgl. Meyer-Krahmer, F.: Der Einfluss staatlicher Technologiepolitik auf industrielle Innovationen, a.a.O., S. 99.

1.3 Verbundforschungsförderung

Die Verbundforschungsförderung ist ein Spezialfall der direkten Projektförderung, in dem Innovationsprojekte unter verschiedenen Partnern gefördert werden. Hierbei kann die Kooperation zwischen Unternehmen und wissenschaftlichen Forschungseinrichtungen sowie zwischen Unternehmen untereinander finanzielle Unterstützung finden. Im Mittelpunkt steht die Motivation zum Technologietransfer. Besonderes Interesse besteht in der gezielten Initiierung von Kooperationsprojekten zwischen Unternehmen, die bisher wenig innovativ waren bzw. externe Know-how-Quellen kaum oder nicht nutzten.[359] Somit sollen durch die Motivation zur Kooperation potentielle Anbieter[360] und Anwender[361] von Technologien zusammengeführt werden, um Entwicklungserfolge mit Demonstrationseffekten zu verbinden.[362]

Dieser Zielformulierung liegt einerseits die Vermutung der Förderinstitution zu Grunde, dass durch gemeinschaftliche Forschungsprojekte die Effizienz betrieblicher Innovationsaktivitäten erhöht wird, da eine Intensivierung der betriebsexternen Kommunikation dazu führt, Friktionen beim innerbetrieblichen Lernen[363] zu reduzieren.[364] Zudem ist die Gefahr von Doppelforschungen geringer zu bewerten.[365] Andererseits wird die Durchdringung einer Technologie in einem Wirtschaftssystem positiv beeinflusst, da den Anbietern die Möglichkeit eröffnet wird, „... die Übertragbarkeit der entwickelten Konzepte auf andere Anbieter und Anwender zu prüfen ...“[366].

---

359 Vgl. Koschatzky, K.; Nellen, O.: Thematic evaluation of RTD and Innovation related actions under structural Funds, (bisher unveröffentlichtes Manuskript).

360 Unter einem Anbieter von Technologien werden Wissensträger verstanden, die eine bestimmte Technologie beherrschen. Dies kann sowohl auf wissenschaftliche Forschungseinrichtungen als auch auf Unternehmen zutreffen. (Vgl. Pleschak, F.; Sabisch, H.: Innovationsmanagement, a.a.O., S. 43.)

361 Ein Nachfrager einer Technologie ist an der Beherrschung oder an der Nutzung von Technologien interessiert und nutzt hierfür den Informationsaustausch. (Vgl. Pleschak, F.; Sabisch, H.: Innovationsmanagement, a.a.O., S. 43.)

362 Vgl. Dreher, C.: Technologiepolitik und Technikdiffusion, a.a.O., S. 96.

363 Unter dem Begriff des Lernens wird nicht nur die Mehrung des individuellen Wissens sondern auch das organisatorische Lernen verstanden, welches stets mit einem Wandlungsprozess einer Organisation einhergeht. (Vgl. Picot, A.; u.a.: Das grenzenlose Unternehmen, a.a.O., S. 464ff.)

364 Vgl. Lütz, S.: Die staatliche Steuerung von Kooperationen in der Industrieforschung – Funktionsweisen und Erfolgsbedingungen des Förderinstruments Verbundforschung, Köln 1992, S. 41; sowie: Varone, F.; von Wichert-Nick, D.: Forschungskooperation Industrie/Wissenschaft und Technologietransfer im Schwerpunktprogramm LESIT. Studie im Auftrag des Schweizerischen Wissenschaftsrates, Bern, Karlsruhe 1995.

365 Vgl. Lütz, S.: Die staatliche Steuerung von Kooperationen in der Industrieforschung – Funktionsweisen und Erfolgsbedingungen des Förderinstruments Verbundforschung, a.a.O., S. 42.

366 Vgl. Dreher, C.: Technologiepolitik und Technikdiffusion, a.a.O., S. 93.

Die Lenkungsfunktion dieser Förderung entspricht der der direkten Projektförderung, da die Zuschüsse an ein im Vorfeld formuliertes Innovationsprojekt gebunden sind. Vor diesem Hintergrund verfolgt die Verbundforschungsförderung das gleiche förderstrategische Ziel. Daher wird von der Verbundforschungsförderung auch von einem Spezialfall der direkten Projektförderung gesprochen.

1.4 Indirekt spezifische Förderung

Die indirekt-spezifische Technologieförderung dient der Verbreitung einer bestimmten Technik. Im Gegensatz zu Programmen indirekter Förderung konzentriert sie sich jedoch auf ein bestimmtes Technologiegebiet bzw. einen Anwendungsbereich von bestimmten Technologien, um auf diese Weise „... die Aufmerksamkeit der Unternehmen auf neue Produkte oder Produktionsverfahren zu lenken“[367].

Diese Art der Förderung wirkt sowohl angebots- als auch nachfrageseitig. Unternehmen werden gefördert, wenn sie bereit sind, eine bestimmte Technik[368] zu übernehmen. Nachfrageseitig sollen diese dazu beeinflusst werden, mit Hilfe einer bestimmten Technologie neue Geschäftsfelder zu eröffnen oder die Produktionstechnik zu ergänzen oder zu verändern.[369] Übernehmende Unternehmen sollen zudem beeinflusst werden, eine bestimmte - aus Sicht der Förderadministration zukunftsweisende - Technik zu beherrschen.[370]

Für Anbieter einer neuen Technik soll die Motivation geschaffen werden, verstärkt in einen Anwendungsbereich zu investieren, um das Angebot an technischen Optionen zu erhöhen. Gleichsam überwindet die Förderung zukünftige Absatzunsicherheiten für den Anbieter.[371]

1.5 Zusammenfassung

Die Förderarten unterscheiden sich in erster Linie durch ihre Zielstellung, die zugleich als Abgrenzungskriterium herangezogen wird. Die direkte Projektförde-

367 Vgl. Dreher, C.: Technologiepolitik und Technikdiffusion, a.a.O., S. 92.

368 Zur Abgrenzung des Technikbegriffs s. Kap. A 3.1.

369 Vgl. Dreher, C.: Technologiepolitik und Technikdiffusion, a.a.O., S. 92.

370 Ebenda.

371 Kritiker dieser Förderung weisen darauf hin, dass hierdurch die Marktregulation besonders stark ausgeprägt ist. Die Technikentwicklung orientiert sich somit nicht mehr an den Bedürfnissen des Marktes, sondern an Regularien, die durch die Förderadministration festgelegt werden. (Vgl. Lay, G.; Wengel, J. et. al.: Wirkungsanalyse der indirekt-spezifischen CIM-Förderung im Programm Fertigungstechnik 1988 – 1992, Karlsruhe 1994, S. 233ff.)

rung und die Verbundforschungsförderung haben eine unmittelbare Lenkungsfunktion. Diese sollen Einfluss auf die Entwicklung einzelner Technologiefelder[372] ausüben. Während darüber hinaus die direkte Projektförderung die innerbetrieblichen Forschungs- und Entwicklungsaktivitäten anregen soll, wird durch die Verbundforschungsförderung zudem das Ziel verfolgt, die Vernetzung der Unternehmen durch Steigerung der Kooperationsbereitschaft zu erwirken.

Durch die indirekte sowie die indirekt-spezifische Förderung wird vornehmlich das Ziel verfolgt, das innerbetriebliche Innovationsklima zu verbessern. Aus diesem Grunde existiert im Rahmen der indirekten Förderung keine technologiefeldbezogene Eingrenzung der Zuschussgewährung. Hier steht die Verstärkung der anwendungsorientierten Forschungs- und Entwicklungstätigkeit mittlerer und kleiner Unternehmen im Vordergrund.[373] Mit der indirekt-spezifischen Förderung wird hingegen das Ziel verfolgt, die Anwendung einer bestimmten Technik voranzutreiben und diese im Markt zu etablieren. Es bestehen keine einschränkenden Bedingungen, die geförderte Technik im Unternehmen einzusetzen. Vor diesem Hintergrund hat die indirekt-spezifische Förderung ein Lenkungsfunktion, indem sie die Durchdringung einer Technik bewusst fördert. Diese Technologie fortzuentwickeln liegt nicht im Interesse der Förderung. Hierin unterscheidet sich diese von der indirekten Förderung, bei der die Fixierung der betrieblichen Innovationsaktivitäten Gegenstand der Fördervereinbarung zwischen Unternehmen als Zuwendungsempfänger und der Förderadministration ist.

2 Die strategische Zielstellung der Programme zur betrieblichen Technologieförderung und deren Wirkung auf die Einbindung der Innovationsaktivitäten in die Transformationstypen der Unternehmen

Im folgenden Kapitel werden zunächst die Programme zur betrieblichen Technologieförderung in Ostdeutschland dargestellt. Die in Kapitel 1 diskutierte Klassifikation dient hierbei der Systematisierung. Die förderstrategischen Ziele der Programme sollen im Mittelpunkt der Betrachtung stehen, um die intendierte Wirkung der Förderung auf die Unternehmen darzustellen.[374]

---

372 Eine Definition des Begriffs „Technologiefeld" sowie eine ausführliche Darstellung möglicher Abgrenzungskriterium ist Nellen, O.; u.a. zu entnehmen. (Vgl. Nellen, O.; Hemer, J.; Zenker, A.: Fortschreibung der technologiepolitischen Förderschwerpunkte im Freistaat Thüringen, Karlsruhe 1998, S. 34ff.)

373 Vgl. Meyer-Krahmer, F.: Der Einfluss staatlicher Technologiepolitik auf industrielle Innovationen, a.a.O., S. 96.

374 Alle Förderprogramme geben als ein übergeordnetes Ziel die Stärkung der Wettbewerbsfähigkeit der Unternehmen an. Da diese förderstrategische Zielsetzung nicht darauf abzielt das Ver-

Im zweiten Teil des Kapitels wird dargestellt, welche Konsequenzen die förderstrategische Zielstellung der diskutierten Programme auf die Einbettung der Innovationsaktivitäten in die Transformationstypen der Unternehmen haben. Hierbei werden auf der Grundlage der diskutierten Förderstrategien Hypothesen formuliert, die den analytischen Rahmen für die empirische Analyse darüber spannen, ob die Instrumente die Einbindung der Innovationsaktivitäten in die Transformationstypen der Unternehmen tangieren.

Das Kapitel endet mit einer Systematisierung der formulierten Hypothesen im dritten Teil.

2.1 Die Strategische Zielstellung der Programme zur betrieblichen Technologieförderung in den neuen Bundesländern

Die betriebliche Technologieförderung in der Bundesrepublik Deutschland wird überwiegend von Bund und Ländern getragen.[375] Im ersten Teil dieses Kapitels werden die Programme des Bundes, im zweiten Teil die der Länder erläutert. Die Förderkonditionen werden in diesem Zusammenhang nur kurz erläutert. Diese spielen in der weiteren Analyse keine Rolle, da nicht untersucht werden soll, ob die Höhe der Zuwendungen Einfluss auf die Unternehmen ausübt, sondern ob die Förderprogramme durch ihre strategische Zielstellung die harmonische Einbindung betrieblicher Innovationsaktivitäten in die Transformationstypen der Unternehmen tangieren.[376]

---

halten oder die Strategie der Unternehmen zu beeinflussen, widmet sich die weitere Untersuchung nicht diesem sehr allgemein gehaltenen Aspekt.

375 Die Europäischen Union unterhält keine Zuschussprogramme für Innovationsaktivitäten von kleinen und mittleren Unternehmen. Sie tritt jedoch als Kofinanzierer der Förderinstrumente des Bundes und der Länder auf. Da sie hierbei nicht als Förderinstitution auftritt, wird die EU in dieser Untersuchung nicht näher betrachtet. (Einen Überblick und eine Bewertung der Einbindung der Europäischen Union im Rahmen der CSF-Förderung in den neuen Bundesländern ist Koschatzky, Nellen zu entnehmen. Vgl. Koschatzky, K.; Nellen, O.: Thematic evaluation of RTD and Innovation related actions under structural Funds (bisher unveröffentlichtes Manuskript).) Die Gemeinden als vierte Gebietskörperschaft beschränken ihre Unterstützung der betrieblichen Innovationsaktivitäten auf Infrastrukturmaßnahmen – z.B. Unterhaltung von Technologie- und Gründerzentren. Diese Förderung wird überwiegend von Bund und Ländern kofinanziert. Eigene Zuschussprogramme werden nicht unterhalten. Da eine Analyse dieser Fördermaßnahmen ebenfalls keinen Beitrag zur Beantwortung der grundlegenden Fragestellung leistet, wird von einer vertiefenden Diskussion hierzu abgesehen.

376 Die relative Höhe der Zuwendungen bewegt sich in allen Programmen in einem Korridor zwischen 40 und 45 % der förderfähigen Aufwendungen für Innovationsaktivitäten. Die Höhe der Zuwendungen in den Förderprogrammen des Bundes und der Länder unterscheidet sich in diesem Zusammenhang nicht. (Vgl. Förderbroschüren des Bundes und der Länder 1991 – 1997) Da nahezu alle Unternehmen zu Höchstsätzen bezuschusst werden, bekommen alle geförderten Unternehmen den gleichen Anteil an Zuschüssen für geleistete zuwendungsfähige Investitionen. (Vgl. Koschatzky, K.; Nellen, O.: Thematic evaluation of RTD and Innovation related actions under structural Funds, (bisher unveröffentlichtes Manuskript).) Zudem war es aus datenschutz-

2.1.1 Die betriebliche Technologieförderung des Bundes

Die betriebliche Technologieförderung in den neuen Bundesländern wird auf der Bundesebene ausschließlich durch das Bundesministerium für Bildung, Wissenschaft, Forschung und Technologie (BMBF) sowie durch das Bundesministerium für Wirtschaft (BMWi) unterhalten. Zunächst werden die Programme des BMBF dargestellt, um diesen anschließend die des BMWi gegenüber zu stellen.

Die Zuschussgewährung des BMBF konzentriert sich auf Maßnahmen der direkten Projektförderung, der Verbundforschungsförderung sowie der indirekt-spezifischen Förderung. Im Rahmen dieser Instrumente wurden durch das BMBF zwischen 1990 und 1997 insgesamt ca. 2.354 Mio. DM ausgereicht.[377]

Die Vergabe von Zuschüssen beschränkt sich auf Innovationsprojekte in bestimmten Technologiefeldern, die nach Ansicht der Förderadministration im besonderen Bundesinteresse liegen.[378] Aus den Förderrichtlinien geht hervor:

> „Gefördert werden FuE-Vorhaben, an denen hinsichtlich der Themenstellung und der FuE-Ziele ein erhebliches Bundesinteresse besteht. In der Regel wird das erhebliche Bundesinteresse durch Förderprogramme/-konzepte/-schwerpunkte konkretisiert. Die Vorhaben müssen mit einem hohen technisch-wirtschaftlichen Risiko verbunden und dürfen noch nicht begonnen worden sein. Die Förderung setzt ferner voraus, dass das Vorhaben vom Antragsteller ausreichend genau beschrieben und begründet wird, der Antragsteller über die notwendige fachliche Qualifikation und eine ausreichende Kapazität zur Durchführung von Forschungs- und Entwicklungsvorhaben der beantragten Art verfügt, die wirtschaftlichen Verhältnisse gesichert sind und das Rechnungswesen geeignet ist, die ordnungsgemäße Verwendung der Bundesmittel nachzuweisen. Das Vorhaben muss grundsätzlich in der Bundesrepublik Deutschland durchgeführt und verwertet werden."[379]

Die direkte Projektförderung umfasst eine Vielzahl von Programmen, die jeweils ein Technologiefeld gezielt ansprechen.[380] Deren Fortentwicklung wird eine höhere

---

rechtlichen Gründen nicht möglich, Informationen über die Höhe der an die Unternehmen ausgereichten Zuschüsse zu erhalten. Somit entzogen sich die Förderkonditionen der Analyse.

377 Ein detaillierte Aufstellung aller ausgereichten Mittel durch die Bundesministerien sowie die Länder ist dem Anhang zu entnehmen. (Vgl. Anhang F1.)

378 Vgl. Bundesministerium für Wirtschaft; Bundesministerium für Bildung, Wissenschaft, Forschung und Technologie: BMBF-Förderfibel 1997 (Diskettenversion).

379 Auszug aus der BMBF-Förderfibel 1997

380 Vgl. Bundesministerium für Wirtschaft; Bundesministerium für Bildung, Wissenschaft, Forschung und Technologie: BMBF-Förderfibel 1997 (Diskettenversion).

Priorität beigemessen als der Unterstützung der im Rahmen dieses Programms geförderten Unternehmen.[381] Die Konditionen der Instrumente sind identisch. Die Fördersumme kann bis zu 40 % der förderfähigen Kosten[382] für das zu realisierende Innovationsprojekt betragen.[383]

Die Ziele der Förderprogramme des BMBF im Rahmen der Zuschussgewährung sind in der Förderfibel für das Jahr 1997 wie folgt dargestellt:

> „Die Fachprogramme des BMBF haben zum Ziel, auf ausgewählten Technologiegebieten einen im internationalen Maßstab hohen Leistungsstand von Forschung und Entwicklung zu fördern. Gegenstand der Förderung sind FuE-Vorhaben, die dazu beitragen, den Stand der Technik fortzuentwickeln. Die FuE-Vorhaben werden in der Regel von technologieintensiven Stellen (z.B. Firmen, Hochschulen, FuE-Einrichtungen) durchgeführt, die für Aktivitäten auf technischem Neuland personell und materiell entsprechend gerüstet sind. Hauptsächliches Förderinstrument ist die "Verbundforschung", bei der möglichst viele Stellen, insbesondere aber Einrichtungen der Wissenschaft und Forschung und Unternehmen der gewerblichen Wirtschaft unter dem Aspekt des Technologietransfers arbeitsteilig zusammenwirken. Besondere Unterstützung ist für kleine und mittlere Unternehmen und von Stellen aus den neuen Bundesländern vorgesehen.“[384]

Die Programme zur Verbundforschungsförderung in Ostdeutschland sehen lediglich Zuschüsse zu Gunsten kleiner und mittlerer Unternehmen vor, die beeinflusst werden sollen, Innovationsprojekte in Kooperation mit Forschungseinrichtungen und anderen Unternehmen durchzuführen. Besonderer Wert wird hierbei auf die Zusammenarbeit mit Forschungsinstituten gelegt. Die Kooperation zwischen Unternehmen ohne deren Einbindung kann nicht gefördert werden.[385] Auch hier wird deutlich dass der Transfer und die Anwendung neuer wissenschaftlicher Erkenntnisse im zentralen Interesse der Förderadministration liegt.

Durch die Förderung von Innovationsprojekten, die auch außerhalb des Unternehmens als neu angesehen werden, soll die Bereitschaft kleiner und mittlerer Unternehmen zur Durchführung eigener Forschung und Entwicklung und somit offensiv

---

381 Vgl. Dreher, C.: Technologiepolitik und Technikdiffusion, a.a.O., S. 88.

382 Die förderfähigen Kosten sind der Förderrichtlinie zu entnehmen.

383 Vgl. Bundesministerium für Wirtschaft; Bundesministerium für Bildung, Wissenschaft, Forschung und Technologie: BMBF-Förderfibel 1997 (Diskettenversion)..

384 Auszug aus der BMBF-Förderfibel 1997 (Diskettenversion).

385 Vgl. Bundesministerium für Wirtschaft; Bundesministerium für Bildung, Wissenschaft, Forschung und Technologie: BMBF-Förderfibel 1997 (Diskettenversion)..

orientierter Innovationsaktivitäten erhöht werden. Im Mittelpunkt des Förderinteresses steht hierbei die wirtschaftliche Entwicklung der Unternehmen.[386] Somit wird anders als bei der direkten Projektförderung herausgestellt, dass die Entwicklung der geförderten Unternehmen eine hohe Priorität beigemessen wird.[387]

Die Höhe der Zuwendungen kann im Rahmen der Verbundforschungsförderung ebenfalls bis zu 40 % der förderfähigen Aufwendungen betragen. Entscheidende Zugangsvoraussetzung für Unternehmen ist die Kooperation mit wissenschaftlichen Forschungseinrichtungen.[388]

Die Bundesministerien unterhielten seit 1991 lediglich ein Programm, welches der indirekt-spezifischen Förderung zuzuordnen ist. Das Programm „Fertigungstechnik" wurde 1992 nach seinem Auslaufen in den alten Bundesländern auf die neuen übertragen. Es unterstützte die Einführung von CIM-Technologien in den Produktionsprozess ostdeutscher Unternehmen. 1995 wurde das Programm nicht verlängert.

Als betrieblich orientiertes Ziel der CIM-Förderung wurde angegeben:

> „Die Förderung soll insbesondere kleinen und mittleren Unternehmen den Anreiz geben, rechnerintegrierte Fertigungsmethoden beschleunigt einzuführen oder auszubauen und somit rechtzeitig in den Prozess einer zukunftsorientierten Strukturverbesserung einzusteigen. Da in diesem Zusammenhang strategische Entscheidungen mit weit reichenden Konsequenzen für Fertigungsorganisation, Produktionsablauf, Qualifizierungsmaßnahmen und Investitionen für die folgenden 5 – 10 Jahre zu treffen sind, ist ein entsprechender Planungsaufwand unabdingbar. Die Förderung soll in erster Linie die Gewinnung von umfassenden Informationen zur Entscheidungsfindung, die Entwicklung von Konzepten und Pflichtenheften sowie die Mitarbeiterschulung unterstützen."[389]

Somit hatte die CIM-Förderung neben der Beschleunigung der Technikdiffusion das Ziel, den geförderten Unternehmen eine für sie optimale Implementierung einer bereits bestehenden Technologie zu ermöglichen. Es sollten somit neben der Einführung der Technologie – die als Garant der internationalen Wettbewerbsfähigkeit

386 Bundesministerium für Wirtschaft; Bundesministerium für Bildung, Wissenschaft, Forschung und Technologie: Innovationsförderung für kleine und mittlere Unternehmen, Gesamtkonzept der Bundesregierung, a.a.O., S. 14f.

387 Bundesministerium für Wirtschaft; Bundesministerium für Bildung, Wissenschaft, Forschung und Technologie: Innovationsförderung für kleine und mittlere Unternehmen, Gesamtkonzept der Bundesregierung, Bonn 1997, S. 9.

388 Vgl. Bundesministerium für Wirtschaft; Bundesministerium für Bildung, Wissenschaft, Forschung und Technologie: BMBF-Förderfibel 1997 (Diskettenversion)..

389 Ebenda.

galt - auch die betrieblichen Rahmenbedingungen geschaffen werden, dass diese für das Unternehmen optimal eingesetzt wird.[390]

Die Höhe der Zuwendung betrug 40 % der förderfähigen Aufwendungen. Hierunter fielen:

- Analyse der organisatorischen, wirtschaftlichen, personellen und technischen Gegebenheiten des Betriebes im Hinblick auf eine Einführung von rechnergestützter Fertigung
- Entwicklung von Konzepten für die Strukturverbesserung im Unternehmen
- Erarbeitung von betriebsinternem Know-how
- Planung der Einführung
- Entwicklung und Beschaffung von Software zur informationstechnischen Vernetzung rechnergestützter Subsysteme
- Einführung und Erprobung
- Schulung von Mitarbeitern.[391]

Weitere Zuschussprogramme im Rahmen der betrieblichen Technologieförderung in den neuen Bundesländer unterhält das BMBF nicht.

Die Palette von Zuschussprogrammen des BMWi umfasst folgende Instrumente:

- FuE-Personalförderung Ost (PFO)
- Marktvorbereitende Industrieforschung (MVI)
- Innovationsförderprogramm (IFP)

Die Programme „Marktvorbereitende Industrieforschung" sowie „Innovationsförderprogramm" sind Instrumente, die der direkten Projektförderung zuzuordnen sind. Im Unterschied zur Förderung des BMBF besteht keine Konzentration auf einzelne Technologiefelder. Dennoch sind die Fördermittel an die Durchführung eines im Vorfeld der Zuschussgewährung benannten betrieblichen Innovationsprojektes gebunden. Die Unterstützung von offensiven Innovationsaktivitäten in Form von betriebseigener Forschung und Entwicklung ist hierbei Gegenstand der Förderung.

---

390 Vgl. Wengel, J.: Stand der Entwicklungstendenzen von CIM-Projekten in den neuen Bundesländern, in: Wengel, J. (Hrsg.): Modernisierung der Produktionsstrukturen in den neuen Bundesländern, Karlsruhe 1997, S. 5.

391 Vgl. Richtlinie des Bundesministers für Forschung und Technologie BMFT zur indirekt-spezifischen Förderung von Entwicklungsvorhaben zur Einführung rechnerintegrierter Fertigung im eigenen Betrieb im Rahmen des Programms Fertigungstechnik im Beitrittsgebiet. 1992-1995, S. 2.

Als Ziel dieser Programme wird im Rahmen der Zuwendungsrichtlinie angegeben, „... kleine und mittlere Unternehmen der gewerblichen Wirtschaft und externe Industrieforschungseinrichtungen bei der Entwicklung neuer Erzeugnisse und Verfahren zu unterstützen, ihre Innovationskraft zu stärken und ihre Wettbewerbsfähigkeit zu erhöhen."[392]. Die Innovationsaktivitäten, die durch die Förderung angeregt werden sollen, sollen dazu beitragen,

- die Voraussetzungen für Erzeugnis- und Verfahrensinnovationen als Grundlage des wirtschaftlichen Wachstums zu schaffen
- die fortwirkenden Wettbewerbsnachteile der ostdeutschen kleinen und mittleren Unternehmen auszugleichen
- die technische und wirtschaftliche Leistungsfähigkeit zu stärken
- neue zukunftssichere Arbeitsplätze zu schaffen und vorhandene zu stabilisieren.[393]

Zudem soll die Förderung dazu beitragen, die mit dem Innovationsprojekt verbundenen Risiken zu reduzieren, um somit die Bereitschaft der Unternehmen zur Durchführung zu erhöhen.[394] Die direkte Projektförderung zielt somit darauf ab, Einfluss auf die Entscheidung zur Durchführung von offensiv orientierten Innovationsprojekten auszuüben.

Beide Förderinstrumente sehen eine Zuwendung von bis zu 45 % der förderfähigen FuE-Aufwendungen vor. Während das „Innovationsförderprogramm" (IFP) lediglich Zuschüsse zu Gunsten von kleinen und mittleren Unternehmen vorsieht, können mit Hilfe des Programms „Marktvorbereitende Industrieforschung" auch gemeinnützige Forschungseinrichtungen mit bis zu 75 % der förderfähigen FuE-Aufwendungen gefördert werden.[395] IFP ist 1999 als eigenständiges Programm ausgelaufen. Es wurde als Teilbereich in das Förderprogramm MVI integriert.

Die Zielstellung der direkten Projektförderung verdeutlicht, dass durch die Programme beabsichtigt wird, die strategische Ausrichtung der Innovationsaktivitäten der Unternehmen zu beeinflussen. Durch die gezielte Förderung betrieblicher For-

---

392 Bundesministerium für Wirtschaft: Wirtschaftliche Förderung in den neuen Bundesländern, Bonn 1998, S. 80.

393 Richtlinie zur Förderung von Forschung, Entwicklung und Innovation in kleinen und mittleren Unternehmen und externen Forschungseinrichtungen in den neuen Bundesländern (MVI), Ordnungspunkt 1.1.

394 Bundesministerium für Wirtschaft sowie Bundesministerium für Bildung, Wissenschaft, Forschung und Technologie: Innovationsförderung für kleine und mittlere Unternehmen – Gesamtkonzept der Bundesregierung, Bonn 1997, S. 7.

395 Vgl. Bundesministerium für Wirtschaft: Wirtschaftliche Förderung in den neuen Bundesländern, Bonn 1998, S.82. Da diese nicht Gegenstand der Untersuchung sind, wird dieser Aspekt der Förderung ausgeklammert.

schung und Entwicklung im Rahmen eines im Vorfeld eindeutig umrissenen Innovationsprojekts sollen die Unternehmen veranlasst werden, ihre Innovationsaktivitäten offensiv auszugestalten.

Zentraler Bestandteil für eine Förderbewilligung ist die im Rahmen der Antragstellung eingereichte Projektbeschreibung. Diese muss darlegen, dass das beabsichtige Innovationsprojekt zu Ergebnissen führen wird, die auch außerhalb des Unternehmens als neu erkannt werden.[396]

Die Zuschussgewährung im Rahmen des Programms „Personalförderung Ost" ist ein Instrument, das der indirekten Förderung zuzurechnen ist, da der Bezug der Zuwendung auf ein konkretes Innovationsprojekt fehlt. Das Programm dient der Förderung von Personalaufwendungen für die mit betrieblichen Innovationsaktivitäten betrauten Mitarbeiter, "... deren Tätigkeit darauf gerichtet ist, neue und verbesserte Erzeugnisse oder Verfahren zu gewinnen, umso die wirtschaftliche Leistungsfähigkeit des antragstellenden Unternehmens zu verbessern."[397] In diesem Zusammenhang wird ausdrücklich darauf hingewiesen, dass durch die Förderung die Unternehmen veranlasst werden sollen, qualifiziertes Personal einzustellen, welches dazu beiträgt, den Technologietransfer und die Vernetzung des Unternehmens zu unterstützen.[398] Durch eine Erhöhung des Niveaus der formalen Qualifikation im Unternehmen soll hierfür die Grundlage geschaffen werden.

Auch Unternehmen, die ausschließlich defensiv ausgerichtete Innovationsaktivitäten aufweisen, können in den Genuss indirekter Förderung gelangen.[399] Somit ist die Lenkungsfunktion sowohl im Hinblick auf die Fortentwicklung der Technologiefelder als auch auf die Ausgestaltung der betrieblichen Innovationsaktivitäten deutlich geringer. Einfluss soll lediglich auf die Innovationsbereitschaft ausgeübt werden, indem das Qualifikationsniveau und die Bereitschaft zur Informationsgewinnung erhöht werden soll. Hierbei steht die Verbesserung des Innovationsklimas im Mittelpunkt des Förderinteresses.
Aus der Richtlinie der Personalförderung Ost ist zu entnehmen, dass es das „... Ziel der Fördermaßnahme ist, kleine und mittlere Unternehmen der gewerblichen Wirtschaft und externe Industrieforschungseinrichtungen bei der Entwicklung neuer

---

396 Bundesministerium für Wirtschaft sowie Bundesministerium für Bildung, Wissenschaft, Forschung und Technologie: Innovationsförderung für kleine und mittlere Unternehmen – Gesamtkonzept der Bundesregierung, Bonn 1997.

397 Bundesministerium für Wirtschaft: Richtlinie: Zuschüsse zur Stützung des Forschungs- und Entwicklungspotentials in kleinen und mittleren Unternehmen im Beitrittsgebiet – Personalförderung Ost (PFO), Gliederungspkt 2.1.

398 Ebenda.

399 So können beispielsweise Personalkostenzuschüsse für Mitarbeiter gewährt werden, die mit betrieblichen Innovationsaktivitäten betraut sind, die ausschließlich imitierenden Charakter haben.

Erzeugnisse und Verfahren zu unterstützen, ihre Innovationskraft zu stärken und ihre Wettbewerbsfähigkeit zu erhöhen.“ [400]

Die Höhe der Förderung beläuft sich auf 45 % der Personalaufwendungen für folgende Beschäftigungsgruppen:

- wissenschaftlich-technische Mitarbeiter mit Universitäts- oder Hochschulabschluss
- Angestellte mit Fachhochschul- oder gleichgestelltem Abschluss (z.B. Dipl. Ing. FH)
- Angestellte mit staatlichem Abschluss (z.B. Fachschulingenieur, Techniker, Meister)
- Laboranten mit Abschlussprüfung in einem anerkannten Ausbildungsberuf, Facharbeiter, technische Assistenten. [401]

Dadurch, dass in den Richtlinien eine Beschreibung der Tätigkeiten, die im Rahmen der geförderten Arbeitsplätze verrichtet werden sollen, fehlt, hat die indirekte Förderung eine deutlich geringere Lenkungsfunktion als die direkte Projektförderung.[402]

2.1.2 Die betriebliche Technologieförderung der Länder

Alle neuen Bundesländer verfügen über Programme, die der direkten Projektförderung sowie der indirekten Förderung zuzuordnen sind. Programme zur Verbundforschungsförderung wurden lediglich in Sachsen und Thüringen aufgelegt. Brandenburg und Thüringen verfügen über indirekt-spezifische Förderprogramme, die die Einführung „moderner Informations- und Kommunikationstechnik“ in die geförderten Unternehmen unterstützen. Darüber hinaus fördert Thüringen als einziges Bundesland die Übernahme „neuester Technologien“[403] generell.

Die Förderung konzentriert sich in allen Ländern auf die Unterstützung von kleinen und mittleren Unternehmen der gewerblichen Wirtschaft. Die Abgrenzung dieser

---

400 Vgl. Bundesministerium für Wirtschaft: Richtlinie: Zuschüsse zur Stützung des Forschungs- und Entwicklungspotentials in kleinen und mittleren Unternehmen im Beitrittsgebiet – Personalförderung Ost (PFO), Gliederungspkt. 1.1.

401 Ebenda.

402 Vgl. Meyer-Krahmer, F.: Der Einfluss staatlicher Technologiepolitik auf industrielle Innovationen, a.a.O., S. 97.

403 Eine Abgrenzung oder Definition des Begriffs der „neuesten Technologien“ ist den Förderrichtlinien nicht zu entnehmen. (Vgl. Freistaat Thüringen: Infrastrukturförderung, Technologie- und Einzelbetriebliche Förderung, Erfurt 1997, S. 27.)

Unternehmen ist einer Empfehlung der Europäischen Kommission zu entnehmen.[404] Diese umfasst Unternehmen,

- die höchstens 250 Beschäftigte haben
- deren Jahresumsatz kleiner als 40 Mio. ECU ist
- deren Bilanzsumme nicht mehr als 27 Mio. ECU beträgt.

Die Fördersätze in allen Bundesländern sind identisch und unterscheiden sich nicht von denen der Bundesprogramme. Auch die förderstrategische Zielstellung der Instrumente entspricht der der Förderinstrumente des Bundes.

Alle Bundesländer weisen in ihren Förderrichtlinien darauf hin, dass kleine und mittlere Unternehmen im Wettbewerb benachteiligt werden. Die Förderprogramme sollen dazu beitragen, diese Benachteiligung zu entschärfen.[405] So dienen die Programme zur direkten Projektförderung dazu, das mit der Durchführung von Innovationsprojekten verbundene überdurchschnittliche Risiko für kleine und mittlere Unternehmen zu reduzieren.[406] Hierdurch soll die Bereitschaft der Unternehmen erhöht werden offensiv ausgerichtete Innovationsaktivitäten zu entwickeln. Diese sind nach Ansicht der Förderadministration zentrale Voraussetzung zur Steigerung der Wettbewerbsfähigkeit der Unternehmen. Fördergegenstand sind ausschließlich Ausgaben für betriebsinterne Forschung und Entwicklung, die zu Produkten oder Verfahren führt, die auch außerhalb des Unternehmens als neu angesehen werden.[407]

Die indirekte Förderung der neuen Bundesländer konzentriert sich neben der Personalkostenförderung auch auf die Bezuschussung von Kosten, die den Unternehmen durch die Anmeldung von Schutzrechten entstehen.

Die Zielsetzung der Personalkostenförderung der Länder ist identisch zu der des Bundesprogramms PFO. Gefördert werden hier bis zu 50% der Lohnkosten für neu eingestelltes qualifiziertes Personal, welches „... innovative und technologieorien-

---

404 Europäische Kommission (Hrsg.): Empfehlung der Europäischen Kommission betreffend die Definition der kleinen und mittleren Unternehmen, vom 3. April 1996, in: Amtsblatt der Europäischen Gemeinschaften L107 vom 30. April 1996.

405 Vgl. bspw. Ministerium für Raumordnung, Landwirtschaft und Umwelt: Landesförderung, Magdeburg 1997, S. 69.

406 Dieses Ziel wurde in alle Förderrichtlinien der Länder übernommen. (Vgl. bspw. Freistaat Sachsen: Sächsisches Staatsministerium für Wirtschaft und Arbeit (Hrsg.): Förderfibel Sachsen 1996, Dresden 1995, S. 72.)

407 Hier entspricht die Landesförderung wiederholt der des Bundes. (Vgl. Förderrichtlinien aller Länder)

tierte Projekte bearbeiten ...“[408] soll. Darüber hinaus können Personalnebenkosten, die die durch zusätzlichen Mitarbeiter anfallen gefördert werden.. Eine konkrete Bindung an ein im Vorfeld benanntes Projekt besteht nicht. Das Ziel der Förderung ist die Verbesserung der betrieblichen „Innovationsbedingungen“.[409]

Neben der Personalkostenförderung ist die Patentförderung ein Instrument der indirekten Förderung. Ziel dieses Programms, welches die Bundesländer Sachsen, Sachsen-Anhalt und Thüringen aufgelegt haben, ist es, die Bereitschaft zur Ideengenerierung zu wecken.[410] Kleine und mittlere Unternehmen des produzierenden Gewerbes sowie Einzelerfinder, die bereit sind, ihre Erfindungen über eine Kooperation mit einem kleinen und mittleren Unternehmen zu vermarkten, sollen durch das Programm angesprochen werden. Durch die Orientierung der Förderung auf Patente, die einen „... wirtschaftlichen Zweck ...“[411] erfüllen, soll zugleich die Marktorientierung der betrieblichen Innovationsaktivitäten angeregt werden. Die Höhe der Zuschüsse beträgt bis zu 75% der Kosten, die im Zusammenhang mit der Schutzrechtsanmeldung anfallen. Die Höchstgrenze der Zuschüsse wurde mit 75.000 DM festgelegt.[412]

Thüringen und Sachsen haben Programme zur Verbundforschungsförderung aufgelegt.[413] Die Zielsetzung der Förderung in beiden Ländern ist identisch. Die Förderung konzentriert sich in beiden Bundesländern auf einzelne Technologiefelder, die nach Ansicht der Förderadministration von besonderer Bedeutung für die wirtschaftliche Entwicklung in den Bundesländern sind.[414]

Unternehmen sollen veranlasst werden, Innovationsprojekte in Zusammenarbeit mit wissenschaftlichen Forschungsinstituten wie Instituten von Universitäten, außeruni-

---

408 Vgl. bspw. Freistaat Sachsen: Förderfibel 1996, a.a.O., S. 77. Diese Bestimmung findet sich auch in jeder anderen Förderbroschüre der Ministerien der neue Bundesländer.

409 Vgl. bspw. Freistaat Sachsen: Förderfibel 1996, a.a.O., S. 77. Dieses Förderziel befindet sich in den Richtlinien aller Jahrgänge in allen neuen Bundesländern.

410 Vgl. Förderbroschüren der Länder Sachsen, Sachsen-Anhalt und Thüringen.

411 Vgl. Freistaat Sachsen: Förderfibel 1996, a.a.O., S. 76.

412 Vgl. bspw. Freistaat Thüringen: Infrastrukturförderung, Technologie- und Einzelbetriebliche Förderung, a.a.O., S. 31. Brandenburg und Mecklenburg-Vorpommern haben dieses Instrument der betrieblichen Technologieförderung nicht aufgelegt.

413 Während in Sachsen die gesamte betriebliche Technologieförderung in den Händen des Sächsischen Staatsministeriums für Wirtschaft und Arbeit liegt, wird die Verbundforschungsförderung in Thüringen durch das Thüringer Ministerium für Wissenschaft, Forschung und Kultur vorgenommen.

414 So sind für den Freistaat Thüringen bspw. die Technologiefelder Mess-, Steuer- und Regelungstechnik sowie Informations- und Kommunikationstechnik förderungswert. (Vgl.: Nellen, O.; Hemer, J.; Zenker, A.: Fortschreibung der Technologiepolitischen Konzeption im Freistaat Thüringen, Karlsruhe 1998.)

versitären Forschungseinrichtungen sowie wirtschaftnahen Forschungseinrichtungen[415] durchzuführen. Den Förderrichtlinien ist zu entnehmen, dass sich die Förderung auf Zukunftstechnologien konzentriert.[416] Da neue Produkte oder Verfahren als Ergebnis betriebsinterner Forschung und Entwicklung durch die Förderadministration genannt werden, wird auch hier deutlich, dass offensive Innovationsaktivitäten der Unternehmen eine Zuwendungsvoraussetzung darstellen. So ist der Förderrichtlinie des Freistaates Sachsen zu entnehmen, dass „... Verbundprojekte mit innovativem, technologieorientiertem Inhalt, die der Entwicklung von neuen bzw. neuartigen Produkten / Verfahren auf dem Gebiet Zukunftstechnologien, wie z.B. Materialwissenschaft, Physikalische und Chemische Technologien, Biologische Forschung und Technologie, Mikrosystem, Informations-, Fertigungs-, Energie-, Umwelt und Medizintechnik dienen ...“, Fördermittel im Rahmen der Verbundforschungsförderung erhalten können.[417]

Die Kooperation unter Unternehmen ohne die Einbindung von Forschungsinstitutionen wird lediglich in Sachsen gefördert. Die Zuwendung zielt darauf ab, Unternehmen zu veranlassen, im Rahmen ihrer Innovationsaktivitäten in einen Erfahrungsaustausch mit anderen Unternehmen zu treten. Die Förderrichtlinie stellt in diesem Zusammenhang die Entwicklung neuer Produkte oder Verfahren nicht als Bedingung der Zuwendung. Somit werden hierdurch auch Unternehmen angesprochen, die ihre Innovationsaktivitäten defensiv ausrichten.

Die Höhe der Zuwendung bewegt sich bei allen Verbundforschungsprogrammen mit 40% der förderfähigen Kosten für das Innovationsprojekt ebenfalls im Zuwendungskorridor aller Förderprogramme der Länder und des Bundes.

Förderprogramme zur indirekt-spezifischen Förderung wurden lediglich durch die Bundesländer Thüringen und Brandenburg aufgelegt, die die Einführung neuster Informations- und Kommunikationstechnologien in die Unternehmen fördern. Hierbei besteht keine Notwendigkeit, die zu übernehmende Technik fortzuentwickeln. Lediglich die Übernahme steht im Mittelpunkt dieser Förderung. Als Ziel wird in diesem Zusammenhang angegeben, dass die geförderten Unternehmen „...den internationalen Stand der Technik erreichen ...“[418]. Anders als im Rahmen

---

415 Unter dem Begriff der wirtschaftsnahen Forschungseinrichtungen werden Forschungs-GmbH's verstanden, die Auftragsforschungen für Unternehmen durchführen. (Vgl. Pleschak, F.; Fritsch, M.; Stummer, F.: Industrieforschung in den neuen Bundesländern (bisher unveröffentlichtes Manuskript).

416 Vgl. Sächsisches Staatsministerium für Wirtschaft und Arbeit (Hrsg.): Förderfibel Sachsen 1996, Dresden 1995, S. 73.

417 Ebenda.

418 Freistaat Thüringen: Infrastrukturförderung, Technologie- und Einzelbetriebliche Förderung, Erfurt 1997, S. 26, sowie Wirtschaftsministerium Brandenburg: Gründen, Festigen, Wachsen, Potsdam 1998, S. 30. Die Darstellung muss sich auf neuere Broschüren der Förderadministration stützen, da ältere Auflagen nicht mehr zur Verfügung standen. Jedoch wurde in persönlichen

der CIM-Förderung durch das BMBF werden hier über die Implementierungskosten hinaus auch die Kosten für die Übernahme der Technik an sich bezuschusst.

Weiterhin fördert der Freistaat Thüringen als einziges der neuen Bundesländer - über die Einführung von Informations- und Kommunikationstechnologien hinaus - auch die „... Einführung neuster Technologien“[419] generell. „Die Anschaffung von Anlagen, Maschinen und Geräten für die Produktion einschließlich der Montage- und Einrichtungskosten für deren Installation im Unternehmen und immaterielle Wirtschaftgüter“ kann in diesem Zusammenhang bezuschusst werden. Die Förderrichtlinie sieht zwar keine nähere Einschränkung des Fördergegenstandes vor, dennoch konzentriert sich die finanzielle Zuwendung in diesem Zusammenhang auf Technologiefelder, die nach Ansicht der Förderadministration besonders bedeutsam für die zukünftige wirtschaftliche Entwicklung sein werden.[420]

Sowohl die finanzielle Unterstützung der Einführung „neuster Informations- und Kommunikationstechnologien“ in Brandenburg und Thüringen als auch die generelle Förderung der Übernahme „neuster Technologien“ im Produktionsbereich in Thüringen sind durch Ihre Zielstellung Instrumente, die der indirekt spezifischen Förderung zuzurechnen sind.

Andere Bundesländer in Ostdeutschland haben keine Programme zur indirekt-spezifischen Förderung aufgelegt.

2.3 Die strategische Zielstellung der Förderprogramme zur betrieblichen Technologieförderung und deren Auswirkung auf die Harmonie von Transformationstyp und Innovationsaktivitäten der Unternehmen – die Hypothesen

Die wirtschaftliche Nutzung neuer Forschungsergebnisse sowie die Fortentwicklung von Technologiefeldern ist ein zentrales Ziel der direkten Projektförderung. Während die Fachprogramme des BMBF vor allem darauf abzielen, die Fortentwicklung neuer Technologien voranzutreiben und darüber hinaus die wirtschaftliche Nutzung dieser Technologien zu erproben, intendiert die Förderung des BMWi, die wirtschaftliche Leistungsfähigkeit der Unternehmen durch Stimulierung der FuE-Aktivitäten zu stärken. In diesem Zusammenhang ist auch die Konzentration der Fachprogramme des BMBF auf ausgewählte Technologiefelder zu verstehen, die

---

Gesprächen versichert, dass sich die Zielstellung der Förderprogramme seit deren Einführung nicht verändert hat.

419 Freistaat Thüringen: Infrastrukturförderung, Technologie- und Einzelbetriebliche Förderung, Erfurt 1997, S. 27.

420 Vgl. Nellen, O.; Hemer, J.; Zenker, A.: Fortschreibung der Technologiepolitischen Konzeption im Freistaat Thüringen, Karlsruhe 1998.

die Fortentwicklung und Nutzung von Forschungsergebnissen ins Zentrum der förderstrategischen Zielsetzung stellt. Hierin besteht die gesamtwirtschaftliche Lenkungsfunktion dieser Förderart.

Betrieblich werden zwei Ziele verfolgt. Erstens sollen Unternehmen dazu veranlasst werden, sich mit den bedeutenden Technologiefeldern auseinander zu setzten. Hierdurch wird erwartet, dass diese sich zukünftig besser auf internationalen Märkten behaupten können.[421] Zweitens sollen Unternehmen dazu veranlasst werden, neue oder neuartige Produkte oder Verfahren[422] zu entwickeln.[423] Dies spricht die Bereitschaft der Unternehmen an, durch eigene Forschung und Entwicklung neue Produkte oder Produktionsverfahren einzuführen. Die finanzielle Unterstützung der betrieblichen Innovationsaktivitäten durch Zuschüsse soll dazu betragen, das mit dem Innovationsprojekt verbundene Risiko zu reduzieren. Genau hier liegt nach Ansicht der Förderadministration der zentrale Motivationsfaktor.[424]

Aus der beschriebenen Zielstellung der direkten Projektförderung lässt sich folgende Hypothese über deren Einfluss auf den Transformationstyp in Ostdeutschland formulieren:

> Hypothese 2: Die direkte Projektförderung beeinflusst Unternehmen, ihren Transformationstyp zu ändern.

Wenn sich Unternehmen durch die Förderung beeinflussen lassen, die strategische Orientierung ihrer Innovationsaktivitäten zu ändern, dann resultiert hieraus zugleich ein Wechsel des Transformationstyps. Behalten die Unternehmen ihre offensive Produktpolitik bei, so erfolgt der Wechsel des Transformationstyps von einem Engpass- zu einem Reversal- oder Recreation-Transformationstyp. Wenn im Vorfeld der Förderung ein Muddling-Through-Transformationstyp im Gefolge defensiv orientierter Produktpolitik verfolgt wurde, so resultiert aus der Umorientierung der Innovationsaktivitäten ein Wechsel zu einem Nucleus-Transformationstyp.

---

421 Dreher, C.: Technikdiffusion und Technologiepolitik, a.a.O., S. 80.

422 Wenn von neuen Produkten oder Verfahren gesprochen wird, so handelt es sich um Innovationen, die nicht nur aus Sicht des Unternehmen neu sind, sondern für die Gesamtwirtschaft einen neuen Charakter tragen.

423 Diese Zielstellung findet sich in allen Förderbroschüren der neuen Bundesländer (Vgl. Sächsisches Staatsministerium für Wirtschaft und Arbeit (Hrsg.): Förderfibel Sachsen 1996, Dresden 1995; Wirtschaftsministerium des Landes Mecklenburg-Vorpommern (Hrsg.): Förderinstrumente für Industrie, gewerbliche Wirtschaft und das Handwerk in Mecklenburg-Vorpommern, Schwerin, 1995, Ministerium für Raumordnung, Landwirtschaft und Umwelt (Hrsg.): Landesförderung Sachsen-Anhalt, Magdeburg 1995; Thüringer Ministerium für Wirtschaft und Infrastruktur (Hrsg.): Technologie- und Einzelbetriebliche Förderung im Freistaat Thüringen, Erfurt 1995; Ministerium für Wirtschaft, Mittelstand und Technologie des Landes Brandenburg (Hrsg.): Gründen, Festigen, Wachsen in Brandenburg, Potsdam 1995.)

424 Vgl. zitierte Richtlinien der Bundes- und Landesförderung.

Die Lenkungsfunktion von Programmen der indirekten Förderung ist deutlich schwächer ausgeprägt als bei denen der direkten Projektförderung, da diese keine offensiv ausgerichteten Innovationsaktivitäten der Unternehmen als Voraussetzung der Zuschussgewährung vorsehen.[425] Die Förderstrategie der indirekten Förderung zielt ausschließlich auf eine Verbesserung der Innovationsbedingungen ab. Die Durchführung eigener Forschung und Entwicklung stellt keine Zuwendungsvoraussetzung dar.[426]

Im Rahmen der indirekten Förderung wurden in den neuen Bundesländern lediglich Programme in Form von Personalkostenzuschüssen und Zuschüssen für Kosten, die durch eine Anmeldung von Schutzrechten entstehen, aufgelegt. Die Personalkostenzuschüsse nehmen Einfluss auf die Ausprägung der Einflussgröße „Eigenschaften der am Innovationsprozess beteiligten Individuen", die die betrieblichen Innovationsaktivitäten determiniert. Die Förderung verfolgt das Ziel, das formale Qualifikationsniveau der Beschäftigten in den geförderten Unternehmen zu heben. Erreicht werden soll dies dadurch, dass ausschließlich Lohnkostenzuschüsse für neu eingestellte Mitarbeiter gewährt werden.[427] Somit lässt sich folgende dritte Hypothese formulieren:

> Hypothese 3: Unternehmen, die im Rahmen der Personalkostenzuschüsse gefördert wurden, verfügen nach der Ausreichung der Mittel über relativ mehr Mitarbeiter mit einem hohen formalen Qualifikationsniveau.

Mit Hilfe dieser Hypothese soll überprüft werden, ob das Instrument der Personalkostenzuschüsse Einfluss auf die Bestimmungsgröße „Eigenschaften der am Innovationsprozess beteiligten Individuen" ausübt, deren Ausprägung darüber entscheidet, ob die betrieblichen Innovationsaktivitäten harmonisch in den Transformationstyp der Unternehmen eingebunden sind.

Die Förderung durch Patentkostenzuschüsse dient ebenfalls der Verbesserung des Innovationsklimas. Da jedoch die Motivation der Unternehmen, eine Erfindung oder eine Innovation zum Patent anzumelden, nicht von der finanziellen Unterstützung der Förderadministration sondern von anderen Faktoren abhängt und darüber hinaus kein Zusammenhang zwischen Patentanmeldungen und Innovationsaktivitä-

---

425 Vgl. Meyer-Krahmer, F.: Der Einfluss staatlicher Technologiepolitik auf industrielle Innovationen, a.a.O., S. 99.

426 Vgl. Kap. D-1.2.

427 Alle Förderprogramme der öffentlichen Hand sind mit der sog. Vorbeginnklausel belegt. Diese soll sicher stellen, dass der Fördergegenstand zum Zeitpunkt der Antragstellung nicht eingetreten ist. Wenn durch Lohnkostenzuschüsse neue - in der Regel hochwertige – Arbeitsplätze geschaffen werden sollen, so ist es im Rahmen dieses Förderinstruments notwendig, nachzuweisen, dass zum Zeitpunkt der Antragstellung dieser zu subventionierende Arbeitsplatz nicht bestand oder nicht besetzt war.

ten hergestellt werden kann[428], wird dieses Förderprogramm im weiteren Verlauf der Analyse ausgeklammert.[429]
Sowohl die direkte Projektförderung als auch die indirekte Förderung zielen lediglich auf einen Teilbereich des diskutierten harmonischen Zusammenhangs zwischen Transformationstyp und Innovationsaktivitäten der Unternehmen im Wandlungsprozess ab. Die Zielstellung der Programme, die der Verbundforschungsförderung zuzurechnen sind, ist komplexer. Durch die Förderung von einzelnen Innovationsprojekten übernehmen diese Instrumente die gleiche Lenkungsfunktion wie die Programme, die der direkten Projektförderung zuzurechnen sind. Dadurch jedoch, dass zugleich die Kooperation mit außerbetrieblichen Akteuren eine Zuwendungsvoraussetzung darstellt, soll das Informationsverhalten der bezuschussten Unternehmen stimuliert werden. Hieraus lassen sich zwei weitere Hypothesen formulieren:

> Hypothese 4: Die Verbundforschungsförderung beeinflusst Unternehmen durch die Motivation zur Durchführung offensiv orientierter Innovationsaktivitäten, Transformationstypen zu verlassen, die durch defensiv orientierte Innovationsaktivitäten untermauert sind.

> Hypothese 5: Unternehmen, die im Rahmen von Programmen zur Verbundforschungsförderung gefördert wurden, weisen eine höhere Kooperationsbereitschaft auf.

Die Verbundforschungsförderung soll dazu motivieren, das betriebsexterne Informationsverhalten durch Kooperation der Unternehmen zu intensivieren. Somit ist in die förderstrategische Zielstellung der Programme zur Verbundforschungsförderung ein Automatismus implementiert worden, der der harmonischen Einbindung der Innovationsaktivitäten in die Transformationstypen der Unternehmen Rechnung trägt. Der angestrebte Typenwechsel der Unternehmen wird von einer Intensivierung des betriebsexternen Informationsverhaltens begleitet sein müssen.

Da im Rahmen der Transformationstypen offensive Innovationsaktivitäten der Unternehmen immer mit einem Informationsverhalten einher gehen müssen, das Kooperationen als wichtigen Bestandteil beinhaltet, reduziert die zweigleisige

428 Im Rahmen empirisch geprägter Untersuchungen konnte kein Zusammenhang zwischen der Bereitschaft zur Patentanmeldung und ausgezahlten Zuschüssen hergeleitet werden, die dazu dienten, die Kostenbelastung der Patentanmeldung zu reduzieren. In Evaluierungen wurde daher mehrfach darauf hingewiesen, diese Förderart einzustellen. (Vgl. Koschatzky, K.; Nellen, O.: Thematic evaluation of RTD and Innovation related actions under structural Funds, (bisher unveröffentlichtes Manuskript).)

429 Zudem zeigt sich, dass dieses Förderinstrument in den neuen Bundesländern nahezu bedeutungslos ist. Im Unternehmenssample, welches zur empirischen Überprüfung herangezogen wurde, hat kein Betrieb Zuschüsse aus diesem Förderprogramm erhalten.

strategische Ausrichtung der Verbundforschungsförderung das Risiko, dass mit der Förderung eine Disharmonie betrieblicher Teilstrategien herbeigeführt wird.[430]

Die Instrumente, die der indirekt spezifischen Förderung zuzurechnen sind, unterscheiden sich in ihrer Ausprägung und somit in ihrer Dimension der Lenkungsfunktion. Während die Bundesförderung eine Verbesserung der betrieblichen Rahmenbedingungen zur Übernahme einer Technik aus einem bestimmten Technologiefeld zu verbessern sucht, fasst die Landesförderung weiter. Deren Richtlinien erlauben, dass die Übernahme einer Technik als solche gefördert werden kann. Die förderstrategische Ausrichtung der Instrumente des Bundes und der Länder unterscheidet sich jedoch nicht.[431]

Instrumente der indirekt-spezifischen Bundesförderung, die mit der CIM-Förderung 1995 in Ostdeutschland auslief, ließen eine Förderung der mit der Übernahme einer bestimmten Technik anfallenden Kosten zu. Hierunter wurden in erster Linie Anpassungskosten subsummiert. „Gegenstand der Förderung“ war somit die Bildung betriebsspezifischen Humankapitals, die „... Vernetzung innerbetrieblicher Kommunikationskanäle ...“, sowie „... Kosten, die durch das betriebliche Informationsverhalten entstanden, welches auf die Gewinnung bereits bestehenden Wissens im Umgang mit einer bestehenden Technik abstellte ...“.[432]

Somit wird deutlich, dass die Zielstellung der Programme zur indirekt-spezifischen Förderung in Ostdeutschland darin bestand, die geförderten Unternehmen zu veranlassen, eine bestehende Technologie – die nach Ansicht der Förderadministration besonders bedeutsam für die wirtschaftliche Entwicklung der Unternehmen ist – besser zu beherrschen.[433] Diese Instrumente sollten betriebsinterne Determinanten betrieblicher Innovationsaktivitäten beeinflussen. Hieraus lässt sich folgende Hypothese formulieren:

> Hypothese 6: Die indirekt-spezifische Förderung beeinflusst Unternehmen, betriebsinterne Bestimmungsfaktoren betrieblicher Innovationsaktivitäten zu verändern.

---

430 Eine ausführliche Diskussion der zweigleisigen Förderstrategie der Verbundforschungsförderung erfolgt bei Pleschak u.a. (Vgl. Pleschak, F.; Fritsch, M.; Stummer, F.: Industrieforschung in den neuen Bundesländern, Veröffentlichung erfolgt kurzfristig.)

431 Aus diesem Grunde finden die nachfolgend formulierten Hypothesen Verwendung für die Bundes- und Landesförderung.

432 Richtlinie des Bundesministers für Forschung und Technologie (BMFT) zur indirekt-spezifischen Förderung von Entwicklungsvorhaben zur Einführung rechnerintegrierter Fertigung im eigenen Betrieb im Rahmen des Programms Fertigungstechnik im Beitrittsgebiet 1992-1995, Ordnungspunkt 1.1.

433 Vgl. Dreher, C.: Technologiepolitik und Technikdiffusion, a.a.O., S. 94.

Neben der Verbesserung der Rahmenbedingungen fördern die Länder auch die Übernahme einer Technik als solche. Gegenstand dieser Förderung sind Investitionskostenzuschüsse. Auch für diese Förderung lassen sich die formulierten Hypothesen anwenden. Die Lenkungsfunktion und somit die Intensität des Einflusses dürfte jedoch größer sein als im Rahmen der Bundesprogramme zur indirekt spezifischen Förderung, da der hiervon Kapitalstock der Unternehmen tangiert wird. Die Bestimmungsgrößen betrieblicher Innovationsaktivitäten werden hierdurch deutlich intensiver beeinflusst.[434]

Legt man zu Grunde, dass die direkte Projektförderung durch ihre singuläre strategische Ausrichtung lediglich Einfluss auf die Transformationstypen der Unternehmen in Ostdeutschland auszuüben versucht, dann wird deutlich, dass hier latent die Gefahr besteht, dass dieses Förderprogramm zur Disharmonie zwischen Transformationstyp und Innovationsaktivitäten der Unternehmen beitragen können. Gleiches gilt für die Zielstellung der indirekten sowie der indirekt-spezifischen Förderung. Die hier zuzuordnenden Programme zielen lediglich auf die Einflussfaktoren ab, die die Ausprägung betrieblicher Innovationsaktivitäten bestimmen. Somit besteht auch hier die Gefahr, dass diese Instrumente zur Disharmonie zwischen Transformationstyp und Innovationsaktivitäten der Unternehmen führen können. Instrumente hingegen, die der Verbundforschungsförderung zuzurechnen sind, verfolgen eine zweigleisige Förderstrategie, die sowohl auf den Transformationstyp als auch auf das Informationsverhalten als Bestimmungsfaktor betrieblicher Innovationsaktivitäten abzielt. Sollten die Unternehmen durch die Förderung ihren Transformationstyp ändern, so sind sie zugleich durch die Fördervoraussetzungen, dazu gezwungen, ihr betriebsexternes Informationsverhalten dieser Veränderung anzupassen.

Die Beantwortung der dieser Arbeit zu Grunde liegenden Frage, ob durch die Instrumente zur betrieblichen Technologieförderung die harmonische Einbindung betrieblicher Innovationsaktivitäten in den Transformationstyp der Unternehmen tangiert wird, kann durch eine empirische Analyse geleistet werden, deren analytischer Rahmen durch folgende Hypothesen gespannt wird:

> Hypothese 7: Die betriebliche Technologieförderung provoziert zum Misserfolg der Unternehmenstransformation, weil sie ausschließlich auf eine Veränderung des betrieblichen Transformationstyps der Unternehmen abzielt, ohne die in diese eingebundenen Innovationsaktivitäten der Unternehmen zu berücksichtigen.

434 Eine Überprüfung, ob die indirekt-spezifische Landesförderung einen intensiveren Einfluss auf die Veränderung der Determinanten betrieblicher Innovationsaktivitäten ausübt als die Bundesförderung soll im Rahmen dieser Arbeit nicht erfolgen, da keine Möglichkeit besteht die Intensität des Einflusses zu operationalisieren.

Für Förderinstrumente, die auf eine Veränderung von Bestimmungsfaktoren betrieblicher Innovationsaktivitäten abzielen lässt sich folgende Hypothese formulieren:

> Hypothese 8: Die indirekte und indirekt-spezifische Förderung provozieren zum Misserfolg des betrieblichen Wandlungsprozesses weil sie ausschließlich auf die Veränderung der Bestimmungsfaktoren betrieblicher Innovationsaktivitäten abzielen, ohne den diese begleitenden Transformationstyp der Unternehmen zu berücksichtigen.

Für die Verbundforschungsförderung, die als einziges Instrument auf eine Veränderung sowohl des Transformationstyps als auch der Bestimmungsfaktoren betrieblicher Innovationsaktivitäten abzielt, lässt sich folgende Hypothese formulieren:

> Hypothese 9: Die betrieblichen Innovationsaktivitäten sind häufiger harmonisch in den Transformationstyp verbundforschungsgeförderter Unternehmen eingebunden als bei anderen bezuschussten Unternehmen, weil die Harmonie von Transformationstyp und Bestimmungsfaktoren betrieblicher Innovationsaktivitäten in der strategischen Zielstellung dieses Instruments berücksichtigt wird.

3 Systematisierung der Hypothesen

Die genannten Hypothesen lassen sich in drei Bereiche untergliedern. Die erste Hypothese stellt zugleich den ersten Bereich dar und thematisiert die Anwendung des Harmoniegedankens auf die betriebliche Transformation in Ostdeutschland. Deren empirische Überprüfung ist Grundlage weiterer Untersuchungen, da die Harmonie betrieblicher Teilstrategien als notwendige Voraussetzung für den betrieblichen Transformationserfolg gilt.

Den zweiten Bereich bildet ein Komplex aus den Hypothesen 2 bis 6. Diese formulieren einen Zusammenhang zwischen der strategischen Ausrichtung der verschiedenen Programme der betrieblichen Technologieförderung in Ostdeutschland und deren Auswirkung auf den Transformationstyp bzw. auf die Ausprägung der Bestimmungsgrößen betrieblicher Innovationsaktivitäten. Zur besseren Übersicht lassen sich hierzu folgende Hypothesenmatrizen darstellen:

Tab. D-1 Hypothesenmatrix zur Auswirkung der betrieblichen Technologieförderung auf die Transformationstypen der Unternehmen

	Reversal/ Recreation	Nucleus	Engpass	Muddling-Through
Direkte Projektförderung	kein Einfluss	kein Einfluss	Einfluss auf Innovationsaktivitäten der Unternehmen durch gezielte Förderung von Innovationsprojekten, die betriebliche Forschung und Entwicklung zur Voraussetzung haben. Veränderung zu offensiv ausgerichteten Innovationsaktivitäten. (Hypothese 2)	Einfluss auf Innovationsaktivitäten der Unternehmen durch gezielte Förderung von Innovationsprojekten, die betriebliche Forschung und Entwicklung zur Voraussetzung haben. Veränderung zu offensiv ausgerichteten Innovationsaktivitäten. (Hypothese 2)
Indirekte Projektförderung	kein Einfluss	kein Einfluss	kein Einfluss	kein Einfluss
Verbundforschungsförderung	kein Einfluss	kein Einfluss	Einfluss auf Innovationsaktivitäten der Unternehmen durch gezielte Förderung von Innovationsprojekten, die betriebliche Forschung und Entwicklung zur Voraussetzung haben. Veränderung zu offensiv ausgerichteten Innovationsaktivitäten. (Hypothese 4)	Einfluss auf Innovationsaktivitäten der Unternehmen durch gezielte Förderung von Innovationsprojekten, die betriebliche Forschung und Entwicklung zur Voraussetzung haben. Veränderung zu offensiv ausgerichteten Innovationsaktivitäten. (Hypothese 4)
indirekt-spezifische Förderung	kein Einfluss	kein Einfluss	kein Einfluss	kein Einfluss

Tab. D-2 Hypothesenmatrix zur Auswirkung der betrieblichen Technologieförderung auf die Ausprägung der Bestimmungsfaktoren für die betrieblichen Innovationsaktivitäten

	Charakteristika der am Innovationsprozess beteiligten Individuen	Informations-verhalten	Organisations-struktur
direkte Projektförderung	kein Einfluss[435]	kein Einfluss	kein Einfluss
indirekte Projektförderung	Erhöhung des Anteils formalen Humankapitals durch Erhöhung des Anteil deren Trägern (Hypothese 3)	kein direkter Einfluss	kein direkter Einfluss
Verbundforschungsförderung	kein direkter Einfluss	Ausbau externer Kommunikationskanäle (Hypothese 5)	kein direkter Einfluss
indirekt-spezifische Förderung	Stärkung des formalen Humankapitals (Hypothese 6)	Ausbau der betriebsexternen Kommunikationskanäle (Hypothese 6)	Stärkung der betriebsexternen Vernetzung von Funktionsbereichen (Hypothese 6)

Den dritten Bereich bilden die Hypothesen 7 bis 9. Deren empirische Bearbeitung verbindet den ersten mit dem zweiten Hypothesenbereich und beantwortet somit die dieser Arbeit zu Grunde liegende Fragestellung über den Zusammenhang zwischen betrieblicher Technologieförderung und der harmonischen Einbindung der Innovationsaktivitäten in den Transformationstyp der Unternehmen.

Wenn die empirische Überprüfung des ersten Hypothesenbereichs bestätigt, dass die Harmonie zwischen Transformationstyp und Innovationsaktivitäten der Unternehmen eine Voraussetzung für den Transformationserfolg der Unternehmen in Ostdeutschland darstellt, und darüber hinaus die Analyse über den zweiten Hypothesenbereich zu dem Ergebnis führt, dass die betriebliche Technologieförderung zu einer Einflussnahme auf die Transformationsstrategie und/oder auf die Ausprägung der Bestimmungsgrößen betrieblicher Innovationsaktivitäten führt, dann kann mit Hilfe der empirischen Untersuchung zum dritten Hypothesenbereich die Frage beantwortet werden, ob die Technologieförderung in Ostdeutschland die Harmonie von Transformationstyp und Innovationsaktivitäten der Unternehmen tangiert und somit Einfluss auf den Erfolg der betrieblichen Transformation hat.

435 Ein direkter Einfluss der Förderung auf die Verhaltensdeterminanten ist unmittelbar auf diese zurückzuführen. Indirekte Veränderungen der Verhaltensdeterminanten werden in diesem Zusammenhang jedoch nicht berücksichtigt, da diese nicht unmittelbar im Zusammenhang mit der Förderung stehen.

E Empirische Analyse

In diesem Kapitels werden die formulierten Hypothesen mit Hilfe einer statistischen Analyse empirisch überprüft. Im ersten Teil werden hierzu Rahmenbedingungen erläutert. Dies umfasst eine systematische Darstellung des Analyseverlaufs sowie eine Diskussion der zu Grunde liegenden Datenbasis und statistischen Verfahren. Im zweiten Teil erfolgt eine Diskussion über die Operationalisierung der in die statistische Analyse integrierten Variablen. Anschließend werden die Ergebnisse der statistischen Überprüfung der drei Hypothesenbereiche vorgestellt. Eine Zusammenfassung der zentralen Erkenntnisse zur Beantwortung der dieser Arbeit zu Grunde liegenden Fragestellung, wird im Schlussteil vorgenommen.

1 Erläuterungen zur empirischen Untersuchung

Im Rahmen dieses Kapitels erfolgt im ersten Teil eine ausführliche Diskussion des Verlaufs der empirischen Analyse. Neben der systematischen Darstellung sollen hierbei auch Probleme der Analyse aufgezeigt und Lösungsmöglichkeiten diskutiert werden. Eine Darstellung der zu Grunde liegenden Datenbasis schließt sich im zweiten Teil an. Die verwendeten statistischen Verfahren werden im dritten und letzten Teil dieses Kapitels vorgestellt.

1.1 Die empirische Untersuchung – ein Überblick

Gefragt wird, ob die Instrumente zur betrieblichen Technologieförderung in Ostdeutschland durch ihre strategische Ausrichtung zum Erfolg der betrieblichen Transformation beitragen konnten. Dieser Frage liegt ein Harmonieansatz zu Grunde dem zufolge der Wandlungsprozess eines Unternehmens nur dann erfolgreich sein kann, wenn betriebliche Innovationsaktivitäten harmonisch in einen Transformationstyp der Unternehmen eingebettet sind. Somit soll im Kern überprüft werden, ob durch die Ausreichung von Mitteln aus verschiedenen Förderinstrumenten der öffentlichen Hand diese Harmonie als Erfolgsvoraussetzung für die betriebliche Transformation beeinflusst wurde.

Die Untersuchung stützt sich auf eine ex-post-Analyse, auf Basis eines Datensatzes, welcher durch Erhebungen des Fraunhofer-Instituts für Systemtechnik und Innovationsforschung, Karlsruhe in den Jahren 1993, 1995 und 1997 entstand.
Die empirische Auswertung wird auf der Grundlage statistischer Analyseverfahren durchgeführt. Die Untersuchung teilt sich hierbei in drei Analysebereiche, deren Rahmen durch verschiedene Hypothesenkomplexe gespannt wird. Der Frage nach

der Wirkung der Förderinstrumente muss erst eine Untersuchung darüber vorausgehen, ob die harmonische Einbindung der Innovationsaktivitäten in den Transformationstyp überhaupt eine Voraussetzung für den betrieblichen Wandlungsprozess darstellt. Die Hypothese, die den ersten Analysebereich untermauert, formuliert einen Zusammenhang zwischen der Ausgestaltung von Bestimmungsfaktoren betrieblicher Innovationsaktivitäten innerhalb bestimmter Transformationstypen und dem Erfolg des betrieblichen Wandlungsprozesses.[436]

Die Untersuchung der Hypothesen zum zweiten Analysebereich beschäftigt sich mit der Frage, ob und in welchem Maße die betriebliche Technologieförderung Einfluss auf die beiden Aspekte des Harmoniegedankens ausübt. Somit wird hier erstmalig die Förderung in die Analyse integriert.

Der dritte Analysebereich soll im Ergebnis die Beantwortung der dieser Arbeit zu Grunde liegenden Fragestellung leisten, ob durch die strategische Zielstellung der Förderinstrumente die Harmonie von Transformationstyp und Innovationsaktivitäten als Erfolgsdeterminante für den Wandlungsprozess der Unternehmen beeinflusst wird.

Im ersten Analysebereichs wird zunächst überprüft, ob Unternehmen, die einen zum Transformationstyp harmonische Ausgestaltung von Bestimmungsfaktoren betrieblicher Innovationsaktivitäten aufweisen, ihre wirtschaftliche Situation[437] besser bewerten, als Unternehmen, die diese Harmonie nicht zeigen.[438]

Hierbei stellt sich die unterschiedliche Bedeutung und Einbindung von Innovationsaktivitäten im Rahmen des Transformationstyps von Unternehmen als Problem heraus. Eine Disharmonie zwischen Typ und Innovationsaktivitäten kann sehr unterschiedliche Auswirkungen auf den Erfolg der Unternehmenstransformation haben. So könnte der Vergleich zweier Unternehmen, die unterschiedliche Transformationstypen verfolgen, zu falschen Ergebnissen führen. Aus diesem Grund

---

436 Die Abgrenzung erfolgreicher Transformationsstrategien erfolgt auf der Basis von Ergebnissen empirisch geprägter Untersuchungen. Im Rahmen dieser Arbeit wird keine weitere Überprüfung darüber vorgenommen, ob die zu Grunde liegenden Transformationsstrategien erfolgreicher als andere sind.

437 Da sich nach der Systemtransformation in den neuen Bundesländern nahezu jedes Unternehmen an die geänderten Wettbewerbsverhältnisse anpassen musste, kann die Bewertung der wirtschaftlichen Situation durch die Unternehmen der Bewertung des Transformationserfolgs gleichgesetzt werden.

438 Da im Rahmen dieser Arbeit die betrieblichen Innovationsaktivitäten im Mittelpunkt des Untersuchungsinteresses stehen und deren Einbindung in die betriebliche Transformationsstrategie analysiert wird, unterliegen andere Bereiche der Transformationsstrategie von Unternehmen einer „Ceteris-Paribus-Bedingung“, wohlwissend, dass diese u. U einen großen oder gar größeren Einfluss auf die Transformationsstrategie haben. Da eine analytische Behandlung dieser Bereiche nicht der Beantwortung der Fragestellung dieser Arbeit dient, wird dieses Problem tolerierend in Kauf genommen.

konzentriert sich dieser Analyseschritt ausschließlich auf Unternehmen, die die gleiche Transformationstypen verfolgen.

Die empirische Analyse beginnt vor diesem Hintergrund mit der Identifikation der durch die Unternehmen verfolgten Transformationstypen, wobei sich die Analyse auf die Unterscheidungskriterien stützt, wie sie in den zitierten empirischen Untersuchungen aus der Reorganisationstheorie gewählt wurden. Entscheidende Abgrenzungskriterien sind hierbei die Ausrichtung der Innovationsaktivitäten und Produktpolitik der Unternehmen. Es geht somit nicht darum, die Erkenntnisse der Reorganisationstheorie mit Hilfe der statistischen Datenbasis zu bestätigen, sondern darum, die erhobenen Unternehmen für die Jahre 1993, 1995 und 1997 den im Vorfeld bereits beschriebenen Clustern zuzuordnen.[439]

Hierbei lässt sich eine offensive von einer defensiven Produktpolitik über die Angaben der Unternehmen zu eingeführten Produkten und Marketing und Vertriebskonzepten abgrenzen. Zur Unterscheidung offensiver von defensiven Innovationsaktivitäten wird auf Informationen der Unternehmen zurückgegriffen, die angaben, ob sie eigene Forschung und Entwicklung durchführen.

Um aufzeigen zu können, wie sich die Clusterzugehörigkeit im Zeitverlauf änderte, soll die Abgrenzung für jedes Erhebungsjahr separat durchgeführt werden.

Mit Hilfe der Identifikation der betrieblichen Transformationstypen können die erfassten Unternehmen Analyseclustern zugeordnet werden, die dann die Basis für den Vergleich von Unternehmen darstellen. Grafisch lässt sich dieser Analyseschritt wie folgt darstellen:

439 Eine empirische Bestätigung der Transformationstypen aus der Reorganisationstheorie für Ostdeutschland wurde bereits vorgenommen. Vor diesem Hintergrund stützt sich die Analyse auf diese Ergebnisse. (Vgl. Hilbert, A.: Industrieforschung in den neuen Bundesländern, a.a.O.)

Abb. E-1 Überprüfung des ersten Hypothesenkomplexes

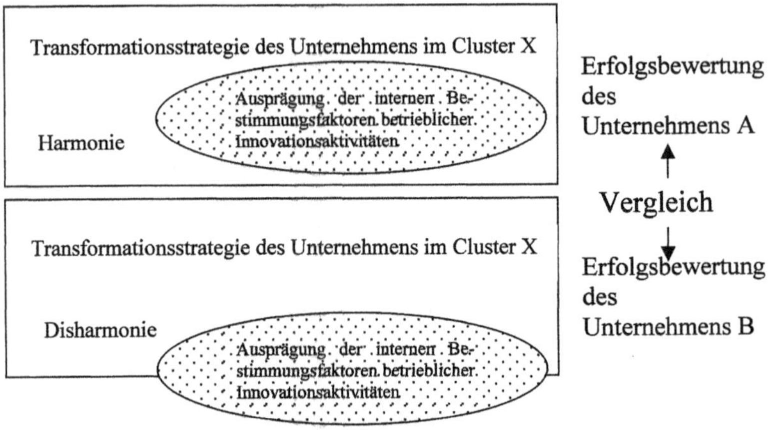

Die erste Hypothese stellt den analytischen Rahmen für diesen Untersuchungsschritt dar, der zugleich die Basis für die weitere empirische Untersuchung ist.[440]

Die Operationalisierung des Transformationserfolgs wird in dieser Arbeit nicht über quantitative Erfolgsmaße wie Veränderungsraten der Beschäftigung oder des Umsatzes vorgenommen.[441] Da sich nach Inkrafttreten der Wirtschafts-, Währungs- und Sozialunion nahezu alle betriebswirtschaftlichen Kennziffern ostdeutscher Unternehmen, die zur Abbildung des Erfolgs herangezogen werden können, verschlechterten, ist deren Nutzung kaum geeignet, den Transformationserfolg abzubilden.[442] Darüber hinaus stößt deren Verwendung auf das Problem, dass vor dem Hintergrund der besonderen Rahmenbedingungen der Unternehmenstransformation in Ostdeutschland die Bildung von Kontrollgruppen, die zur empirischen Analyse notwendig sind, nicht möglich ist.

---

440 Zur Abbildung der betrieblichen Innovationsaktivitäten werden deren Bestimmungsgrößen herangezogen. Grundlage dieses Untersuchungsschritts ist die in Abb. C-4 zusammengefasste Zuordnung von Ausprägungen der Bestimmungsgrößen zu den verschiedenen Transformationsstrategien (Vgl. S. 83f.).

441 Eine ausführliche Diskussion über verschiedene quantitative Messmethoden des Unternehmenserfolgs findet sich bei Albach, H.; Bock, K.; Warnke, T.: Kritische Wachstumsschwellen in der Unternehmensentwicklung, Stuttgart 1985, S. 123ff.

442 Als Beispiel sei auf die drastischen Umsatzrückgänge ostdeutscher Unternehmen in den Jahren 1990 bis 1994 hingewiesen, die zu zahlreichen Insolvenzen führten. (Vgl. Deutsches Institut für Wirtschaftsforschung Wochenberichte: Einzel- und gesamtwirtschaftliche Anpassungsprozesse in Ostdeutschland, 3. bis 10. Bericht.)

Die Analyse stützt sich daher auf qualitative Aussagen der befragten Unternehmen, die auf einer fünfstelligen Ordinalskala ihre wirtschaftliche Situation bewerteten.[443]

Die Ausgestaltung der Innovationsaktivitäten kann durch Angaben der Unternehmen zur Ausprägung der diese bestimmenden Faktoren abgebildet werden. Bei der Literaturauswertung zeigte sich, dass zwischen betriebsinternen und betriebsexternen Bestimmungsfaktoren zu unterscheiden ist. Betriebsinterne Faktoren können durch Informationen der Unternehmen zur Qualifikationsstruktur der Mitarbeiter sowie zum Informationsverhalten und zur Organisationsstruktur der Unternehmen dargestellt werden. Diese werden nicht nur auf einen möglichen Zusammenhang zur Erfolgsbewertung der Unternehmen hin überprüft, sondern auch dahingehend, ob sich die Ausprägung der Bestimmungsfaktoren gegenseitig beeinflussen. Hierdurch kann nachgewiesen werden, ob bestimmte Ausprägungsmuster der Bestimmungsfaktoren auftreten, die den Transformationserfolg bestimmen.

Als betriebsexterne Bestimmungsfaktoren werden die Branchenzugehörigkeit sowie die Unternehmensgröße in die Analyse integriert. Deren Berücksichtigung soll ausschließen, dass die bisherigen Ergebnisse durch die Ausprägung dieser Faktoren verfälscht werden. Es gilt somit zu überprüfen, ob die Bewertung des Transformationserfolgs mit der Branchenzugehörigkeit oder Unternehmensgröße variiert.

Weiterhin wird überprüft, ob die Ausprägung betriebsinterner Bestimmungsfaktoren in Zusammenhang mit der betriebsexterner steht. Sollte sich herausstellen, dass entweder die Erfolgsbewertung von der Branchenzugehörigkeit oder Größe des Unternehmen abhängt oder betriebsinterne Bestimmungsfaktoren sich innerhalb verschiedener Branchen oder Größenklassen unterschiedlich darstellen, so ist davon auszugehen, dass die bis dahin gewonnenen Ergebnisse über den Zusammenhang zwischen der harmonischen Einbettung betrieblicher Innovationsaktivitäten in die Transformationstypen und der Erfolgsbewertung der Unternehmen hierdurch beeinflusst wurden.

Die empirische Behandlung der ersten Hypothese beschränkt sich auf das Erhebungsjahr 1995, da hier alle Unternehmen des Samples erfasst sind.[444] Darüber

---

443 Da das Fraunhofer-Institut für Systemtechnik und Innovationsforschung die Unternehmensbefragung mit dem Hinweis der ausschließlichen Verwendung der Daten zu wissenschaftlichen und evaluierenden Zwecken durchführte und darüber hinaus die Anonymität und Vertraulichkeit der Angaben garantierte, kann davon ausgegangen werden, dass die erfassten Unternehmen keine strategische Beantwortung vornahmen. Aus diesem Grunde wird die Validität der Angaben nicht in Zweifel gezogen.

444 Eine Untersuchung der Hypothese für jedes Erhebungsjahr ist nicht notwendig, da die Harmonie betrieblicher Teilstrategien als Voraussetzung des Transformationserfolgs nicht Zeitpunktabhängig ist. Vor diesem Hintergrund wäre auch die Nutzung aller Teilerfassungen möglich. Hierdurch würden jedoch Unternehmen, die sich an allen Erhebungen beteiligten, dreifach gewertet. Da es hierbei zu Verzerrungen des Analyseergebnisses kommen könnte, wird von dieser Herangehensweise abgesehen.

hinaus konzentriert sich dieser Analyseschritt ausschließlich auf Unternehmen, die im Vorfeld nicht in den Genuss betrieblicher Technologieförderung gelangten, da zu vermuten ist, dass geförderte Unternehmen durch die finanzielle Zuwendung ihre wirtschaftliche Situation anders beurteilen als ungeförderte Unternehmen.[445]

Sollte sich herausstellen, dass die harmonische Einbettung der Innovationsaktivitäten eine Voraussetzung für den Transformationserfolg der erfassten Unternehmen darstellt, so gilt es im Laufe der weiteren empirischen Analyse zu untersuchen, ob die betriebliche Technologieförderung dazu beiträgt, die Innovationsaktivitäten oder die Transformationstypen so zu verändern, dass diese Harmonie gestört wird.

Der zweite Hypothesenkomplex spannt den analytischen Rahmen für die Untersuchung des Zusammenhangs zwischen einer Veränderung des Transformationstyps oder der Bestimmungsfaktoren betrieblicher Innovationsaktivitäten und der Ausreichung von Mitteln aus der betrieblichen Technologieförderung.[446]

Die empirische Überprüfung erfolgt in zwei Schritten. Erst wird untersucht, ob sich der verfolgte Transformationstyp oder die Ausprägung der Bestimmungsfaktoren betrieblicher Innovationsaktivitäten bei geförderten Unternehmen von denen der ungeförderten unterscheidet. Um sicherzustellen, dass die unterschiedlichen Ausprägungen von Typ und Bestimmungsfaktoren auf die Förderung zurückzuführen sind, wird in einem zweiten Analyseschritt überprüft, ob sich diese nach erhaltener Förderung geändert haben. Hierzu kann auf eine Analyse der Zeitreihe, die sich aus den Erhebungen 1993, 1995 und 1997 ergibt, zurückgegriffen werden.

---

445 Von den 325 in der Datenbank erfassten Unternehmen wurden 126 im Vorfeld der Erhebung 1995 nicht gefördert.

446 Die Systematisierung der Hypothesen dieses Hypothesenbereichs erfolgte in Abb. D-1 und Abb. D-2.

Abb. E-2 Überprüfung des zweiten Hypothesenbereichs (erster Schritt)

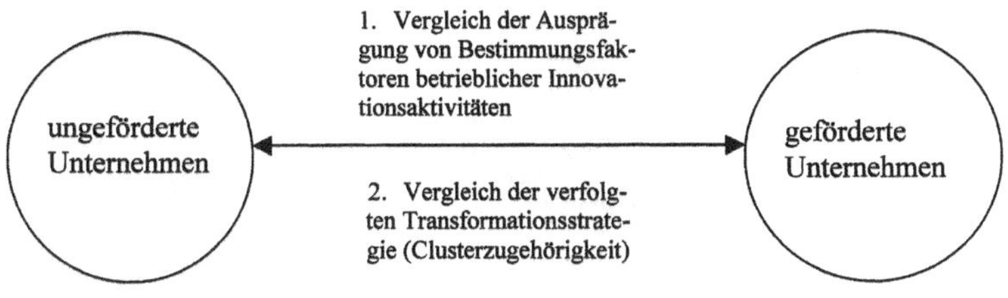

Abb. E-3 Überprüfung des zweiten Hypothesenbereichs (zweiter Schritt)

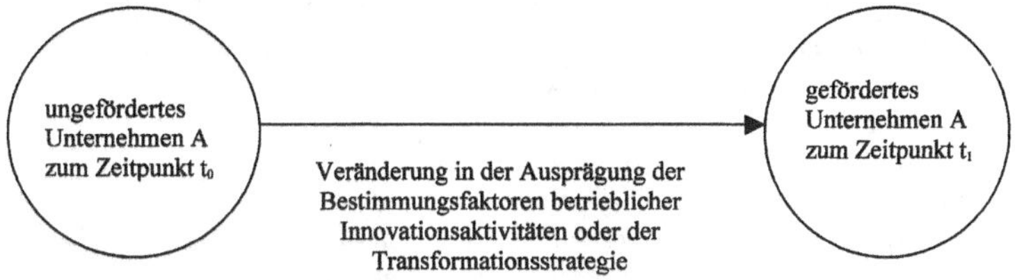

Eine Änderung des Transformationstyps oder der Bestimmungsfaktoren betrieblicher Innovationsaktivitäten ist dann auf die Ausreichung der Fördermittel zurückzuführen, wenn sich im Analyseergebnis zeigt, dass sich Geförderte und Ungeförderte in der Ausprägung beider Aspekte unterscheiden und darüber hinaus Unternehmen nach der Ausreichung entweder der Typ oder die Bestimmungsfaktoren änderten.

Um sicher zu stellen, dass der Wechsel des Transformationstyps oder der Bestimmungsfaktoren ausschließlich auf die Ausreichung von Fördermitteln zurückzuführen ist, wird mit Hilfe einer Kontrollgruppe in einem weiteren Analyseschritt untersucht, ob Unternehmen, die im Untersuchungszeitraum nicht gefördert wurden, eine vergleichbare Veränderung des Transformationstyps oder der Bestimmungsfaktoren betrieblicher Innovationsaktivitäten vollzogen haben.

Abb. E-4 Überprüfung des zweiten Hypothesenbereichs (3. Schritt)

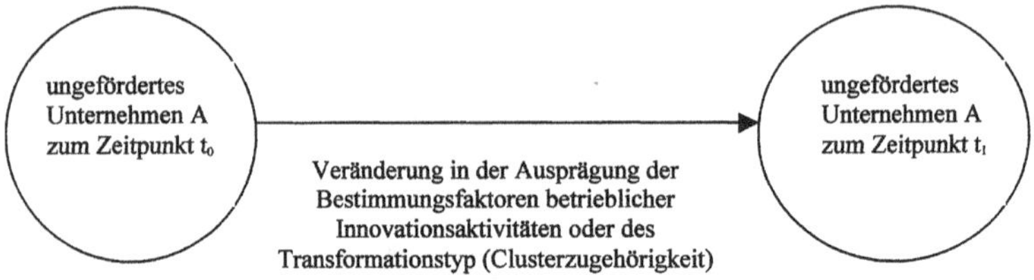

Sollte nachgewiesen werden, dass die verschiedenen Instrumente zur Technologieförderung die Ausprägung des Transformationstyps oder der Innovationsaktivitäten beeinflussen, so stellt sich die Frage, ob durch diese auch die Harmonie beider Aspekte als Voraussetzung für den Transformationserfolg tangiert wird.

Diese Frage soll mit Hilfe der Ergebnisse des dritten und letzten Analysebereichs beantwortet werden. Grundlage stellen in diesem Zusammenhang die Hypothesen 7 bis 9 dar. Hypothese 7 thematisiert die Möglichkeit, dass durch die Ausreichung von Mitteln aus Programmen zur direkten Projektförderung der Transformationstyp der Unternehmen so beeinflusst wird, dass zur Disharmonie provoziert und somit zum Misserfolg des betrieblichen Wandlungsprozesses beigetragen wird. Hypothese 8 beschreibt eine durch die indirekte sowie indirekt-spezifische Förderung provozierte Disharmonie, die durch die Beeinflussung von Bestimmungsfaktoren betrieblicher Innovationsaktivitäten entstehen könnte. Hypothese 9 hingegen erlaubt eine Analyse zur Verbundforschungsförderung, die durch ihre gleichzeitige Beeinflussung der Strategie und einzelner Bestimmungsfaktoren eher zur harmonischen Einbindung betrieblicher Innovationsaktivitäten in den Transformationstyp der Unternehmen beitragen kann. Zudem ist der Fall denkbar, dass durch die singuläre strategische Ausrichtung der Mehrzahl der Förderinstrumente kein Beitrag zum Transformationserfolg geleistet wird, weil die Harmonie von Transformationsstrategie und Innovationsaktivitäten in der Konzeption der Förderinstrumente keine Berücksichtigung findet. Grundlage dieser Untersuchung stellt Hypothese 9 dar.

Wenn die harmonische Einbindung der Innovationsaktivitäten in den Transformationstyp der Unternehmen eine Voraussetzung für den betrieblichen Transformationserfolg darstellen sollte, so muss eine Veränderung des Typs stets dann von einem Wechsel der Bestimmungsfaktoren betrieblicher Innovationsaktivitäten begleitet sein, wenn im Vorfeld der Förderung die beschriebene Harmonie bestand. Gleiches gilt für eine Veränderung der Bestimmungsfaktoren betrieblicher Innovationsaktivitäten, die bei einem Wechsel dann zu einer Veränderung des Transformationstyps führen müssen, wenn im Vorfeld Harmonie bestand. Dies bedeutet auch, dass die Förderung keine Wirkung auf den Transformationserfolg der Unternehmen hat, wenn eine bestehende Disharmonie nicht überwunden wird.

Zur Untersuchung dieser Sachzusammenhänge werden die Ergebnisse des ersten Analysebereichs genutzt, um die harmonische Einbindung der Innovationsaktivitäten in den Transformationstyp der Unternehmen abzubilden. Um zu überprüfen, ob die Förderung durch ihre Wirkung auf den Typ oder die Bestimmungsfaktoren betrieblicher Innovationsaktivitäten die Harmonie beider Aspekte tangiert, wird in zwei Schritten vorgegangen. In einem ersten wird zunächst überprüft, ob die harmonische Einbindung der betrieblichen Innovationsaktivitäten in den Transformationstyp der Unternehmen in Zusammenhang zur Förderung im Vorfeld steht. Hierdurch können Aussagen darüber getroffen werden, ob sich geförderte von nicht geförderten Unternehmen im Hinblick auf die beschriebene Harmonie signifikant unterscheiden. Sollte ein signifikanter Unterschied vorliegen, so könnten hierauf basierend bereits Aussagen darüber getroffen werden, ob die verschiedenen Instrumente systematisch zur Harmonie oder Disharmonie beitragen.

Abb. E-4: Überprüfung des dritten Hypothesenbereichs (erster Schritt)

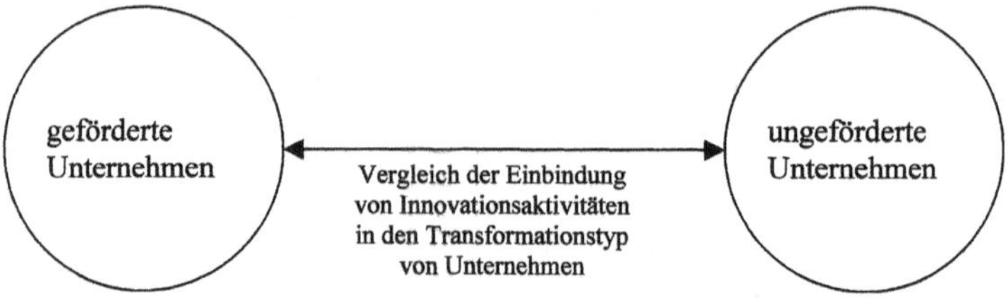

Stellt sich hierbei jedoch heraus, dass kein systematischer Unterschied festzustellen ist, so kann dies bspw. bedeuten, dass Unternehmen, die im Vorfeld der Förderung keine Harmonie zwischen Transformationstyp und Innovationsaktivitäten aufweisen, auch durch die Förderung nicht veranlasst werden diese herzustellen. Daher wird in einem zweiten Analyseschritt die Veränderung der Einbettung von Innovationsaktivitäten in den Transformationstyp im Zeitverlauf betrachtet. Hierbei werden ausschließlich Unternehmen berücksichtigt, die zum Zeitpunkt t_0 nicht in den Genuss von Mitteln gerieten und bis t_1 gefördert wurden.

Abb. E-5 Überprüfung des dritten Hypothesenbereichs (zweiter Schritt)

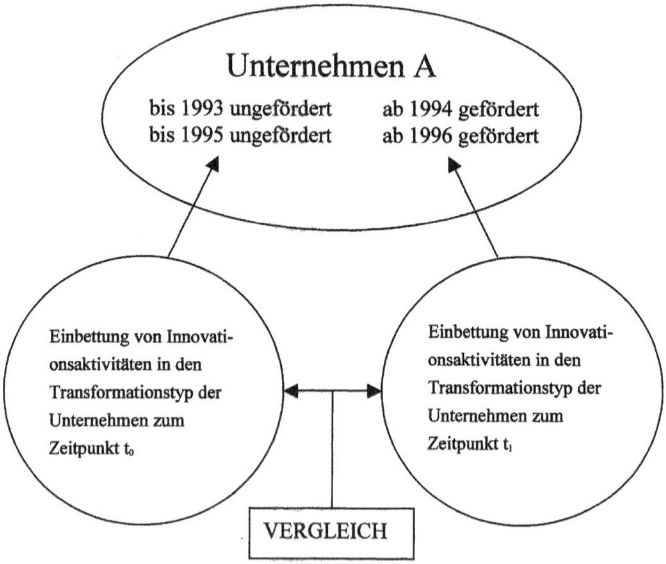

Durch das Ergebnis des zweiten Analyseschritts lässt sich aufzeigen, ob die erfassten Unternehmen nach der Förderung eine bestehende Harmonie bzw. Disharmonie überwinden oder ob sich die Einbindung der Innovationsaktivitäten nicht ändert.

Um ausschließen zu können, dass eine Veränderung der harmonischen Einbindung der Innovationsaktivitäten in den Transformationstyp der Unternehmen auf andere Faktoren außerhalb der Förderung zurückzuführen ist, wird in einem letzten Analyseschritt überprüft, ob Unternehmen die im Analysezeitraum gänzlich nicht gefördert wurden andere Aktivitäten aufweisen.

Abb. E-5 Überprüfung des dritten Hypothesenbereichs (dritter Schritt)

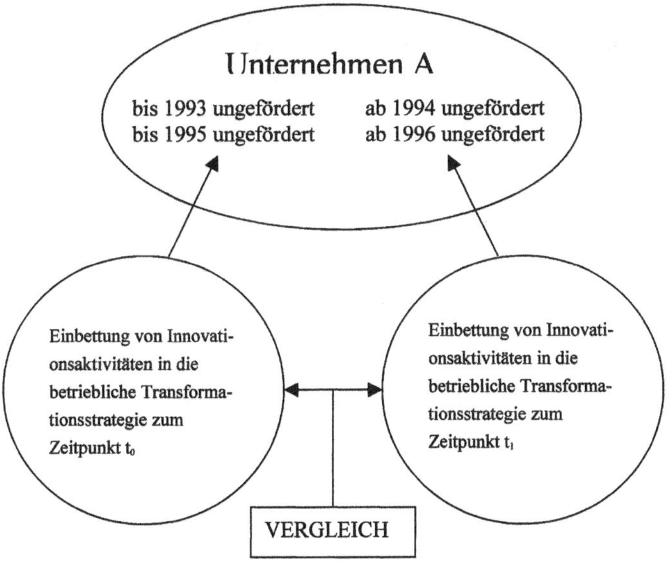

Somit beantworten die Ergebnisse des letzten Analysebereichs die Frage dieser Arbeit. Wenn die Harmonie zwischen Innovationsaktivitäten und dem Transformationstyp der Unternehmen in Zusammenhang zum Transformationserfolg steht und darüber hinaus die Instrumente der betrieblichen Technologieförderung Einfluss auf den Transformationstyp oder die Innovationsaktivitäten ausüben, so kann mit Hilfe dieser Ergebnisse nachgewiesen werden, ob die Ausreichung von Mitteln aus den verschiedenen Förderinstrumenten in Zusammenhang zur harmonischen Einbindung der Innovationsaktivitäten in die Transformationsstrategie steht und ob die

Unternehmen hierdurch veranlasst werden, eine bestehende Harmonie oder Disharmonie zu verlassen.

1.2 Die Datenbasis

Die Unternehmensbefragung wurde in den Jahren 1993, 1995 und 1997 unter west- und ostdeutschen Unternehmen des Investitionsgüter produzierenden Gewerbes durchgeführt. Sie war Bestandteil eines Projekts zur Evaluierung der CIM-Förderung in Deutschland. Partner der Untersuchung war ein Projektträger des BMBF. Als Grundlage der Erhebung im Jahre 1993 diente ein Fragebogen[447], welcher an die Geschäftsführer von 3450 Unternehmen versendet wurde. Im Jahre 1995 wurden 3243, im Jahre 1997 insgesamt 2987 Unternehmen angeschrieben. Die durchschnittliche Rücklaufquote betrug 28,2 %. In Ostdeutschland beteiligten sich hierbei insgesamt 325 Unternehmen mehrfach. Der Weiterverwendung dieser Datenbestände für wissenschaftliche Zwecke wie Dissertationsvorhaben wurde vom „Projektträger Fertigungstechnik" mit Schreiben an die Projektleitung vom 25. Mai 1999 zugestimmt.

447 Repräsentativ ist der Fragebogen aus dem Jahre 1995 in den Anhang gestellt worden, weil dieser Grundlage der meisten Untersuchungen im Empirieteil darstellt. (s. Anhang FB)

Tab. E-1 Struktur der Erhebung von Unternehmen der ostdeutschen Investitionsgüterindustrie

Branchenstruktur nach Sypro-Klassifikation			
	1993	1995	1997
Ziehereien, Kaltwalzwerke, Mechanik a.n.g.		1	12
Stahl- und Leichtmetallbau, Schienenfahrzeugbau	17	35	35
Maschinenbau	97	165	114
Straßenfahrzeugbau[448]		11	7
Elektrotechnik	33	65	60
Feinmechanik, Optik, Herstellung v. Uhren	9	15	13
Herstellung von Eisen-, Blech- und Metallwaren	20	29	22
sonstige[449]	10	4	2
fehlende Werte	4		0
Summe	190	325	265
Struktur nach Unternehmensgrößenklassen			
unter 20 Beschäftigte	27	44	29
20 bis 49 Beschäftigte	34	92	84
50 bis 99 Beschäftigte	51	82	68
100 bis 199 Beschäftigte	38	62	43
200 bis 499 Beschäftigte	28	36	35
500 bis 999 Beschäftigte	11	6	3
über 1000 Beschäftigte	1	3	3
Summe	190	325	265

Von insgesamt 156 Unternehmen liegen Daten aus dem gesamten Erhebungszeitraum vor. 26 Unternehmen aus diesem Sample haben zwischen 1995 und 1997 Antrag auf Eröffnung des Gesamtvollstreckungsverfahrens über das Unternehmensvermögen bei den zuständigen Amtsgerichten gestellt. Verbleibende 130 Unternehmen beteiligten sich im gesamten Untersuchungszeitraum an der Befragung. 33 nahmen ausschließlich 1993 und 1995 an der Erhebung teil. Unternehmen, die sich im Zeitraum zwischen den Befragungen 1993 und 1995 gründeten, wurden in die 1995er Erhebung eingebunden. Von diesen haben sich 135 sowohl 1995 als auch 1997 beteiligt.[450]

---

448 Ohne Berücksichtigung von Instandhaltung und Reparatur von Kraftwagen

449 Unter sonstige sind die Branchen NE-Metallindustrie, Gießereien, Schiffbau, Luft- und Raumfahrzeugbau sowie die Herstellung von Büromaschinen und EDV-Geräten subsummiert.

450 Nachforschungen bei den zuständigen Amtsgerichten aus dem Jahre 1998 ergaben, dass keines der Unternehmen Antrag auf Eröffnung des Gesamtvollstreckungsverfahrens gestellt hat.

Der im Verhältnis kleine Anteil von Unternehmen, der aus der Erhebung des Jahres 1993 in den Datensatz übernommen wurde, hängt mit der geringen Resonanz der Unternehmen in folgenden Befragungen zusammen. Auch wenn der Rücklauf der Fragebögen in diesem Jahr am höchsten war, so muss festgestellt werden, dass von 788 antwortenden Unternehmen lediglich 190 an folgenden Fragebogenaktionen teilnahmen. Grund hierfür dürfte ebenfalls die hohe Insolvenzrate unter den ostdeutschen Unternehmen in den Jahren 1993 und 1994 sein.[451]

Die Aussagekraft und die Verlässlichkeit der Erhebung wird durch den Kreis der Antwortenden der Fragebogen determiniert. Alle 325 erfassten Unternehmen machten hierüber Angaben. 78,2 % der Fragebögen wurden durch die Geschäftsführung ausgefüllt. In sonstigen Fällen antworteten Mitarbeiter aus kaufmännischen (12,7 %) oder technischen (9,1 %) Bereichen der Unternehmen.

Die Repräsentativität der 325 antwortenden Unternehmen kann unter branchen- und größenklassenspezifischen Gesichtspunkten bewertet werden. Die Prüfung stellt in diesem Fall die Anzahl der erfassten Unternehmen in den Erhebungen der Jahre 1993, 1995 und 1997 der Grundgesamtheit aller ostdeutschen Investitionsgüterproduzenten, die durch das statistische Bundesamt erfasst wurden, gegenüber.[452]

Hierbei zeigt sich folgendes Bild: Betrachtet man die branchenspezifische Verteilung der Grundgesamtheit aller Unternehmen des investitionsgüterproduzierenden Gewerbes in Ostdeutschland[453] im Jahre 1993 und vergleicht diese mit der Erhebung, so fällt auf, dass die Struktur der Branchenverteilung in der Stichprobe weitgehend der Grundgesamtheit entspricht. Der Anteil hingegen, den die verschiedenen Branchen an der Erhebungsgesamtheit haben, weicht 1993 erheblich von dem der Grundgesamtheit ab. Auch wenn sich der Unterschied im Zeitverlauf bis 1997 angleicht, so ist noch immer ein geringer Unterschied bei der letzten Erhebung feststellbar.

---

451 Einen Überblick über die Insolvenzrate in den neuen Bundesländern bieten die Berichte des deutschen Instituts für Wirtschaftsforschung (Bsp.: Deutsches Institut für Wirtschaftsforschung: Gesamtwirtschaftliche und unternehmerische Anpassungsfortschritte in Ostdeutschland – Dreizehnter Bericht; aus: Wochenbericht 28-29/95.)

452 Die Abgrenzung verschiedener Branchen im Rahmen der Erhebungen erfolgte mittels der Sypro-Klassifikation. Anders als in den amtlichen Statistiken wurde diese Abgrenzung auch in den Jahren 1995 und 1997 durchgeführt. Daher stellt sich die Umstellung der Erhebungsklassifikation des Statistischen Bundesamtes von Sypro auf die europäische Klassifikation WZ 93 als Problem heraus. Mit Hilfe des „Umrechnungsschlüssels" des Statistischen Bundesamtes wurde die Grundgesamtheit der Unternehmen des Investitionsgüter produzierenden Gewerbes umkodiert, um die Vergleichbarkeit zu gewährleisten.

453 Die Daten der Grundgesamtheit wurden aus der Fachserie 4.2.1 des Statistischen Bundesamtes für die Jahre 1993, 1995 und 1997 entnommen. (Vgl. Statistisches Bundesamt: Fachserie 4 Reihe 4.2.1 – Beschäftigte, Umsatz und Investitionen der Unternehmen und Betriebe des verarbeitenden Gewerbes sowie des Bergbaus und der Gewinnung von Steinen und Erden, Wiesbaden 1995, 1997, 1999.)

Der Maschinenbau ist mit 52 % aller erhobenen Unternehmen der Erhebung 1993 gegenüber der Grundgesamtheit (30 %) weit überrepräsentiert. Jedoch stellt dieser sowohl in der Erhebung als auch in der Grundgesamtheit die größte Unternehmensgruppe dar. Die Elektrotechnik ist sowohl in der Grundgesamtheit (19 %) als auch in der Erhebung (18 %) die zweithäufigste Unternehmensgruppe, gefolgt von Herstellern von Eisen-, Blech- und Metallwaren (12 %; 11 %)[454] sowie der Feinmechanik und Optik (4 %; 5 %). Der Stahl- und Leichtmetallbau ist in der Erhebung des Jahres 1993 mit 9 % unterrepräsentiert (Grundgesamtheit 16 %). Die Branchen Ziehereien etc. sowie der Straßenfahrzeugbau wurden in der Erhebung des Jahres 1993 nicht erfasst.

Abb. E-6 Vergleich der Branchenstruktur von Grundgesamtheit und Stichprobe der Investitionsgüterindustrie in Ostdeutschland im Jahre 1993

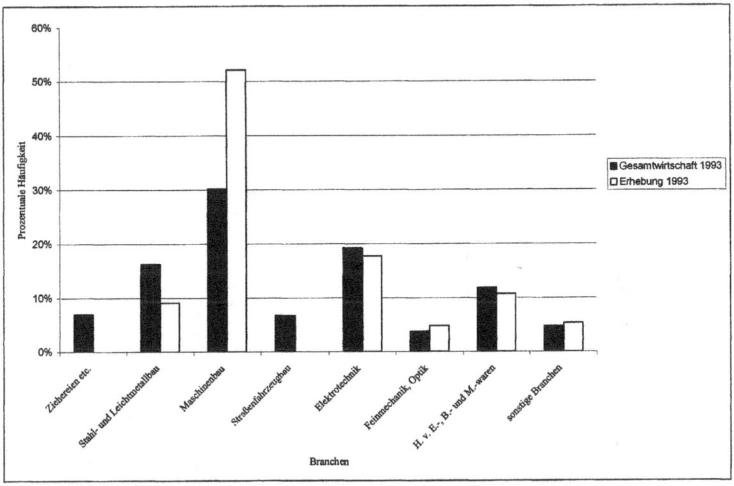

Auch im Jahre 1995 stellte der Maschinenbau sowohl in der Grundgesamtheit (34 %) als auch in der Erhebung (51 %) die am häufigsten besetzte Branche dar. Somit hat sich die Differenz zwischen Grundgesamtheit und Erhebung gegenüber 1993 reduziert. Der prozentuale Anteil von Unternehmen der Elektrotechnik in der Grundgesamtheit ist gegenüber 1993 um 10 %-Punkte auf 9 % gesunken. In der Erhebung hingegen ist deren Anteil nahezu konstant geblieben (20 %). Der Anteil von Unternehmen der Feinmechanik und Optik (10 %) sowie der Herstellung von Eisen-, Blech- und Metallwaren (17 %) ist in der Grundgesamtheit gestiegen. Auch

454 In Klammern mit zwei Werten wird zuerst die Grundgesamtheit genannt.

hier ist deren Anteil in der Erhebung nahezu konstant geblieben, was dazu führt, dass diese Branchen unterrepräsentiert sind. Angeglichen hat sich hingegen der Anteil von Unternehmen des Stahl- und Leichtmetallbaus (14 %; 11 %). Der Straßenfahrzeugbau (4 %; 3 %) hat sich in der Erhebung des Jahres 1995 gegenüber 1993 dem Anteil der Grundgesamtheit genähert. Der Anteil von Ziehereien etc. bleibt jedoch weit hinter der Grundgesamtheit zurück.

Abb. E-7 Vergleich der Branchenstruktur von Grundgesamtheit und Stichprobe der Investitionsgüterindustrie in Ostdeutschland im Jahre 1995

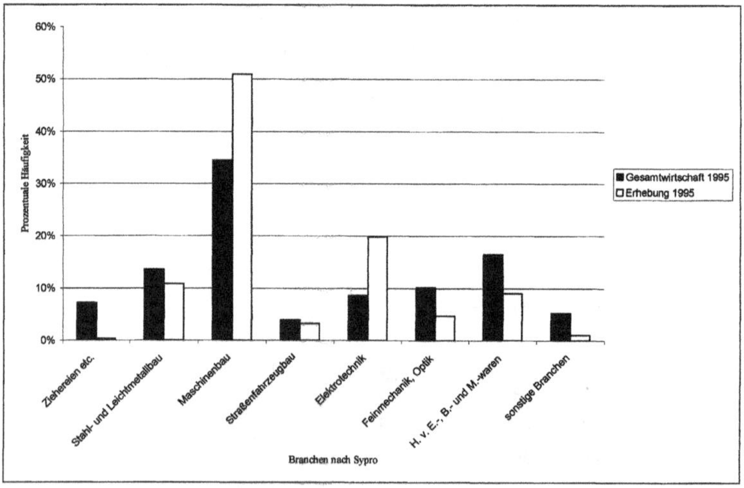

Die Branchenstruktur der Befragung des Jahres 1997 gleicht in weiten Teilen der Grundgesamtheit. Darüber hinaus ist die Differenz der prozentualen Häufigkeiten von Unternehmen in den verschiedenen Branchen am geringsten im gesamten Untersuchungszeitraum. So ist der Unterschied der prozentualen Häufigkeit von Unternehmen des Maschinenbaus zwischen Untersuchungs- und Grundgesamtheit am geringsten im gesamten Untersuchungszeitraum (35 %; 43 %). Zugleich stimmt die Verteilung von Unternehmen in den Branchen Stahl- und Leichtmetallbau (12 %; 13 %), Ziehereien etc. (6 %; 4 %) sowie Straßenfahrzeugbau (3 %; 3 %) weitgehend überein. Unternehmen der Elektrotechnik (9 %; 23 %) hingegen sind über-, die der Feinmechanik, Optik (14 %; 5 %) sowie der Herstellung von Eisen-, Blech- und Metallwaren (16 %; 8 %) unterrepräsentiert.

Abb. E-8 Vergleich der Branchenstruktur von Grundgesamtheit und Stichprobe der Investitionsgüterindustrie in Ostdeutschland im Jahre 1997

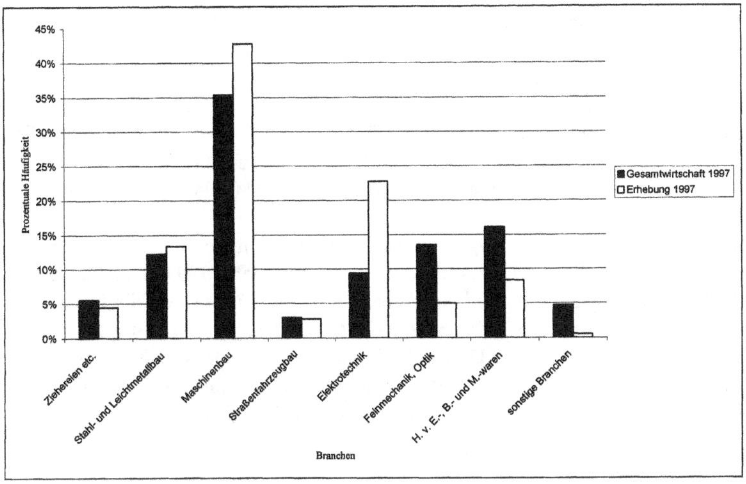

Die Branchenstruktur der Erhebungen hat sich zwar im Untersuchungszeitraum weitgehend, aber nicht völlig der Grundgesamtheit genähert, jedoch differiert der Anteil der Unternehmen in den verschiedenen Branchenklassen bis 1997.

Grund hierfür dürfte die Selektion der Unternehmen aus dem Gesamtsample sein. Da lediglich Unternehmen ausgewählt wurden, die sich mehr als einmal an den Befragungen beteiligten, sind Branchen und Betriebsgrößenklassen überrepräsentiert, die vergleichsweise größere Überlebenschancen nach Einführung der Wirtschafts-, Währungs- und Sozialunion hatten.

Bestätigt wird dieser Gedanke dadurch, dass der Anteil von Unternehmen des Maschinenbaus sowie der Elektrotechnik, die zwischen 1990 und 1997 Antrag auf Eröffnung des Gesamtvollstreckungsverfahrens stellten, deutlich geringer ist als der anderer Branchen. Hingegen zeigen Branchen wie „Herstellung von Eisen-, Blech- und Metallwaren" sowie „Feinmechanik und Optik" überdurchschnittliche Insolvenzraten im gesamten Untersuchungszeitraum.[455]

455 Statistisches Bundesamt: Fachserie 2 Reihe 4.1 – Insolvenzverfahren, Bundes- und Länderergebnisse, Wiesbaden 1995, 1997, 1999.

Die Anzahl der Beschäftigten wurde als Kriterium zur Bildung von Unternehmensgrößenklassen herangezogen.[456] Im gesamten Erhebungszeitraum ist der prozentuale Anteil der Unternehmen in den Unternehmensgrößenklassen der Grundgesamtheit nahezu konstant.[457] Mit durchschnittlich 37 % aller Unternehmen bildet die Größenklasse 20 bis 49 Beschäftigte die weitaus größte Gruppe. Etwa ein Viertel aller Unternehmen (22 %) haben 50 bis 99 Beschäftigte. In der Größenklasse 100 bis 199 befinden sich durchschnittlich 13 %, in der Klasse unter 20 Beschäftigten durchschnittlich 11 % aller ostdeutschen Investitionsgüterproduzenten. Unter den größeren Unternehmen entfallen auf die Größenklasse 200 bis 499 durchschnittlich 9 % der Unternehmen in der Grundgesamtheit. Unternehmen mit 500 bis 999 (3 %) sowie Unternehmen mit mehr als 1000 Beschäftigten (2 %) sind selten vertreten.

Gemessen an dieser Verteilung ist in dem erreichten Sample der 325 Unternehmen die Größenklasse 20 und 49 Beschäftigte vor allem im Jahre 1993 unterrepräsentiert (18 %). Unternehmen mit 100 bis 199 Beschäftigten (20 %) sowie die mit 200 bis 499 (15 %) und 500 bis 999 Beschäftigten (6 %) hingegen sind häufiger vertreten als in der Grundgesamtheit. Da in der Erhebung die Größenklasse 50 bis 99 Beschäftigte am häufigsten auftritt (27 %), stimmt die Gesamtstruktur der Erhebung aus dem Jahr 1993 nicht mit der der Grundgesamtheit überein.

---

456 Die Klassenbreite orientiert sich an den Vorgaben des Statistischen Bundesamtes.

457 Die Daten zur Grundgesamtheit wurden aus der Fachserie 4, Reihe 1.2 des Statistischen Bundesamtes für die Jahre 1993, 1995 und 1997 entnommen. (Vgl. Statistisches Bundesamt: Fachserie 4 Reihe 1.2 – Betriebe, Beschäftigung und Umsatz des verarbeitenden Gewerbes sowie des Bergbaus und der Gewinnung von Steinen und Erden nach Beschäftigungsgrößenklassen, Wiesbaden 1995, 1997, 1999.)

Abb. E-9 Vergleich der Struktur von Unternehmensgrößenklassen aus der Grundgesamtheit und der Erhebung in der Investitionsgüterindustrie Ostdeutschlands im Jahre 1993

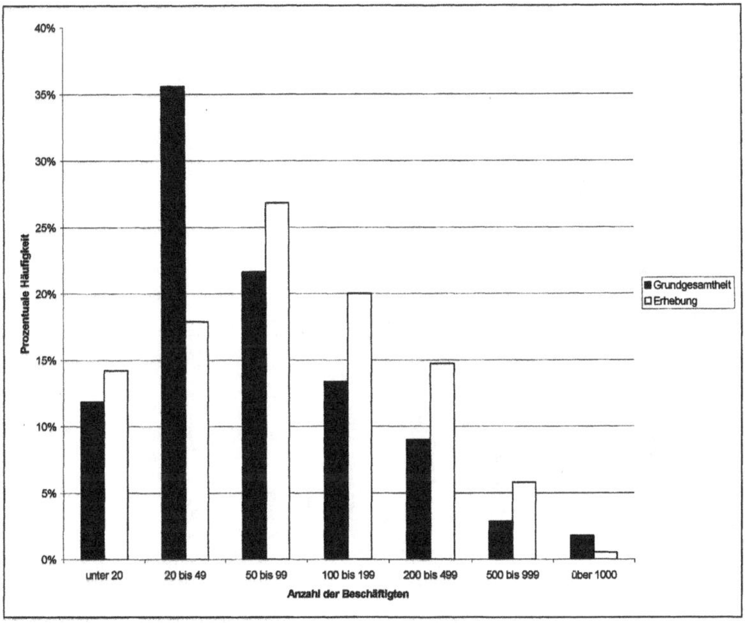

Die Größenklassenverteilung der Erhebung nähert sich im Erhebungszeitraum der der Grundgesamtheit. So stimmt bereits im Jahre 1995 die Größenklassenstruktur überein. Mit 28 % ist die Größenklasse 20 bis 49 Beschäftigte zwar die am stärksten vertretene der Erhebung aus dem Jahre 1995. Sie ist jedoch, wie 1993, unterrepräsentiert. Die Größenklassen unter 50 bis 99 (25 %), 200 bis 499 (11 %), 500 bis 999 (2 %) und über 1000 Beschäftigte (1 %) haben sich weitgehend der Grundgesamtheit angenähert. Die Unternehmensgrößen unter 20 (14 %) sowie 100 bis 199 (19 %) sind auch im Jahre 1995 überrepräsentiert.

Abb. E-10 Vergleich der Struktur von Unternehmensgrößenklassen aus der Grundgesamtheit und der Erhebung in der Investitionsgüterindustrie Ostdeutschlands im Jahre 1995

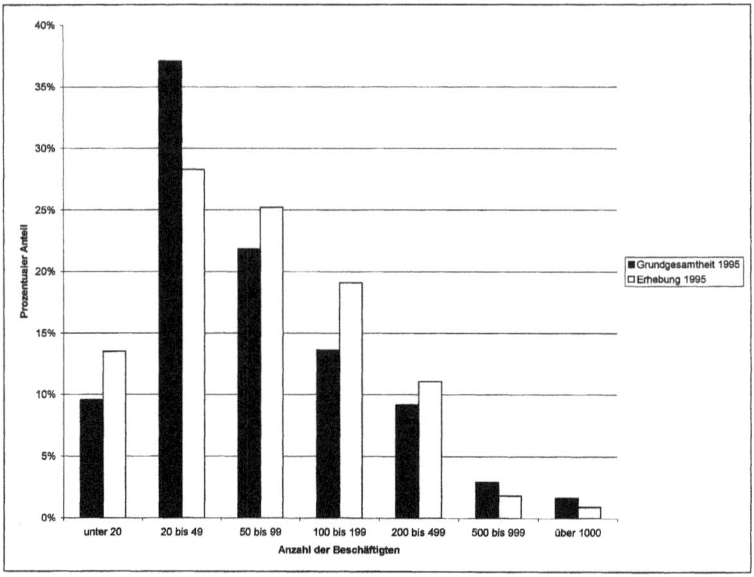

Die Erhebung aus dem Jahre 1997 stimmt in ihrer Struktur der Größenklassen mit der Grundgesamtheit überein. Die prozentuale Häufigkeit von Unternehmen in den verschiedenen Klassen weicht jedoch weiterhin ab. Zwar ist die Besetzung der Größenklasse 20 bis 49 Beschäftigte (32 %) geringer als in der Grundgesamtheit, jedoch ist die Differenz weitaus kleiner als in den Erhebungen der Jahre 1993 und 1995. Andere Größenklassen weisen eine maximale Differenz von 4 %-Punkten auf. Daher kann von einer weitgehenden Übereinstimmung der Größenstruktur der Erhebung 1997 gegenüber der Grundgesamtheit des ostdeutschen Investitionsgütergewerbes gesprochen werden.

Abb. E-11 Vergleich der Struktur von Unternehmensgrößenklassen aus der Grundgesamtheit und der Erhebung in der Investitionsgüterindustrie Ostdeutschlands im Jahre 1997

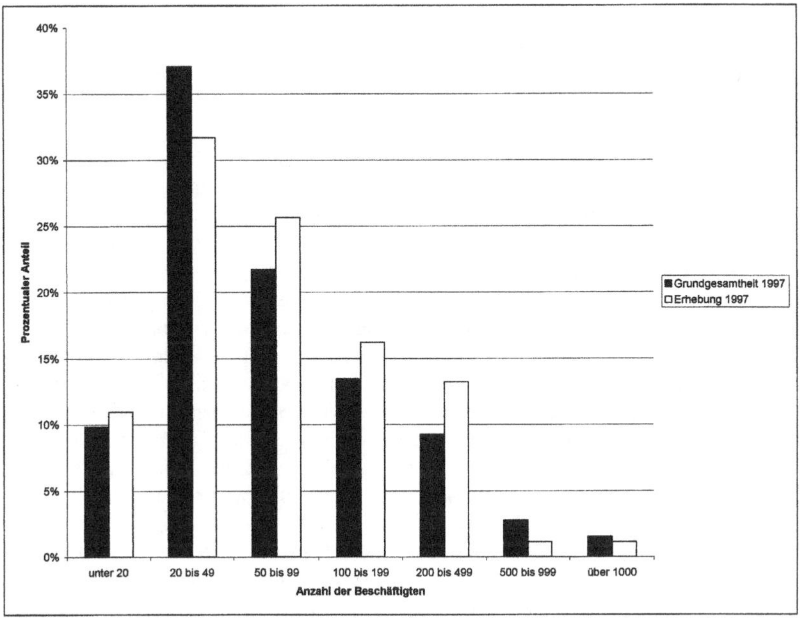

Die Struktur der Betriebsgrößen hat sich im Untersuchungszeitraum der der Grundgesamtheit angeglichen. Jedoch zeigt sich bis 1997, dass die Anteile der Unternehmen in den Größenklassen differiert, wenngleich die Differenz innerhalb der verschiedenen Klassen immer geringer geworden ist. Grund hierfür dürfte ebenfalls die Selektion der Unternehmen des zu Grunde liegenden Datensatzes sein. Dadurch, dass ausschließlich Unternehmen berücksichtigt werden, die sich mehr als einmal an einer Unternehmensbefragung beteiligten, sind Größenklassen, die weniger von Insolvenzen betroffen waren, überdurchschnittlich repräsentiert.[458]

Somit muss festgehalten werden, dass sich sowohl die Betriebsgrößen- als auch die Branchenstruktur der Erhebung von der der Grundgesamtheit unterscheidet. Darüber hinaus wurden nur Unternehmen in die Erhebung integriert, die sich mehrfach an den Fragebogenaktionen beteiligten. Diese Selektionskriterium führt dazu, dass

458 Da weder eine amtliche Statistik noch eine sonstige Untersuchung Insolvenzen nach Unternehmensgrößenstrukturen erfasst hat, kann diese Vermutung nicht bestätigt werden.

vor dem Hintergrund der hohen Insolvenzrate ostdeutscher Unternehmen in den Jahren 1993 und 1994 ausschließlich Unternehmen berücksichtigt wurden, die besonders erfolgreich waren. Dies führt dazu, dass der der empirischen Behandlung zugrundegelegte Datensatz die Kriterien einer Zufallsstickprobe nicht erfüllt. Es wird jedoch im weiteren Verlauf der empirischen Untersuchung unterstellt, dass die Repräsentativität der Ergebnisse gewährleistet ist. Diese wäre nur dann gegeben, wenn die Anzahl der erfassten Unternehmen deutlich höher gewesen wäre.

1.3 Vorgehen und Verfahren der statistischen Analyse

Die statistische Überprüfung der zu Grunde liegenden Hypothesen stützt sich ausschließlich auf nichtparametrische Testverfahren. Im Rahmen dieser Verfahren werden nicht die Messwerte an sich, sondern deren Rangplätze in der Gesamterhebung verarbeitet. Aus diesem Grund sind sie sehr unempfindlich gegen Ausreißer und lassen auf der Basis erreichter Ergebnisse valide Aussagen auch bei kleineren Fallzahlen zu. Die Literatur zu statistischen Analyseverfahren gibt keine Hinweise über eine Untergrenze der Anzahl erfasster Fälle. Hier wird lediglich davon gesprochen, dass durch die Robustheit der Analyseverfahren die Anzahl der Fälle geringer ausfallen kann als bei parametrischen Testverfahren.[459] Im Rahmen von Expertengesprächen mit der Firma SPSS wurde jedoch angegeben, dass die Anwendung nichtparametrischer Analyseverfahren bei einer Fallzahl von mehr als 20 in der Grundgesamtheit zulässig sei, um auf der Basis gewonnener Ergebnisse valide Aussagen treffen zu können. Jedoch gilt es hierbei zu beachten, dass die Anzahl der Fälle in den zu vergleichenden Stichproben der Unternehmen größer als 5 sein sollte. Andernfalls sind die Ergebnisse nicht repräsentativ.[460]

Darüber hinaus sind diese Verfahren immer dann anzuwenden, wenn diesen kein Intervall- oder Kardinal Skalen-Niveau sondern ordinal skalierte abhängige Variablen zu Grunde liegen.[461]

Die nichtparametrischen werden auch verteilungsfreie Testverfahren genannt, weil diese keine Bedingungen für die Verteilung der erfassten Fälle im zu Grunde liegenden Datensatzes stellen. Es wurde deutlich, dass die Verteilung der erfassten Fälle im Hinblick auf die Branchenzugehörigkeit und die Größe der erfassten Unternehmen von der Grundgesamtheit abweicht. Die Anwendung verteilungsfreier

459 Vgl. Saurwein, K.-H.: Statistische Analyse mit SPSS/PC+, Bonn, München Reading (Mass.) 1990, S. 290f.

460 Im Rahmen der statistischen Behandlung zum ersten Hypothesenbereich wird sich zeigen, dass in Einzelfällen die Anzahl der Unternehmen in den Stichproben 5 unterschreiten wird. In diesen Fällen wären die Ergebnisse der Untersuchungen nicht repräsentativ, sondern ausschließlich auf die erfassten Unternehmen zu beschränken.

461 Bühl, A.; Zöfel, P.: SPSS – Einführung in die moderne Datenanalyse, Bonn 1998, S. 271.

Testmethoden ist somit zwar zulässig, jedoch besteht die Gefahr, dass die gewonnenen Ergebnisse dann nicht repräsentativ sind, wenn die Branchenzugehörigkeit oder die Größe der Unternehmen in Zusammenhang zu den Testergebnissen steht. Dieses Problem stellt sich umso gravierender, als sowohl die Branchenzugehörigkeit als auch die Größe der Unternehmen in der innovationsökonomischen Literatur als betriebsexterne Bestimmungsfaktoren betrieblicher Innovationsaktivitäten diskutiert werden.[462] Es wird daher im Verlauf der empirischen Analyse zu untersuchen sein, ob die Ergebnisse durch diese Faktoren beeinflusst werden. Hierbei wird zu überprüfen sein, ob Variablen, die zur statistischen Analyse herangezogen werden, in Zusammenhang zur Branchenzugehörigkeit oder Größe der Unternehmen stehen.

Die statistische Untersuchung im Rahmen des ersten Analysebereichs basiert auf dem ersten Hypothesenkomplex. Dieser konzentriert sich auf den Sachzusammenhang zwischen der Ausgestaltung betrieblicher Innovationsaktivitäten innerhalb verschiedener Transformationstypen und der Erfolgsbewertung durch die Unternehmen. Es gilt daher zu überprüfen, ob Unternehmen ihren Erfolg dann höher bewerten, wenn deren Innovationsaktivitäten harmonisch in den Transformationstyp der Unternehmen eingebettet sind. Es ist somit ein statistisches Analyseverfahren zu wählen, welches Aussagen darüber zulässt, ob die Ausprägung einer bestimmten Variablen, die zur Abbildung des Bestimmungsfaktors betrieblicher Innovationsaktivitäten herangezogen wird, in Zusammenhang zur Erfolgsbewertung der Unternehmen steht.

Die genannten Kriterien werden durch den U-Test nach Mann und Whitney für zwei unabhängige und durch den H-Test nach Kruskal und Wallis für mehrere unabhängige Variablen erfüllt.[463] Die Stichproben werden jeweils durch Gruppen von Werten der unabhängigen Variablen – in der statistischen Analyse Gruppenvariable genannt - gebildet. Liegen lediglich zwei Werte vor, so lassen sich hieraus zwei unabhängige Stichproben bilden, die im Rahmen des U-Tests auf unterschiedliche Ausprägungen der abhängigen Variablen – in der statistischen Analyse Zielvariable genannt - untersucht werden. Wenn somit eine Gruppenvariable lediglich in zwei Ausprägungen vorliegt, so werden die Unternehmen in jeweils eine Stichprobe zusammengefasst, die sich in dieser bestimmten Ausprägung eines Merkmals entsprechen. Um zu untersuchen, ob sich diese Stichproben im Hinblick auf die Ausprägung der Zielvariable unterscheiden, wird diese zunächst in eine Rangreihe gebracht. In einem nächsten Analyseschritt gilt es zu untersuchen, ob sich die Ausprägungen der Zielvariable in ihrer Rangstellung zwischen den Stichproben unterscheiden. Die Rangsumme in den Stichproben gibt Aufschluss darüber, ob diese

---

462 Vgl. Kap. C 2.2.1.1.

463 Eine ausführliche Begründung für die Verwendung nichtparametrischer Tests für den Fall ordinal skalierter abhängiger Variablen ist Brosius zu entnehmen. (Vgl. Brosius, G.: SPSS - Base System und Professional Statistics, Bonn 1995, S. 520ff.)

einer gemeinsamen Grundgesamtheit entstammen. Dies ist dann der Fall, wenn zwischen den Stichproben kein Unterschied besteht.[464] Unterscheiden sich die Werte, so ist dies ein Indiz für unterschiedliche Grundgesamtheiten. Eine Überprüfung dieser Annahme erfolgt mittels des U-Wertes. Der im U-Test zu ermittelnde Wert U gibt Aufschluss darüber, wie oft ein kleinerer Wert der ersten Stichprobe einem größeren der zweiten Stichprobe vorangegangen ist und umgekehrt. Die Häufigkeiten werden addiert. Die kleinere Summe wird als U-Wert bezeichnet. Je geringer der U-Wert ausfällt, desto geringer sind die Unterschiede der beiden Stichproben. Je höher dieser ausfällt, desto eher kann davon ausgegangen werden, dass die Werte der Stichproben unterschiedlichen Grundgesamtheiten entstammen.[465]

Besitzt die zu untersuchende Gruppenvariable mehr als zwei Ausprägungen, so wird der H-Test nach Kruskal und Wallis herangezogen. Dieses Testverfahren ist ein Unterschiedstest, bei dem mehrere Stichproben auf Unterschiede in der zentralen Verteilungstendenz der Zielvariablen geprüft werden. Auch hier werden Unternehmen, die sich in der Ausprägung einer bestimmten Variablen entsprechen zu Stichproben zusammengefasst. Die Zielvariable wird auch in diesem Test in eine Rangreihe gebracht. In einem zweiten Analyseschritt kann analysiert werden, ob sich die Unternehmen in den verschiedenen Stichproben im Hinblick auf den Rang der Zielvariablen „Erfolg" unterscheiden. Hierzu werden die Beobachtungswerte der Zielvariablen den verschiedenen Stichproben zugeordnet. Die Differenz der mittleren Ränge gibt dann Aufschluss über die Intensität des Unterschieds in der Erfolgsbewertung zwischen den verschiedenen Stichproben.

Damit ausgeschlossen werden kann, dass trotz der Unterschiede der mittleren Ränge die Stichproben gleichen Grundgesamtheit entstammen[466], wird mit Hilfe eines χ^2-Tests die „Null-Hypothese"[467] überprüft, nach der die mittleren Ränge in der Grundgesamtheit gleich sind.[468] Wenn sich die mittleren Ränge in den verschieden Stichproben voneinander unterscheiden, so kann angenommen werden, dass die Werte der abhängigen Variable unterschiedlichen Grundgesamtheiten entstammen, wenn der anschließend durchgeführte χ^2-Test zu einem signifikanten Ergebnis

464 Als alternative Darstellung dient der mittlere Rang, der aus dem arthmetischen Mittel gebildet wird. (Vgl. Brosius, G.: SPSS – Base System und Professional Statistics, a.a.O., S. 521.)

465 Ebenda.

466 Da die mittleren Ränge aus dem arithmetischen Mittel gebildet werden, ist es denkbar, dass die Realisationen besonders große und kleine Werte aufweisen. Dann würden diese keine validen Aussagen über den durchschnittlichen Rangplatz der Zielvariablen und somit über den Zusammenhang zwischen Gruppen- und Zielvariablen zulassen.

467 Die „Null-Hypothese" besagt, dass die zu vergleichenden Gruppen keine Unterschiede aufweisen.

468 Vgl. Brosius, G.: SPSS - Base System und Professional Statistics, a.a.O., S. 527.

gelangt.[469] Der zu ermittelnde χ^2-Wert gibt Aufschluss darüber, ob die mittleren Ränge einen Zusammenhang der zu untersuchenden Variablen abbilden. Er bildet somit als Messgröße das Gegenstück zum U-Wert beim Mann-Whitney-Test.[470]

Um zu überprüfen, ob sich die Bestimmungsfaktoren betrieblicher Innovationsaktivitäten in ihrer Ausprägung gegenseitig beeinflussen, wird ebenfalls auf den U- und H-Test zurückgegriffen. Als Zielvariable dient jedoch in diesem Zusammenhang nicht der Erfolg, sondern die Realisation der ordinal skalierten Variable, die einen Bestimmungsfaktor abbildet.

In den Fällen, in denen die Zielvariable lediglich nominal skaliert ist, baut die Analyse auf einen kreuztabellengebundenen χ^2-Test auf.[471] Der χ^2-Test dient hier der Überprüfung der Unabhängigkeit zweier Merkmale bzw. der Homogenität eines Merkmals in zwei Stichproben.[472] Hierzu wird analysiert, ob sich die Merkmalsausprägungen der zu untersuchenden Fälle signifikant voneinander unterscheiden. Der χ^2-Test orientiert sich hierbei an einem Erwartungswert. Entsprechen die Beobachtungen diesem Wert, so ist davon auszugehen, dass die zu untersuchenden Variablen voneinander unabhängig sind. Bei gleicher Abweichung der Merkmalsausprägungen beider Variablen ist davon auszugehen, dass ein Zusammenhang zwischen den beiden Variablen vorliegt.[473]

Die empirische Untersuchung im zweiten Analysebereichs basiert auf dem zweiten Hypothesenkomplex, der den Rahmen für die Untersuchung des Zusammenhangs zwischen einer Änderung des Transformationstyps und/oder der Bestimmungsfaktoren betrieblicher Innovationsaktivitäten im Untersuchungszeitraum und der Ausreichung von Mitteln aus verschiedenen Instrumenten der betrieblichen Technologieförderung bildet.[474]

---

469 Saurwein, K.-H.: Statistische Analyse mit SPSS/PC+, a.a.O., S. 292.

470 Vgl. Brosius, G.: SPSS – Base System und Professional Statistics, a.a.O., S. 530.

471 Die Kreuztabellierung dient dazu, die Ergebnisse einer Erhebung tabellarisch darzustellen und so einen möglichen Zusammenhang zwischen zwei nominal bzw. einer nominal und einer ordinal skalierten Variablen zu erkennen. (Vgl. Backhaus, K,: Erichson, B.; Plinke, W.; Weiber, R.: Multivariate Analysemethoden – Eine anwendungsorientierte Einführung, Berlin 1996, S. 167.

472 Vgl. Backhaus, K.; Erichson, B.; Plinke, W.; Weiber, R.: Mulivariate Analysemethoden, a.a.O., S. 175.

473 Vgl. Backhaus, K.; Erichson, B.; Plinke, W.; Weiber, R.: Multivariate Analysemethoden, a.a.O., S. 176.

474 In diesem sind die Hypothesen 2 bis 6 zusammengefasst. Die Hypothesen 2 und 4 beschreiben den Sachzusammenhang zwischen der Ausreichung von Mitteln aus der direkten Projekt- und Verbundforschungsförderung und einer Veränderung der Transformationsstrategie der Unternehmen. Die Hypothesen 3, 5 und 6 hingegen die Wirkung von ausgereichten Zuschüssen aus der Verbund-, indirekte und indirekt-spezifischen Förderung auf die Ausprägung der Bestimmungsfaktoren betrieblicher Innovationsaktivitäten.

In der Datenbasis sind die Informationen darüber, ob die erfassten Unternehmen durch unterschiedliche Programme zur betrieblichen Technologieförderung unterstützt wurden, durch nominal skalierte Variablen erfasst. Gleiches gilt für die Besetzung unterschiedlicher Transformationscluster. Die Variablen hingegen, die die Bestimmungsfaktoren betrieblicher Innovationsaktivitäten abbilden, sind überwiegend ordinal skaliert. Aus diesem Grunde stützt sich die statistische Untersuchung zum zweiten Hypothesenkomplex auf zwei Analysemethoden.

Die Untersuchung des Sachzusammenhangs zwischen der Förderung und dem Wechsel des Transformationstyps stützt sich vor dem Hintergrund ausschließlich nominal skalierter Variablen auf einen kreuztabellenbasierten χ^2-Test.[475] Hierbei wird in einem ersten Analyseschritt analysiert, ob die Ausreichung von Fördermitteln in Zusammenhang zur Besetzung der Typencluster steht. Sollte sich herausstellen, dass ein Zusammenhang zwischen der Förderung bzw. Nicht-Förderung und der Besetzung der Typencluster besteht, so können hierauf basierend noch keine Aussagen darüber getroffen werden, ob Unternehmen durch die Förderung beeinflusst werden ihren Transformationstyp zu ändern. Aus diesem Grunde wird im Rahmen eines zweiten Analyseschritts, der auf den Ergebnissen des ersten aufbaut, überprüft, ob bis zum Zeitpunkt t_0 ungeförderte Unternehmen nach der Bezuschussung zum Zeitpunkt t_1 einen anderen Transformationstyp aufweisen.[476] Um auszuschließen, dass der Wechsel des Transformationstyps auf andere Faktoren zurückzuführen ist, wird das Wechselverhalten der geförderten Unternehmen mit dem gänzlich ungeförderter im dritten Analyseschritt verglichen.

Die Variablen zur Abbildung der Bestimmungsfaktoren betrieblicher Innovationsaktivitäten sind ordinal skaliert. Daher kann sich die Analyse auf Testverfahren stützen, die Aussagen über die Intensität des Zusammenhangs zur Technologieförderung zulassen. Im ersten Analyseschritt bedient sich die Untersuchung eines U-Tests nach Mann und Whitney.

In den zu vergleichenden Stichproben werden geförderte und nicht geförderte Unternehmen jeweils in einer Stichprobe zusammengefasst. Die Differenz der zuge-

---

475 Vgl.: Backaus, K, Erichson, B.; Plinke, W.; Weiber, R.: Mulivariate Analysemethoden, a.a.O., S. 176.

476 Es werden ausschließlich Unternehmen in diese Untersuchung integriert, die zum Zeitpunkt t_0 nicht gefördert wurden und bis t_1 ausschließlich Mittel aus einem Instrument betrieblicher Technologieförderung erhielten. Zwischen 1994 und 1995 wurden insgesamt 67 Unternehmen ausschließlich durch Programme der direkten Projektförderung, 33 ausschließlich durch Personalkostenzuschüsse und 45 durch Mittel der indirekt-spezifischen Förderung bezuschusst. Zwischen 1996 und 1997 wurden 79 Unternehmen ausschließlich direkt projektgefördert, und 86 erhielten ausschließlich Zuschüsse aus der indirekten Förderung. Da die indirekt spezifische Förderung 1995 auslief wurden in diesem Zeitraum keine indirekt-spezifischen Fördermittel ausgereicht. Weder im ersten noch im zweiten Untersuchungszeitraum wurde ein Unternehmen ausschließlich durch Mittel der Verbundforschungsförderung bezuschusst. Aus diesem Grunde entzieht sich ausschließlich dieses Förderinstrument einer weiteren empirischen Untersuchung.

ordneten Rangplätze für die Zielvariable, die sich aus den Bestimmungsfaktoren ergibt, ermöglicht Aussagen über die Intensität des Zusammenhangs zu einem Zeitpunkt. Es können keine Aussagen darüber getroffen werden, ob Unternehmen durch die Förderung veranlasst werden, die Bestimmungsfaktoren betrieblicher Innovationsaktivitäten zu verändern.

Aus diesem Grund wird in einem zweiten Analyseschritt ein Wilcoxen-Tests zur Untersuchung zweier abhängiger Stichproben durchgeführt. Die Stichproben ergeben sich aus zwei Variablen, die zu verschiedenen Zeitpunkten den gleichen Sachverhalt abbilden. Somit kann die Veränderung dieses Sachverhalts in einem Zeitraum in die Analyse einbezogen werden.[477]

Der Wilcoxon-Test baut auf einem Vergleich der Verteilung beider Variablen anhand von Differenzen der Wertepaare auf. Zunächst werden die Differenzen berechnet und nach ihrer absoluten Größe in eine Rangordnung gebracht. Anschließend werden die Rangwert in zwei Klassen geteilt: In solche mit positiven Vorzeichen der zugehörigen Differenz und solche mit negativen Vorzeichen. Anschließend werden die mittleren Rangzahlen der positiven und negativen Differenzen sowie ihr durchschnittlicher Rangwert zur Interpretation der Ergebnisse herangezogen. Die Wertepaardifferenzen geben somit Aufschluss darüber, ob und in welcher Intensität eine Veränderung eines Bestimmungsfaktors nach der Förderung stattgefunden hat.[478]

Im Ergebnis gibt die Anzahl der positiven oder negativen Wertepaardifferenzen die Richtung der Veränderung an. Die mittleren Ränge deren Intensität. Somit kann nachgewiesen werden, wie und in welcher Richtung sich bestimmte Bestimmungsfaktoren betrieblicher Innovationsaktivitäten im Zeitverlauf veränderten. Ob diese Veränderung auf die Förderung zurückzuführen ist, bestimmt das Ergebnis des zuvor durchgeführten U-Tests nach Mann und Whitney.

Mit dem Ergebnis der Analyse zum zweiten Hypothesenkomplex drängt sich die Frage auf, ob durch die Beeinflussung von Typ oder Innovationsaktivitäten die Harmonie beider Aspekte tangiert wird. Die Beantwortung dieser Frage, die zugleich der Arbeit zu Grunde liegt, widmet sich die Untersuchung zum dritten Analysebereich, der sich aus den Hypothesen 7 bis 9 zusammensetzt.[479]

---

477 Vgl. Bühl, A.; Zöfel, P.: SPSS – Einführung in die moderne Datenanalyse unter Windows, a.a.O., S. 277.

478 Vgl. Brosius, G.: SPSS - Base System und Professional Statistics, a.a.O., S. 532.

479 Hypothese 7 beschreibt die Auswirkungen einer durch die direkte Projektförderung bewirkten Veränderung der Transformationsstrategie auf die Harmonie von Innovationsaktivitäten und Transformationsstrategie und somit auf den Erfolg des betrieblichen Wandlungsprozesses. Hypothese 8 hingegen konzentriert sich auf die indirekte sowie die indirekt-spezifische Förderung, die durch die Beeinflussung der Bestimmungsfaktoren zur Disharmonie und somit zum Misserfolg der betrieblichen Transformation beitragen könnte. Die Verbundforschungsförde-

Zur Analyse werden die Ergebnisse zum ersten Hypothesenkomplex in einer neuen Variablen zusammengefasst, die diejenigen Unternehmen identifiziert, deren Innovationsaktivitäten harmonisch in ihren Transformationstyp eingebunden sind. Diese ist wie die Variable zur Abbildung der Förderung nominal skaliert. Aus diesem Grunde muss sich die empirische Analyse auf χ^2-Tests konzentrieren, die auf Kreuztabellen basieren.

In einem ersten Analyseschritt wird überprüft, ob die harmonische Einbindung der Innovationsaktivitäten in den Transformationstyp der Unternehmen in Zusammenhang zur Förderung im Vorfeld steht. Auf der Basis des durchgeführten χ^2-Tests können Aussagen darüber getroffen werden, ob sich geförderte von ungeförderten Unternehmen im Hinblick auf die Einbindung der Innovationsaktivitäten in den Transformationstyp der Unternehmen signifikant unterscheiden.

Die Ergebnisse dieses Analyseschritts erlauben Aussagen darüber, ob die Ausreichung von Mitteln aus den verschiedenen Förderinstrumenten systematisch zur Disharmonie - bzw. Harmonie - und somit zum Misserfolg – bzw. Erfolg - des betrieblichen Transformationsprozesses beigetragen. Die Untersuchung ermöglicht somit die Beantwortung der durch die Hypothesen 7, 8 und 9 aufgeworfenen Fragen.

Weil durch den ersten Analyseschritt nicht das Wechselverhalten der Unternehmen nach der Förderung dargestellt werden kann, schließt sich ein zweiter Analyseschritt an, in dem auf Basis einer Kreuztabelle die nominal skalierte Variable, die die Einbettung der Innovationsaktivitäten zum Zeitpunkt t_0 abbildet, derjenigen gegenüber gestellt wird, die den gleichen Sachverhalt zum Zeitpunkt t_1 aufzeigt. Hierbei werden ausschließlich Unternehmen in die Analyse integriert, die zu Zeitpunkt t_0 keine Zuschüsse erhielten und bis t_1 gefördert wurden.

Durch diese Untersuchung lässt sich nachweisen, ob Unternehmen durch die Förderung veranlasst werden eine bestehende Disharmonie oder Harmonie aufzugeben oder zu erhalten. Um sicher zu stellen, dass das Wechselverhalten ausschließlich auf die Förderung zurückzuführen ist, wird im Rahmen einer Kontrollanalyse unter

---

rung ist Gegenstand der 9. Hypothese. Hierin wird beschrieben, dass diese positive Wirkungen auf die beschriebene Harmonie hat, da die Transformationsstrategie und die Bestimmungsfaktoren betrieblicher Innovationsaktivitäten gleich gerichtet beeinflusst werden. Neben den beschriebenen Analyseschwerpunkten durch die Hypothesen 7 bis 9 ist der Fall denkbar, dass durch die singuläre strategische Ausrichtung der meisten Förderinstrumente kein Beitrag zum Transformationserfolg geleistet wird, weil die Harmonie von Transformationsstrategie und Innovationsaktivitäten der zu fördernden Unternehmen keine Berücksichtigung findet. Grundlage dieser Untersuchung stellt die Hypothese 10 dar.

sucht, ob sich das Wechselverhalten der Unternehmen nach der Förderung von dem gänzlich ungeförderter Unternehmen des Datensatzes unterscheidet.

Wenn sich im Rahmen des ersten Schritts herausstellen sollte, dass kein Zusammenhang zwischen der Förderung und der harmonischen Einbettung der Innovationsaktivitäten in den Transformationstyp der Unternehmen besteht, so kann kein systematischer Einfluss der Förderung auf die beschriebene Harmonie unterstellt werden. Die Hypothesen 7 bis 9, die einen systematischen Zusammenhang zwischen der Förderung und der Disharmonie bzw. Harmonie formulieren, wären somit zu verwerfen. Den Einfluss, den die Förderinstrumente auf die harmonische Einbindung der Innovationsaktivitäten in den Transformationstyp der Unternehmen hätten, wäre in diesem Falle zufällig.

Die Analyseschritte zwei und drei soll Aufschluss über das Wechselverhalten von Unternehmen geben, die zum Zeitpunkt t0 nicht gefördert sind und bis t1 ausschließlich durch ein Förderinstrument bezuschusst werden. Hierdurch sollen Erkenntnisse darüber erzielt werden, ob durch die singuläre strategische Ausrichtung der Instrumente die beschriebene Harmonie gestört wird. Auf dieser Basis dieser deskriptiven Analyse lässt sich das untersuchte Instrumentarium zur betrieblichen Technologieförderung bewerten.

2 Erläuterungen zu den verwendeten Variablen

Das verwendete Harmoniemodell beschreibt im Wesentlichen ein bestimmtes Zusammenspiel zwischen Transformationstyp und Innovationsaktivitäten als Voraussetzung für den Erfolg des betrieblichen Wandlungsprozesses. Aus diesem Grunde widmen sich die ersten beiden Teile dieses Kapitels der Operationalisierung des Transformationstyps sowie der Bestimmungsfaktoren betrieblicher Innovationsaktivitäten.

Da in späteren Analyseschritten der Zusammenhang zwischen einer Änderung des Transformationstyps oder der Bestimmungsfaktoren betrieblicher Innovationsaktivitäten und der betriebliche Technologieförderung untersucht wird, schließt sich eine Beschreibung der Variablen an, die die Ausreichung von Mitteln aus verschiedenen Instrumenten der betrieblichen Technologieförderung abbilden.

2.1 Transformationstypen als Kriterium zur Bildung von Untersuchungsclustern

Die Identifikation der von den Unternehmen verfolgten Transformationstypen bildet die Grundlage für die Untersuchung des Harmoniegedankens, da diese das Kriterium zur Bildung von Untersuchungsclustern darstellt.

Die Identifikation von Typen[480] zur Unternehmenstransformation erfolgt auf der Basis literaturgestützter Erkenntnisse aus der Reorganisationstheorie. Wie aufgezeigt, unterscheiden sich die verschiedenen, als erfolgreich bezeichneten Transformationstypen durch ihre unterschiedliche Ausrichtung von Produktpolitik und Innovationsaktivitäten, die im ersten und zweiten Teil dieses Kapitels diskutiert und operationalisiert werden.[481] Im Folgenden werden diese Merkmale als entscheidendes Kriterium zur Darstellung und Abgrenzung der Transformationstypen herangezogen.

2.1.1 Die Ausrichtung der Produktpolitik

Das äußere Erscheinungsbild der Unternehmen wird durch die Ausrichtung der Produktpolitik bestimmt.[482] Zur Analyse des äußeren Erscheinungsbildes sowie dessen Veränderung, wurde im Rahmen aller Erhebungen erfasst, ob in den vergangenen drei Jahren neue Produkte eingeführt wurden und wie hoch deren Umsatzanteil aktuell ist. Zugleich wurden Unternehmen gebeten, Informationen über eine Veränderung ihres Marketing- und Vertriebskonzepts zu geben.

Um nunmehr feststellen zu können, welche Produktpolitik die Unternehmen zum Zeitpunkt der Erhebungen verfolgten, orientiert sich die Analyse an folgendem Verlauf:

---

480 Als Typen werden in Anlehnung an Hilbert die Transformationsstrategien bezeichnet. (Vgl. Hilbert, A.: Industrieforschung in den neuen Bundesländern, a.a.O., S.111.)

481 Vgl. Abb. C-1

482 Vgl. Kap. C 1

Abb. E-12 Zur Feststellung der produktpolitischen Ausrichtung

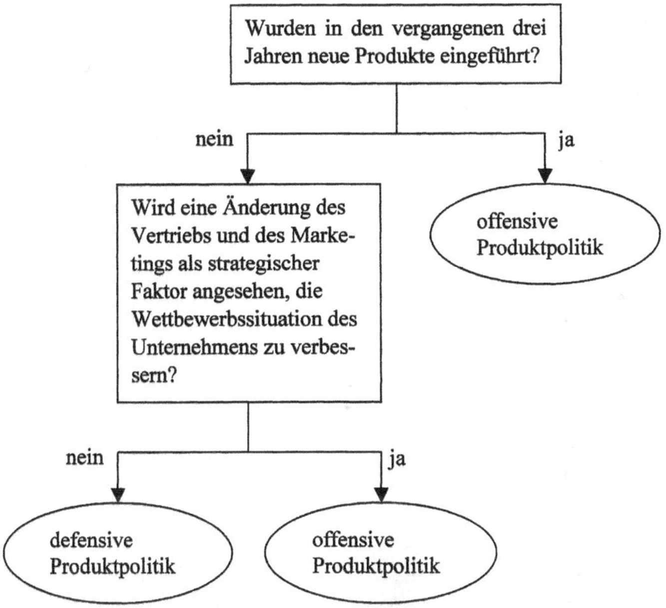

Wenn Unternehmen angaben, dass sie neue Produkte eingeführt haben, so bedeutet dies nicht zwangsläufig, dass diese auch für den Markt neu sind. Entscheidend ist lediglich, dass durch die Veränderung der Produktpalette das äußere Erscheinungsbild des Unternehmens eine Veränderung erfahren hat. Da nicht auszuschließen ist, dass auch ohne eine Veränderung des Angebotsspektrums eine Wandlung des äußeren Erscheinungsbildes stattgefunden hat, wird darüber hinaus berücksichtigt, ob Unternehmen ihre Wettbewerbssituation durch eine Änderung ihres Vertriebs- oder Marketingkonzepts verbessern wollen.[483]

Für die Erhebungen lässt sich die Zusammensetzung der Unternehmen im Hinblick auf die von diesen verfolgte Produktpolitik wie folgt aufzeigen: Von den 190 im

483 Das äußere Erscheinungsbild der Unternehmen kann auch über einen Wechsel der Unternehmensstrategie verändert werden. So ist bspw. denkbar, dass Unternehmen mit einem bereits bestehenden Produkt eine Preisstrategie verfolgen, indem sie Konkurrenten am Markt preislich unterbieten. Jedoch geht dann eine Veränderung des äußeren Erscheinungsbildes immer mit einem Wechsel des betrieblichen Marketing- oder Vertriebskonzepts einher. (Vgl. Meffert, H.: Marketing – Grundlagen der Absatzpolitik, Wiesbaden 1986, S. 110ff.)

Jahre 1993 erfassten Unternehmen haben 91 neue Produkte eingeführt, die nicht älter als drei Jahre waren. Dies entspricht einem Anteil von ca. 48 %. Auffallend ist darüber hinaus, dass der durch diese Produkte realisierte Umsatzanteil im Jahre 1993 mit durchschnittlich ca. 42 % deutlich höher liegt als in den folgenden Erhebungsjahren (1995 ca. 32 %; 1997 ca. 21 %). Von den verbleibenden 99 gaben lediglich 12 Unternehmen an durch eine Veränderung des Vertriebs- oder Marketingkonzepts ihre Wettbewerbssituation verbessern zu wollen. Hieraus ergibt sich für die Erhebung 1993 ein Anteil von ca. 54 % aller Unternehmen, die eine offensive Produktpolitik verfolgten.

Abb. E-13 Die Produktpolitik der erfassten Unternehmen im Zeitverlauf

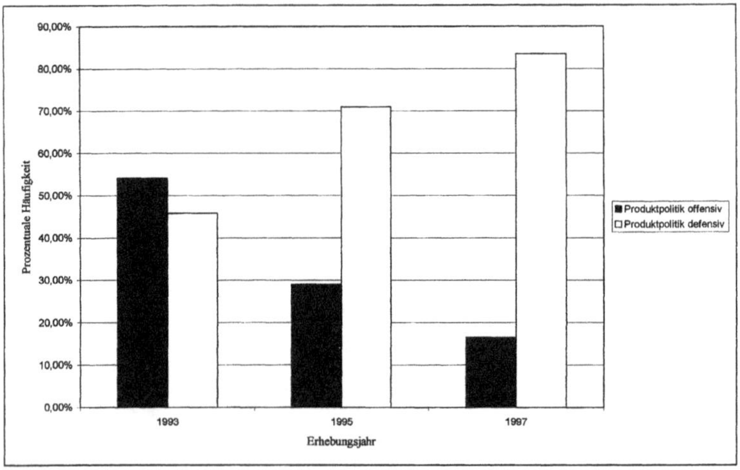

Legt man die gleichen Kriterien für die folgenden Erhebungen an, so fällt auf, dass der Anteil von Unternehmen mit offensiv ausgerichteter Produktpolitik immer geringer geworden ist. Im Jahre 1995 gaben lediglich 80 Unternehmen an, in den vergangenen drei Jahren neue Produkte eingeführt zu haben. Dies entspricht einem Anteil von ca. 25 % der 1995 erhobenen Unternehmen. Von den Unternehmen, die keine neuen Produkte einführten, änderten 14 ihr äußeres Erscheinungsbild durch eine neue Vertriebs- oder Marketingkonzeption. Somit ergibt sich für das Erhebungsjahr 1995 ein Anteil von ca. 29 % der Unternehmen, die eine offensiv ausgerichtete Produktpolitik verfolgten.

Im Erhebungsjahr 1997 war der Anteil dieser Unternehmen am geringsten. Lediglich 30 von 265 erfassten Unternehmen dieser Erhebung führten neue Produkte ein. Weitere 15 Unternehmen, die keine neuen Produkte einführten, veränderten durch eine „Verbesserung des Vertriebs oder Marketings“ ihr äußeres Erscheinungsbild.

Ca. 17 % der Unternehmen verfolgten zum Zeitpunkt der Erhebung 1997 eine offensive Produktpolitik.

Betrachtet man die Veränderung der betrieblichen Produktpolitik im Zeitverlauf, so zeigt sich folgendes Bild:

Abb. E-14 Veränderung der Produktpolitik im Untersuchungszeitraum

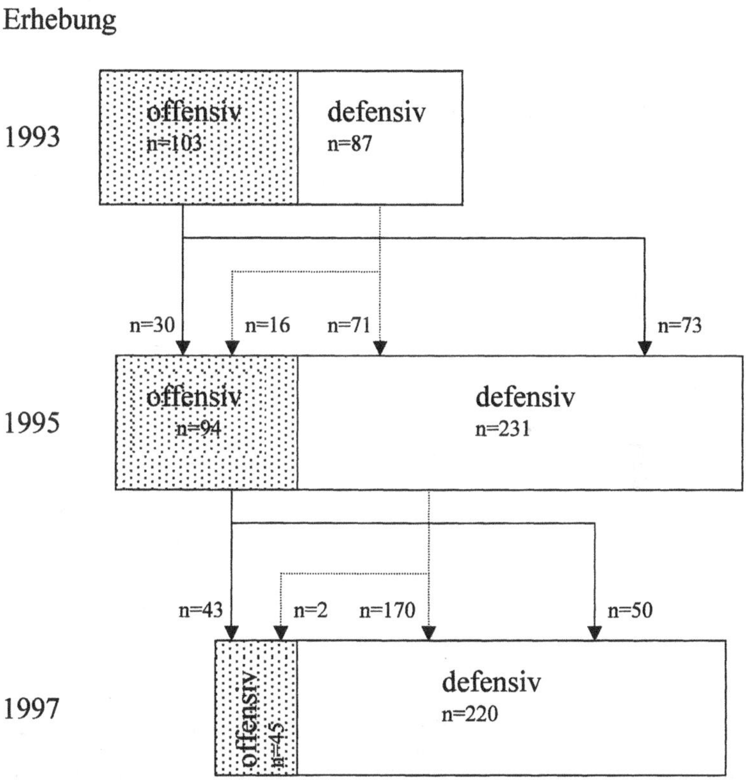

1995 wurden insgesamt 48 Unternehmen mit einer offensiv und 87 mit einer defensiv ausgerichteten Produktpolitik erfasst, die sich an der Erhebung 1993 nicht beteiligten. 1997 beteiligte sich ein Unternehmen mit einer offensiven Produktpolitik nicht mehr, welches noch 1995 erfasst wurde. 59 Unternehmen, die 1995 eine defensive Produktpolitik verfolgten nahmen an der Befragung 1997 nicht mehr teil.

Von den insgesamt 60 Unternehmen, die an der Befragung 1997 nicht mehr teilnahmen haben insgesamt 26 einen Antrag auf Eröffnung eines Gesamtvollstreckungsverfahrens gestellt. Über den Verbleib der restlichen 34 Unternehmen ist nichts bekannt.

Ein großer Teil der 325 erfassten Unternehmen hat im Untersuchungszeitraum mindestens einmal die Produktpolitik und somit den Transformationstyp gewechselt. 1995 weisen ca. 47 % der Betriebe, die sich bereits 1993 an der Unternehmensbefragung beteiligen, eine gegenüber dem ersten Erhebungsjahr geänderte Produktpolitik auf. Zwischen 1995 und 1997 wechselten ca. 20 % der Unternehmen die strategische Ausrichtung ihrer Produktpolitik.

Der weitaus größte Teil der Unternehmen (ca. 53 %) behielt eine defensiv ausgerichtete Produktpolitik bei. Darüber hinaus zeigt sich, dass 89 % der „Wechselunternehmen“ ihre Produktpolitik von einer offensiven zu einer defensiven Ausrichtung änderten. Somit wird ersichtlich, dass der Druck auf die Unternehmen, ihr äußeres Erscheinungsbild als Konsequenz auf die Systemtransformation 1990 zu wandeln, nachgelassen hat.[484]

2.1.2 Die Ausrichtung der Innovationsaktivitäten

Neben der verfolgten Produktpolitik ist die Ausrichtung der Innovationsaktivitäten entscheidendes Kriterium zur Identifikation der betrieblichen Transformationstypen.[485] Um offensiv von defensiv ausgerichteten Innovationsaktivitäten zu unterscheiden, wird im Rahmen dieser Untersuchung auf Angaben der Unternehmen zur Durchführung eigener Forschung und Entwicklung zurückgegriffen.[486]

Hierbei zeigt sich, dass 1993 insgesamt 97 Unternehmen des Datensatzes eigene Forschung und Entwicklung durchführten. Das entspricht einem Anteil von 51 %. 1995 erhöhte sich deren Anzahl auf 202 (62 %). 1997 gaben insgesamt 196 Unternehmen an, FuE zu betreiben (74 %).

---

484 Besonders interessant scheint die überdurchschnittliche Insolvenzrate der Unternehmen, die zwischen 1993 und 1995 ihre Produktpolitik von einer defensiven zu einer offensiven Ausrichtung änderten. Von den 16 erfassten Betrieben stellten 7 zwischen 1995 und 1997 einen Antrag auf Eröffnung des Gesamtvollstreckungsverfahrens (ca. 44 %). Von den Unternehmen, die zwischen 1993 und 1995 von einer offensiven zu einer defensiven Produktpolitik wechselten, stellten 4 zwischen 1995 und 1997 einen Antrag auf Eröffnung des Gesamtvollstreckungsverfahrens (8%).

485 Vgl. Kap. C 1

486 Die Begründung für die Wahl dieses Unterscheidungskriteriums ist dem Kapitel C 1 zu entnehmen.

Abb. E-15 Ausrichtung der betrieblichen Innovationsaktivitäten im Zeitverlauf

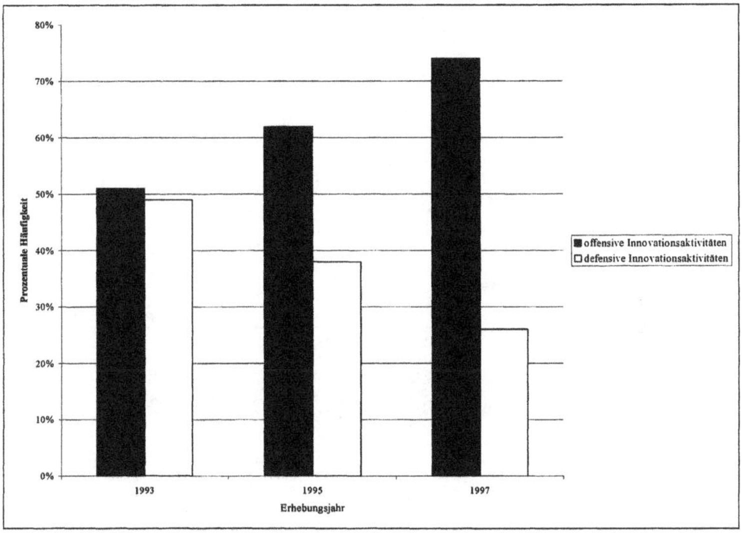

Der kontinuierliche Zuwachs des Anteils von Unternehmen, die offensiv orientierte Innovationsaktivitäten verfolgen, kann durch den geringer werdenden Anpassungsdruck nach der Systemtransformation 1990 erklärt werden. Zur kurzfristigen Kostenreduktion stellte eine Vielzahl der Unternehmen in den neuen Bundesländern die eigene Forschung und Entwicklung ein.[487] Im Gefolge einer betrieblichen Konsolidierung stieg die Bereitschaft zur Durchführung eigener Forschung und Entwicklung.[488]

Wie die erfassten Unternehmen im Untersuchungszeitraum ihre Innovationsaktivitäten änderten ist der Abbildung E-16 zu entnehmen.

487 Vgl. Kap. B 3.

488 Da ausschließlich Unternehmen in der Datenbank erfasst sind, die sich mehrmals an der Erhebung beteiligt haben, sind 1993 überdurchschnittlich erfolgreiche Unternehmen erfasst wurden, die mindestens bis 1995 bestanden. Unter Berücksichtigung der Grundgesamtheit aller Unternehmen würde der Anteil von Unternehmen, die bis 1993 keine eigene Forschung und Entwicklung betrieben, deutlich höher liegen. Einen Überblick über den Abbau von industrieller Forschung und Entwicklung in den neuen Bundesländern zwischen 1990 und 1992 vermittelt Berteit. (Vgl. Berteit, H.: Industrieforschung in den neuen Bundesländern akut gefährdet, a.a.O., S. 24.)

Abb. E-16 Veränderung der betrieblichen Innovationsaktivitäten im Untersuchungszeitraum

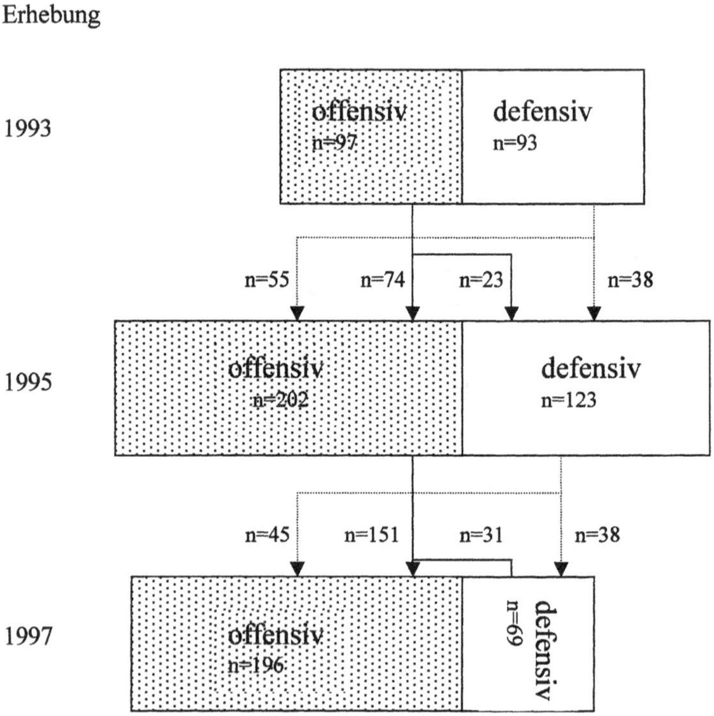

Insgesamt 73 Unternehmen mit offensiv und 62 mit defensiv ausgerichteten Innovationsaktivitäten wurden im Rahmen der Erhebung 1995 erfasst, die sich an der Erhebung 1993 nicht beteiligten. 1997 beteiligten sich 20 Unternehmen mit offensiv ausgerichteten Innovationsaktivitäten nicht mehr, die noch 1995 erfasst wurden. 40 Unternehmen, die 1995 defensiv orientierte Innovationsaktivitäten aufwiesen, nahmen an der Befragung 1997 nicht mehr teil. Von den insgesamt 60 Unternehmen, die an der Befragung 1997 nicht mehr teilnahmen haben insgesamt 26 einen Antrag auf Eröffnung eines Gesamtvollstreckungsverfahrens gestellt. Über den Verbleib der restlichen 34 Unternehmen ist nichts bekannt.

Von den 325 erfassten Unternehmen haben ca. 35 % mindestens einmal die Ausrichtung der Innovationsaktivitäten geändert. 1995 weisen ca. 41 % der Unternehmen, die sich bereits 1993 an der Befragung beteiligten, eine gegenüber dem ersten Erhebungsjahr geänderte Ausrichtung der Innovationsaktivitäten auf. Zwischen

1995 und 1997 wechselten ca. 29 % der Unternehmen die Ausrichtung ihrer Innovationsaktivitäten. 65 % der Wechselunternehmen änderten ihre Innovationsaktivitäten von einer defensiven zu einer offensiven Ausrichtung.

Ca. 76 % der Unternehmen, die 1993 offensiv ausgerichtete Innovationsaktivitäten aufwiesen, behielten diese bis 1995 bei. Dieser Anteil reduzierte sich zwischen 1995 und 1997 leicht auf ca. 75 %. Betrachtet man hingegen die Unternehmen, die 1993 defensive Innovationsaktivitäten aufweisen, so fällt auf, dass hier lediglich 40 % der Unternehmen diese Ausrichtung beibehielten. Zwischen 1995 und 1997 reduziert sich deren Anteil auf ca. 31 %.

2.1.3 Von der Darstellung der Transformationstypen zur Bildung von Untersuchungsclustern

Die Ergebnisse der bisherigen Analyseschritte, die der Identifikation der verfolgten Produktpolitik sowie der Ausrichtung der Innovationsaktivitäten galten, können nunmehr dazu genutzt werden, die Transformationstypen der Unternehmen zu identifizieren. Die Typen stellen das Abgrenzungskriterium zur Bildung von Untersuchungsclustern dar. Für die verschiedenen Erhebungsjahre zeigt sich folgende Zusammensetzung dieser Cluster:[489]

[489] Eine Unterteilung der Clusterbesetzung zwischen geförderten und ungeförderten Unternehmen ist Anhang DP1 zu entnehmen.

Abb. E-17 Besetzung der Transformationscluster

		Innovationsaktivitäten						
		1993		1995		1997		
		offensiv	defensiv	offensiv	defensiv	offensiv	defensiv	Σ
Produktpolitik 1993	offensiv	Reversal/ Recreation 53 28%	Engpass 50 26%					103 54%
Produktpolitik 1993	defensiv	Nucleus 44 23%	Muddling-Through 43 23%					87 46%
Produktpolitik 1995	offensiv			Reversal/ Recreation 58 18%	Engpass 36 11%			94 29%
Produktpolitik 1995	defensiv			Nucleus 143 44%	Muddling-Through 88 27%			231 71%
Produktpolitik 1997	offensiv					Reversal/ Recreation 33 12%	Engpass 12 5%	45 17%
Produktpolitik 1997	defensiv					Nucleus 163 62%	Muddling-Through 57 21%	220 83%
	Σ	97 51%	93 49%	202 62%	123 38%	196 74%	69 26%	

Im Jahre 1993 differiert der prozentuale Anteil der verschiedenen Transformationstypen an der Gesamtheit der erfassten Unternehmen lediglich in einem Korridor von 5 %. Der am häufigsten verfolgte Typ ist der des Reversal oder des Recreation[490], der insgesamt 53 von 190 Unternehmen verfolgen. Lediglich 3 Unternehmen weniger weisen einen Engpass-Transformationstyp auf. Die Anzahl der Unternehmen,

490 Vor dem Hintergrund der gesamtwirtschaftlichen Transformationsprozesse in den neuen Bundesländern im Jahre 1993 kann davon ausgegangen werden, dass die Mehrzahl dieser Unternehmen eine Recreation-Strategie verfolgten, die aus einer akuten Krisensituation der Unternehmen erwuchs.(Vgl. Kap. C 1.)

die einen Nucleus- Transformationstyp verfolgen, entspricht weitgehend derjenigen, die Muddling-Through als Transformationstyp aufweisen. Ingesamt liegt deren Anzahl um 9-10 Unternehmen unter der Zahl von Reversal/Recreation-Unternehmen.

Bereits bei der Erhebung 1995 zeigt sich, dass der Anteil von Unternehmen, die einen Nucleus- Transformationstyp aufweisen, deutlich gestiegen ist. 143 von 325 erfassten Betrieben lassen sich diesem Cluster zuordnen. Dies entspricht einem Anteil von 44 %. Demgegenüber ist der Anteil von Unternehmen, die einen Engpass- Transformationstyp verfolgen, erheblich zurückgegangen. Lediglich 36 lassen sich diesem Transformationscluster zuordnen. Durch den erheblichen Rückgang des Anteils von Unternehmen mit einer offensiv ausgerichteten Produktpolitik ist zudem der Anteil der Unternehmen, die einen Reversal- oder Recreation- Transformationstyp aufweisen, um 11 %-Punkte gesunken. Der Anteil derjenigen, die einen Muddling-Through- Transformationstyp aufzeigen, ist hingegen von 1993 auf 1995 um 4%-Punkte gestiegen.

Die Entwicklung, die sich zwischen den Erhebungen 1993 und 1995 abzeichnet, setzt sich zwischen 1995 und 1997 fort. Während der Anteil von Unternehmen mit einer offensiven Produktpolitik weiter zurückgeht, steigt derjenige mit offensiven Innovationsaktivitäten. Unternehmen, die einen Nucleus- Transformationstyp verfolgen, stellen vor diesem Hintergrund 1997 mit 62 % das größte Cluster dar. Von 265 Betrieben, die sich 1997 an der Befragung beteiligten, weisen lediglich 12 einen Engpass- Transformationstyp auf. Dies entspricht 5 % der erfassten Unternehmen. Der Anteil von Betrieben mit einen Reversal- oder Recreation- Transformationstyp als auch Unternehmen mit einem Muddling-Through- Transformationstyp ist 1997 gegenüber 1995 um 6%-Punkte zurückgegangen.

Abb. E-18 Veränderung der Clusterzusammensetzung im Erhebungszeitraum

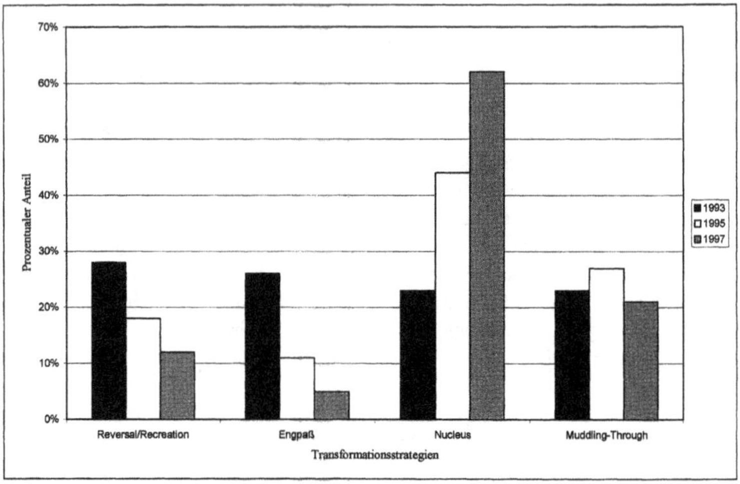

Die Zunahme des Anteils von Unternehmen, die einen Nucleus- Transformationstyp verfolgen, ist eine Konsequenz gleichzeitiger Zunahme defensiver Produktpolitik und offensiv ausgerichteter Innovationsaktivitäten im Datensatz. Diese Entwicklung führt dazu, dass der Anteil der Unternehmen mit einem Engpass- Transformationstyp überproportional abnimmt.

Die kontinuierliche Abnahme des Anteils von Unternehmen, die einen Reversal- oder Recreation- Transformationstyp verfolgen, resultiert daraus, dass der Anteil von Unternehmen mit einer offensiv orientierten Produktpolitik schneller sinkt, als derjenige mit offensiv ausgerichteter Innovationsaktivitäten steigt. Die weitgehende Konstanz des Anteils von Unternehmen mit einem Transformationstyp des Muddling-Through resultiert ebenfalls hieraus.

2.2 Operationalisierung der Bestimmungsgrößen betrieblicher Innovationsaktivitäten

Die Innovationsaktivitäten der Unternehmen werden durch betriebsinterne und -externe Bestimmungsgrößen determiniert, die ausführlich im Kapitel 3.4.2.1 diskutiert wurden. Deren Ausprägungen entscheiden darüber, ob die betrieblichen Innovationsaktivitäten harmonisch in einen Transformationstyp der Unternehmen eingebettet sind. Im Folgenden wird dargestellt, welche verfügbaren Variablen des Datensatzes geeignet sind, die Ausprägung dieser Determinanten darzustellen. Zur Operationalisierung der Variablen werden literaturgestützte Annahmen getroffen.

Zur systematischen Darstellung wird zunächst jede betriebsinterne Bestimmungsgröße betrieblicher Innovationsaktivitäten einzeln operationalisiert. Anschließend erfolgt eine Beschreibung von Möglichkeiten, betriebsexterne Determinanten mit Hilfe des vorliegenden Datensatzes abzubilden.[491]

2.2.1 Interne Bestimmungsfaktoren betrieblicher Innovationsaktivitäten

Eigenschaften der am Innovationsprozess beteiligten Individuen: Es zeigte sich im Laufe der Untersuchung, dass die Qualifikation der am betrieblichen Innovationsprozess beteiligten Individuen die entscheidende Eigenschaft darstellt, die über den Erfolg der Unternehmenstransformation entscheidet. Hierbei wurde zwischen formalem und betriebsspezifischem Humankapital unterschieden.

Um diese verschiedenen Ausprägungen von Qualifikation voneinander abgrenzen zu können, wird auf empirisch geprägte Untersuchungen zurückgegriffen, die im Rahmen der Industriesoziologie sowie der Arbeitsmarktforschung durchgeführt wurden. Diese gelangten u.a. zu dem Ergebnis, dass gewerbliche Mitarbeiter in Industrieunternehmen gegenüber anderen Wirtschaftsbereichen eine überdurchschnittlich lange Betriebszugehörigkeit aufweisen. In der Regel werden Auszubildende nach Abschluss ihrer Lehre von Industrieunternehmen übernommen und bleiben bis zu ihrem Ausscheiden aus dem Berufsleben diesem Arbeitgeber verpflichtet.[492] Eine Ursache dieses geringen Wechselverhaltens ist der hohe Anteil

491 Die Abbildung betriebsexterner Determinanten dient lediglich der Überprüfung des Einflusses auf die betriebsinternen Bestimmungsfaktoren von Innovationsaktivitäten der Unternehmen. Aus den beschriebenen Gründen werden diese nicht in die Analyse zur Harmonie zwischen Innovationsaktivitäten und Transformationsstrategie einbezogen. (Vgl. Kap. C 2.2.1.1.)

492 Vgl. Hirsch-Kreinsen, H.; Seitz, B.: Innovationsprozesse im Maschinenbau, Dortmund 1999, S. 7ff.

betriebsspezifischer Qualifikation dieser Beschäftigten[493], der dazu führt, dass die Motivation potentieller Arbeitgeber einen neuen Beschäftigten einzustellen, durch die vergleichsweise hohen Kosten der hiermit verbundenen Qualifizierungsmaßnahmen sehr gering ist. Das Arbeitsmarktsegment für diese Arbeitnehmer ist entsprechend klein.[494] Auch Arbeitnehmer vermeiden den Arbeitsplatzwechsel, weil damit neue Qualifizierungsnotwendigkeiten verbunden sind, die die Kosten des Wechsels steigern. Je stärker spezialisiert die Produktion eines Industrieunternehmens ist, desto geringer ist das Wechselverhalten der Mitarbeiter.[495]

Angestellte in Industrieunternehmen sind vergleichsweise weniger betriebsspezifisch qualifiziert als gewerblich Beschäftigte.[496] Die mit einem Wechsel des Arbeitsplatzes verbundenen Kosten sind deutlich geringer. Grund hierfür ist der im Verhältnis zu gewerblich Beschäftigten höhere Anteil an formalem Humankapital, der zu einer leichteren Substituierbarkeit des Arbeitsplatzes auf Arbeitnehmer- und der Stellenbesetzung auf Arbeitgeberseite führt.[497]

Vor dem Hintergrund dieser Erkenntnisse spiegelt der Anteil von gewerblich Beschäftigten die Verfügbarkeit betriebsspezifischen, der Anteil der Angestellten den des formalen Humankapitals wider. Da in allen Befragungen die Zusammensetzung des Personals erfragt wurde, kann mit Hilfe der Variablen „Personalzusammensetzung" die Bestimmungsgröße „Qualifikationsprofil" abgebildet werden.

<u>Das Informationsverhalten:</u> Unter dem Begriff des Informationsverhaltens wird die Generierung und Nutzung von internen bzw. externen Informationsquellen verstanden. Alle durchgeführten Erhebungen bilden das so zu verstehende Informationsverhalten der beteiligten Unternehmen mit Hilfe einer Vielzahl von Variablen ab. Da die Fragestellung der verschiedenen Unternehmensbefragungen leicht differiert, konzentriert sich die Untersuchung lediglich auf die Variablen, die durch eine identische Fragestellung in den verschiedenen Erhebungsjahren untermauert sind.

---

493 Eine weitere Ursache ist die überdurchschnittlich hohe Identifikation der Beschäftigten mit „ihrem Unternehmen", welche mit einer engen Einbindung durch Sozialisation der Beschäftigten erklärt werden kann. (Vgl. Stützle-Leinmüller, S.: Finanz- und Humankapital als innovationsrelevante Faktoren in kleinen und mittleren Unternehmen, Mannheim 1997, S. 132; oder: Hanft, A.: Identifikation als Einstellung zur Organisation – eine kritische Analyse aus interaktionistischer Perspektive, München 1991, S. 45f.)

494 Eine ausführliche Diskussion über Arbeitsmarktsegmentation ist Sengenberger zu entnehmen. (Vgl. Sengenberger, W.: Struktur und Funktionsweise von Arbeitsmärkten, a.a.O.)

495 Vgl. Schaad, J.: Spezifisches Humankapital und die Stabilität der Arbeitsbeziehungen, a.a.O., S 113f.

496 Vgl. Sesselmeier, W.; Blauermel, G.: Arbeitsmarkttheorien – ein Überblick, a.a.O., S. 181.

497 Ebenda.

Zur Abbildung interner Kommunikationskanäle wird auf Angaben der Unternehmen über den Einsatz informationstechnischer Vernetzungsmöglichkeiten zur Intensivierung der betriebsinternen Kommunikation zurückgegriffen.[498] In diesem Zusammenhang wurde gezielt nach Vernetzungen zwischen CAD[499] und NC-Programmierungen[500], zwischen CAD und PPS[501] sowie zwischen CAM[502] und PPS gefragt. Je mehr dieser Vernetzungsmöglichkeiten eingesetzt wurden, desto intensiver ist eine Kommunikation zwischen betriebsinternen Akteuren möglich.[503]

Darüber hinaus wurde in allen Befragungen ermittelt, ob die Unternehmen ein betriebliches Vorschlagswesen in ihrem Unternehmen eingeführt haben. Auch die Angaben hierzu geben Aufschluss über die innerbetriebliche Kommunikation.[504]

Die betriebsexterne Kommunikation wird durch Informationen der Unternehmen bezüglich ihres Kooperationsverhaltens dargestellt. Die Befragten teilten mit, ob sie mit Zulieferern oder Abnehmern kooperieren oder strategische Allianzen mit anderen Unternehmen eingegangen sind. Darüber hinaus vermitteln Angaben der Be-

---

498 Alle hier aufgeführten Vernetzungsmöglichkeiten dienen zugleich der Unterstützung von Produktionsprozessen. Da hiermit jedoch zugleich die innerbetriebliche Kommunikation sowie die Kenntnis der hiervon betroffenen Mitarbeiter über den gesamten Produktionsprozess zunimmt, wird im Rahmen dieser Untersuchung davon abgesehen, die Effekte der Vernetzung auf Informations- und Prozessunterstützung zu unterscheiden. (Vgl. Picot, A.; Reichwald, R.: Informationswirtschaft, in: Heinen, E. (Hrsg.): Industriebetriebslehre: Entscheidungen im Industriebetrieb, 9. Aufl., Wiesbaden 1991, S. 298.)

499 Der Begriff CAD steht für „Computer-Aided-Design". Hierunter wird ein computergestütztes Konstruieren verstanden, welches insbesondere zur Unterstützung von Zeichnungserstellungen sowie für die Konstruktion von Bauteilen eingesetzt wird. (Vgl. Gablers Wirtschaftslexikon Bd. 2, 12. Aufl., a.a.O., Sp. 1037)

500 Eine NC-Programmierung dient der Steuerung einer numerisch gesteuerten Werkzeugmaschine, die automatisch die einzelnen Bearbeitungsschritte zur Erstellung eines Werkzeugstücks durchführt. Die NC-Programmierung erfolgt mittels bestimmter Programmierungssprachen, die spezielle Programmierungskenntnisse der Mitarbeiter voraussetzen. (Vgl. Gablers Wirtschaftslexikon Bd 4, 12. Aufl., a.a.O., Sp. 542.)

501 Der Begriff PPS steht für „Produktionsplanungs- und Steuerungssystem". Hierunter wird ein software-gestütztes System verstanden, welches zur operativen Planung und Steuerung des Produktionsgeschehens in einem Produktionsbetrieb eingesetzt wird. Ein PPS-System dient sowohl der Optimierung bestehender Produktionsprozesse als auch in Kombination mit CIM-Technologien der Entwicklung von Innovationen. (Vgl. Ritz, K.: Logistische Anforderungen eines Nutzfahrzeugherstellers an die PPS-Systeme seiner Zulieferer, (bisher unveröffentlichtes Manuskript); sowie: Gablers Wirtschaftslexikon Bd 4, 12. Aufl., a.a.O., Sp. 948-954.)

502 Der Begriff CAM steht für „Computer-Aided-Manufacturing". Diese Informationstechnologie wird zur Steuerung und Überwachung aller Produktionsprozesse eingesetzt. (Vgl. Gablers Wirtschaftslexikon Bd. 2, 12. Aufl., a.a.O., Sp. 1039.)

503 Vgl. Jünemann, R.: Materialfluss und Logistik – Systemtechnische Grundlagen mit Praxisbeispielen, Heidelberg 1989, S. 484; sowie Fandel, G.; Francois, P.; Gubitz, K.-M.: PPS- und integrierte betriebliche Softwaresysteme, Heidelberg 1997, S. 837ff.

504 Vgl. Kap. C 2.2.1.2.3.

fragten über deren Einsatz von Informations- und Kommunikationstechnologien Aufschluss über deren externe Vernetzung mit anderen Unternehmen. Erfragt wurden in diesem Zusammenhang, ob die Unternehmen Produkt- oder Produktionssteuerungsdaten mit anderen Unternehmen austauschen. Auskünfte der Befragten über den Einsatz von EDI und EDI-FACT[505] geben Aufschluss über die Bereitschaft zum Austausch von kaufmännischen Daten der Unternehmen.

Zudem wurden die Unternehmen aufgefordert mitzuteilen, ob sie an einem standortübergreifenden Kommunikationsnetzwerk (WAN)[506] partizipieren. Der Einsatz dieser informationstechnischen Vernetzungsmöglichkeit gibt Aufschluss über deren Bereitschaft, auch außerhalb des aktuellen Produktionsprozesses mit betriebsexternen Akteuren zu kommunizieren.

Darüber hinaus erteilten die befragten Unternehmen Auskunft über die Anzahl und Funktion betriebsexterner Akteure[507] in betrieblichen Innovationsprojekten. Vor diesem Hintergrund lässt sich das betriebsexterne Informationsverhalten im Rahmen dieser Projekte darstellen.[508]

---

505 EDI steht für „Electronic Data Interchange" und stellt eine Form des elektronischen Informationsaustauschs zwischen zwei Unternehmen dar. Ziel ist es, die zu übertragenden Informationen von der betriebswirtschaftlichen oder technischen Anwendung des Senders per Fernübertragung direkt an das entsprechende Anwenderprogramm des Empfängers weiterzugeben. EDI-FACT ermöglicht die Informationsweitergabe auf internationaler Ebene. (Vgl. Fandel, G.; Francois, P.; Gubitz, K.-M.: PPS- und integrierte betriebliche Softwaresysteme, a.a.O., S. 711.)

506 Der Begriff WAN steht für „Wide-Area-Network". Hierunter ist ein Kommunikationsnetzwerk zu verstehen, welches über einen geografisch größeren Raum verteilte Datenstationen verbindet. Es lassen sich geschlossene und offene WANs voneinander unterscheiden. Unternehmen nutzen im Rahmen von Innovationskooperationen in der Regel geschlossene WANs. (Vgl. Gablers Wirtschaftslexikon, Bd. 6, 12. Aufl., a.a.O. 1987, Sp. 2595.)

507 Die Unternehmen wurden in diesem Zusammenhang gezielt nach der Einbindung und Funktion von Forschungsinstituten, Systemanbietern und Unternehmensberatern befragt.

508 Die zu Grunde liegende Frage umfasste größere technisch-organisatorische Innovationsprojekte, die in den vorher liegenden 2 bis 3 Jahren durchgeführt und abgeschlossen wurden, um die Produktion der Unternehmen zu modernisieren. Diese Einschränkung in der Fragestellung ist für die Analyse von geringer Bedeutung, da, wie bereits ausführlich beschrieben, eine Trennung zwischen Produkt- und Prozessinnovationen bei der Entstehung von Neuerungen weder sinnvoll noch praktikabel ist. So bestimmt die Einbindung von externen Akteuren in Innovationsprojekten zur Prozesserneuerung das betriebliche Informationsverhalten, welches über „Gate-Effekte" zu Produktinnovationen führen kann. Denkbar wäre beispielsweise die Implementierung eines verbesserten Kommunikationssystems in eine Unternehmung, die die Basis für Produktinnovationen darstellt. Auch der umgekehrte Fall ist denkbar, in dem Produktinnovationen neue Produktionsprozesse bewirken. Eine ausführliche Diskussion zu dieser Problematik ist Carter und Williams zu entnehmen. (Vgl. Carter, C. F.; Williams, B. R.: Industry and Technical Progress, London 1957, S. 114ff; oder: Archibugi, D.; Evangelista, R.; Simonetti, R.: On the Definition and Measurement of Product and Process Innovations, in: Shionoya, Y.; Perlman, M. (Hrsg.): Innovation in Technology, Industries and Institutions, Michigan (Ann Arbour) 1994, S. 7-24.)

Die Organisationsstruktur: Um die Einbindung der Innovationsaktivitäten im Kontext der betrieblichen Transformation zu analysieren, wird die Organisationsstruktur der Unternehmen diskutiert.[509] Die empirische Behandlung dieses Themenkomplexes stützt sich auf eine breite Datenbasis, da dieser umfangreich in allen Erhebungen erfasst wurde. Da jedoch im weiteren Verlauf dieser Untersuchung eine Veränderungsanalyse der betrieblichen Innovationsaktivitäten durchgeführt werden soll, muss sich auf Variablen konzentriert werden, die durch identische Fragen in den verschiedenen Erhebungsjahren untermauert sind. Aus diesem Grund bezieht die Analyse ausschließlich Angaben der Unternehmen zur Organisation der Produktion sowie zur organisatorischen Einbindung der Innovationsaktivitäten in die Untersuchung ein.

Bei allen Befragungen wurden die Unternehmen gebeten, Angaben zu Organisationsformen ihrer Fertigung zu machen. Die Unternehmen informierten in diesem Zusammenhang über den prozentualen Anteil der Arbeitsplätze, u.a. die auf die Insel- oder Gruppenfertigung[510] sowie die Fließ- und Reihenfertigung[511]. Die Unternehmen gaben zudem an, ob darüber hinaus Entscheidungskompetenzen sowie steuernde, kontrollierende und planende Aufgaben auf die Mitarbeiter übertragen wurden. Mit Hilfe der so gewonnenen Daten lassen sich Rückschlüsse über die Aufgabenzusammensetzung und –integration der Mitarbeiter sowie über den Grad der Arbeitsteilung ableiten.

Dadurch, dass die Unternehmen über die Existenz von temporären abteilungsübergreifenden Entwicklungsteams sowie von Qualitätszirkeln[512] befragt wurden, kann

509 Vgl. Kap C 2.2.1.2.3.

510 Die Insel- oder Gruppenfertigung verfolgt das Prinzip der Komplettbearbeitung einer Produkt- bzw. Teilefamilie. Die hierzu notwendigen Arbeitsplätze und Maschinen sind zu Gruppen zusammengefasst. Dieses Organisationsprinzip wird in der Regel zum Zwecke der Vermittlung einer breiten Qualifikationsstruktur der hiervon betroffenen Mitarbeiter, die auf einer ganzheitlichen Betrachtung der Produktion basiert, verfolgt. (Vgl. Picot, A.; Reichwald, R.; Wigand, R.: Das grenzenlose Unternehmen – Information, Organisation und Management, a.a.O., S. 223f.)

511 Die Fertigung im Flussbetrieb, bei der die Betriebsmittel in der Reihenfolge der vorzunehmenden Arbeiten angeordnet sind, steht im Mittelpunkt der Fließ- und Reihenfertigung. Der Produktionsprozess wurde in seine Bestandteile zerlegt. Dieses Organisationsprinzip entspricht dem des Taylorismus. Unter dem Begriff des Taylorismus wird eine Teilung der Arbeit in kleinste Einheiten verstanden, zu deren Bewältigung keine oder nur ganz geringe Denkvorgänge durch die Beschäftigten zu leisten und auf Grund des geringen Umfangs bzw. Arbeitsinhalts schnell und repetitiv zu wiederholen sind. (Vgl. Kieser, A.; Kubicek, H.: Organisation, a.a.O., S.346.) Den hiervon betroffenen Mitarbeitern fehlt in der Regel die Übersicht über den gesamten Produktionsprozess eines Werkstücks. (Vgl. Oechsler, W. A.: Personal und Arbeit, a.a.O., S. 154.)

512 Der Qualitätszirkel ist eine auf Dauer angelegte Arbeitsgruppe, in der eine bestimmte Anzahl von Mitarbeitern eines bestimmten Unternehmensbereichs (Fachabteilung) in regelmäßigen Abständen während oder außerhalb der Arbeitszeit unter Anleitung eines geschulten Moderators zusammentrifft und Verbesserungsvorschläge erarbeitet. Der Qualitätszirkel unterliegt nicht der Weisungsbefugnis des Unternehmensmanagements und ist somit in der Durchführung von In-

diese organisatorische Einbindung der Innovationsaktivitäten ebenfalls in die Analyse einbezogen werden. Hierbei gibt die Existenz von Qualitätszirkeln Auskunft darüber, ob die Innovationsaktivitäten auf einen begrenzten Unternehmensbereich konzentriert sind. Die Existenz temporärer abteilungsübergreifender Entwicklungsteams hingegen spricht dafür, dass die Unternehmen ihre Innovationsaktivitäten auf eine breite betriebliche Basis stellen, da Mitarbeiter aus verschiedenen Unternehmensbereichen in diesem involviert sind.

Erkenntnisse über die organisatorische Einbindung von Innovationsaktivitäten in die Unternehmenstransformation lassen sich aus den Angaben der Unternehmen zu durchgeführten Innovationsprojekten gewinnen. Die Befragten haben in diesem Zusammenhang Auskunft darüber erteilt, wie hoch die Anzahl der an den Projekten beteiligten betriebsinternen Akteure ist. Zudem teilten sie mit, welche Funktion diese eingenommen haben. Mit Hilfe dieser Angaben kann daher abgebildet werden, wie sich die organisatorische Einbindung der betrieblichen Innovationsprojekte in die Unternehmen darstellt.[513]

2.2.2 Externe Bestimmungsfaktoren betrieblicher Innovationsaktivitäten

Im Rahmen aller Erhebungen wurden sowohl die Branchen als auch einzelne betriebswirtschaftliche Kennziffern erfragt, die Aufschluss über die Unternehmensgröße geben. [514]

Die Branchenstruktur: Die Branchendifferenzierung erfolgt auf Basis der Sypro-Klassifikation. Damit bei der statistische Analyse die Anzahl der Fälle keine Grenze unterschreitet, die aussagefähige Ergebnisse nicht mehr zulässt, wird lediglich eine

---

novationsprojekten unabhängig. (Vgl. v. Rosenstil, L.: Entwicklung von Werthaltungen und interpersoneller Kompetenz – Beiträge zur Sozialpsychologie, in: Sonntag, K. (Hrsg.): Personalentwicklung in Organisationen, Göttingen 1992, S. 83-105.)

513 Die diesen Angaben zu Grunde liegende Frage umfasst wiederum technisch-organisatorische Innovationsprojekte zur Prozesserneuerung. Da jedoch die Entstehung von Prozess- und Produktinnovationen nicht trennbar ist, weil beispielsweise eine Erneuerung der Prozesstechnik häufig zu Produktinnovationen führt, schränkt die Fragestellung die Aussagekraft gewonnener Erkenntnisse nicht ein. Erst durch die Einbindung betriebsinterner Akteure in diese Innovationsprojekte wird die Basis für die organisatorische Einbindung der Innovationsaktivitäten generell gelegt. So zeigt sich im Rahmen von Untersuchungen in Großbritannien, dass lediglich 3,1 % aller Innovationen zwischen 1990 und 1993 eindeutig Prozessinnovationen waren, die keine Konsequenzen auf die Produktpalette der Unternehmen hatten. Insgesamt 96,9 % waren Prozessinnovationen, die zu Produktinnovationen führten oder umgekehrt. (Vgl. Archibugi, D.; Evangelista, R.; Simonetti, R.: On the Definition and Measurement of Product and Process Innovations, in: Shionoya, Y.; Perlman, M. (Hrsg.): Innovation in Technology, Industries and Institutions, Ann Arbour 1994, S.16) Aus diesem Grunde wird der Einschränkung in der Fragestellung im weiteren Verlauf dieser Untersuchung keine Bedeutung geschenkt.

514 Beide Variablen wurden ausführlich zur Darstellung der Repräsentativität des Datensatzes diskutiert. (Vgl. Kap. C 1.1.)

zweistellige Klassifikation zur Abbildung der Branchenstruktur in der Variablen verwendet.

Die Struktur der Unternehmensgrößen: Die Unternehmensgröße wird mit Hilfe der Beschäftigtenzahlen analysiert, die zu Größenklassen zusammengefasst werden.

2.3 Abbildung der betrieblichen Technologieförderung

Im ursprünglichen Datensatz des Fraunhofer-Instituts für Systemtechnik und Innovationsforschung waren keine Informationen darüber enthalten, ob und aus welchen Instrumenten die erfassten Unternehmen gefördert wurden. Daher stützt sich die Untersuchung auf Angaben der Förderadministration des Bundes und der Länder, die auf der Basis der angegebenen Namen der erfassten Unternehmen, Auskunft über Art und Ausreichungszeitpunkt der Förderung gaben.

Da im weiteren Untersuchungsverlauf analysiert wird, ob die Unternehmen durch die Förderinstrumente beeinflusst werden, ihren Transformationstyp oder ihre Bestimmungsfaktoren betrieblicher Innovationsaktivitäten zu verändern, konzentriert sich die Darstellung der Förderstruktur jeweils auf Zeiträume vor den Erhebungen 1993, 1995 und 1997. So kann abgebildet werden, ob Unternehmen zwischen 1992 und 1993, zwischen 1994 und 1995 sowie zwischen 1996 und 1997 Mittel aus den verschiedenen Instrumenten zur betrieblichen Technologieförderung erhielten.[515]

Die Förderstruktur des Datensatzes stellt sich wie folgt dar: Zwischen 1992 und 1993 wurden im Rahmen der direkten Projektförderung insgesamt 79 Unternehmen gefördert. Dies entspricht einem Anteil von 42 % aller erfassten Unternehmen der Erhebung 1993. Insgesamt 111 gelangten nicht in den Genuss der Zuwendung. Im Folgezeitraum 1994 bis 1995 erhöhte sich die Anzahl von Unternehmen, die Zuschüsse aus einem Programm der direkten Projektförderung erhielten auf 80. Deren Anteil ging jedoch auf 25 % aller 1995 erfassten Unternehmen zurück.[516] Die Anzahl derer, die zwischen 1996 und 1997 Zuwendungen aus diesem Instrument erhielten, stieg auf 90, was einem Anteil von 34 % aller 1997 erfassten Unternehmen entspricht.[517]

---

515 Diese Darstellungsform ermöglicht eine systematische Analyse der Förderwirkungen auf Transformationsstrategie und Bestimmungsfaktoren betrieblicher Innovationsaktivitäten, in der nur Unternehmen berücksichtigt werden, die bis zur Erhebung zum Zeitpunkt t_0 nicht gefördert wurden und zwischen t_0 und t_1 (zweite Erhebung) Zuschüsse aus der betrieblichen Technologieförderung erhielten.

516 Dadurch, dass sich die Anzahl der erfassten Unternehmen von 190 im Jahre 1993 auf 325 im Jahre 1995 erhöhte, ist der Anteil geförderter Unternehmen zurückgegangen.

517 Vgl. Anhang F2.

Abb. E-19 Die Struktur der direkten Projektförderung im Untersuchungszeitraum 1992 bis 1997

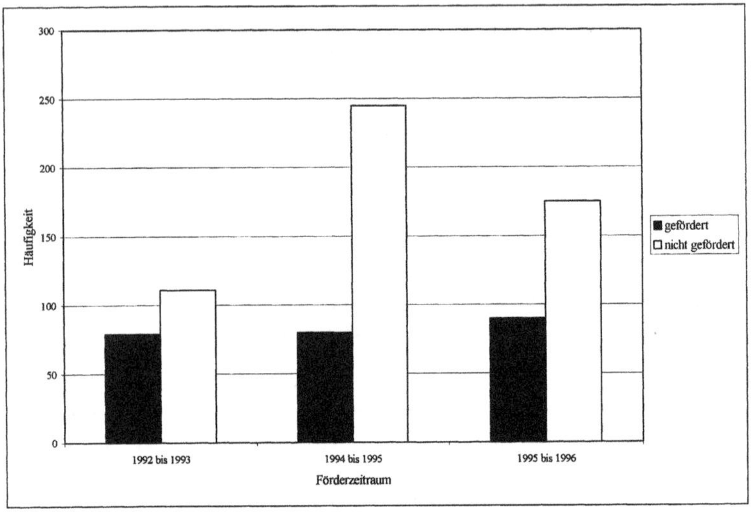

Im gesamten Untersuchungszeitraum zwischen 1992 und 1997 ist ein kontinuierlicher Rückgang der Anzahl von Unternehmen festzustellen, die im Rahmen der Verbundforschungsförderung Zuschüsse erhielten. Während zwischen 1992 und 1993 insgesamt 46 Unternehmen im Rahmen dieses Instruments gefördert wurden, reduzierte sich deren Anzahl 1994 bis 1995 auf 18 und 1996 bis 1997 auf 10 Unternehmen. Auch in der Relation zu allen Unternehmen der Erhebungen ist ein stetiger Rückgang feststellbar. Während zwischen 1992 und 1993 24 % der erfassten Unternehmen der Erhebung 1993 gefördert wurden, so reduzierte sich dieser Anteil auf 6 % in der Erhebung 1995 und 4 % in der des Jahres 1997.[518]

Darüber hinaus zeigt sich, dass nahezu alle Unternehmen in allen Erhebungen, die Mittel aus Programmen zur Verbundforschungsförderung erhielten auch direkt projektgefördert wurden.[519]

518 Vgl. Anhang F2.

519 Lediglich 4 Unternehmen aus der Erhebung 1995, an die Mittel aus der Verbundforschungsförderung ausgereicht wurden, erhielten keine Zuschüsse aus Programmen der direkten Projektförderung. Im Jahre 1997 betraf dies drei Unternehmen.

Abb. E-20 Die Struktur der Verbundforschungsförderung im Untersuchungszeitraum 1992 bis 1997

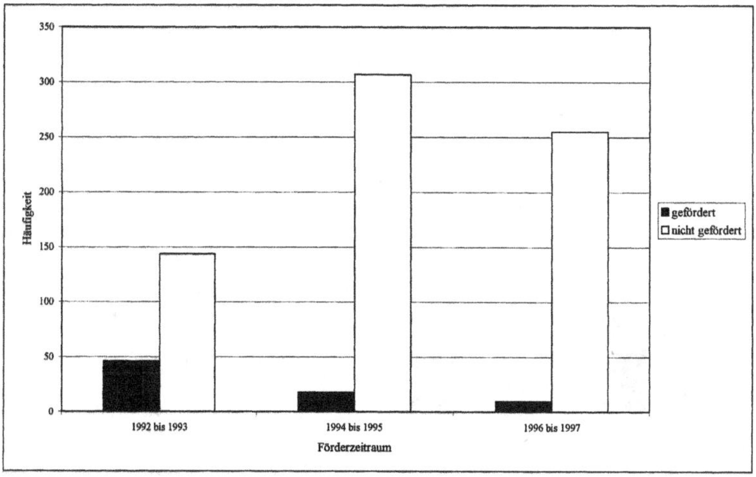

Im Rahmen der indirekten Förderung – welche sich ausschließlich aus Personalkostenzuschüssen zusammensetzt - wurden zwischen 1992 und 1993 insgesamt 80 Unternehmen, zwischen 1994 und 1995 50 und zwischen 1996 und 1997 insgesamt 120 Unternehmen gefördert. Der Anteil von Unternehmen, an die Zuschüsse ausgezahlt wurden, beläuft sich somit 1993 auf 42 %, in der des Jahres 1995 lediglich auf 15 % und der des Jahres 1997 insgesamt auf 45 % aller erfassten Unternehmen. [520]

520 Vgl. Anhang F2.

Abb. E-21 Die Struktur der indirekten Förderung im Untersuchungszeitraum 1992 bis 1997

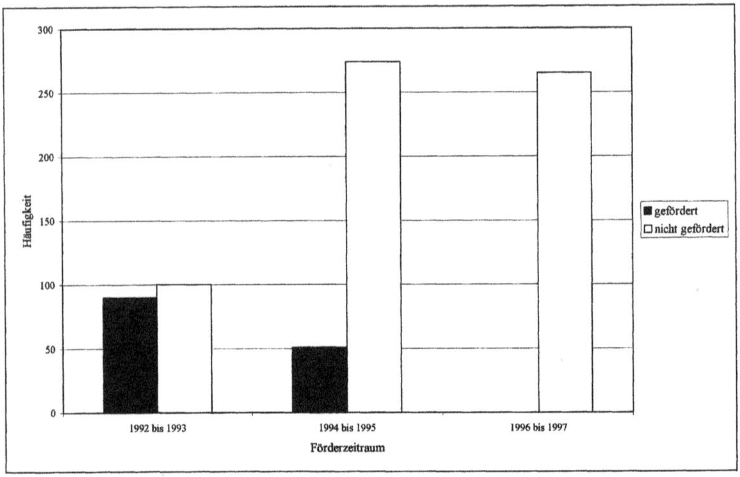

Im Rahmen der indirekt-spezifischen Förderung wurden zwischen 1992 und 1993 insgesamt 90 Unternehmen gefördert. Dies entspricht einem Anteil von 47 % aller 1993 erfassten Unternehmen.[521] Zwischen 1994 und 1995 reduzierte sich deren Anzahl auf 51. Die Bundesprogramme zur indirekt-spezifischen Förderung erfuhren über das Jahr 1995 hinaus keine Verlängerung. Der Anteil von geförderten Unternehmen reduzierte sich 1995 gegenüber 1993 von 47 % auf ca. 16 %.[522]

521 Dieser hohe Anteil geförderter Unternehmen ist darauf zurückzuführen, dass die verwendete Datenbasis im Jahre 1993 im Rahmen einer Evaluierung der CIM-Förderung errichtet wurde. Vor diesem Hintergrund wurden gezielt Unternehmen angesprochen, an die Mittel aus der indirekt-spezifischen Förderung ausgereicht wurden. (Vgl. Kap. E 1.1.)

522 Vgl. Anhang F2.

Abb. E-22 Die Struktur der indirekt-spezifischen Förderung im Untersuchungszeitraum 1992 bis 1997

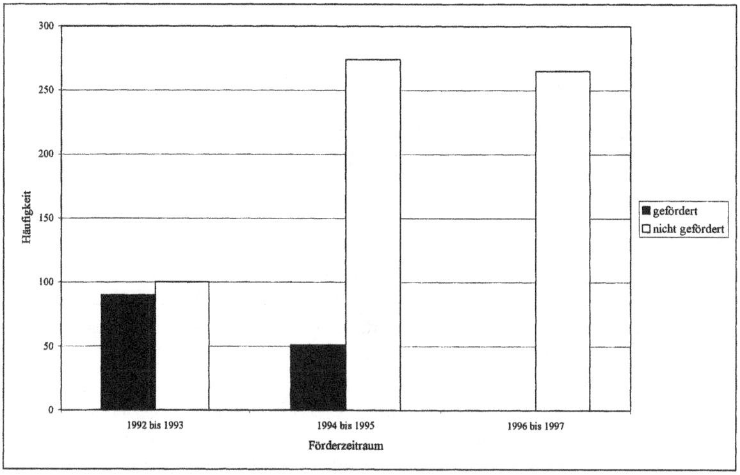

3 Ergebnisse der statistischen Analyse

In einem ersten Analysebereich wird zunächst überprüft, ob der im Kap 3.4.1 beschriebene Harmonieansatz zwischen Transformationstyp und Innovationsaktivitäten in Zusammenhang zum Transformationserfolg der Unternehmen steht. Der analytische Rahmen wird durch den ersten Hypothesenkomplex gespannt.

Sollte sich herausstellen, dass die beschriebene Harmonie in Zusammenhang zur Erfolgsbewertung der Unternehmen steht, so könnte eine Beeinflussung des Transformationstyp oder der Innovationsaktivitäten durch die betriebliche Technologieförderung dazu führen, die Harmonie entweder zu stören oder überhaupt erst herzustellen. Um dieses feststellen zu können, wird im zweiten Teil dieses Kapitel untersucht, ob ein Zusammenhang zwischen der Ausreichung von Mitteln aus verschiedenen Förderinstrumenten und einem Wechsel des Transformationstyps oder der Bestimmungsfaktoren betrieblicher Innovationsaktivitäten besteht. Der analytische Rahmen hierzu wird durch den zweiten Hypothesenkomplex hergestellt.

Stellt sich neben der Gültigkeit des Harmoniegedankens ebenfalls heraus, dass ein Zusammenhang zwischen der Förderung und einem Wechsel des Transformationstyps oder der Bestimmungsfaktoren betrieblicher Innovationsaktivitäten besteht, so kann mit Hilfe des dritten und letzten Analysebereichs überprüft werden, ob die

Förderung systematisch zur Disharmonie oder Harmonie von Transformationstyp und Innovationsaktivitäten beiträgt oder ob diese keinerlei Wirkung auf die Einbettung der Innovationsaktivitäten aufweist. Die Ergebnisse dieses Analyseschritts werden im dritten Teil dieses Kapitels präsentiert.

3.1 Die Harmonie zwischen Transformationstyp und Innovationsaktivitäten und deren Zusammenhang zum Transformationserfolg der Unternehmen – der erste Analysebereich

Auf der Basis von Literaturauswertungen wurde bisher gezeigt, dass der Erfolg eines Transformationstyps umso wahrscheinlicher ist, je mehr sie mit einer dazu harmonisch ausgeprägten Kombination von Determinanten betrieblicher Innovationsaktivitäten einhergeht. Dieser Sachverhalt wurde im Rahmen des Harmoniegedankens ausführlich diskutiert und in Form der ersten Hypothese thematisiert.

Es zeigte sich hierbei, dass die Bedeutung und die Einbindung der Innovationsaktivitäten in den Transformationstyp der Unternehmen in den verschiedenen Typen erheblich differieren. Dies könnte nun dazu führen, dass eine Disharmonie zwischen Strategie und Innovationsaktivitäten unterschiedliche Konsequenzen für die Erfolgsbewertung der Unternehmen hat. Aus diesem Grunde verbietet sich ein Vergleich von Unternehmen, die verschiedene Transformationstypen verfolgen. Daher werden ausschließlich Unternehmen in die verschiedenen Analyseschritte verglichen, die gleiche Transformationstypen aufweisen. Ermöglicht wird dies über die Bildung von Untersuchungsclustern, in denen diese Unternehmen zusammengefasst sind.[523]

Die im ersten Hypothesenkomplex formulierten Sachzusammenhänge sind auf einen Zeitpunkt bezogen. Daher bietet es sich an, die empirische Behandlung dieses Hypothesenkomplexes auf die Erhebung aus dem Jahre 1995 zu konzentrieren, da hier alle Unternehmen des Datensatzes enthalten sind.[524] Darüber hinaus werden ausschließlich Unternehmen berücksichtigt, die im Vorfeld der Erhebung 1995 keine Mittel aus der betrieblichen Technologieförderung erhielten. Hierdurch soll ausgeschlossen werden, dass die finanzielle Zuwendung der öffentlichen Hand die Bewertung der eigenen wirtschaftlichen Situation beeinflusst.[525]

---

523 Vgl. Abb. E-17.

524 Vgl. Kap. E 2.

525 Es kann jedoch nicht ausgeschlossen werden, dass die Beurteilung der wirtschaftlichen Situation durch andere finanzielle Zuwendungen beeinflusst wurde. Zu denken wäre bspw. an Investitionskostenzuschüsse oder Investitionszulagen. Da nach der Vereinigung beider deutschen Staaten die Bewilligung von Investitionskosten-Zuschüssen und –Zulagen deutlich breiter praktiziert wurde und somit mehr Betriebe in deren Genuss gelangten als bei Programmen der be-

Da bis 1995 von den 325 erfassten Unternehmen des Datensatzes insgesamt 199 Zuwendungen aus der betrieblichen Technologieförderung erhielten, konzentriert sich dieser Analyseschritt auf die Angaben von 126 nicht geförderten Unternehmen. Von diesen verfolgten zum Zeitpunkt der Erhebung 1995 insgesamt 46 Unternehmen einen Muddling-Through- Transformationstyp. Dies entspricht einem Anteil von ca. 36,5 % aller ungeförderten Unternehmen. Insgesamt 29 (ca. 23 %) weisen eine Engpass- und 26 (ca. 20,6 %) einen Nucleus- Transformationstyp auf. Die Anzahl der Unternehmen, die einen Reversal- oder Recreation- Transformationstyp verfolgen beträgt 25 (ca. 19,8 %).

Abb. E-23 Struktur der Transformationstypen im Untersuchungssample

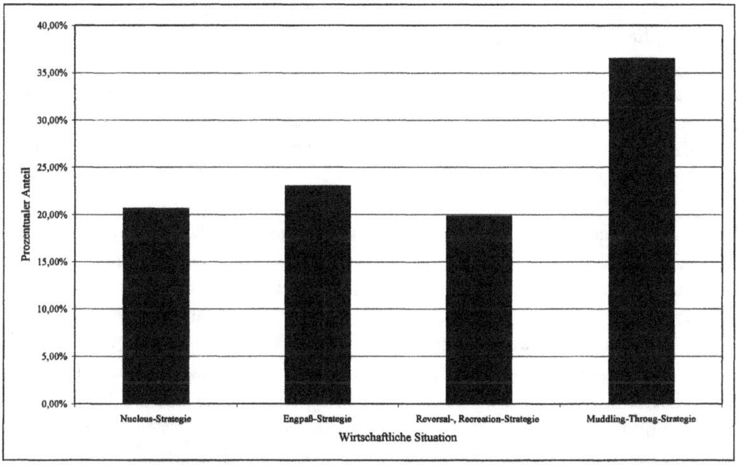

Es wird ersichtlich, dass die Struktur des Samples von der Erhebungsgesamtheit erheblich abweicht.[526] Grund hierfür ist die Konzentration auf ungeförderte Unternehmen. Die Transformationstypen, die sich durch defensiv ausgerichtete Innovationsaktivitäten auszeichnen, sind daher überrepräsentiert.[527] Diese Ungleichverteilung führt aus zwei Gründen zu keiner Verzerrung der Ergebnisse: Erstens werden ausschließlich verteilungsfreie Testverfahren angewendet, die eine Gleichverteilung

trieblichen Technologieförderung, darf davon ausgegangen werden, dass deren störender Einfluss auf die Bewertung der wirtschaftlichen Situation deutlich geringer ausfiel.

526 Vgl. hierzu Abb. E-18.

527 Gemäß Definition zeichnen sich defensive Innovationsaktivitäten durch fehlende betriebliche Forschung und Entwicklung aus. Die Mehrzahl der Förderinstrumente nehmen diese als Zugangsvoraussetzung für die Ausreichung von Mitteln. (Vgl. Kap. D.)

der Fälle nicht als Anwendungsvoraussetzung festlegen. Zweitens wird jeder Transformationstyp einzeln analysiert, sodass eine gleichzeitige empirische Behandlung von Unternehmen, die unterschiedliche Typen verfolgen, nicht eintritt. Somit kann die Verteilung der Transformationstypen in der Grundgesamtheit auch dann keinen Einfluss auf das Ergebnis der Analyse haben, wenn nicht verteilungsfreie Testmethoden verwendet würden.

Zunächst wird der Zusammenhang zwischen Qualifikationsstruktur der Mitarbeiter in den Unternehmen und der Bewertung des eigenen wirtschaftlichen Erfolgs in den verschiedenen Untersuchungsclustern analysiert. Eine Untersuchung des Zusammenhangs zwischen Informationsverhalten und wirtschaftlichem Erfolg schließt sich an. Als letzte betriebsinterne Bestimmungsgröße betrieblicher Innovationsaktivitäten wird die Organisationsstruktur statistisch analysiert, um deren Zusammenhang zum Erfolg aufzuzeigen.[528]

Um zu analysieren, ob bestimmte Ausprägungsmuster der untersuchten Bestimmungsfaktoren in Zusammenhang zum bewerteten Unternehmenserfolg stehen, wird die gegenseitige Beeinflussung der analysierten Gruppenvariablen – also der Bestimmungsfaktoren – untersucht.

Da nicht auszuschließen ist, dass sowohl die Bewertung des wirtschaftlichen Erfolgs als auch die Bestimmungsfaktoren betrieblicher Innovationsaktivitäten durch die betriebsexternen Bestimmungsfaktoren „Branchenzugehörigkeit" und „Unternehmensgröße" beeinflusst werden, wird am Ende der statistischen Analyse zu jedem Untersuchungscluster überprüft, ob die Erfolgsbewertung der Unternehmen in Zusammenhang zu diesen Faktoren steht. Darüber hinaus wird zu untersuchen sein, ob die Ausprägung der verwendeten Gruppenvariablen, die die betriebsinternen Bestimmungsfaktoren abbilden, in Verbindung zu den externen Determinanten betrieblicher Innovationsaktivitäten stehen. Hierbei konzentriert sich die Analyse ausschließlich auf die Variablen, die in Zusammenhang zur Erfolgsbewertung der Unternehmen stehen.

Nachdem die Ergebnisse der Analysen zu den verschiedenen Transformationstypen diskutiert werden, ohne dass hieraus Schlussfolgerungen gezogen werden, erfolgt e

528 Im Rahmen der statistischen Analyse wird sich zeigen, dass die Besetzung der zu untersuchenden Zellen in einzelnen Analyseschritten sehr gering ist. Aus diesem Grunde ist nicht auszuschließen, dass das erreichte Ergebnis nicht repräsentativ ist. Die Repräsentativität hätte nur dadurch erreicht werden können, dass die Anzahl der im Datensatz erfassten Unternehmen deutlich höher gewesen wäre. Wohlwissend, dass die Repräsentativität der Ergebnisse einzelner Untersuchungsschritte unter der geringen Anzahl erfasster Fälle leidet, wird für den weiteren Verlauf der Untersuchung angenommen, dass Unternehmen, die sich nicht an den Befragungen beteiligten in gleichem Sinne wie die erfassten Unternehmen geantwortet hätten. Hierdurch wird bewusst in Kauf genommen, dass die zu treffenden Aussagen ausschließlich auf den zugrundeliegenden Datensatz beschränkt werden müssen.

3.1.1 Der Nucleus- Transformationstyp

Von 143 Unternehmen, die zum Zeitpunkt der Erhebung 1995 einen Nucleus-Transformationstyp verfolgten, wurden lediglich 26 nicht gefördert. Dies entspricht einem Anteil von ca. 18,2 %. Wie sich deren wirtschaftliche Situation darstellt, ist Abb. E-24 zu entnehmen.

Abb. E-24 Wirtschaftliche Situation nicht geförderter Unternehmen im Nucleus-Cluster 1995

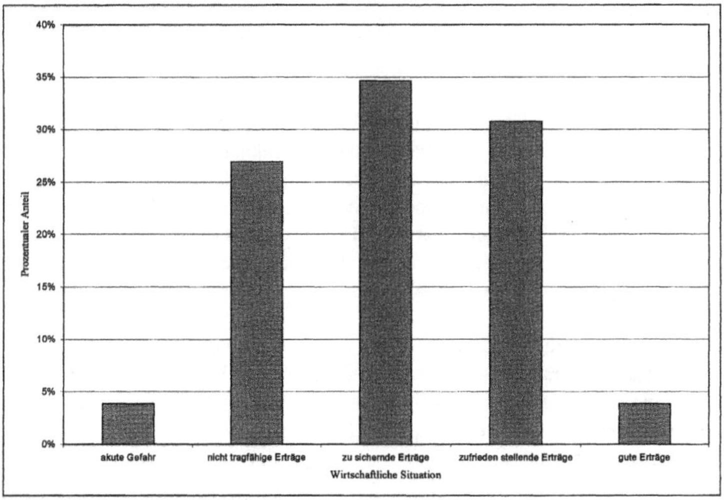

Unternehmen, die ihre wirtschaftliche Situation mit „zu sichernde Erträge“ angeben, stellen mit ca. 35 % die größte Gruppe ungeförderter Unternehmen dar. „Zufriedenstellende Erträge“ zu erwirtschaften geben ca. 31 % an, während ca. 27 % mitteilen, dass die Erträge langfristig nicht ausreichten, das Unternehmen zu erhalten. Ca. 4 % der Unternehmen dieses Clusters geben an, „gute Erträge“ zu erwirtschaften. Dieser Anteil entspricht dem derjenigen, die angaben, akut in ihrer Existenz gefährdet zu sein.[529]

---

529 Vergleicht man die Angaben der Unternehmen dieses Clusters mit denen aller Unternehmen, die 1994 bis 1995 nicht gefördert wurden, so wird deutlich, dass Unternehmen dieses Clusters relativ selten angaben, gute Erträge zu erwirtschaften (Gesamtheit ca. 8 %) oder akut in ihrer Existenz bedroht zu sein (Gesamtheit ca. 10 %). Hingegen war der Anteil derjenigen Unternehmen, die mitteilten „nicht tragfähige Erträge“ (Gesamtheit ca. 25 %), „zufrieden stellende Erträge“ (Gesamtheit ca. 26 %) oder „zu sichernde Erträge“ zu realisieren, (Gesamtheit 32 %) geringer. (Vgl. Anhang N1.)

Ob die Beurteilung der wirtschaftlichen Situation in Zusammenhang zur Ausprägung von Bestimmungsfaktoren betrieblicher Innovationsaktivitäten steht, ist der folgenden Diskussion zu entnehmen.

Das Qualifikationsprofil der Beschäftigten: In einem ersten Schritt wird untersucht, ob der prozentuale Anteil von Beschäftigten mit einer formalen Qualifikation in Verbindung zum Erfolg der Transformation von Unternehmen, die einen Nucleus-Transformationstyp verfolgen, steht. Die Unternehmen, die eine gleiche Ausprägungen der Gruppenvariablen „Qualifikation" aufweisen, werden zu Stichproben zusammengefasst.[530] Den Stichproben werden sodann die Erfolgsbewertungen der befragten Unternehmen zugeordnet. Im Ergebnis zeigt sich, dass die mittleren Ränge mit dem Anteil der formal qualifizierten Mitarbeiter steigen. Der anschließende χ^2-Test bestätigt das Ergebnis (χ^2=61,84).[531]

Da im Rahmen dieses Untersuchungsschritts lediglich zwischen Angestellten und gewerblich Beschäftigten zur Abbildung der Qualifikationsstruktur der Unternehmen unterschieden wird, führt das dargestellte Ergebnis dieses Analyseschritts zu der Erkenntnis, dass mit zunehmendem Anteil gewerblich Beschäftigter, die sich durch eine betriebsspezifisch geprägte Humankapitalstruktur auszeichnen, der Transformationserfolg von Unternehmen, die einen Nucleus- Transformationstyp verfolgen, negativer beurteilt wird. Kontrollrechnungen bestätigen diese Aussage.

Das Informationsverhalten: Informationen der Unternehmen über die Nutzung von Techniken zur Unterstützung der betriebsinternen sowie betriebsexternen Kommunikation dient der Darstellung des Informationsverhaltens. Zudem wird die Einbindung betriebsexterner Akteure und deren Funktion in den betrieblichen Innovationsprojekten untersucht.

Die Ergebnisse der durchgeführten Kruskal-Wallis-Tests zeigen, dass eine steigende Anzahl eingesetzter Techniken zur betriebsexternen Kommunikation in positivem Zusammenhang zur Beurteilung der eigenen wirtschaftlichen Situation der Unternehmen steht. Dieses Ergebnis, welches sich durch eine stetige Zunahme der mittleren Ränge in den Stichproben ergab, kann jedoch durch den anschließenden χ^2-Test nicht bestätigt werden (χ^2=2,361).[532]

---

530 Die Gruppen setzten sich wie folgt zusammen: bis 25 %; 25,1 % bis 35 %; 35,1 % bis 50 %; 50,1 % bis 75 %; 75,1 % bis 90 % sowie über 90 % der beschäftigten eines Unternehmens.

531 Die Werte der mittleren Ränge für die Gruppenvariable sind dem Anhang N2 zu entnehmen.

532 Vgl. Anhang N3.

Die Untersuchung des Zusammenhangs zwischen der Nutzung betriebsinternerner Kommunikationskanäle und der Bewertung des eigenen Erfolgs kommt nicht zu einem Ergebnis, welches valide Aussagen zulässt.[533]

Die statistische Analyse zur Einbindung betriebsexterner Akteure in die betrieblichen Innovationsprojekte kommt hingegen zu einem anderen Ergebnis. Hier zeigt sich, dass sich die Bewertung der wirtschaftlichen Situation stetig verbessert je mehr externe Akteure in betriebliche Innovationsprojekte eingebunden sind. Das Ergebnis kann durch den anschließenden χ^2-Test bestätigt werden. (χ^2=13,164).[534] Die Analyse des Zusammenhangs zwischen der Funktion externer Akteure in den betrieblichen Innovationsprojekten und der Erfolgsbewertung durch die Unternehmen kommt zu dem Ergebnis, dass sich mit zunehmender Einbindung von Forschungsinstituten die Bewertung der eigenen wirtschaftlichen Situation verbessert. Die Stichprobe in der Unternehmen zusammengefasst sind, die Forschungsinstitute regelmäßig an den Innovationsprojekten beteiligen, weist den höchsten Wert des mittleren Rangs der Zielvariablen „Erfolg" auf. Die Übertragung der Leitung auf Forschungsinstitute führt hingegen zu einer schlechteren Bewertung des wirtschaftlichen Erfolgs. Gestützt wird das Ergebnis durch den anschließenden χ^2-Test (χ^2=36,354).[535]

Auch die Einbindung von Systemanbietern in die Innovationsprojekte steht in Zusammenhang zur Erfolgsbewertung. Hier zeigt sich jedoch, dass der mittlere Rang in der Stichprobe, in der den Systemanbietern die Leitung von Projekten übertragen wird, den geringsten mittleren Rang aufweist. Die Stichprobe hingegen, in der Unternehmen zusammengefasst werden, die Systemanbieter fest einbinden, weist die höchste Erfolgsbewertung auf. Somit steht die feste Einbindung von Systemanbietern in die Projekte in positivem Zusammenhang zur Erfolgsbewertung. Die Übertragung der Leitung steht hingegen in Zusammenhang zu einer schlechteren Bewertung des wirtschaftlichen Erfolgs. Der anschließende χ^2-Test stützt das Ergebnis (χ^2=12,217).[536]

Die Einbindung von Unternehmensberatern in die betrieblichen Innovationsaktivitäten stand in keinem Zusammenhang zur Erfolgsbewertung der Unternehmen.[537]

Um zu untersuchen, ob die Gruppenvariablen zur Darstellung des Informationsverhaltens in Zusammenhang zur Qualifikationsstruktur der Unternehmen stehen,

533 Vgl. Anhang N3.

534 Vgl. Anhang N3.

535 Vgl. Anhang N3.

536 Vgl. Anhang N3.

537 Vgl. Anhang N3.

bedient sich die Analyse erneut eines Kruskal-Wallis-Test. Hierdurch kann nachgewiesen werden, ob eine Verbindung zwischen den Bestimmungfaktoren betrieblicher Innovationsaktivitäten besteht, um die diskutierten Ausprägungsmuster nachzuweisen.

Im Rahmen dieser Analyse stellt sich heraus, dass die Einbindung externer Akteure in betriebliche Innovationsprojekte in positivem Zusammenhang zum Anteil formal qualifizierter Mitarbeiter steht. So lässt sich feststellen, dass die mittleren Ränge der Zielvariablen „Anzahl externer Akteure in betrieblichen Innovationsprojekten" kontinuierlich mit dem Anteil formal qualifizierter Mitarbeiter steigen. Der anschließende χ^2 -Test stützt das Ergebnis (χ^2=23,453).

Auch die Bedeutung, die Forschungsinstitute und Systemanbieter im Rahmen der Projekte haben, steigt, wenn der Anteil formalqualifizierter Mitarbeiter zunimmt.[538]

Die Organisationsstruktur: Die Untersuchung der Organisationsstruktur stützt sich auf Gruppenvariablen, die die Einbindung der Innovationsprojekte in den Unternehmen, die Funktion betriebsinterner Akteure in den Projekten sowie die Existenz von Qualitätszirkeln abbilden.

Die organisatorische Einbindung betrieblicher Innovationsaktivitäten wird mit Hilfe von Informationen der Unternehmen im Hinblick auf die Beteiligung betriebsinterner Akteure in den Innovationsprojekten erfasst. Die statistische Analyse zeigt, dass Unternehmen, deren Innovationsprojekte lediglich auf einzelne betriebliche Akteure konzentriert sind, ihre eigene wirtschaftliche Situation besser bewerten als Unternehmen, die diese auf eine breite betriebliche Basis stellen. Der mittlere Rang der Zielvariablen „Erfolg", weist bei der Stichprobe mit der geringsten Vernetzung den höchsten Werte auf und nimmt mit zunehmender Beteiligung in den Unternehmen ab. Das Ergebnis des anschließenden χ^2-Tests unterstreicht das Resultat. (χ^2=14,231).[539]

Die Funktion, die innerbetriebliche Akteure in den Innovationsprojekten einnehmen, steht auch in Zusammenhang zur Bewertung des Erfolgs. So zeigt sich, dass die Einbeziehung betroffener Abteilungen in Verbindung zur Erfolgsbewertung der Unternehmen steht. Mit einer Bedeutungszunahme der betroffenen Fachabteilungen in den Innovationsprojekten verbessert sich die Bewertung der eigenen wirtschaftlichen Situation. Der anschließende χ^2-Test bestätigt das Ergebnis (χ^2=12,519).[540]

---

538 Vgl. Anhang N3.

539 Vgl. Anhang N4.

540 Vgl. Anhang N4.

Sowohl die Art der Einbindung der Geschäftsführung in die Projekte als auch die betroffener Mitarbeiter stehen hingegen in keinem signifikanten Zusammenhang zur Bewertung der wirtschaftlichen Situation.[541]

Der Einfluss, den Qualitätszirkel auf die Bewertung des wirtschaftlichen Erfolgs ausüben, wird mittels eines U-Tests ermittelt. Die Stichprobe, die Qualitätszirkel einführt, weist eine bessere Bewertung des wirtschaftlichen Erfolgs auf, als diejenige, die keinen einführt. Die mittleren Ränge der Stichproben liegen nah beieinander und der U-Wert weist darüber hinaus kein signifikantes Ergebnis nach.[542]

Die Variablen, die die Organisationsstruktur der Unternehmen darstellen und zugleich den Erfolg der betrieblichen Transformation determinieren, stehen weder in Zusammenhang zur Qualifikationsstruktur noch zu Variablen, die das Informationsverhalten abbilden und zugleich den Transformationserfolg determinieren.[543]

Die folgende Tabelle bietet einen Überblick über die theoretisch erwarteten harmonischen Ausprägungen betriebsinterner Bestimmungsfaktoren im Nucleus- Transformationstyp und deren Reflexion durch die Ergebnisse der statistischen Analyse.

541 Vgl. Anhang N4.

542 Vgl. Anhang N4.

543 Vgl. Anhang N4.

Tab. E-2: Übersicht über die Analyseergebnisse zum Nucleus- Transformationstyp

Typ	Theoretisch erwartete Ausprägung der Bestimmungsfaktoren, die in Zusammenhang zur Erfolgsbewertung der Unternehmen stehen	Operationalisierung	Bestätigung der Hypothese	Statistisches Verfahren	χ^2 und asymptotische Signifikanz	
					χ^2	Signifikanz
Nucleus-Transformationstyp	hoher Anteil formal qualifizierter Mitarbeiter	Anteil angestellter Mitarbeiter	ja	Kruskal Wallis H-Test	61,84	0,001
	ausgiebige Nutzung betriebsexterner Informationsquellen	Einsatz von Techniken zur Unterstützung der betriebsexternen Kommunikation	nein	Kruskal Wallis H-Test	2,316	0,458
		Anzahl betriebsexterner Akteure an betrieblichen Innovationsprojekten	ja	Kruskal Wallis H-Test	13,164	0,012
		Einbindung von Systemanbietern bei innerbetrieblichen Innovationsprojekten	ja	Kruskal Wallis H-Test	12,217	0,049
		Einbindung von Unternehmensberatern bei innerbetrieblichen Innovationsprojekten	nein	Kruskal Wallis H-Test	2,943	0,233
	intensiver Kontakt zu wissenschaftlichen Forschungseinrichtungen	Einbindung wissenschaftlicher Forschungseinrichtungen in betriebliche Innovationsprojekte	ja	Kruskal Wallis H-Test	36,354	0,013
	keine innerbetriebliche Kommunikation des Nucleus zu sonstigen Funktionsbereichen des Unternehmens	Einsatz von Techniken zur Unterstützung der innerbetrieblichen Kommunikation	nein	Kruskal Wallis H-Test	0,586	0,748
	Innovationsaktivitäten ausschließlich im Nucleus	Anzahl interner Akteure an betrieblichen Innovationsprojekten	ja	Kruskal Wallis H-Test	14,231	0,049
	dezentrale Entscheidungskompetenzen	Funktion betroffener Fachabteilungen bei betrieblichen Innovationsprojekten	ja	Kruskal Wallis H-Test	15,513	0,031
		Funktion betroffener Mitarbeiter bei betrieblichen Innovationsprojekten	nein	Kruskal Wallis H-Test	0,551	0,449
		Funktion der Geschäftsführung bei betrieblichen Innovationsprojekten	ja	Kruskal Wallis H-Test	0,754	0,645

Betriebsexterne Bestimmungsfaktoren: Um zu überprüfen, ob die Ausprägung externer Bestimmungsfaktoren betrieblicher Innovationsaktivitäten die Ergebnisse bisheriger Analysen beeinflussen, wird zum einen der Zusammenhang zwischen betriebsinternen und betriebsexternen Determinanten analysiert. Hierdurch kann ausgeschlossen werden, dass die Branchenzugehörigkeit oder die Größe der zu untersuchenden Unternehmen in Zusammenhang zur Ausprägung der internen Bestimmungsfaktoren betrieblicher Innovationsaktivitäten stehen. Sollte dies der Fall sein, so besteht die Möglichkeit, dass die bisherigen Ergebnisse hiervon beeinflusst sind. Zum anderen wird analysiert, ob die Branchenzugehörigkeit der Unternehmen die Erfolgsbeurteilung bestimmt.

Mittels eines Kruskal-Wallis Tests wird der Sachzusammenhang zwischen den betriebsexternen und -internen Bestimmungsfaktoren untersucht. Das Ergebnis verdeutlicht, dass sowohl die Branchenzugehörigkeit als auch die Unternehmensgröße in keinem Zusammenhang zu einer internen Variablen steht, die sich als bestimmend für die Erfolgsbewertung gezeigt hat.[544]

3.1.2 Der Engpass- Transformationstyp

Von 36 Unternehmen, die im Rahmen der Erhebung 1995 einen Engpass- Transformationstyp aufwiesen, wurden 29 nicht gefördert. Dies entspricht einem Anteil von 80,5 %. Die Bewertung der eigenen wirtschaftlichen Situation dieser Unternehmen stellt sich wie folgt dar:

544 Vgl. Anhang N5.

Abb. E-25 Die wirtschaftliche Situation ungeförderter Unternehmen im Engpass-Cluster

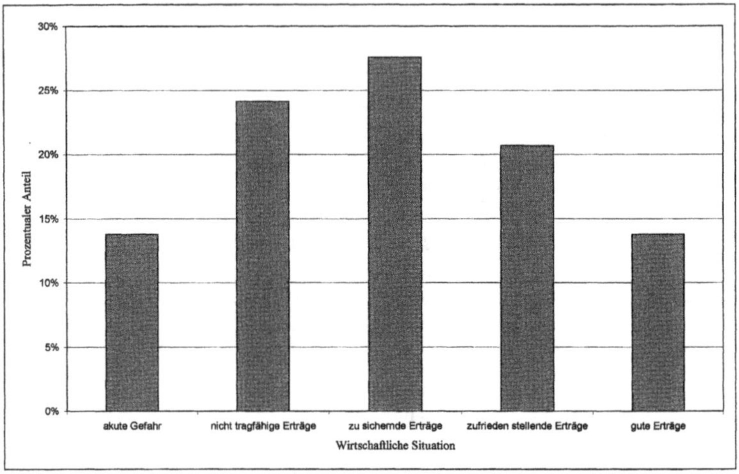

Der Vergleich zum Nucleus-Cluster fällt auf, dass der Anteil von Unternehmen, die ihre wirtschaftliche Situation mit „akute Gefahr" oder „gute Erträge" bewerteten, deutlich höher ist. Jeweils ca. 14 % aller Unternehmen geben an, sich in dieser wirtschaftlichen Situation zu befinden. Auch unter den Unternehmen, die einen Engpass- Transformationstyp verfolgen, stellt die Gruppe derer, die angeben, „zu sichernde Erträge" zu erwirtschaften, mit ca. 28 % die Mehrheit dar. Im Unterschied zum Nucleus-Cluster ist die Gruppe der Unternehmen, die ihre Erträge als langfristig nicht tragfähig bewerteten, (24 %) größer, als die, die angeben, „zufrieden stellende Erträge" zu erwirtschaften (ca. 21 %). Der Vergleich zum Nucleus-Cluster verdeutlicht, dass die wirtschaftliche Situation von Unternehmen, die einen Engpass- Transformationstyp verfolgen, durchschnittlich schlechter bewertet wird. So geben ca. 38 % der Befragten an, akut in der Existenz gefährdet zu sein oder langfristig nicht tragfähige Erträge zu erwirtschaften. Im Nucleus-Cluster hingegen kommen lediglich ca. 31 % der Unternehmen zu diesem Ergebnis. Der Anteil der Unternehmen, die angeben zufrieden stellende oder gute Erträge zu erzielen, ist im Engpass-Cluster mit ca. 35 % ebenso hoch wie im Nucleus-Cluster.[545]

545 Vergleicht man die Angaben ungeförderter Unternehmen dieses Clusters mit denen aller ungeförderten Unternehmen, so wird deutlich, dass die Unternehmen des Engpass-Clusters relativ selten angeben, nicht tragfähige (Gesamtheit 25 %), zu sichernde (Gesamtheit 32 %) oder zufrieden stellende Erträge (Gesamtheit 26 %) zu erwirtschaften. Hingegen war der Anteil derjenigen Unternehmen, die mitteilten, akut in der Existenz gefährdet zu sein (Gesamtheit 10 %) oder gute Erträge zu erwirtschaften, (Gesamtheit 8 %) höher. (Vgl. Anhang E1.)

Die in der statistischen Analyse verwendeten Gruppenvariablen entsprechen weitgehend denen, die der Untersuchung des Nucleus-Clusters dienen. Ergänzend werden noch Angaben der Unternehmen zu strategischen Allianzen mit anderen Unternehmen einbezogen. [546]

Das Qualifikationsprofil der Beschäftigten: Die statistische Behandlung der Humankapitalstruktur kommt zu dem Ergebnis, dass sich die verschiedenen Stichproben, in den Unternehmen mit gleicher Humankapitalstruktur zusammengefasst sind, nicht signifikant in der Bewertung der wirtschaftlichen Situation unterscheiden. So zeigen die mittleren Ränge der Zielvariablen „Erfolg" keine Hinweise darauf, dass die Stichproben unterschiedlichen Grundgesamtheiten entstammen.[547] Auch der anschließende χ^2-Test lässt im Ergebnis keine Rückschlüsse auf einen Zusammenhang zwischen der Qualifikationsstruktur der Beschäftigten und der Bewertung des wirtschaftlichen Erfolgs zu (χ^2=2,537).[548]

Das Informationsverhalten: Das betriebliche Informationsverhalten wird durch Gruppenvariablen abgebildet, die Aufschluss über die Nutzung betriebsinterner und -externer Kommunikationskanäle sowie über die Bedeutung, die die Mitarbeit in strategischen Allianzen einnehmen, geben. Eine Untersuchung des Zusammenhangs zwischen der Beteiligung der Unternehmen an Forschungs- und Entwicklungskooperationen mit anderen Unternehmen und der Erfolgsbewertung schließt sich an. Darüber hinaus wird die Einbindung externer Akteure in betriebliche Innovationsprojekte sowie deren Funktion im Hinblick auf die Erfolgsbewertung analysiert.

Ein Kruskal-Wallis-Test kommt zu dem Ergebnis, dass der Einsatz von Techniken zur Unterstützung betriebsinterner und -externer Kommunikation in signifikantem Zusammenhang zur Bewertung der wirtschaftlichen Situation steht. So weisen die Stichproben mit zunehmendem Einsatz von Techniken eine immer besser werdende Bewertung der wirtschaftlichen Situation auf. Im Testergebnis schlägt sich dies darin nieder, dass die Stichproben, die nach der Anzahl der eingesetzten Techniken zusammengesetzt werden, dann höhere mittlere Ränge der Zielvariablen „Erfolg" aufweisen, wenn mehr kommunikationsunterstützende Techniken zum Einsatz gelangen. Die Differenz der mittleren Ränge der Stichproben gibt Aufschluss darüber, dass der Einfluss der Techniken zur externen Kommunikation auf die Erfolgsbewertung der Unternehmen größer ist als der zur Unterstützung der internen Kommunikation.[549]

---

546 Da im Rahmen der Literaturauswertungen kein Hinweis gefunden wurde, dass strategische Allianzen mit anderen Unternehmen den Transformationserfolg von Unternehmen, die eine Nucleus-Strategie verfolgen, bestimmen könnten, bleibt dieser Aspekt bei der empirischen Untersuchung dieses Transformationsclusters unberücksichtigt.

547 Vgl. Anhang E2.

548 Vgl. Anhang E2.

549 Vgl. Anhang E3.

Gestützt wird diese Erkenntnis durch die Analyse des Kooperationsverhaltens der befragten Unternehmen. So geben Unternehmen, die strategische Allianzen mit anderen Unternehmen als sehr wichtig betrachten, signifikant häufiger an, zufrieden stellende oder gute Erlöse zu erwirtschaften, als Unternehmen, die diesen eine nachrangige Bedeutung beimessen. Durch die stetige Zunahme der mittleren Ränge in den Stichproben kann folgende Erkenntnis aus dem Kruskal-Wallis-Test gewonnen werden: Je bedeutender strategische Allianzen für die Unternehmen eingeschätzt werden, desto besser stellte sich deren wirtschaftliche Situation dar. Der anschließenden χ^2-Test stützt dieses Ergebnis (χ^2=16,195). [550]

Kein signifikanter Zusammenhang kann hingegen zwischen der externen Vernetzung der betrieblichen Innovationsprojekte und der Bewertung des wirtschaftlichen Erfolgs festgestellt werden. Die Anzahl externer Akteure, die in die Projekte eingebunden sind, hat keinen Einfluss auf die Erfolgsbewertung der Unternehmen. Auch die Funktion, die externe Akteure in den Projekten einnehmen, stand in keiner Verbindung zur Bewertung der wirtschaftlichen Situation.[551]

Zum gleichen Ergebnis kommt die statistische Analyse zu den Forschungs- und Entwicklungskooperationen der befragten Unternehmen. Da die Befragten hier lediglich angeben, ob sie eigene Forschung und Entwicklung in Kooperation mit anderen Unternehmen durchführen, stellt sich die Variable nominal skaliert dar. Die statistische Behandlung beschränkt sich daher auf den U-Test von Mann und Whitney, der zu dem Ergebnis führt, dass das FuE-Kooperationsverhalten von Unternehmen keinen Einfluss auf die Beurteilung der eigenen wirtschaftlichen Situation hat. Sowohl die Rangsummen als auch die mittleren Ränge entsprechen sich nahezu. Auch der U-Wert lässt keine Rückschlüsse auf signifikante Unterschiede der beiden Stichproben im Hinblick auf den wirtschaftlichen Erfolg zu (Mann-Whitney U=54,000).[552]

Weiterhin zeigt sich, dass kein Zusammenhang zwischen dem Einsatz eines „Standortübergreifenden Netzwerkes" (WAN) und der Zusammenarbeit mit Forschungsinstituten auf der einen Seite sowie der Bewertung des wirtschaftlichen Erfolgs auf der anderen Seite besteht.[553]

<u>Die Organisationsstruktur:</u> Zur Abbildung der Organisationsstruktur werden Angaben der Unternehmen zur Einbindung von betrieblichen Innovationsprojekten in die Unternehmen sowie zur Funktion, die betriebsinterne Akteure hierbei einnehmen, herangezogen. Darüber hinaus wird die Organisation in der Fertigung in die statistische Analyse einbezogen.

---

550 Vgl. Anhang E3.

551 Vgl. Anhang E3.

552 Vgl. Anhang E3.

553 Vgl. Anhang E3.

Eine statistische Untersuchung der organisatorischen Einbindung betrieblicher Innovationsaktivitäten in die Unternehmen ist nur sehr eingeschränkt möglich. Von den 29 Unternehmen, die bis 1995 keine Mittel aus der betrieblichen Technologieförderung erhielten, machen lediglich 10 Angaben darüber, wie eigene Innovationsprojekte organisatorisch in die Unternehmen eingebunden sind. Diese geringe Anzahl führt auch bei der Anwendung eines Kruskal-Wallis-Tests nicht zu aussagefähigen Ergebnissen, da die Anzahl der Fälle in den verschiedenen Stichproben zu gering ist. [554]

Als weitere Variable zur Darstellung der Organisationsstruktur wird der Grad der Aufgabenintegration herangezogen. Hierbei zeigt sich, dass der Zusammenhang zur Bewertung des Erfolgs nicht signifikant ist. Zwar weist die Stichprobe von Unternehmen, die planende, steuernde und kontrollierende Aufgaben an den Werker[555] übertragen, einen deutlich geringeren Wert für den mittleren Rang der Zielvariable „Erfolg" auf als diejenige, die diese Aufgaben nicht an den Werker weitergibt, jedoch wird dieses Ergebnis durch den U-Test nicht bestätigt (Mann-Whitney-U= 24,000).[556]

Die Untersuchung zur Organisationsform der Fertigung kommt ebenfalls zu keinem Ergebnis, welches Rückschlüsse auf einen Zusammenhang zur Erfolgsbewertung zulässt.[557]

Da alle untersuchten Variablen entweder zu wenig Fälle umfassen, um valide Aussagen treffen zu können, oder in keinem Zusammenhang zur Erfolgsbewertung der Unternehmen stehen, wird an dieser Stelle auf eine Untersuchung des Sachzusammenhangs mit anderen Variablen zur Abbildung der Bestimmungsfaktoren betrieblicher Innovationsaktivitäten verzichtet.[558]

Die folgende Tabelle bietet einen Überblick sowohl über die erwarteten harmonischen Ausprägungen der betriebsinternen Bestimmungsfaktoren im Engpass- Transformationstyp als auch über die Ergebnisse der statistischen Reflexion.

---

554 Die nichtparametrischen Tests nach Mann-Whitney und Kruskal-Wallis eignen sich zwar deutlich besser auch bei geringer Anzahl der Fälle statistisch basierte Aussagen zu treffen als statistische Verfahren auf der Basis metrisch skalierter Datensätze, jedoch sind die gebildeten Stichproben im Kruskal-Wallis Test zum Teil lediglich mit einem Unternehmen besetzt. Eine Rangreihe lässt sich somit nicht bilden. (Vgl. Saurwein, K.-H.: Statistische Analyse mit SPSS, a.a.O, S. 292f.)

555 Unter dem Begriff des Werkers wurden im Rahmen der Erhebung gewerblich Beschäftigte subsummiert.

556 Darüber hinaus ist das Signifikanzniveau mit 22,1 % deutlich zu hoch. (Vgl. Anhang E4.)

557 Vgl. Anhang E4.

558 Es werden ausschließlich Abhängigkeiten von Variablen untersucht, die in Zusammenhang zur Erfolgsbewertung der Unternehmen stehen.

Tab. E-3: Übersicht über die Analyseergebnisse zum Engpass- Transformationstyp

Typ	Theoretisch erwartete Ausprägung der Bestimmungsfaktoren, die in Zusammenhang zur Erfolgsbewertung der Unternehmen stehen	Operationalisierung	Bestätigung der Hypothese	Statistisches Verfahren	χ^2 und asymptotische Signifikanz	
					χ^2	Signifikanz
Engpass-Transformationstyp	überwiegend formal qualifizierte Mitarbeiter	Anteil angestellter Mitarbeiter	nein	Kruskal Wallis H-Test	2,537	0,329
	starke betriebsexterne Kommunikation (vor allem zu anderen Unternehmen)	Einsatz von Techniken zu Unterstützung der betriebsexternen Kommunikation	ja	Kruskal Wallis H-Test	13,054	0,013
		Bedeutung strategischer Allianzen	ja	Kruskal Wallis H-Test	16,195	0,029
		FuE-Kooperationen mit anderen Unternehmen	nein	Mann-Whitney U-Test	54,000 (U-Wert)	0,686
	Betriebsexterne Kommunikation in betrieblichen Innovationsprojekten	Anzahl betriebsexterner Akteure bei betrieblichen Innovationsprojekten	nein	Kruskal Wallis H-Test	2,997	0,154
		Einbeziehung von Systemanbietern in betriebliche Innovationsprojekte	nein	Kruskal Wallis H-Test	1,346	0,562
		Einbeziehung und Unternehmensberatern in betriebliche Innovationsprojekte	nein	Kruskal Wallis H-Test	0,869	0,387
		Nutzung eines WAN	nein	Mann-Whitney U-Test	45,500 (U-Wert)	0,093
	starke innerbetriebliche Kommunikation	Einsatz von Techniken zur Unterstützung der betriebsinternen Kommunikation	ja	Kruskal Wallis H-Test	12,154	0,013
	starke Einbindung betrieblicher Akteure in betrieblichen Innovationsprojekten	Einbindung von betroffenen Fachabteilungen in betrieblichen Innovationsprojekten	nein	Kruskal Wallis H-Test	1,258	0,741
		Einbindung von betroffenen Mitarbeitern in betrieblichen Innovationsprojekten	nein	Kruskal Wallis H-Test	0,998	0,774
	zentrale Entscheidungskompetenzen	Funktion der Geschäftsführung in betrieblichen Innovationsprojekten	nein	Kruskal Wallis H-Test	1,228	0,125

Betriebsexterne Bestimmungsfaktoren: Sowohl die Unternehmensgröße als auch die Branchenzugehörigkeit haben keinen Einfluss auf die Erfolgsbewertung der Unternehmen, die einen Engpass- Transformationstyp verfolgen. So kann zwar festgestellt werden, dass sich die mittleren Ränge der Stichproben, in denen Unternehmen der gleichen Branche oder Unternehmensgröße zusammengefasst sind, unterscheiden, jedoch wird dieses Ergebnis durch den anschließenden χ^2-Test nicht gestützt.[559] Zum gleichen Ergebnis gelangen die Untersuchungen zum Einfluss auf die Variablen, die das betriebliche Informationsverhalten abbilden und die sich als bestimmend für den Transformationserfolg herausstellen.[560]

3.1.3 Der Reversal- und Recreation- Transformationstyp

Von 58 Unternehmen, die zum Zeitpunkt der Erhebung 1995 einen Reversal- oder Recreation- Transformationstyp verfolgten, erhielten 25 keine Mittel aus der betrieblichen Technologieförderung. Damit liegt deren Anteil über dem ungeförderter Unternehmen im Nucleus-Cluster und deutlich unter dem im Engpass-Cluster. Die Beurteilung der eigenen wirtschaftlichen Situation ist der folgenden Abbildung zu entnehmen:

Abb. E-26 Die wirtschaftliche Situation ungeförderter Unternehmen im Reversal- und Recreation-Cluster

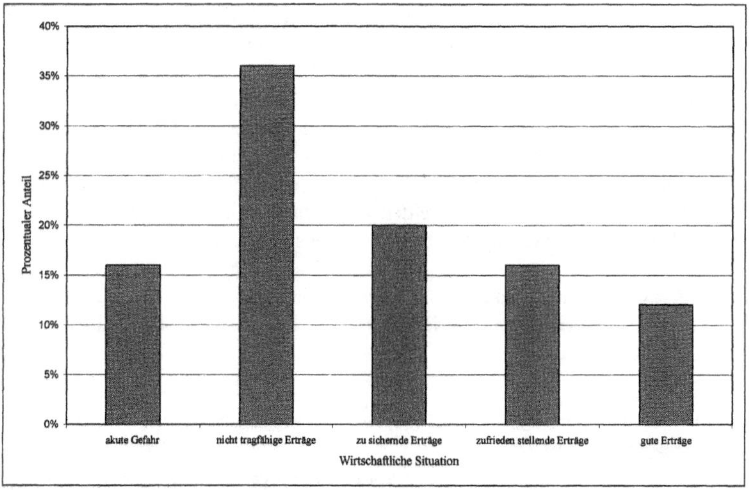

---

[559] Vgl. Anhang E5.

[560] Vgl. Anhang E5.

Mehr als 50 % der ungeförderten Unternehmen dieses Clusters bewerten ihre wirtschaftliche Situation mit „akute Gefahr" oder „nicht tragfähige Erträge". Diese Unternehmen dürften vor dem Hintergrund einer akuten Krisensituation einen Reversal- Transformationstyp verfolgen.[561] 16 % der befragten ungeförderten Unternehmen geben an, zufrieden stellende und 12 % „gute Erträge" zu erwirtschaften. Somit liegt der Anteil derer, die angeben, gute Erträge zu erzielen, deutlich über dem im Nucleus- (ca. 4 %) und geringfügig über dem im Engpass-Cluster (ca. 14 %). Diese Unternehmen verfolgen offenbar auf Grund ihrer wirtschaftlichen Situation einen Transformationstyp des Recreation.[562] Der Anteil der Befragten, die angeben, „zu sichernde Erträge" zu erzielen, fällt im Reversal- und Recreation-Cluster mit 20 % deutlich geringer aus als in allen bisher diskutierten Untersuchungseinheiten.[563]

Das Qualifikationsprofil der Beschäftigten: Die statistische Analyse mittels eines Kruskall-Wallis-Tests kommt zu dem Ergebnis, dass mit zunehmendem Anteil formal qualifizierter Mitarbeiter in den Unternehmen die Bewertung des wirtschaftlichen Erfolgs zunimmt. So ist ein stetiger Anstieg der mittleren Ränge für die Zielvariable „Erfolg" feststellbar. Dieses Ergebnis, welches der anschließende χ^2-Test untermauert (χ^2=43,598), bedeutet zugleich, dass sich mit zunehmendem Anteil betriebsspezifisch qualifizierter Mitarbeiter in den Unternehmen deren Bewertung des eigenen wirtschaftlichen Erfolgs verschlechtert.[564]

Das Informationsverhalten: Zur Untersuchung des Informationsverhaltens von Unternehmen, die einen Reversal- oder Recreation- Transformationstyp verfolgen, wird neben der Nutzung betriebsinterner und -externer Kommunikationskanäle auch die Einbindung der Unternehmen in strategische Allianzen, die Durchführung von Forschungs- und Entwicklungskooperationen mit anderen Unternehmen, die Einbindung und Funktion betriebsexterner Akteure in betriebliche Innovationsprojekte sowie die Nutzung von standortübergreifenden Kommunikationsnetzwerken (WAN) genutzt. Darüber hinaus werden Angaben der Unternehmen zur Existenz eines betrieblichen Vorschlagswesens in die Untersuchung integriert.

Es zeigt sich ein hoch signifikanter Zusammenhang zwischen der Nutzung von Techniken zur Unterstützung betriebsinterner und –externer Kommunikation und

---

561 Vgl. Kap. C 1.1.3.

562 Eine genaue Abgrenzung beider Strategietypen sowie eine Begründung für deren Zusammenfassung in ein Transformationscluster ist Kap. C 1.1.3 dieser Arbeit zu entnehmen.

563 Vergleicht man die Angaben der Unternehmen dieses Clusters mit denen aller Unternehmen, die 1994 bis 1995 nicht gefördert wurden, so wird deutlich, dass die Bewertung der wirtschaftlichen Situation im Reversal-/Recreation-Cluster besonders in den unteren Bewertungskategorien deutlich über der Gesamtheit ausfällt. „Zu sichernde" oder „zufrieden stellende Ergebnisse" werden deutlich seltener genannt. (Vgl. Anhang R1.)

564 Vgl. Anhang R2.

der Beurteilung der wirtschaftlichen Situation der Unternehmen. Die Kruskal-Wallis-Tests zeigen, dass mit der Zunahme der Kommunikationsmöglichkeiten in den Stichproben eine stetige Verbesserung der wirtschaftlichen Situation der Unternehmen festzustellen ist. Das Ergebnis der anschließenden χ^2-Tests stützen das Resultat. So wird für den Grad der internen Vernetzung das Ergebnis des H-Tests mit einem χ^2 von 27,754 gestützt. Das für die externe Vernetzung mit einem χ^2 von 33,337.[565]

Die Untersuchung zur Bedeutung, die Unternehmen strategischen Allianzen mit anderen Unternehmen einräumen, kommt nicht zu einem Ergebnis, welches Rückschlüsse über einen Zusammenhang zur Erfolgsbewertung zulässt.[566]

Forschungs- und Entwicklungskooperationen mit anderen Unternehmen weisen ebenfalls einen positiven, wenngleich deutlich schwächeren Zusammenhang zur Beurteilung der wirtschaftlichen Situation auf. Der durchgeführte U-Test führt zu dem Ergebnis, dass Unternehmen, die FuE-Kooperationen durchführen ihre wirtschaftliche Situationen besser bewerten, als Unternehmen, die diese Zusammenarbeit nicht aufweisen. Der U-Wert stützt das Ergebnis (Mann-Whitney-U=92,000).[567]

Je mehr betriebsexterne Akteure in die betrieblichen Innovationsprojekte eingebunden sind, desto besser wird die wirtschaftliche Situation der Unternehmen bewertet. Die Differenz der mittleren Ränge der Zielvariablen Erfolg schließt auf einen erheblichen Einfluss, den die Einbindung externer Akteure in die Innovationsprojekte auf die Erfolgsbewertung der Unternehmen ausübt. Das Ergebnis des durchgeführten Kruskal-Wallis-Tests kann durch einen beeindruckend eindeutiges Ergebnis des anschließenden χ^2-Tests bestätigt werden. (χ^2=16,521)[568]

Um festzustellen, ob die Bewertung der wirtschaftlichen Situation mit der Art der Einbindung externer Akteure in Zusammenhang steht, wird untersucht, ob mit zunehmender Einbindung von Forschungsinstituten, Systemanbietern und Unternehmensberatern die Bewertung des wirtschaftlichen Erfolgs zunimmt.

Die Zusammenarbeit mit Forschungsinstituten erweist sich als eine bestimmende Variable für den wirtschaftlichen Erfolg der untersuchten Unternehmen. Je intensiver Forschungsinstitute in die betrieblichen Innovationsprojekte eingebunden sind,

565 Besonders auffallend ist in diesem Zusammenhang dass sich das Ergebnis der Untersuchung zum Einsatz von Techniken zur externen Kommunikation auf einem 0 %igen Signifikanzniveau bewegt. (Vgl. Anhang R3.)

566 Vgl. Anhang R3.

567 Vgl. Anhang R3.

568 Das Ergebnis des Tests bewegte sich auf einem 0%igen Signifikanzniveau. (Vgl. Anhang R3.)

desto besser wird die wirtschaftliche Situation der Unternehmen bewertet. Diejenigen, die Forschungsinstituten die Leitung betrieblicher Innovationsprojekte übertragen, bewerteten ihre wirtschaftliche Situation am besten. Unternehmen, die diese nicht einbinden, am schlechtesten. Untermauert wird das Ergebnis durch den anschließenden χ^2-Test (χ^2=21,332).[569]

Die Intensität der Einbindung von Unternehmensberatern oder Systemanbietern hingegen steht in keinem Zusammenhang zur Erfolgsbewertung der Unternehmen. Weder der Vergleich der mittleren Ränge in den verschiedenen Stichproben noch der anschließende χ^2-Test lassen Rückschlüsse auf einen bestehenden Zusammenhang zu.[570]

Auch für den Einsatz eines standortübergreifenden Netzwerks (WAN) kann kein signifikanter Zusammenhang zur Bewertung der wirtschaftlichen Situation nachgewiesen werden. Das Ergebnis des durchgeführten U-Tests lässt hierzu keine Rückschlüsse zu. Es zeigt sich zwar ein erheblicher Unterschied im mittleren Rang der Zielvariablen, jedoch konnte das hieraus zu erwartende Ergebnis durch den U-Wert nicht bestätigt werden (Mann-Whitney-U=14,000).[571]

Ein an das Tarifsystem gebundenes betriebliches Vorschlagswesen hingegen steht in positivem Zusammenhang zur Erfolgsbewertung der Unternehmen. Es zeigt sich im Rahmen des durchgeführten U-Tests, dass die Stichprobe von Unternehmen, die ein betriebliches Vorschlagswesen als Bestandteil des betrieblichen Entgeltsystems einführen, ihre wirtschaftliche Situation positiver bewerteten als sonstige Unternehmen, die in der anderen Stichprobe zusammengefasst werden. Der Unterschied zwischen den mittleren Rängen der Zielvariablen verdeutlicht jedoch, dass der Zusammenhang nicht stark ausgeprägt ist. Der U-Wert stützt dieses Ergebnis (Mann-Whitney-U=50,500).[572]

Die Untersuchung des Zusammenhang bisher analysierter Gruppenvariablen, die in Verbindung zur Erfolgsbewertung stehen, kommt zu dem Ergebnis, dass das Qualifikationsprofil in signifikantem Zusammenhang zur Nutzung von Techniken zur Kommunikation mit externen und internen Akteuren aber auch zu dem der Innovationsprojekte sowie zur Kooperation mit Forschungsinstituten steht. Hingegen kann kein Zusammenhang zwischen Forschungs- und Entwicklungskooperationen[573]

---

569 Vgl. Anhang R3.

570 Vgl. Anhang R3.

571 Zugleich ist das Signifikanzniveau mit 27,2 % zu hoch. (Vgl. Anhang R3.)

572 Vgl. Anhang R3.

573 Der hierzu durchgeführte χ^2-Test kam zu einem Ergebnis, das einen Zusammenhang aufzeigt. Das Signifikanzniveau des Ergebnisses konnte dieses jedoch nicht stützen. (Vgl. Anhang R3.)

oder dem betrieblichen Vorschlagswesen und dem Qualifikationsprofil nachgewiesen werden.[574]

Die Organisationsstruktur: Die organisatorische Einbindung betrieblicher Innovationsaktivitäten in die Unternehmen stellt den Kern der statistischen Analyse zur Organisationsstruktur dar. Weiterhin werden die Variablen „abteilungsübergreifende Entwicklungsteams", „Aufgabenintegration beim Werker" sowie „Formen der Fertigung bei der Herstellung des Hauptprodukts der Unternehmen" in die Untersuchung einbezogen.

Die Einbindung von Innovationsaktivitäten in den Unternehmen kann wiederum mit Hilfe von Kruskal-Wallis-Tests untersucht werden. Die Anzahl betriebsinterner Akteure an den Innovationsprojekten bestimmt die Stichproben. Nach der Zuweisung der mittleren Ränge für die Zielvariable „Erfolg" zeigt sich, dass sich mit zunehmender Beteiligung interner Akteure die Bewertung der wirtschaftlichen Situation verbessert. Die Werte der mittleren Ränge nehmen kontinuierlich zu. Der anschließende χ^2-Test untermauert das Ergebnis (χ^2=24,658)[575]

Die Analyse zur Funktion dieser Akteure kommt zu folgendem Resultat: Je intensiver die Geschäftsführung in die Projekte verwickelt ist, desto besser fällt die Erfolgsbeurteilung der Unternehmen aus (χ^2=26,373). Der höchste mittlere Rang für die Zielvariable Erfolg wird in der Stichprobe erreicht, in der die Geschäftsleitung die Leitung des Projekts übernimmt.

Ein etwas anderes Bild zeigt sich bei der Beteiligung von Mitarbeitern an den Innovationsprojekten. Je intensiver Unternehmen ihre Mitarbeiter in die Projekte einbinden, desto besser fällt die Beurteilung der wirtschaftlichen Situation aus. Wird diesen jedoch die Leitung an den Projekten übertragen, so hat dies negative Konsequenzen auf die Erfolgsbewertung der Unternehmen. Die Stichprobe in der Unternehmen zusammengefasst sind, die ihren Beschäftigten die Leitung von Innovationsprojekten übertragen, weist einen mittleren Rang für die Zielvariable aus, welcher nahezu dem entspricht, den die Stichprobe „keine Beteiligung" zeigt. Dieses Resultat wird durch das Ergebnis des anschließenden χ^2-Test untermauert (χ^2=35,615).[576]

Ein ebenfalls positiver Zusammenhang besteht zwischen der Intensität der Einbindung der von den Innovationsprojekten betroffenen Fachabteilungen und der Erfolgsbewertung. Dessen Intensität ist jedoch deutlich geringer als in den zuvor

574 Vgl. Anhang R3.

575 Vgl. Anhang R4.

576 Das Ergebnis des χ^2-test bewegt sich auf einem 0%igen Signifikanzniveau. (Vgl. Anhang R4.)

dargestellten Sachzusammenhängen. Auch dieses Ergebnis kann durch den χ^2-Test bestätigt werden (χ^2=15,851).[577]

Die Existenz abteilungsübergreifender Entwicklungsteams steht in keinem signifikanten Zusammenhang zur Beurteilung des Erfolgs durch die Unternehmen. Zwar zeigt ein Vergleich der mittleren Ränge an, dass die Stichprobe von Unternehmen, die diese Teams etablieren ihre wirtschaftliche Situation besser beurteilen als die Vergleichsstichprobe, jedoch kann dieses Ergebnis nicht durch den U-Wert gestützt werden. (Mann-Whitney-U = 14,000).[578]

Hingegen zeigt das Ergebnis der Analyse zur Aufgabenintegration einen positiven Zusammenhang zur Erfolgsbewertung auf. Unternehmen, die planende, kontrollierende und steuernde Aufgaben auf den Werker übertragen, bewerten ihren wirtschaftlichen Erfolg besser als andere Unternehmen dieses Untersuchungsclusters. Im Rahmen des durchgeführten U-Tests zeigt sich, dass die Stichprobe von Unternehmen, die den Werkern weit reichende Aufgaben übertragen, einen um den Faktor 2 höheren mittleren Rang aufweist als die Vergleichsstichprobe. Der U-Wert bestätigt dieses Ergebnis (Mann-Whitney-U=64,000).[579]

Kein Zusammenhang zeigt sich hingegen zwischen der Organisationsform der Produktion und der Erfolgsbewertung. Es wird untersucht, ob eine Gruppen- oder Inselfertigung auf der einen sowie eine Fließfertigung auf der anderen Seite in einem Zusammenhang zur Bewertung des wirtschaftlichen Erfolgs steht. Der Kruskal-Wallis-Test kommt zu dem Ergebnis, dass sich mit zunehmender Bedeutung der Gruppen- und Inselfertigung die Bewertung der wirtschaftlichen Situation verschlechtert. Der anschließende χ^2-Test stützt dieses Resultat jedoch nicht (χ^2=5,962).[580]

Die Untersuchung zur Fließfertigung kommt zu keinem Ergebnis, welches auf einen Zusammenhang zur Erfolgsbewertung schließen lässt.[581]

Von den analysierten Gruppenvariablen, die eine Verbindung zur Erfolgsbewertung aufweisen, steht die Einbindung betrieblicher Innovationsprojekte in die Unternehmen im Zusammenhang zur Qualifikationsstruktur. Je höher der Anteil formal qualifizierter Beschäftigter in den Unternehmen ist, desto breiter stellt sich die organisatorische Basis der betrieblichen Innovationsprojekte dar. Der mittlere Rang

577 Vgl. Anhang R4.

578 Vgl. Anhang R4.

579 Vgl. Anhang R4.

580 Vgl. Anhang R4.

581 Vgl. Anhang R4.

der Zielvariablen „Qualifikation“ nimmt stetig mit der Anzahl eingebundener betrieblicher Akteure zu. Das Ergebnis wird durch den anschließenden χ^2-Test gestützt (χ^2=23,921).[582]

Weitere signifikante Zusammenhänge zwischen Variablen zur Abbildung der Organisationsstruktur, die die Erfolgsbewertung der Unternehmen beeinflussen, und Variablen, die zur Darstellung des betrieblichen Informationsverhaltens verwendet wurden und ebenfalls in Zusammenhang zur Bewertung des wirtschaftlichen Erfolgs stehen, sind nicht festzustellen.[583]

Die folgende Tabelle bietet einen Überblick über die theoretisch erwarteten harmonischen Ausprägungen betriebsinterner Bestimmungsfaktoren im Reversal-/Recreation- Transformationstyp und deren Reflexion durch die Ergebnisse der statistischen Analyse.

582 Vgl. Anhang R4.

583 Vgl. Anhang R4.

Tab. E-4: Übersicht über die Analyseergebnisse zum Reversal-/Recreation- Transformationstyp

Typ	Theoretisch erwartete Ausprägung der Bestimmungsfaktoren, die in Zusammenhang zur Erfolgsbewertung der Unternehmen stehen	Operationalisierung	Bestätigung der Hypothese	Statistisches Verfahren	χ^2 und asymptotische Signifikanz	
					χ^2	Signifikanz
Reversal/ Recreation-Transformationstyp	formal qualifizierte Mitarbeiter	Anteil angestellter Mitarbeiter	ja	Kruskal Wallis H-Test	43,598	0,001
	intensive Nutzung betriebsexterner Informationsquellen	Einsatz von Techniken zur Unterstützung der betriebsexternen Kommunikation; strategische Allianzen;	ja	Kruskal Wallis H-Test	33,337	0,000
		FuE-Kooperation mit anderen Unternehmen	ja	Mann-Whitney U-Test	92,000 (U-Wert)	0,013
		Hohe Bedeutung strategischer Allianzen mit anderen Unternehmen	nein	Kruskal Wallis H-Test	32,500	0,464
		Anzahl von externen Akteuren in betrieblichen Innovationsprojekten	ja	Kruskal Wallis H-Test	16,521	0,000
		Nutzung eines WAN	nein	Mann-Whitney U-Test	14,000 (U-Wert)	0,272
		Einbindung von Systemanbietern in betrieblichen Innovationsprojekten	nein	Kruskal Wallis H-Test	1,359	0,381
		Einbindung von Unternehmensberatern in betrieblichen Innovationsprojekten	nein	Kruskal Wallis H-Test	2,338	0,257
	intensiver Kontakt zu wissenschaftlichen Forschungseinrichtungen im Rahmen eigener Forschung und Entwicklung	Bedeutung von wissenschaftlichen Forschungseinrichtungen in betrieblichen Innovationsprojekten	ja	Kruskal Wallis H-Test	21,332	0,005
	starke innerbetriebliche Kommunikation	Nutzung von Techniken zur Unterstützung der betriebsinternen Kommunikation	ja	Kruskal Wallis H-Test	27,754	0,006
		Aufgabenintegration beim Werker	ja	Mann-Whitney U-Test	64,000 (U-Wert)	0,039

Typ	Theoretisch erwartete Ausprägung der Bestimmungsfaktoren, die in Zusammenhang zur Erfolgsbewertung der Unternehmen stehen	Operationalisierung	Bestätigung der Hypothese	Statistisches Verfahren	χ^2 und asymptotische Signifikanz	
					χ^2	Signifikanz
Reversal/ Recreation-Transformationstyp	breite Beteiligung an betrieblichen Innovationsprojekten	Anzahl betriebsinterner Akteure an betrieblichen Innovationsprojekten	ja	Kruskal Wallis H-Test	24,658	0,004
		abteilungsübergreifende Entwicklungsteams	nein	Mann-Whitney U-Test	14,000 (U-Wert)	0,998
		Einbindung betroffener Fachabteilungen in betriebliche Innovationsprojekte	ja	Kruskal Wallis H-Test	15,851	0,047
		Einbindung betroffener Mitarbeiter in betriebliche Innovationsprojekte	ja	Kruskal Wallis H-Test	35,615	0,001
	zentrale Entscheidungsprozesse	Bedeutung der Geschäftsführung in betrieblichen Innovationsprojekten	ja	Kruskal Wallis H-Test	26,373	0,043

Betriebsexterne Bestimmungsfaktoren: Weder für die Branchenzugehörigkeit noch für die Größe der Untersuchten ist ein Zusammenhang zu einer der analysierten Gruppenvariablen festzustellen, die den Transformationserfolg bestimmen.[584] Zugleich stehen beide betriebsexternen Bestimmungsfaktoren in keinem Zusammenhang zur Erfolgsbewertung der Unternehmen.[585]

3.1.4 Der Muddling-Through- Transformationstyp

Insgesamt 46 von 88 Unternehmen, die zum Zeitpunkt der Erhebung 1995 einen Muddling-Through- Transformationstyp verfolgten, wurden bis dahin nicht gefördert. Das entspricht einem Anteil von 52,3 %. Damit liegt dieser deutlich über dem Anteil ungeförderter Unternehmen im Nucleus-Cluster (ca. 18,2 %) und geringfügig über dem im Reversal- und Recreation-Cluster (50 %). Im Vergleich zum Engpass-

---

584 Hierzu muss jedoch einschränken hinzugefügt werden, dass die Analyseergebnisse zu nominal skalierten Variablen vor dem Hintergrund einer sehr geringen Zellenbesetzung in den Kreuztabellen nicht als repräsentativ angesehen werden können. Daher leidet die Aussagekraft der Resultate für die Variablen „FuE-Kooperationen mit anderen Unternehmen", „betriebliches Vorschlagswesen" und „Aufgabenintegration beim Werker".

585 Jedoch stellt sich auch in diesem Zusammenhang das Problem, dass die Anzahl der Fälle in einzelnen Stichproben zur Branchenzugehörigkeit so gering ist, dass die Validität der Ergebnisse gelitten haben dürfte. (Vgl. Anhang R5.)

Cluster zeigt sich jedoch, dass der Anteil ungeförderter Unternehmen im Muddling-Through-Cluster geringer ausfällt als der im Engpass-Cluster (ca. 80,5 %). Die Erfolgsbeurteilung der Unternehmen des Muddling-Through-Clusters ist der folgenden Abbildung zu entnehmen.

Abb. E-27 Die wirtschaftliche Situation ungeförderter Unternehmen im Muddling-Through-Cluster

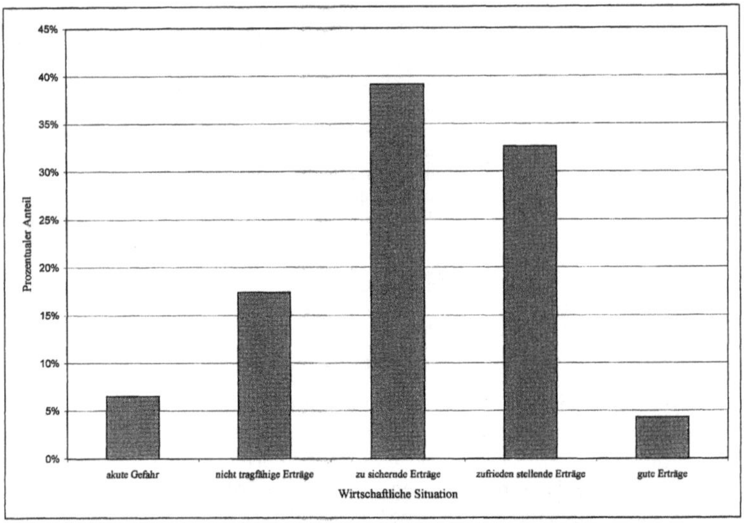

Auffallend ist der vergleichsweise hohe Anteil von Unternehmen, die ihren wirtschaftlichen Erfolg mit zufrieden stellend bezeichnen (ca. 33 %). Ca. 38 % aller Unternehmen gaben an, zufrieden stellende oder gute Erträge zu erwirtschaften.

Damit liegt deren Anteil über dem aller anderen untersuchten Untersuchungscluster.[586] Der Anteil von Unternehmen hingegen, die ihre wirtschaftliche Situation mit „akute Gefahr" oder „nicht tragfähige Erträge" beschreiben, liegt mit ca. 24 % unter dem aller anderen Transformationstypen.[587] Wie bereits im Nucleus- und im

---

586 Der Anteil von Unternehmen, die ihre wirtschaftliche Situation mit zufrieden stellend oder gut bewerten, liegt im Nucleus-Cluster bei ca. 35 %, im Engpass-Cluster bei ca. 35 % und im Reversal- oder Recreation-Cluster bei 28 % der ungeförderten Unternehmen.

587 Der Anteil von Unternehmen, die ihre wirtschaftliche Situation mit „akute Gefahr" oder „langfristig nicht tragfähig" bezeichnen, liegt im Nucleus-Cluster bei ca. 31 %, im Engpass-Cluster bei ca. 38 % und im Reversal- oder Recreation-Cluster bei 52 % der ungeförderten Unternehmen.

Engpass-Cluster gab der größte Teil dieser Untersuchungseinheit an, zu sichernde Erträge zu realisieren (ca. 39 %).[588]

Das Qualifikationsprofil der Beschäftigten: Der durchgeführte Kruskal-Wallis Test kommt zu dem Ergebnis, dass sich mit zunehmendem Anteil betriebsspezifisch qualifizierter Mitarbeiter die Erfolgsbewertung der Unternehmen verbessert. Jedoch fällt der positive Zusammenhang verhältnismäßig schwach aus. Die mittleren Ränge der Zielvariablen „Erfolg" steigen zwar kontinuierlich mit dem Anteil gewerblich Beschäftigter in den Stichproben an, jedoch fällt der Abstand geringer aus als in vergleichbaren Untersuchungen im Nucleus- oder Reversal-/ Receation-Cluster. Das Resultat des Tests wird durch den anschließenden χ^2-Test bestätigt (χ^2=13,714).[589] Dieses Ergebnis bedeutet zugleich, dass sich die Beurteilung der wirtschaftlichen Situation mit zunehmendem Anteil formal qualifizierter Beschäftigter verschlechtert.[590]

Das Informationsverhalten: Zur Abbildung des Informationsverhaltens der Unternehmen im Muddling-Through-Cluster werden Angaben der Unternehmen zur Nutzung betriebsinterner und -externer Kommunikationskanäle, zur Existenz eines betrieblichen Vorschlagswesens, zur Einbindung und Funktion betriebsexterner Akteure in betriebliche Innovationsprojekte sowie zur Einbindung der Unternehmen in strategische Allianzen herangezogen.

Die statistische Analyse kommt zu dem Ergebnis, dass kein Zusammenhang zwischen den Variablen, die die betriebsexterne Kommunikation abbilden, und der Bewertung des eigenen wirtschaftlichen Erfolgs besteht.[591] Dies betrifft die Anzahl der zum Einsatz gelangten Techniken zur externen Kommunikation sowie die Einbindung betriebsexterner Akteure in Innovationsprojekte der Unternehmen und die Einbindung in strategische Allianzen.

Zu einem anderen Resultat gelangen die Kruskal-Wallis-Tests zum Einfluss betriebsinterner Kommunikationskanäle auf die Erfolgsbewertung der Unternehmen. Der Einsatz von Techniken zur Unterstützung betriebsinterner Kommunikation wirkt sich positiv auf die Erfolgsbewertung der Unternehmen aus. So geht eine

---

588 Vergleicht man die Angaben aller Unternehmen, die eine Muddling-Through-Strategie verfolgen, mit der der ungeförderten insgesamt, so wird deutlich, dass die Unternehmen des Muddling-Through-Clusters deutlich häufiger angeben, „zu sichernde" (Gesamtheit 32 %) und „zufrieden stellende Erträge" (Gesamtheit 26 %) zu erwirtschaften. Der Anteil derer, die mitteilten, nicht tragfähige Erträge zu erzielen, ist hingegen deutlich geringer (Gesamtheit 25 %). Akut gefährdet zu sein (Gesamtheit 10 %) oder gute Erträge zu erwirtschaften (Gesamtheit 8 %) geben weniger Unternehmen an. (Vgl. Anhang M1.)

589 Vgl. Anhang M2.

590 Vgl. Anhang M2.

591 Vgl. Anhang M3.

kontinuierliche Zunahme der Anzahl von Kommunikationstechniken in den Stichproben mit einer stetigen Erhöhung der mittleren Ränge für die Zielvariable „Erfolg" einher. Der anschließende χ^2-Test stützt dieses Ergebnis (χ^2=16,639). Jedoch muss festgestellt werden, dass durch den geringen Abstand der mittleren Ränge für die Zielvariable der positive Zusammenhang schwach ausfällt.[592]

Mit Hilfe eines anschließenden U-Tests kann nachgewiesen werden, dass die Existenz eines an das Entgeltsystem gekoppelten betrieblichen Vorschlagswesens ebenfalls in positivem Zusammenhang zur Erfolgsbewertung der Unternehmen steht. Zwar stützte der U-Wert diese Erkenntnis (Mann-Whitney-U=150,000), jedoch fällt auch dieser Zusammenhang durch einen kleinen Abstand der mittleren Ränge in den beiden Stichproben gering aus.[593]

Betrachtete man den Zusammenhang untersuchter Gruppenvariablen untereinander, so wird deutlich, dass für keine der untersuchten Variablen ein Zusammenhang zur Qualifikation besteht.[594] Es zeigt sich zwar, dass mit zunehmender Nutzung von Techniken zur Unterstützung der internen Kommunikation der Anteil betriebsspezifisch qualifizierter Mitarbeiter steigt, jedoch kann dieses Ergebnis durch den anschließenden χ^2-Test nicht untermauert werden.[595]

<u>Die Organisationsstruktur:</u> Die Organisationsstruktur der Unternehmen des Muddling-Through-Clusters wird mittels der Variablen „Anzahl der betriebsinternen Akteure in betrieblichen Innovationsprojekten", Funktion der Geschäftsführung sowie der Mitarbeiter und Fachabteilungen in den Innovationsprojekten, „Aufgabenintegration beim Werker" sowie mit Hilfe von Informationen zur Fertigungsorganisation abgebildet.

Die Anzahl der an den Projekten beteiligten internen Akteure steht im signifikant negativen Zusammenhang zur Erfolgsbewertung. Je mehr von diesen beteiligt sind, desto schlechter wird die wirtschaftliche Situation der Unternehmen bewertet (χ^2=11,874).[596]

Zudem lässt sich feststellen, dass die Einbindung und Funktion der Mitarbeiter in positivem die der Geschäftsführung in negativem Zusammenhang zur Bewertung der wirtschaftlichen Situation steht. Die mittleren Ränge der Zielvariable „Erfolg"

---

592 Vgl. Anhang M3.

593 Vgl. Anhang M3.

594 Diese Aussage kann für den Zusammenhang zwischen der Qualifikationsstruktur und der Existenz eines betrieblichen Vorschlagswesens nur bedingt getroffen werden, da die Anzahl der Fälle in den Zellen der Kreuztabelle in vielen Fälle zu gering ist. Die Anzahl sollte mindestens 7 betragen, um valide Aussagen treffen zu können. (Vgl. Anhang M3.)

595 Vgl. Anhang M3.

596 Vgl. Anhang M4.

steigt kontinuierlich mit einem Bedeutungszuwachs der Mitarbeiter in den Innovationsprojekten. Eine zunehmende Einbindung der Geschäftsführung bewirkt hingegen eine Verschlechterung der Erfolgsbewertung. Der höchste mittlere Rang der Zielvariablen liegt in der Stichprobe vor, in der Unternehmen zusammengefasst sind, die die Geschäftsführung fallweise in die Projekte einbindet. Das bedeutet, dass Unternehmen, die ihre Geschäftsführung nicht in die Projekte einbinden, eine schlechtere Erfolgsbewertung vornehmen als diejenigen, die diese fallweise hinzuziehen.[597]

Die Einbindung und Funktion der betroffenen Fachabteilungen in die betrieblichen Innovationsprojekte steht ebenfalls in Verbindung zur Erfolgsbewertung. So zeigt die Stichprobe in der Unternehmen zusammengefasst sind, die den Fachabteilungen die Leitung der Innovationsprojekte überträgt, deutlich bessere Bewertungen der wirtschaftlichen Situation als diejenige, die diese als festen Bestandteil der Projektgruppe einbezieht. Auffallend ist, dass Unternehmen, die die Fachabteilungen nicht in die Projekte integrieren, eine bessere Erfolgsbewertung vornehmen, als die Unternehmen, die diese lediglich fallweise in die Innovationsprojekte einbeziehen.[598]

Die Übertragung planender, steuernder und kontrollierender Aufgaben auf den Werker bewirkt ebenfalls eine bessere Bewertung der wirtschaftlichen Situation durch die Unternehmen. So liegt der mittlere Rang der Zielvariablen „Erfolg" in der Stichprobe von Unternehmen, die diese Aufgabenintegration aufweisen, um ca. 240 % höher als in der Vergleichsstichprobe. Der errechnete U-Wert bestätigt das Ergebnis (Mann-Whitney-U=174,000).[599]

Die Organisationsform der Fertigung hingegen weist keinen Zusammenhang zur Erfolgsbeurteilung auf. Dies betrifft sowohl das Ergebnis zur Insel- oder Gruppenfertigung als auch das zur Fließfertigung.[600]

Die Gruppenvariablen, die Einfluss auf die Erfolgsbewertung der Unternehmen ausüben, stehen in keinem Zusammenhang zur Qualifikationsstruktur der Unternehmen oder zu Variablen, die das Informationsverhalten abbilden und in Verbindung zur Bewertung der wirtschaftlichen Situation stehen.[601]

Die folgende Tabelle bietet einen Überblick sowohl über die erwarteten harmonischen Ausprägungen der betriebsinternen Bestimmungsfaktoren im Muddling-Through- Transformationstyp als auch über die Ergebnisse der statistischen Reflexion.

---

597 Vgl. Anhang M4.

598 Vgl. Anhang M4.

599 Vgl. Anhang M4.

600 Vgl. Anhang M4.

601 Vgl. Anhang M4.

Tab. E-5: Übersicht über die Analyseergebnisse zum Muddling-Through- Transformationstyp

Typ	Theoretisch erwartete Ausprägung der Bestimmungsfaktoren, die in Zusammenhang zur Erfolgsbewertung der Unternehmen stehen	Operationalisierung	Bestätigung der Hypothese	Statistisches Verfahren	χ^2 und asymptotische Signifikanz	
					χ^2	Signifikanz
Mud-dling-Through-Transformationstyp	betriebsspezifisch qualifizierte Mitarbeiter	Anteil gewerblicher Mitarbeiter	ja	Kruskal Wallis H-Test	13,714	0,041
	starke innerbetriebliche Kommunikation	Nutzung von Techniken zur Unterstützung der betriebsinternen Kommunikation	ja	Kruskal Wallis H-Test	16,639	0,039
	breite Beteiligung an betrieblichen Innovationsprojekten	Anzahl von betriebsinternen Akteuren an betrieblichen Innovationsprojekten	nein	Kruskal Wallis H-Test	11,847	0,047
		Einbindung betroffener Mitarbeiter in betrieblichen Innovationsprojekten	ja	Kruskal Wallis H-Test	5,578	0,049
		Einbindung betroffener Fachabteilungen in betrieblichen Innovationsprojekten	ja	Kruskal Wallis H-Test	12,547	0,040
		Anzahl externer Akteure an betrieblichen Innovationsprojekten	nein	Kruskal Wallis H-Test	8,497	0,227
		Einbeziehung von wissenschaftlichen Forschungseinrichtungen an betrieblichen Innovationsprojekten	nein	Kruskal Wallis H-Test	0,985	0,497
		Einbeziehung von Systemanbietern an betrieblichen Innovationsprojekten	nein	Kruskal Wallis H-Test	13,547	0,672
		Einbeziehung von Unternehmensberatern an betrieblichen Innovationsprojekten	nein	Kruskal Wallis H-Test	4,973	0,891
		Aufgabenintegration beim Werker	ja	Mann-Whitney U-Test	174,00 (U-Wert)	0,048
	entgeltgebundenes Anreizsystem zur Beteiligung an betrieblichen Innovationsprojekten	Existenz eines Entgeltgebundenen Vorschlagswesens	ja	Mann-Whitney U-Test	150,00 (U-Wert)	0,044
	zentrale Entscheidungskompetenzen	Bedeutung der Geschäftsführung bei betrieblichen Innovationsprojekten	ja	Kruskal Wallis H-Test	9,840	0,050

Externe Bestimmungsfaktoren: Die Untersuchungsergebnisse zeigen auf, dass kein Zusammenhang zwischen der Unternehmensgröße oder der Branchenzugehörigkeit und der Erfolgsbewertung der Unternehmen besteht.[602]

Die Variablen, die betriebsinterne Bestimmungsfaktoren von Innovationsaktivitäten abbilden und in Verbindung zum Transformationserfolg der Unternehmen stehen, weisen ebenfalls, wie auch im Rahmen der Untersuchungen zu anderen Transformationstypen, keinen Zusammenhang zur Größe oder Branchenzugehörigkeit der Unternehmen auf.[603]

3.1.5 Zentrale Ergebnisse des ersten Analysebereichs

Die Ergebnisse der bisherigen statistischen Analyse unterstützten im Wesentlichen die in Abb. C-4 hypothesenhaft dargestellten Zusammenhänge zwischen den Ausprägungsmustern von Bestimmungsfaktoren betrieblichen Innovationsaktivitäten und dem wirtschaftlichen Erfolg der Unternehmen in den verschiedenen Transformationstypen.[604]

So zeigt sich, dass die Bewertung des wirtschaftlichen Erfolgs durch die Unternehmen des Untersuchungssamples dann besser ausfällt, wenn einzelne Bestimmungsfaktoren betrieblicher Innovationsaktivitäten eine zum Transformationstyp harmonische Ausprägung aufweisen.

Die statistische Überprüfung zeigt, dass Unternehmen, die einen Nucleus- Transformationstyp aufweisen, dann ihren wirtschaftlichen Erfolg besser bewerten, wenn ihre Innovationsaktivitäten auf einen Funktionsbereich beschränkt sind und diesem auch die Leitung von Innovationsprojekten übertragen wird. Unternehmen des Untersuchungssamples, die von Innovationsprojekten betroffene Fachabteilungen intensiver in diese einbinden bewerten ihren wirtschaftlichen Erfolg besser, als Unternehmen, die dies weniger intensiv praktizieren. Die Einbindung und Funktion der Geschäftsführung in den Projekten, stand hingegen in keinem Zusammenhang zur Erfolgsbewertung.

Auch im Rahmen des betrieblichen Informationsverhaltens bestätigten sich weitgehend die im Theorieteil formulierten Sachzusammenhänge. So zeigte sich, dass die

602 Vgl. Anhang M5.

603 Die Analyse des Zusammenhangs zwischen der Branchenzugehörigkeit und der Anzahl von eingesetzten Techniken zur internen Kommunikation kommt zu dem Ergebnis, dass sich die verschiedenen Branchen zwar deutlich im Einsatz unterscheiden, jedoch stützt der anschließende χ^2-Test das Analyseergebnis nicht. (Vgl. Anhang M5.)

604 Es muss nochmals darauf hingewiesen werden, dass vor dem Hintergrund der mitunter geringen Besetzung gebildeten Stichproben die Repräsentativität der Untersuchungsergebnisse leidet. In den Fällen, in denen die Zellenbesetzung geringer als 5 ist, können gelten die getroffenen Aussagen nur für das zugrundegelegte Untersuchungssample.

Anzahl externer Akteure, die in betriebliche Innovationsprojekte eingebunden waren, in positivem Zusammenhang zur Erfolgsbewertung stand. Die Funktion, die diese einnehmen spielt jedoch lediglich bei Forschungsinstituten eine Rolle. So stellte sich heraus, dass Unternehmen, die Forschungsinstitute regelmäßig in betriebliche Innovationsprojekte integrieren ihren wirtschaftlichen Erfolg besser bewerten als andere Unternehmen. Darüber hinaus zeigte sich jedoch, dass die Unternehmensstichprobe, die den Forschungsinstituten die Leitung der Projekte übertrug, ihren Erfolg am schlechtesten beurteilten.

Als besonders interessant erscheint in diesem Zusammenhang, dass Unternehmen des Untersuchungssamples mit zunehmendem Anteil formal qualifizierter Mitarbeiter zunehmend bereit sind Forschungsinstitute in betriebliche Innovationsprojekte zu integrieren. Beide Faktoren stehen in positivem Zusammenhang zur Erfolgsbewertung durch diese Unternehmen.

Der erste Hypothesenkomplex kann somit weitgehend für Unternehmen, die einen Nucleus- Transformationstyp verfolgen, als bestätigt angenommen werden, da der Erfolg von den Unternehmen umso positiver eingeschätzt wird, je höher der Anteil formal qualifizierter Mitarbeiter ist, je intensiver die betriebsexterne Kommunikation im Rahmen der betrieblichen Innovationsprojekte ist und je intensiver die Projekte auf einzelne Funktionsbereiche im Unternehmen konzentriert sind.

Die empirische Analyse, die im Rahmen des Engpass-Clusters durchgeführt wurde, führten überwiegend nicht zu einer Bestätigung der theoretisch untermauerten Erwartungen über die harmonische Ausprägung der Bestimmungsfaktoren betrieblicher Innovationsaktivitäten. Lediglich einzelne Variablen zur Abbildung des Informationsverhaltens stehen in Zusammenhang zur Erfolgsbewertung durch die Unternehmen des Untersuchungssamples. So zeigte sich, dass Unternehmen ihren Erfolg umso höher bewerten, je mehr Techniken zur Unterstützung der betriebsexternen und betriebsinternen Kommunikation eingesetzt werden und je intensiver die Bedeutung strategischer Allianzen ist.

Ein gänzlich anderes Bild zeigt sich für das Untersuchungscluster, in dem Unternehmen zusammengefasst wurden, die einen Reversal- oder Recreation- Transformationstyp verfolgen. Im Rahmen der statistischen Analyse zeigten sich die meisten untersuchten Sachzusammenhänge zwischen der Ausprägung von Bestimmungsfaktoren betrieblicher Innovationsaktivitäten und der Erfolgsbewertung als signifikant.

So bestätigte sich, dass der Anteil der formal qualifizierten Mitarbeiter in positivem Zusammenhang zur Erfolgsbewertung steht. Zugleich weisen Unternehmen mit zunehmendem Anteil formal qualifizierter Mitarbeiter eine signifikant höhere betriebsexterne Kommunikationsbereitschaft auf. Je mehr formal qualifizierte Mitarbeiter beschäftigt sind, desto intensiver gestaltet sich sowohl die Nutzung von Techniken zur Unterstützung der Kommunikation nach innen und außen als auch die Einbindung betriebsexterner Akteure in Innovationsprojekte der Unternehmen.

Darüber hinaus steht die Qualifikation der Beschäftigten in Zusammenhang zur Einbindung von Forschungsinstituten in betriebliche Innovationsprojekte.

Es zeigte sich, dass diese Bestimmungsfaktoren ebenfalls in Zusammenhang zur Erfolgsbewertung der Unternehmen stehen. Da sich offensichtlich die Qualifikationsstruktur und die Ausprägungen der Variablen, die das betriebliche Informationsverhalten abbilden, gegenseitig beeinflussen, kann hier von einem Ausprägungsmuster von Bestimmungsfaktoren gesprochen werden, welches in positivem Zusammenhang zur Erfolgsbewertung der Unternehmen des Samples steht.

Weitere Variablen zur Darstellung des betrieblichen Informationsverhaltens, wie Forschungs- und Entwicklungskooperationen oder ein betriebliches Vorschlagswesen, stehen zwar ebenfalls in Zusammenhang zur Erfolgsbewertung, jedoch entziehen sich die Variablen dem Einfluss der Qualifikationsstruktur.

Neben der Qualifikationsstruktur der Beschäftigten und dem Informationsverhalten der Unternehmen steht auch die Organisationsstruktur der erfassten Unternehmen in Zusammenhang zu deren Erfolgsbewertung. So konnte nachgewiesen werden, dass Unternehmen, die ihre betrieblichen Innovationsprojekte auf eine breite organisatorische Basis stellen ihre wirtschaftliche Situation signifikant besser beurteilen als andere Unternehmen. Innerhalb des Untersuchungssamples verbesserte sich die Erfolgsbewertung der Unternehmen, je mehr innerbetriebliche Akteure sich an den Innovationsprojekten der Unternehmen beteiligten.

Die Analyse zur Funktion der verschiedenen Akteure in den Projekten kam zu dem Ergebnis, dass die Funktion, die die Geschäftsführung, die Fachabteilungen und die betroffenen Mitarbeiter in den Innovationsprojekten einnehmen, in signifikantem Zusammenhang zur Erfolgsbewertung steht. So stellt die feste Einbindung von Mitarbeitern und Fachabteilungen einen Erfolgsfaktor für die Unternehmen dar. Im Rahmen der Untersuchungen zur Funktion der Geschäftsführung zeigt sich, dass die Stichprobe, in der Unternehmen zusammengefasst wurden, die der Geschäftsführung die Leitung der Projekte übertrug, ihren Erfolg am höchsten bewertete.

Ein Zusammenhang zwischen der Organisationsstruktur und anderen Bestimmungsfaktoren betrieblicher Innovationsaktivitäten konnte ausschließlich zwischen der Anzahl betriebsinterner Akteure, die an Innovationsprojekten beteiligt sind, und der Qualifikationsstruktur der Mitarbeiter festgestellt werden.

Somit zeigt sich wie bereits beim Nucleus-Cluster, dass die Organisationsstruktur der untersuchten Unternehmen weitgehend nicht in Zusammenhang zur Ausprägung anderer Bestimmungsfaktoren betrieblicher Innovationsaktivitäten steht.

Die theoretisch formulierte Erwartung, dass ein hoher Anteil betriebsspezifisch qualifizierter Mitarbeiter in Zusammenhang zur Erfolgsbewertung der Unternehmen steht hat sich für die Unternehmen des Datensatzes, die einen Muddling-Through-Transformationstyp verfolgen, bestätigt. Die Untersuchungen über den Zusammenhang zu anderen Bestimmungsfaktoren betrieblicher Innovationsaktivitäten kamen zu dem Ergebnis, dass im Gegensatz zum Nucleus- oder Reversal-/Recreationcluster, mit zunehmendem Anteil betriesspezifisch qualifizierter Mitarbeiter das Informationsverhalten nicht verändert.

Das betriebsexterne Informationsverhalten steht in keinem Zusammenhang zur Erfolgsbewertung der Unternehmen. Dies gilt für den Einsatz von Techniken zur Unterstützung der betriebsexternen Kommunikation, sowie die Einbindung von externen Akteuren in betriebliche Innovationsprojekte als auch für die Beteiligung an strategischen Allianzen oder Forschungs- und Entwicklungskooperationen. Die überwiegende Zahl der Variablen hingegen, die das betriebsinterne Informationsverhalten abbilden, beeinflussen die Bewertung des wirtschaftlichen Erfolgs der Unternehmen. Dies betrifft die Anzahl von Techniken zur Unterstützung der betriebsinternen Kommunikation sowie die Existenz eines betrieblichen Vorschlagswesens.

Auch die Variablen zur Darstellung der Organisationsstruktur zeigen keine Zusammenhänge zu sonstigen Bestimmungsfaktoren betrieblicher Innovationsaktivitäten, wohl aber zur Erfolgsbewertung der Unternehmen. So konnte nachgewiesen werden, dass sich die Bewertung der wirtschaftlichen Situation verschlechtert, je breiter die betriebsinterne Beteiligung an Innovationsprojekten ausfällt. Die Funktion, die interne Akteure einnehmen, steht ebenfalls in Zusammenhang zur Erfolgsbewertung. So zeigte sich, dass die Bedeutung der Geschäftsführung in negativen, die der Mitarbeiter oder der Fachabteilungen hingegen in positiven Zusammenhang zur Erfolgsbewertung steht.

Hieraus lässt sich der Schluss ziehen, dass Unternehmen des Untersuchungssamples, die einen Transformationstyp des Muddling-Through verfolgen, dann größeren Erfolg aufweisen, wenn Innovationsaktivitäten dezentral durchgeführt werden und weitgehend in der Verantwortung von Fachabteilungen und Mitarbeitern liegen.

Da eine Übertragung von planenden, steuernden und kontrollierenden Aufgaben auf den Werker ebenfalls die Erfolgsbewertung der Unternehmen beeinflusst, lässt sich der Schluss ziehen, dass eine breite betriebsspezifische Qualifikation der Mitarbeiter, denen zugleich eine hohe Bedeutung im Rahmen betrieblicher Innovationsprojekte zukommt, in Zusammenhang zur eigenen Erfolgsbewertung der Unternehmen des Untersuchungssamples stehen. Dies entspricht weitgehend den literaturgestützten Erwartungen. Die im ersten Hypothesenkomplex formulierten Sachzusammenhänge können somit im Wesentlichen als bestätigt angenommen werden.

In jedem Untersuchungscluster wurde analysiert, ob die Größe oder die Branchenzugehörigkeit der Unternehmen in Zusammenhang zur Erfolgsbewertung stehen oder die Variablen beeinflussen, die die Bestimmungsfaktoren betrieblicher Innovationsaktivitäten abbilden. Es konnte nachgewiesen werden, dass beide betriebsexternen Bestimmungsfaktoren betrieblicher Innovationsaktivitäten weder die Zielvariable „Erfolg" noch die Gruppenvariablen beeinflussen, die sich aus den internen Bestimmungsfaktoren ergeben. Auf der Basis dieses Ergebnisses kann ausgeschlossen werden, dass durch die Ausprägung der Größe oder Branchenzugehörigkeit die Resultate der empirischen Untersuchungen zum ersten Hypothesenkomplex verfälscht sind.

Es zeigte sich, dass Unternehmen des Untersuchungssamples, die eine Nucleus-, eine Reversal-/Recreation- oder einen Muddling-Through- Transformationstyp verfolgen, ihren wirtschaftlichen Erfolg dann besser bewerten, wenn die Ausprägung der Bestimmungsfaktoren betrieblicher Innovationsaktivitäten harmonisch ist. Die Untersuchungen zum Engpass- Transformationstyp konnten lediglich für einzelne Variablen, die das betriebliche Informationsverhalten abbilden, eine Verbindung zur Erfolgsbewertung der Unternehmen bestätigen.[605]

Es konnte zudem nachgewiesen werden, dass Unternehmen, die einen Nucleus- oder Reversal-/Recreation- Transformationstyp verfolgen ein umso intensiveres Informationsverhalten zeigten, desto höher der Anteil formal qualifizierter Mitarbeiter war. Für Unternehmen, die eine Engpass- oder einen Muddling-Through-Transformationstyp verfolgen, konnte dieser Zusammenhang nicht festgestellt werden.

Es sei jedoch nochmals abschließend festgestellt, dass einzelne Untersuchungsschritte zum ersten Analysebereich auf einer sehr geringen Anzahl von Fällen in der statistischen Analyse beruhen. Die Repräsentativität der gewonnenen Ergebnisse ist hierdurch eingeschränkt. Im weiteren Verlauf der Arbeit wird jedoch unterstellt, dass die harmonische Einbindung der Innovationsaktivitäten in den Transformationstyp der Unternehmen in signifikantem Zusammenhang zu deren Erfolgsbewertung steht.

605 Eine mögliche Begründung für die im Vergleich zu anderen Strategietypen schwache Bestätigung des Harmoniegedankens könnte in einer geringeren Bedeutung der Innovationsaktivitäten für die betriebliche Transformation liegen. Hierdurch hätte die Ausprägung der Variablen, die die Bestimmungsfaktoren betrieblicher Innovationsaktivitäten abbilden, weniger Einfluss auf die Erfolgsbewertung der Unternehmen als in Strategien, bei denen der Wandlungsprozess auf den Innovationsaktivitäten aufbaut. Da jedoch die Bedeutung der Innovationsaktivitäten für die betriebliche Transformation nicht Gegenstand der dieser zu Grunde liegenden Fragestellung ist, wird dieser Aspekt nicht weiter beleuchtet.

3.2 Transformationstypen und Innovationsaktivitäten der Unternehmen im Einflussbereich der betrieblichen Technologieförderung – der zweite Analysebereich

Nachdem sich gezeigt hat, dass die harmonische Einbettung der Innovationsaktivitäten in den Transformationstyp der Unternehmen in Zusammenhang zum Erfolg des betrieblichen Wandlungsprozesses steht, soll im folgenden Untersuchungsabschnitt analysiert werden, ob die beiden Aspekte des Harmoniegedankens unter dem Einfluss der verschiedenen Instrumente zur betrieblichen Technologieförderung stehen.

Der analytische Rahmen wird durch die im 4. Kapitel formulierten Hypothesen 2 bis 6 gespannt, die zum zweiten Hypothesenkomplex zusammengefasst wurden. Diese lauten wie folgt:

- Hypothese 2: Die direkt Projektförderung beeinflusst Unternehmen, ihren Transformationstyp zu ändern;
- Hypothese 3: Unternehmen, die im Rahmen der Personalkostenzuschüsse gefördert wurden, verfügen über relativ mehr Mitarbeiter mit einem hohen formalen Qualifikationsniveau als ungeförderte Unternehmen;
- Hypothese 4: Die Verbundforschungsförderung beeinflusst Unternehmen, ihren Transformationstyp zu verändern;
- Hypothese 5: Unternehmen, die Im Rahmen von Programmen zur Verbundforschungsförderung gefördert wurden, weisen eine höhere Kooperationsbereitschaft auf;

Während im Rahmen der statistischen Analyse zum ersten Hypothesenkomplex ausschließlich die Erhebung aus dem Jahre 1995 zu Grunde lag und somit eine Zeitpunktbetrachtung vollzogen wurde, wird nunmehr eine Zeitraumbetrachtung in die Analyse integriert, da die Veränderung des Transformationstyps oder der Bestimmungsfaktoren zwischen zwei Erhebungen Gegenstand der Untersuchung ist. Hierbei wird untersucht, ob Unternehmen zum Zeitpunkt t_0 vor der Förderung einen anderen Transformationstyp verfolgten – oder eine andere Ausprägung von Bestimmungsfaktoren betrieblicher Innovationsaktivitäten aufweisen – als zum Zeitpunkt t_1 nach der Förderung.

Im Rahmen der statistischen Analyse stellt sich das Problem, dass einige der in den Erhebungen 1993, 1995 und 1997 erfassten Unternehmen durch mehrere Instrumente der betrieblichen Technologieförderung bezuschusst wurden. Hierdurch tritt das Problem auf, dass der Einfluss einzelner Instrumente auf die Bestimmungsfaktoren betrieblicher Innovationsaktivitäten dann nicht aufgezeigt werden kann, wenn gemeinsam ausgereichte Mittel auf die Veränderung des gleichen Bestimmungsfaktors abzielen. Aus diesem Grunde konzentriert sich die statistische Untersuchung auf

Unternehmen, die ausschließlich durch ein Instrument gefördert wurden. Alle Unternehmen, die eine Parallelförderung erhielten, werden dann ausgeklammert, wenn der zu untersuchende Bestimmungsfaktor im förderstrategischen Einflussbereich mehrerer Instrumente liegen könnte.[606]

Darüber hinaus werden lediglich Variablen in die Analyse einbezogen, die in einem signifikanten Sachzusammenhang zur Erfolgsbewertung der Unternehmen stehen.[607]

Im ersten Teil dieses Kapitels werden die Ergebnisse der Untersuchung zu den Hypothesen 2 und 4 präsentiert, die einen Sachzusammenhang zwischen der Ausreichung von Mitteln aus der direkten Projektförderung oder aus der Verbundforschungsförderung und dem Wechsel des Transformationstyps formulieren. Im zweiten Teil wird diskutiert, welche Auswirkungen die Förderung auf die Ausprägung der Bestimmungsfaktoren betrieblicher Innovationsaktivitäten hat. Gegenstand der Untersuchungen sind hierbei die Hypothesen 3, 5 und 6. Im letzten Teil werden die Ergebnisse der Untersuchungen zum zweiten Hypothesenkomplex zusammengefasst.

Hierbei stellt sich das Problem, dass eine Analyse darüber, ob die Unternehmen ursächlich durch die Förderung veranlasst wurden entweder der Typ oder die Bestimmungsfaktoren betrieblicher Innovationsaktivitäten zu ändern, Informationen über die Motivationsstruktur der Unternehmen und die Bedeutung der Förderung beim Wechsel abgefragt werden müssen. Diese Informationen lagen jedoch nicht vor.

Bei der Interpretation der Analyseergebnisse stellt sich folgendes Problem: Um darstellen zu können, ob die Unternehmen durch die Förderung veranlasst werden ihren Transformationstyp oder die Bestimmungsfaktoren betrieblicher Innovationsaktivitäten zu ändern, sind Informationen zur Motivation des Änderungsverhaltens sowie zur Funktion, die die betriebliche Technologieförderung hierbei einnimmt, notwendig. Im Rahmen der Unternehmensbefragungen wurde dies nicht erfasst. Somit ergibt sich das Problem, dass die darzustellenden empirischen Befunde noch keine Kausalität in dem Sinne implizieren können, dass in jedem Falle die Förderung zu einer Veränderung des Transformationstyps der Unternehmen oder der Bestimmungsfaktoren betrieblicher Innovationsaktivitäten führt. Somit sind in diesem Zusammenhang zwei Fälle zu unterscheiden:

606 Eine Parallelförderung erhielten 1992 bis 1993 insgesamt 39 Unternehmen, 1994 bis 1995 50 und 1996 bis 1997 52 Unternehmen (Vgl. Anhang F2).

607 Grundlage dieses Analyseschritts stellen somit die Ergebnisse der Untersuchungen zum ersten Hypothesenkomplex dar.

- Die Veränderung des Transformationstyps oder der Bestimmungsfaktoren wäre auch ohne die Bezuschussung durch die betriebliche Technologieförderung vorgenommen worden. (Mitnahmeeffekt)
- Die Veränderung des Transformationstyps der Unternehmen oder der Bestimmungsfaktoren betrieblicher Innovationsaktivitäten ist erfolgt, weil die Unternehmen hierfür eine staatliche Bezuschussung erhielten.

Im ersten Fall hätte die betriebliche Technologieförderung keinen Einfluss auf die Innovationsentscheidungen der Unternehmen. Damit würde die betriebliche Technologieförderung das eingangs diskutierte Ziel, nämlich Einfluss auf die Innovationsentscheidungen der Unternehmen zu nehmen, um somit Hilfestellung bei der Unternehmenstransformation zu leisten, nicht erfüllen. Darüber hinaus hätte die Förderung auch keine Auswirkungen auf die diskutierte Harmonie von Transformationstypen und Innovationsaktivitäten.

Da Mitnahmeeffekte generell schwierig zu operationalisieren sind und für diese Untersuchung auf Basis der zur Verfügung stehenden Datenbasis nicht darstellbar sind, wird hier auf Ergebnisse empirischer Untersuchungen zurückgegriffen, die zu dem Ergebnis gelangen, dass 60 %-80 % der Unternehmen als Förderempfänger ohne die gewährten Fördermittel keine Investitionen durchführen würden.[608] Somit wird für den weiteren Verlauf der Untersuchung für die Mehrheit der erfassten Fälle unterstellt, dass durch die Förderung keine Mitnahmeeffekte auftraten. Somit würde der dargestellte zweite Fall vorliegen.

3.2.1 Transformationstypen der Unternehmen im Einflussbereich der betrieblichen Technologieförderung

Die Hypothesen 2 und 4 beschreiben einen Zusammenhang zwischen dem betrieblichen Transformationstyp und der Ausreichung der Mittel aus den Programmen zur direkten Projektförderung bzw. zur Verbundforschungsförderung. Eine Überprüfung der Hypothese 4 trifft auf das Problem, dass alle Unternehmen, die Mittel aus der Verbundforschungsförderung erhielten, in allen Erhebungen zugleich auch im Rahmen der direkten Projektförderung bezuschusst wurden. Daher ist eine separate Analyse zum Einfluss der Verbundforschungsförderung auf den Transformationstyp der Unternehmen nicht möglich.[609] Da jedoch beide Förderinstrumente die

---

608 Vgl. IFO Institut für Wirtschaftsforschung, BIFEGO: Abschlussbericht zum Forschungsbericht Gesamtwirtschaftliche Wirkungen der Existenzgründungspolitik sowie Entwicklung der mit öffentlichen Mittel – insbesondere Eigenkapitalhilfe – geförderter Unternehmensgründungen, München 1990, S. 26ff; sowie: Schinkel, F.: Auswirkungen der Existenzgründungsprogramme – Erfahrungen der Betriebe in der Praxis, Heft 40 – Beiträge zur Mittelstandsforschung, Göttingen 1980.

609 Da beide Instrumente zum Teil die gleiche förderstrategische Zielstellung verfolgen, könnte eine Berücksichtigung von Unternehmen, die Mittel aus beiden Förderinstrumenten erhielten, die Ergebnisse der statistischen Analyse verfälschen. Aus diesem Grunde werden in der gesamten

gleiche Wirkung auf den Transformationstyp ausüben sollen, bietet sich zunächst eine gemeinsame statistische Behandlung in einem Analyseschritt an. Da die Mehrheit der erfassten Unternehmen dieses Untersuchungsclusters ausschließlich aus Programmen zur direkten Projektförderung bezuschusst wurden, kann eine im Anschluss durchgeführte, separate statistische Behandlung dieser Unternehmen Aufschluss darüber geben, ob durch die Hinzuziehung der parallelgeförderten Unternehmen das Ergebnis der empirischen Untersuchung abweicht.

Im Rahmen der durchgeführten Analyse wird in einem ersten Schritt die Clusterzugehörigkeit der Unternehmen in den zu Grunde liegenden Erhebungen der Jahre 1993, 1995 und 1997 in Beziehung zur Ausreichung von Mitteln in den jeweiligen Vorjahren gesetzt.[610] Hierdurch kann analysiert werden, ob die Ausreichung von Fördermitteln in Zusammenhang zum Transformationstyp der Unternehmen steht. Der erste Analyseschritt stellt somit die Basis für die Veränderungsuntersuchung im zweiten Analyseschritt dar.

Für alle Erhebungsjahre weist der durchgeführte χ^2-Test einen signifikanten Zusammenhang zwischen der Ausreichung von Mitteln aus den genannten Instrumenten und der Besetzung der Strategiecluster auf.[611] Zum gleichen Ergebnis gelangt die Untersuchung von Unternehmen, die ausschließlich Zuschüsse aus Programmen zur direkten Projektförderung erhielten.[612]

Hierdurch stellt sich zwar heraus, dass der Transformationstyp zu einem bestimmten Zeitpunkt in Zusammenhang zur Förderung in der Vorperiode steht, jedoch können keine Aussagen darüber getroffen werden, ob Unternehmen nach der Ausreichung der Fördermittel beeinflusst werden, ihren Transformationstyp zu ändern.

Aus diesem Grunde wird in einem zweiten Analyseschritt das Wechselverhalten nach der Ausreichung der Fördermittel untersucht. Unternehmen, die in diese Analyse einbezogen werden, erhielten vor dem Untersuchungszeitraum keine Mittel aus den genannten Programmen und wurden zwischen den Erhebungsjahren gefördert.

Untersuchung ausschließlich Unternehmen einbezogen, die Zuschüsse aus lediglich einem Instrument erhielten.

610 So wird untersucht, ob die Ausreichung von Mitteln aus der direkten Projektförderung oder der Verbundforschungsförderung in den Jahren 1992 und 1993 die Besetzung der Strategiecluster in der Erhebung 1993 beeinflusst. Darüber hinaus wird analysiert, ob eine Zuwendung aus den Jahren 1994 und 1995 in Zusammenhang zur Clusterzugehörigkeit in 1995 steht. Die Besetzung der Strategiecluster 1997 wird auf der Basis einer Ausreichung von Mitteln in 1996 und 1997 analysiert.

611 Besonders auffallend ist das hohe Signifikanzniveau der Ergebnisse, welches eine Fehlerwahrscheinlichkeit zwischen 0 und 3 % für die dargestellten Ergebnisse aufzeigt. (Vgl. Anhang DP1.)

612 Vgl. Anhang DP1.

Von 111 Unternehmen, die zwischen 1992 und 1993 keine direkte Projekt- oder Verbundforschungsförderung erhielten[613], wurden 71 zwischen 1994 und 1995 ausschließlich durch diese Instrumente gefördert.[614] Diese bilden das Untersuchungssample für den nächsten Analyseschritt.

Insgesamt 65 Unternehmen dieses Samples änderten nach erhaltener Förderung ihren Transformationstyp. 22 von diesen wechselten von einem Engpass- zu einem Reversal-/ Recreation- Transformationstyp. Weitere 27 Unternehmen dieses Untersuchungssamples wiesen vor der Förderung einen Transformationstyp des Muddling-Through und nach Ausreichung einen Nucleus- Transformationstyp auf. Von einem Engpass- zu einem Nucleus- Transformationstyp wechselten 10 Unternehmen des Datensatzes. [615]

Ca. 92 % der Unternehmen des Untersuchungssamples wiesen vor der Förderung einen Transformationstyp auf, der durch defensiv ausgerichtete Innovationsaktivitäten untermauert war. Deren Anteil reduzierte sich nach der Ausreichung der Mittel auf ca. 13 %.

Für den Untersuchungszeitraum 1995 bis 1997 zeigt sich ein ähnliches Bild. 82 Unternehmen wurden zwischen 1994 und 1995 nicht durch die direkte Projekt- oder Verbundforschungsförderung bezuschusst und erhielten zwischen 1996 und 1997 ausschließlich Mittel aus diesen Programmen. Von diesen wechselten 62 nach erhaltener Förderung ihren Transformationstyp. Dies entspricht einem Anteil von ca. 76 %.

Insgesamt 22 Unternehmen wechselten nach erhaltener Förderung von einem Engpass- zu einem Reversal-/Recreation- Transformationstyp. Weitere 34 Unternehmen, die vor der Ausreichung von Mitteln aus der direkten Projektförderung einen Muddling-Through- Transformationstyp verfolgten, weisen danach einen Nucleus-Transformationstyp auf. 17 Unternehmen hingegen verfolgten vor und nach der Förderung einen Nucleus- Transformationstyp.[616]

---

613 Vgl. Anhang F2, 1.Spalte.

614 Um auszuschließen, dass ausgereichte Mittel der indirekten oder indirekt-spezifischen Förderung Einfluss auf das Ergebnis dieses Analyseschritts nehmen, wurde sich lediglich auf Unternehmen konzentriert, die ausschließlich Mittel aus der direkten Projektförderung oder der Verbundforschungsförderung erhielten.

615 Andere Zellen der Kreuztabelle waren mit weniger als 5 Fällen zu gering besetzt, um valide Aussagen über das Wechselverhalten treffen zu können. (Vgl. Anhang DP2.)

616 Vgl. Anhang DP2.

Der Anteil von Unternehmen, der einen Transformationstyp verfolgt, der durch defensiv ausgerichtete Innovationsaktivitäten untermauert ist, reduziert sich von ca. 78 % vor der Förderung auf ca. 7 % danach.

Die Ergebnisse dieses Analyseschritts lassen jedoch keine Aussagen über den Einfluss zu, den ausschließlich die direkte Projektförderung und den Wechsel der Transformationstypen der Unternehmen ausübt. Aus diesem Grunde werden Unternehmen betrachtet, die ausschließlich Zuschüsse aus der direkten Projektförderung erhielten. Von den im letzten Analyseschritt zugrundegelegten 71 Unternehmen, die zwischen 1994 und 1995 gefördert wurden, erhielten 67 ausschließlich Mittel aus der direkten Projektförderung.

Legt man dieses Sample für eine erneute Untersuchung zu Grunde, so wird auch hier deutlich, dass Unternehmen mehrheitlich nach der Förderung Transformationstypen aufweisen, die durch offensiv ausgerichtete Innovationsaktivitäten untermauert sind. 61 von 67 Unternehmen änderten zwischen 1993 und 1995 nach erhaltener Förderung ihren Transformations Transformationstyp. Dies entspricht einem Anteil von ca. 91 %. Insgesamt 21 Unternehmen wechselten von einem Engpass- zu einer Reversal-/Recreation- Transformationstyp. Weitere 27 von einem Transformationstyp des Muddling-Through zu einem Nucleus- Transformationstyp. 8 Unternehmen, die zuvor einen Engpass- Transformationstyp weisen nach der Förderung einen Nucleus- Transformationstyp auf.[617]

Ein ähnliches Bild zeigt sich für den Analysezeitraum 1995 bis 1997.[618] Von 79 Unternehmen, die ausschließlich Mittel aus der direkten Projektförderung erhielten, wechselten 61 ihren Transformations Transformationstyp. Dies entspricht einem Anteil von ca. 77 %. 34, die zuvor einen Muddling-Through- Transformationstyp verfolgen, weisen nach der Bezuschussung einen Nucleus- Transformationstyp auf. 21 wechseln von einer Engpass- zu einem Reversal-/Recreation- Transformationstyp. 15 Unternehmen verfolgen vor und nach der Förderung eine Nucleus-Strategie.[619]

Um sicher zu stellen, dass der Wechsel der Transformationstypen auf die Ausreichung von Zuschüssen aus der direkten Projektförderung zurückzuführen ist, wird in einem letzten Untersuchungsschritt des zweiten Analysebereichs untersucht, ob das Wechselverhalten von Unternehmen, die im Untersuchungszeitraum gänzlich ungefördert sind von dem geförderter Unternehmen abweicht. Hierbei stellt sich das

617 Vgl. Anhang DP3.

618 Vgl. Anhang DP3.

619 Weitere drei Unternehmen wechselten in andere Strategien. Da die Besetzung dieser Zellen in der Kreuztabelle zu gering ist, lassen sich hieraus keine validen Aussagen über den Wechsel treffen. (Vgl. Anhang DP3.)

Problem, dass lediglich 10 Unternehmen zwischen 1995 und 1997 keine Zuschüsse aus Programmen zur betrieblichen Technologieförderung erhielten. Diese Anzahl ist zu gering, um auf Untersuchungsergebnissen valide Aussagen treffen zu können. Der dritte Analyseschritt konzentriert sich daher ausschließlich auf den Zeitraum 1993 bis 1995. Hier zeigt sich, dass von 41 Unternehmen lediglich 15 einen Wechsel ihres Transformationstyps vornehmen. Dies entspricht einem Anteil von ca. 37 %. Der Vergleich zum Wechselverhalten geförderter Unternehmen zeigt, dass ungeförderte deutlich seltener ihren Transformationstyp ändern. Darüber hinaus kann nicht festgestellt werden, dass bestimmte Wechselbewegungen häufiger auftreten als andere.[620]

Die Ergebnisse des ersten Analyseschritts verdeutlichen, dass ein signifikanter Zusammenhang zwischen der Besetzung der Typencluster und der Ausreichung von Mitteln aus den untersuchten Förderinstrumenten im Vorfeld besteht. Da darüber hinaus kann mit Hilfe der Ergebnisse im zweiten Analyseschritt nachgewiesen werden, dass Unternehmen nach Ausreichung der Förderung in Transformationstypen wechseln, die durch offensiv ausgerichtete Innovationsaktivitäten untermauert sind. Der Wechsel der Transformationsstrategie kann auf Basis der Kontrolluntersuchung im dritten Analyseschritt auf die Förderung zurückgeführt werden.

3.2.2 Bestimmungsfaktoren betrieblicher Innovationsaktivitäten im Einflussbereich der Technologieförderung

Der analytische Rahmen zur Untersuchung des Einflusses von Instrumenten der Technologieförderung auf die Ausprägung der Bestimmungsfaktoren betrieblicher Innovationsaktivitäten wird durch die Hypothesen 3, 5 und 6 gespannt. Diese lauten wie folgt:

- Hypothese 3: Unternehmen, die im Rahmen der Personalkostenzuschüsse gefördert wurden, verfügen über relativ mehr Mitarbeiter mit einem hohen formalen Qualifikationsniveau als ungeförderte Unternehmen;
- Hypothese 5: Unternehmen, die Im Rahmen von Programmen zur Verbundforschungsförderung gefördert wurden, weisen eine höhere Kooperationsbereitschaft auf.
- Hypothese 6: Die indirekt-spezifische Förderung veranlaßt Unternehmen, die internen Determinanten des Innovationsverhaltens zu verändern.

Zunächst wird, vergleichbar der Untersuchung des Sachzusammenhangs zwischen der Förderung und einem Wechsel des Transformationstyps, in einem ersten Analyseschritt überprüft, ob eine Verbindung zwischen der Ausprägung der Be-

---

620 Vgl. Anhang DP4.

stimmungsfaktoren und der Förderung im Vorfeld besteht. Die zu Grunde liegende abhängige Variable – also die Bestimmungsfaktoren – sind überwiegend ordinal skaliert. Daher bedient sich der erste Analyseschritt eines U-Tests. Nur in wenigen Fällen liegt eine Nominalskalierung vor, die lediglich eine statistische Analyse auf Basis einer Kreuztabelle zulässt.

Da mit Hilfe der Ergebnisse zum ersten Analyseschritt keine Aussagen darüber getroffen werden können, ob Unternehmen nach der Förderung beeinflusst werden die Ausprägung der Bestimmungsfaktoren betrieblicher Innovationsaktivitäten zu ändern, wird unter zu Hilfenahme eines Wilkoxon-Tests analysiert, ob und in welcher Intensität Unternehmen nach der Förderung die Bestimmungsfaktoren betrieblicher Innovationsaktivitäten ändern. Hierzu wird die Ausprägung der Bestimmungsfaktoren vor der Förderung mit der nach der Förderung verglichen.[621]

Um sicher stellen zu können, dass eine Veränderung der Bestimmungsfaktoren auf die Ausreichung der zu untersuchenden Fördermittel zurückzuführen ist, wird im Rahmen eines dritten Analyseschritts untersucht, ob Unternehmen, die im Untersuchungszeitraum gänzlich ungefördert sind ein anderes Wechselverhalten aufzeigen als die geförderten.

Die Überprüfung des Sachzusammenhangs zwischen einer Ausreichung von Mitteln aus der Verbundforschungsförderung und einer Veränderung des betrieblichen Informationsverhaltens[622] trifft auf das Problem, dass kein Unternehmen ausschließlich durch dieses Instrument gefördert wurde. Vor diesem Hintergrund kann Hypothese 5 keiner empirischen Behandlung unterzogen werden.

Daher beginnt die Diskussion der erzielten Analyseergebnisse mit dem Zusammenhang zwischen der indirekten Förderung - in Form von Personalkostenzuschüssen - und der Veränderung der Qualifikationsstruktur der Unternehmen.[623] Anschließend wird aufgezeigt, ob die indirekt-spezifische Förderung die Unternehmen dazu beeinflusst, ihre Qualifikationsstruktur, ihr Informationsverhalten oder ihre Organisationsstruktur zu ändern.[624] Zur Systematisierung werden die Untersuchungsergebnisse zu den verschiedenen Förderinstrumente einzeln diskutiert.[625]

---

621 Zum Verfahren des Wilcoxon-Tests vgl. Kap. E 1.3.

622 Der analytische Rahmen wird durch Hypothese 5 gespannt.

623 Den analytischen Rahmen hierzu bietet Hypothese 3.

624 Den analytischen Rahmen hierzu bietet Hypothese 6.

625 In die Analyse konnten hier nur die Unternehmen aufgenommen werden, die Angaben zu den Bestimmungsfaktoren in den zu vergleichenden Erhebungen machten. Aus diesem Grunde differiert die Anzahl der Unternehmen in diesem Analyseschritt zu der im vorher gehenden. Die Reihenfolge orientiert sich an der im Kapitel D.

Die indirekte Förderung: Da die indirekte Förderung ausschließlich aus Personalkostenzuschüssen besteht, werden auch nur diese in die Analyse einbezogen. Hierbei zeigt sich auf der Basis durchgeführter U-Tests, dass in den Untersuchungsperioden ein signifikanter Zusammenhang zwischen der Ausprägung der Bestimmungsfaktoren und der Förderung im Vorfeld besteht. Die Stichprobe, die geförderte Unternehmen zusammenfasst, weist für das Erhebungsjahr 1993 einen um den Faktor 2 höheren mittleren Rang auf, als die Vergleichsstichprobe ungeförderter Unternehmen. Im Zeitverlauf nimmt die Differenz der mittleren Ränge ab, was dafür spricht, dass der Sachzusammenhang in seiner Intensität nachlässt.[626]

Auf der Basis anschließend durchgeführter Wilkoxon-Tests kann nachgewiesen werden, dass sowohl zwischen 1993 und 1995 als auch zwischen 1995 und 1997 Unternehmen nach der Förderung einen deutlich höheren Anteil formal qualifizierter Mitarbeiter aufweisen als zuvor. Sowohl die Differenz der Rangsummen als auch die der mittleren Ränge vermitteln ein Bild vom Ausmaß dieser Änderung. Von 33 untersuchten Unternehmen, die vor 1993 nicht mit Hilfe dieses Instruments gefördert wurden und an die zwischen 1994 und 1995 ausschließlich Mittel aus der indirekten Förderung ausgereicht wurden, weisen 16 nach der Förderung einen deutlich höheren Anteil formal qualifizierter Mitarbeiter auf. 8 geben an, diesen Anteil reduziert zu haben, und weitere 9 Unternehmen zeigen eine unveränderte Humankapitalstruktur auf.[627]

Von 86 Unternehmen, die zwischen 1994 und 1995 keine Förderung erhielten, erhöhten insgesamt 51 Unternehmen zwischen 1996 und 1997 ihren Anteil an formalqualifizierten Mitarbeitern, nachdem sie ausschließlich Personalkostenzuschüsse erhielten. Weitere 20 ändern ihre Qualifikationsstruktur nicht. 15 Unternehmen hingegen reduzierten ihren Anteil an formal qualifizierten Beschäftigten.[628]

Die Analyse gänzlich ungeförderter Unternehmen im Untersuchungszeitraum 1993 bis 1995 zeigt, dass die Anzahl der Unternehmen, die die Qualifikationsstruktur ihrer Beschäftigten nicht änderten mit insgesamt 22 von 41 am größten ist. Zugleich entspricht die Intensität des Abbaus formal qualifizierter Mitarbeiter der des Ausbaus. Das bedeutet, dass Unternehmen, die den Anteil formal qualifizierter Mitarbeiter reduzieren, dies in nahezu gleichem Umfang vollziehen wie diejenigen die deren Anteil erhöhen.[629]

Die indirekt spezifische Förderung: Da die strategische Zielstellung der indirekt-spezifischen Förderung deutlich breiter auf die Beeinflussung sämtlicher Bestim-

---

626 Vgl. Anhang PKZ 1.

627 Vgl. Anhang PKZ 2.

628 Vgl. Anhang PKZ 2.

629 Vgl. Anhang PKZ 3.

mungsfaktoren betrieblicher Innovationsaktivitäten ausgelegt ist, werden in der statistischen Untersuchung alle Variablen einbezogen, die in positiven Zusammenhang zur Erfolgbewertung der Unternehmen stehen. Dadurch, dass Programme 1995 ausliefen, muss sich die statistische Analyse auf den Untersuchungszeitraum 1993 bis 1995 konzentrieren.

Die zunächst durchgeführten U-Tests kommen zu dem Ergebnis, dass ein Zusammenhang zwischen der Ausprägung der Qualifikationsstruktur sowie der Einsatz von Techniken zur Unterstützung der betriebsinternen Kommunikation und der Ausreichung von Mitteln aus der indirekt-spezifischen Förderung besteht. Gleiches gilt für die Beteiligung interner Akteure an betrieblichen Innovationsprojekten sowie die Bedeutung der Fachabteilungen und der Mitarbeiter in diesen. Zudem zeigt sich auf der Basis einer Kreuztabelle, dass ein Zusammenhang zwischen der Förderung und der Übertragung von planenden, steuernden und kontrollierenden Aufgaben auf den Werker und der Bezuschussung durch die indirekte Förderung besteht.[630]

Kein Zusammenhang hingegen kann zwischen der Ausreichung von Mitteln und dem Einsatz von Techniken zur Unterstützung der betriebsexternen Kommunikation festgestellt werden. Gleiches gilt für die Existenz abteilungsübergreifender Entwicklungsteams und eines betrieblichen Vorschlagswesens. Darüber hinaus zeigt sich, dass sich die Anzahl betriebsexterner Akteure, die in betriebliche Innovationsprojekte eingebunden sind, ebenso dem Einfluss der indirekt-spezifischen Förderung entzieht, wie die Bedeutung, die die Geschäftsführung in diesen einnimmt.[631]

Mit Hilfe der Ergebnisse des anschließenden Wilcoxon-Tests lässt sich nachweisen, dass die Bestimmungsfaktoren, deren Ausprägung in Zusammenhang zur Förderung stehen, vor der Förderung anders ausgestaltet sind als danach.[632] So zeigt sich, dass die indirekt-spezifische Förderung erheblichen Einfluss auf die Qualifikationsstruktur der Beschäftigten in den Unternehmen ausübt. Die meisten Unternehmen weisen nach der Ausreichung von Zuschüssen einen deutlich höheren Anteil formal qualifizierter Mitarbeiter auf. 23 Unternehmen erhöhten den Anteil formal qualifizierter Mitarbeiter. Weitere 11 wiesen vor und nach der Förderung eine gleiche Qualifikationsstruktur ihrer Beschäftigten auf. Wiederum 11 Unternehmen reduzierten den Anteil formal qualifizierter Beschäftigter.[633] Die Differenz der mittleren positiven und negativen Ränge verdeutlicht das Ausmaß der Änderung. So wird

---

630 Vgl. Anhang ISF 1.

631 Vgl. Anhang ISF 1.

632 Die Faktoren, die in keinem Zusammenhang zur indirekt-spezifischen Förderung stehen, wurden nicht weiter analysiert, weil eine Veränderung der Ausprägung im Zeitverlauf nicht auf die Förderung zurückzuführen wäre.

633 Vgl. Anhang ISF 2.

deutlich, dass Unternehmen, die den Anteil der formal qualifizierter Mitarbeiter erhöhte, dies deutlich intensiver taten, als Unternehmen, die diesen Anteil abbauten. [634]

Die Aussage, dass die Qualifikationsstruktur der Beschäftigten in den Unternehmen im Einflussbereich der Förderung steht, wird durch das Ergebnis der Kontrollrechnung, in die ausschließlich ungeförderte Unternehmen im Zeitraum 1993 bis 1995 integriert werden, untermauert. So zeigt sich, dass Unternehmen die in diesem Zeitraum nicht bezuschusst wurden, deutlich häufiger nicht die Qualifikationsstruktur änderten. Zudem unterschied sich die Intensität des Abbaus formal qualifizierter Mitarbeiter nicht nennenswert von der des Aufbaus.[635]

Die verschiedenen Analysen zum Zusammenhang zwischen der Förderung und dem betrieblichen Informationsverhalten kommen zu dem Ergebnis, dass alle Variablen, deren Ausprägung in Verbindung zur Förderung im Vorfeld steht, nach der Ausreichung von Mitteln anders ausgestaltet sind als zuvor.[636]

So kann nachgewiesen werden, dass Unternehmen nach der Ausreichung von Mitteln zur indirekt-spezifischen Förderung mehr Techniken zur Unterstützung der betriebsinternen Kommunikationskanäle nutzen und deutlich mehr innerbetriebliche Akteure in Innovationsprojekten der Unternehmen einbinden. 31 von 45 Unternehmen, die vor 1993 keine Mittel erhielten und bis 1995 ausschließlich durch Mittel der indirekt-spezifischen Förderung gefördert wurden, geben an, nach der Ausreichung Techniken zur Intensivierung der betriebsinternen Kommunikation etabliert zu haben. 10 teilen mit, bereits vor der Förderung über die Techniken verfügt zu haben. Lediglich 4 Unternehmen reduzieren nach der Förderung den Einsatz dieser Techniken.[637] Die Differenz der mittleren positiven und negativen Ränge verdeutlicht das Ausmaß des Zusammenhangs.

Die durchgeführte Kontrollanalyse kommt zu dem Ergebnis, dass gänzlich ungeförderte Unternehmen zwar ebenfalls mehrheitlich diesen Bestimmungsfaktor betrieblicher Innovationsaktivitäten ändern, jedoch in umgekehrte Richtung. Die meisten Unternehmen reduzieren den Einsatz dieser Techniken. Jedoch zeigt sich auch, dass die Intensität des Abbaus nahezu der des intensiveren Einsatzes entspricht. Da geförderte Unternehmen deutlich häufiger diese Techniken übernommen haben, bestätigt sich, dass die Veränderung dieses Bestimmungsfaktors auf die Bezuschussung durch die indirekt-spezifische Förderung zurückgeführt werden kann.

---

634 Vgl. Anhang ISF 2.

635 Vgl. Anhang ISF 3.

636 Vgl. Anhang ISF 2.

637 Vgl. Anhang ISF 3.

Die Einbindung verschiedener interner Akteure in die betrieblichen Innovationsprojekte wird eindeutig durch dieses Förderinstrument beeinflusst. 30 von 33 Unternehmen[638] geben an, nach der erhaltenen Förderung die organisatorische Basis der Projekte ausgeweitet zu haben. Lediglich zwei Unternehmen reduzierten nach der Förderung die Anzahl interner Akteure an den Innovationsprojekten. Ein Unternehmen hielt die Anzahl interner Akteure nach der Förderung konstant. Die Differenz der positiven und negativen mittleren Ränge ist im Rahmen dieses Tests so groß wie in keinem anderen.[639]

Bestätigt wird dieses Ergebnis durch das Resultat der anschließenden Kontrollanalyse. Unter den gänzlich ungeförderten Unternehmen ändern 18 nicht die Anzahl der internen Akteure an betrieblichen Innovationsprojekten. Darüber hinaus zeigt sich, dass mit 14 Unternehmen deutlich mehr diese Anzahl im Zeitverlauf reduzieren. Lediglich 9 Unternehmen beteiligen mehr Akteure an betrieblichen Innovationsprojekten.[640]

Die Untersuchung darüber, ob sich die Bedeutung der verschiedenen betrieblichen Akteure in den Projekten verändert hat, kommt ebenfalls zu einem sehr interessanten, weil eindeutigen Ergebnis. So kann nachgewiesen werden, dass sich die Bedeutung der Fachabteilungen und Mitarbeiter in den Unternehmen nach der indirekt-spezifischen Förderung erhöht.[641]

Die durchgeführten Wilcoxon-Tests gelangten zu dem Ergebnis, dass von 33 Unternehmen 24 nach der Förderung die Bedeutung der Fachabteilungen im Rahmen betrieblicher Innovationsprojekte erhöhen. Weitere 7 verändern deren Einbindung nicht, und 2 Unternehmen reduzieren die Bedeutung der Fachabteilungen. Ein Vergleich der mittleren positiven und negativen Ränge verdeutlicht das Ausmaß der Bedeutungsveränderung durch Ausreichung der Fördermittel.[642]

Von 22 Unternehmen, die Angaben zur organisatorischen Einbindung von Mitarbeitern in die betrieblichen Innovationsprojekte machen, teilten 15 mit, dass sie die Bedeutung von Mitarbeitern in den Innovationsprojekten nach der Förderung erhöhten. Weitere 7 veränderten die Einbindung der Mitarbeiter nicht.[643]

---

638 Da nicht alle Unternehmen Angaben zur Einbindung der Akteure machten, konnten nur diejenigen berücksichtigt werden, die sowohl 1993 als auch 1995 hierzu Informationen weitergaben.

639 Darüber hinaus wurde das Testergebnis durch ein Signifikanzniveau von 0 % untermauert. (Vgl. Anhang ISF 2.)

640 Vgl. Anhang ISF 3.

641 Vgl. Anhang ISF 2.

642 Vgl. Anhang ISF 2.

643 Vgl. Anhang ISF 2.

Anders sieht das Ergebnis der Kontrollanalyse aus. So zeigt sich bei den gänzlich ungeförderten Unternehmen, dass weder die Fachabteilungen noch die Mitarbeiter intensiver in betriebliche Innovationsprojekte integriert werden. Die Mehrzahl der Unternehmen veränderten sowohl die Einbindung der Fachabteilungen als auch die der Mitarbeiter nicht. Zudem zeigt sich, dass die mittleren Ränge, die Aufschluss über die Intensität des Wandels geben, in beiden Kontrollanalysen nahezu identisch sind.[644]

Der Zusammenhang zwischen der Ausreichung von Mitteln aus der indirekt-spezifischen Förderung und der Integration von planenden, steuernden und kontrollierenden Aufgaben beim Werker wird mittels eines χ^2-Tests, der auf einer Kreuztabelle basiert, ermittelt. Es zeigt sich, dass von 45 Unternehmen insgesamt 24 nach der Förderung die Integration der Aufgaben erhöhten. Weitere 6 teilten mit, auch nach der Förderung keine Aufgaben an die Werker zu übertragen. 7 Unternehmen zeigen sowohl vor als auch nach der Förderung eine Übertragung der genannten Aufgaben auf den Werker. 8 geben an, nach der Förderung eine stärkere Arbeitsteilung einzuführen.[645] Somit bleibt festzuhalten, dass insgesamt ca. 71 % der Unternehmen die Aufgabenintegration nach der Ausreichung der Fördermittel änderten.

Betrachtet man die Ergebnisse der Kontrollanalyse, so wird deutlich, dass Unternehmen, die im Untersuchungszeitraum nicht gefördert wurden zum Zeitpunkt 1995 deutlich weniger planende, kontrollierende und steuernde Aufgaben auf den Werker übertragen haben. Zudem ist das Veränderungsverhalten schwächer ausgeprägt. Ca. 80 % der betrachteten Unternehmen änderten die Aufgabenintegration im Untersuchungszeitraum nicht.[646]

3.2.3 Zentrale Ergebnisse des zweiten Analysebereichs

Die statistische Behandlung des zweiten Hypothesenbereichs wurde in zwei Schritten vorgenommen. Im ersten wurde überprüft, ob die direkte Projektförderung sowie die Verbundforschungsförderung durch ihre strategische Ausrichtung Einfluss auf den Transformationstyp der Unternehmen ausüben. Im zweiten Schritt stand die Untersuchung über den Zusammenhang zwischen Instrumenten der betrieblichen Technologieförderung und der Ausprägung von Bestimmungsfaktoren betrieblicher Innovationsaktivitäten im Mittelpunkt.

Einen Ergebnisüberblick bietet Abb. E-29.

---

644 Vgl. Anhang ISF 3.

645 Vgl. Anhang ISF 2.

646 Vgl. Anhang ISF 3.

Abb. E-29 Ergebnisse statistischer Untersuchungen im Rahmen des zweiten Hypothesenkoplexes

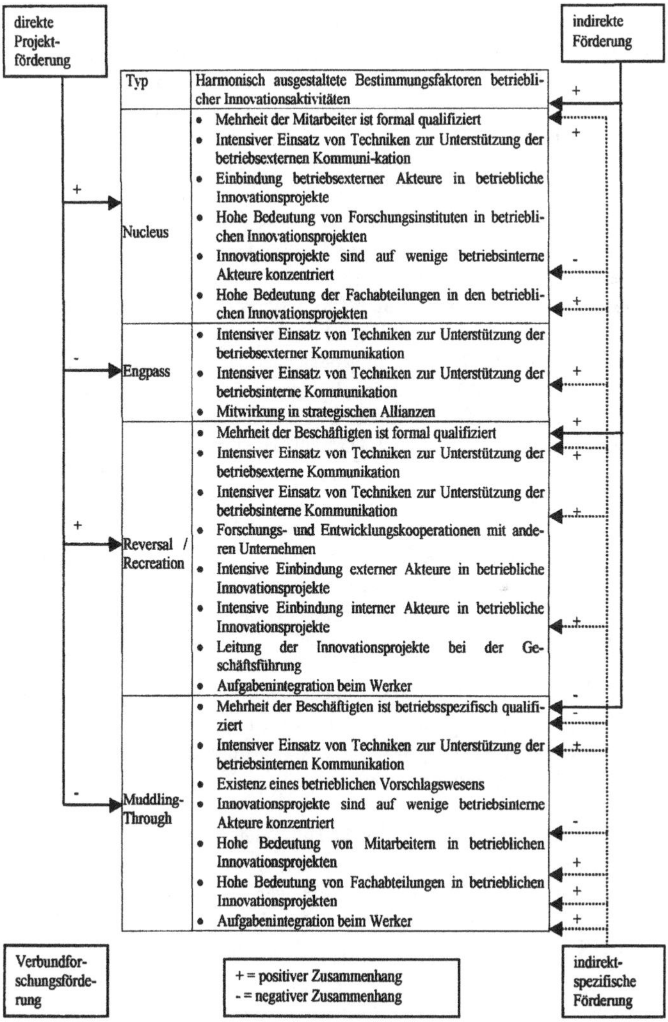

Die Überprüfung der Verbundforschungsförderung stand vor dem Problem, dass alle Unternehmen, die Mittel aus diesem Instrument erhielten, zugleich Zuschüsse aus Programmen zur direkten Projektförderung erhielten. Eine separate Überprüfung der Verbundforschungsförderung war somit nicht möglich, da beide Instrumente auf die gleiche Variablen – nämlich die Transformationstypen – abzielen. Daher wurden zunächst beide Instrumente gemeinsam überprüft, um herauszufinden, ob das Ergebnis von einer separaten Untersuchung des Einflusses der direkten Projektförderung abweicht. Hierbei zeigte sich folgendes Ergebnis:

Für alle Erhebungen konnte ein Zusammenhang zwischen der Besetzung der Transformationscluster und der Förderung - bzw. Nicht-Förderung - in der jeweiligen Vorperiode festgestellt werden. Hier wich das Ergebnis der Überprüfung beider Instrumente von dem der separaten Analyse der direkten Projektförderung nicht ab.

Um zu analysieren, ob die Unternehmen durch die Förderung beeinflusst wurden, den Transformationstyp zu wechseln, wurde zunächst das Wechselverhalten der Unternehmen nach erhaltender Förderung analysiert. Hierbei zeigte sich, dass in beiden Untersuchungsperioden (1993 bis 1995 sowie 1995 bis 1997) die Mehrzahl der Unternehmen ihren Transformationstyp wechselte. Besonders auffallend war hier der Wechsel von einem Muddling-Through- zu einem Nucleus- Transformationstyp sowie von einem Engpass- zu einem Reversal/Recreation- Transformationstyp. Um sicher zu stellen, dass das festgestellte Wechselverhalten auf die Ausreichung von Mitteln dieser Programme zurückzuführen ist, wurde in einem weiteren Analyseschritt untersucht, ob gänzlich ungeförderte Unternehmen ein vergleichbares Verhalten aufweisen. Im Rahmen dieser Kontrolluntersuchung konnte nachgewiesen werden, dass ungeförderte Unternehmen deutlich seltener ihren Transformationstyp ändern.

Da sich im Rahmen des ersten Untersuchungsschritts herausstellte, dass ein Zusammenhang zwischen der Besetzung der Untersuchungscluster und der Förderung im Vorfeld besteht, steht auch der Wechsel des Transformationstyps nach der Ausreichung der Mittel in Verbindung zur Förderung.

Zwar konnte nachgewiesen werden, dass die Hinzuziehung der Verbundforschungsförderung in das Untersuchungscluster aller Unternehmen, die Mittel aus der direkten Projektförderung erhielten, keine Auswirkungen auf das Ergebnis des Zusammenhangs zum verfolgten Transformationstyp der Unternehmen hatte. Jedoch reicht dies nicht aus, Hypothese 4 abzulehnen oder zu bestätigen.

Eindeutig bestätigt werden konnte hingegen Hypothese 2, die einen Zusammenhang zwischen der direkten Projektförderung und dem Wechsel des Transformationstyps formuliert. Hier zeigte sich, dass die analysierten Unternehmen durch die Förderung beeinflusst wurden, ihren Transformationstyp zu ändern.

Die Untersuchung der Hypothesen 3, 5 und 6, die einen Zusammenhang zwischen Förderinstrumenten und der Ausprägung der Bestimmungsfaktoren betrieblicher Innovationsaktivitäten formulieren, stützt sich ebenfalls auf zwei Analyseschritte. Zunächst wurde mittels eines U-Tests untersucht, ob die Ausprägung der Bestimmungsfaktoren in Zusammenhang zur Förderung im Vorfeld steht. In einem zweiten Analyseschritt wurde mittels eines Wilkoxon-Tests untersucht, ob Variablen, die eine Verbindung zur Förderung aufweisen, durch diese ihre Ausprägung im Untersuchungszeitraum änderten. Auch in diesem Zusammenhang wurden Kontrollanalysen unter Zuhilfenahme gänzlich ungeförderter Unternehmen durchgeführt.

Die Untersuchung zur Hypothese 5 stand vor dem Problem, dass die Anzahl der zu untersuchenden Fälle zu gering war, um auf der Basis gewonnener Ergebnisse zu validen Aussagen darüber zu gelangen, ob durch die Verbundforschungsförderung die Unternehmen beeinflusst werden, ihr betriebliches Informationsverhalten zu verändern. Aus diesem Grund entzieht sich diese Hypothese der empirischen Überprüfung.

Hypothese 3, die einen Zusammenhang zwischen der Ausreichung von Mitteln der indirekten Förderung in Form von Personalkostenzuschüssen und der Qualifikationsstruktur formuliert, konnte für beide Untersuchungszeiträume bestätigt werden.[647] So konnte im Rahmen des ersten Analyseschritts nachgewiesen werden, dass die Qualifikationsstruktur der Unternehmen in den Erhebungen 1993, 1995 und 1997 in Zusammenhang zur Förderung im Vorfeld steht. Auf der Grundlage der Ergebnisse der sich anschließenden Wilkoxon-Tests zeigte sich, dass Unternehmen nach Erhalt von Personalkostenzuschüssen ihren Anteil formal qualifizierter Mitarbeiter mitunter deutlich erhöhen. Ungeförderte Unternehmen veränderten deutlich weniger häufig die Qualifikationsstruktur ihrer Mitarbeiter.

Durch die Vielzahl der förderstrategischen Ziele der indirekt-spezifischen Förderung wurden im Rahmen der statistischen Analyse zur Hypothese 6 alle Bestimmungsfaktoren der betrieblichen Innovationsaktivitäten integriert, die in Zusammenhang zur Erfolgsbewertung der Unternehmen stehen.[648] Da 1995 die Programme im Rahmen dieses Instruments nicht verlängert und danach keine neuen aufgelegt wurden, konzentrierte sich die Analyse auf den Zeitraum 1993 bis 1995.

Es konnte nachgewiesen werden, dass die Qualifikationsstruktur, der Einsatz von Techniken zur Unterstützung der betriebsinternen Kommunikation, der Einsatz innerbetrieblicher Akteure in den Innovationsprojekten der Unternehmen sowie die Funktion, die Fachabteilungen und Mitarbeiter in den Projekten einnehmen, in

---

647 Die Untersuchungszeiträume waren 1993 bis 1995 sowie 1995 bis 1997.

648 Vgl. Ergebnisse der Untersuchungen zum ersten Hypothesenkomplex.

Zusammenhang zur Förderung stehen. Auch die Integration von planenden, steuernden und kontrollierenden Aufgaben wird durch die Ausreichung indirekt-spezifischer Fördermittel signifikant positiv beeinflusst. Die durchgeführten Kontrollanalysen zum Wechselverhalten ungeförderter Unternehmen, bestätigten, dass Unternehmen des Untersuchungssamples durch die indirekt-spezifische Förderung beeinflusst werden, einzelne Bestimmungsfaktoren betrieblicher Innovationsaktivitäten zu ändern.

Andere Variablen, die im Zusammenhang mit der Erfolgsbewertung der Unternehmen stehen, zeigten keine Verbindung zur indirekt-spezifischen Förderung. Daher wurden sie im zweiten Analyseschritt nicht berücksichtigt.

Im Ergebnis kann somit festgehalten werden, dass die Ausreichung von Mitteln zur indirekt-spezifischen Förderung Unternehmen beeinflusst, sowohl die Qualifikationsstruktur der Beschäftigten als auch ihr Informationsverhalten sowie die Organisationsstruktur zu verändern. Hypothese 6 kann somit im Wesentlichen als bestätigt gelten.

3.3 Betriebliche Technologieförderung und Transformationserfolg – der dritte Analysebereich

Bisher zeigte sich, dass die harmonische Einbettung der Innovationsaktivitäten in den Transformationstyp der Unternehmen des Untersuchungssamples in Zusammenhang zur Bewertung des Transformationserfolgs steht. Darüber hinaus konnte nachgewiesen werden, dass die Instrumente zur betrieblichen Technologieförderung entweder in Zusammenhang zu einem Wechsel des Transformationstyps stehen, oder Einfluss auf die Bestimmungsfaktoren betrieblicher Innovationsaktivitäten ausüben.

Hierdurch liegt die Überprüfung nahe, ob die Ausreichung von Mitteln aus der betrieblichen Technologieförderung Auswirkungen auf die harmonische Einbettung der Innovationsaktivitäten in den Transformationstyp der Unternehmen hat. Die Beantwortung der durch die Hypothesen 7 bis 9 aufgeworfenen Frage, ob die Instrumente zur betrieblichen Technologieförderung systematisch die harmonische Einbindung betrieblicher Innovationsaktivitäten in den Transformationstyp der Unternehmen stört oder unterstützt, steht im Mittelpunkt. Die zugrundeliegenden Hypothesen lauten wie folgt:

- Hypothese 7: Die betriebliche Technologieförderung provoziert zum Misserfolg der Unternehmenstransformation, weil sie ausschließlich auf eine Veränderung des Transformationstyps der Unternehmen abzielt, ohne die in diese eingebundenen Innovationsaktivitäten der Unternehmen zu berücksichtigen;

- Hypothese 8: Die indirekte und indirekt-spezifische Förderung provozieren zum Misserfolg des betrieblichen Wandlungsprozesses weil sie ausschließlich auf die Veränderung der Bestimmungsfaktoren betrieblicher Innovationsaktivitäten abzielen, ohne den diese begleitenden Transformationstyp der Unternehmen zu berücksichtigen.
- Hypothese 9: Die betrieblichen Innovationsaktivitäten sind häufiger harmonisch in den Transformationstyp verbundforschungsgeförderter Unternehmen eingebunden als bei anderen bezuschussten Unternehmen, weil die Harmonie von Transformationstyp und Bestimmungsfaktoren betrieblicher Innovationsaktivitäten in der strategischen Zielstellung dieses Instruments berücksichtigt wird.

Die Ergebnisse der empirischen Überprüfung von Hypothese 7 ermöglichen Aussagen darüber, ob die betriebliche Technologieförderung durch ihre Beeinflussung des Transformationstyps systematisch zur beschriebenen Disharmonie und somit zum Misserfolg des Wandlungsprozesses der Unternehmen beitrug. Wenn die indirekte oder die indirekt-spezifische Förderung durch ihre Beeinflussung von Bestimmungsfaktoren betrieblicher Innovationsaktivitäten systematisch zur Disharmonie beiträgt, so wird dies durch die Untersuchungen zur Hypothese 8 ermittelt. Hypothese 9 wäre die einzige Hypothese gewesen, die einen Zusammenhang zwischen der Ausreichung von Zuschüssen und der Herstellung der beschriebenen Harmonie formuliert. Da sich jedoch die Verbundforschungsförderung der Analyse durch die geringe Anzahl der erfassten Fälle entzieht, muss diese Hypothese unberücksichtigt bleiben. Die statistische Behandlung von Hypothese 10 hingegen ist möglich und kann Aufschluss darüber geben, ob die verschiedenen Instrumente trotz ihrer Wirkungen auf den Transformationstyp oder die Bestimmungsfaktoren betrieblicher Innovationsaktivitäten keine Auswirkungen auf die beschriebene Disharmonie oder Harmonie hat.

Um untersuchen zu können, ob Unternehmen durch die verschiedenen Förderinstrumente beeinflusst werden, eine bestehende Harmonie zwischen Transformationstyp und Innovationsaktivitäten zu verlassen oder zu erreichen, ist es zunächst notwendig, Kriterien für diese Harmonie abzustecken. Grundlage hierfür stellen die Ergebnisse der Untersuchungen zum ersten Hypothesenkomplex dar. Diese erlauben es, in den verschiedenen Erhebungen Unternehmen zu identifizieren, deren Innovationsaktivitäten harmonisch in den Transformationstyp eingebettet sind. Dadurch, dass die Harmonie zwischen Transformationstyp und Innovationsaktivitäten für alle Erhebungen festgestellt wird, lassen sich Aussagen darüber treffen, ob Unternehmen im Zeitverlauf eine bestehende Harmonie oder Disharmonie verlassen oder erhalten.

Zur Übersicht werden nochmals die Ergebnisse des ersten Analysebereichs tabellarisch zusammengefasst.

Tab. E-28 Ergebnisse statistischer Untersuchungen im Rahmen des ersten Hypothesenkomplexes

Typ	Harmonisch ausgestaltete Bestimmungsfaktoren betrieblicher Innovationsaktivitäten
Nucleus	• Mehrheit der Mitarbeiter ist formal qualifiziert • Intensiver Einsatz von Techniken zur Unterstützung der betriebs-externen Kommunikation • Einbindung betriebsexterner Akteure in betriebliche Innovations-projekte • Hohe Bedeutung von Forschungsinstituten in betrieblichen Innovationsprojekten • Innovationsprojekte sind auf wenige betriebsinterne Akteure konzentriert • Hohe Bedeutung der Fachabteilungen in den betrieblichen Innovationsprojekten
Engpass	• Intensiver Einsatz von Techniken zur Unterstützung der betriebsexternen Kommunikation • Intensiver Einsatz von Techniken zur Unterstützung der betriebsinternen Kommunikation • Mitwirkung in strategischen Allianzen
Reversal / Recreation	• Mehrheit der Beschäftigten ist formal qualifiziert • Intensiver Einsatz von Techniken zur Unterstützung der betriebs-externen Kommunikation • Intensiver Einsatz von Techniken zur Unterstützung der betriebsinternen Kommunikation • Forschungs- und Entwicklungskooperationen mit anderen Unternehmen • Intensive Einbindung externer Akteure in betriebliche Innovationsprojekte • Intensive Einbindung interner Akteure in betriebliche Innovationsprojekte • Leitung der Innovationsprojekte bei der Geschäftsführung • Aufgabenintegration beim Werker
Muddling-Through	• Mehrheit der Beschäftigten ist betriebsspezifisch qualifiziert • Intensiver Einsatz von Techniken zur Unterstützung der betriebs-internen Kommunikation • Existenz eines betrieblichen Vorschlagswesens • Innovationsprojekte sind auf wenige betriebsinterne Akteure konzentriert • Hohe Bedeutung von Mitarbeitern in betrieblichen Innovationsprojekten • Hohe Bedeutung von Fachabteilungen in betrieblichen Innovationsprojekten • Aufgabenintegration beim Werker

Die harmonische Einbindung der Innovationsaktivitäten in den Transformationstyp der Unternehmen wird wie folgt gewährleistet: Im Rahmen der empirischen Behandlung gilt die Harmoniebedingung nur dann als erfüllt, wenn alle Variablen, die Einfluss auf die Erfolgsbewertung der Unternehmen ausüben, eine harmonische Ausprägung aufweisen. Eine harmonische Ausprägung der Variablen liegt nur dann vor, wenn der zugewiesene Erfolgswert größer als der Median ist.[649]

649 Eine Gewichtung der verschiedenen Variablen, die in Zusammenhang zur Erfolgsbewertung der Unternehmen stehen kann vor dem Hintergrund der Ergebnisse des ersten Analysebereichs nicht vorgenommen werden.

Setzt man auf diese Weise die Ergebnisse der Untersuchungen zum ersten Hypothesenkomplex als Selektionskriterien zur Identifikation von Unternehmen an, deren Innovationsaktivitäten harmonisch in den Transformationstyp eingebettet sind, so zeigt sich folgendes Bild:

Abb. E-30 Die Harmoniestruktur im Erhebungszeitraum

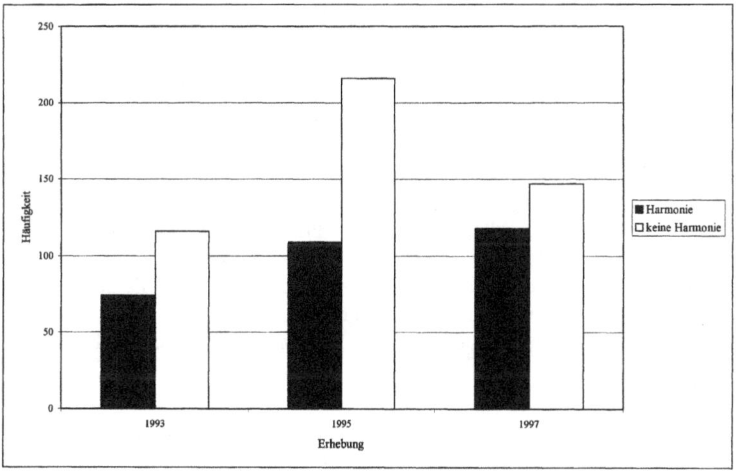

Die Anzahl harmonisch strukturierter Unternehmen ist im Zeitverlauf kontinuierlich gestiegen. Während im Rahmen der Erhebung 1993 insgesamt 74 Unternehmen die genannten Kriterien erfüllten, erhöhte sich deren Anzahl 1995 auf 109 und 1997 auf 118.[650] Deren Anteil beträgt 1993 ca. 39 % und ging 1995 auf ca. 34 % der Erhebung zurück. 1997 erhöhte er sich wiederum auf ca. 45 %.[651]

650 Die hohe Anzahl ist auf die gegenseitige Beeinflussung der zur Abbildung der Bestimmungsfaktoren verwendeten Variablen zurückzuführen. So zeigt sich im Rahmen der empirischen Behandlung des ersten Hypothesenkomplexes beispielsweise, dass eine formal geprägte Qualifikationsstruktur signifikant mit der Nutzung externer Kommunikationskanäle sowie der Einbindung von externen Akteuren in betriebliche Innovationsprojekte zusammenhängt. (Vgl. Kap. E 2.2.1.3.)

651 Der Anteil von Unternehmen, deren Innovationsaktivitäten harmonisch in die Transformationsstrategie eingebettet sind, dürfte im Rahmen der Gesamterhebung 1993 deutlich geringer sein. Da hier ausschließlich Unternehmen berücksichtigt werden die sich auch an späteren Erhebungen beteiligten, besteht dieses Sample aus überdurchschnittlich erfolgreichen Unternehmen, deren Innovationsaktivitäten häufiger harmonisch zur Strategie ausgerichtet sein dürften. Daher besteht kein Anspruch auf Repräsentativität.

Die statistische Überprüfung aller Hypothesen des dritten Analysebereichs erfolgt wiederum in drei Schritten. In einem ersten wird überprüft, ob ein Zusammenhang zwischen der Harmonie oder Disharmonie in den verschiedenen Erhebungen und der Förderung im Vorfeld besteht. Um zu untersuchen, ob Unternehmen durch die Förderung beeinflusst werden, eine bestehende Harmonie oder Disharmonie zu verlassen oder zu erhalten, wird zunächst im zweiten Analyseschritt im Hilfe einer Kreuztabelle das Zusammenspiel von Transformationstyp und Innovationsaktivitäten vor der Förderung dem nach der Förderung gegenübergestellt. Hier werden ausschließlich Unternehmen berücksichtigt, die zwischen zwei Erhebungszeitpunkten durch ein Instrument gefördert wurden und zuvor keine Zuschüsse erhielten.

Mit Hilfe eines dritten Analyseschritts wird untersucht, ob das Wechselverhalten im Untersuchungszeitraum ungeförderter Unternehmen von dem geförderter abweicht.

Die Diskussion der Analyseergebnisse orientiert sich an der Systematik der untersuchten Instrumente. So erfolgt zunächst die Präsentation der Auswirkungen der direkten Projektförderung auf die Harmonie von Transformationstyp und Innovationsaktivitäten. Eine Diskussion des Einflusses, den ausschließlich die indirekte und indirekt-spezifische Förderung auf die Harmonie ausüben, schließt sich an. Die Darstellung der Ergebnisse endet mit der Diskussion des Wechselverhaltens der Unternehmen.[652]

3.3.1 Harmonie von Transformationstyp und Innovationsaktivitäten im Einflussbereich der direkten Projektförderung

Für die Erhebungen kann ein signifikanter Zusammenhang zwischen der harmonischen Einbettung der Innovationsaktivitäten in den Transformationstyp der Unternehmen und der Ausreichung von Mitteln aus der direkten Projektförderung im Vorfeld nachgewiesen werden. So zeigt sich, dass von 74 Unternehmen, die 1993 eine harmonische Einbettung der Innovationsaktivitäten zum Transformationstyp aufweisen, lediglich 9 zuvor Zuschüsse aus der direkten Projektförderung erhielten. Dies entspricht einem Anteil von 12,2 %. Hingegen sind 87,8 % dieser Unternehmen nicht gefördert worden. 1995 zeigt sich ein ähnliches Bild: Lediglich ca. 17,4 % aller Unternehmen, die die beschriebene Harmonie aufweisen, wurden im Vorfeld gefördert. Deren Anteil reduziert sich 1997 auf 1,7 %.[653]

---

652 Da die Anzahl der Unternehmen, die ausschließlich Mittel aus Programmen der Verbundforschungsförderung erhielten, sehr gering ist, kann dieses Instrument auch in diesem Analyseschritt keiner separaten Überprüfung unterzogen werden.

653 Vgl. Anhang H1.

Wie diese Auswertungen im Ergebnis bereits aufzeigen, besteht für alle Erhebungen ein signifikanter Zusammenhang zwischen der Harmoniesituation der Unternehmen und der direkten Projektförderung im Vorfeld.[654]

Ob und wie Unternehmen durch die Ausreichung von Zuschüssen aus Programmen der direkten Projektförderung beeinflusst werden, eine bestehende Disharmonie oder Harmonie zu verändern, vermitteln die Ergebnisse des zweiten und dritten Analyseschritts. Stellt man in einer Kreuztabelle die Harmoniesituation vor und nach der Förderung gegenüber, so zeigt sich folgendes Bild: Im Untersuchungszeitraum 1993 bis 1995 weisen die meisten Unternehmen vor der Förderung 1993 und nach der Förderung 1995 keine Harmonie zwischen dem Transformationstyp und den Innovationsaktivitäten auf. Betroffen hiervon sind 38 von 67 Unternehmen. 15 werden beeinflusst, eine bestehende Harmonie aufzugeben. Weitere 10 zeigen vor und nach der Förderung, dass ihre Innovationsaktivitäten harmonisch in den Transformationstyp eingebunden sind. 4 Unternehmen, die 1993 eine Disharmonie aufweisen, überwinden diese 1995 nach der Förderung.[655]

Die Analyse gänzlich ungeförderter Unternehmen im gleichen Zeitraum zeigt im Ergebnis, dass 30 von 41 Unternehmen vor und nach der Förderung keine Harmonie von Transformationstyp und Innovationsaktivitäten aufweisen. Keines gibt eine bestehende Harmonie auf. Weitere 8 Unternehmen behalten diese bei und 3 Unternehmen, die 1993 eine Disharmonie aufweisen geben diese bis 1995 auf.[656] Somit gestaltet sich das Wechselverhalten nichtgeförderter Unternehmen überwiegend umgekehrt zu dem geförderter.

Die gleiche Analyse geförderter Unternehmen für den Untersuchungszeitraum 1995 bis 1997 kommt zu folgendem Ergebnis: Insgesamt 31 von 79 Unternehmen, die eine Harmonie zwischen Transformationstyp und Innovationsaktivitäten zeigen, geben diese nach der Förderung bis 1997 auf. 28 Unternehmen zeigen sowohl vor der Förderung 1995 als auch nach der Bezuschussung 1997 eine Disharmonie zwischen Transformationstyp und Innovationsaktivitäten. Weitere 20 werden durch die Förderung nicht beeinflusst eine bestehende Harmonie zu verlassen.[657] Besonders auffallend ist hier, dass kein Unternehmen durch die Förderung beeinflusst wird, eine bestehende Disharmonie zu überwinden.

Da für den Zeitraum 1995 bis 1997 lediglich 10 Unternehmen gänzlich nicht gefördert wurden, kann eine Kontrollanalyse darüber, ob das Wechselverhalten der Un-

654 Vgl. Anhang H1.

655 Vgl. Anhang H1.

656 Vgl. Anhang H2.

657 Vgl. Anhang H1.

ternehmen ausschließlich auf die Förderung zurückzuführen ist, nicht durchgeführt werden.

3.3.2 Harmonie von Transformationstyp und Innovationsaktivitäten im Einflussbereich der indirekten Förderung

Die Ergebnisse des ersten Analyseschritts zeigen, dass sich geförderte von ungeförderten Unternehmen nicht signifikant im Hinblick auf die harmonische Einbettung der Innovationsaktivitäten in den Transformationstyp unterscheiden. Im Ergebnis stellt sich heraus, dass von 80 Unternehmen, die zwischen 1992 und 1993 Mittel aus der indirekten Förderung erhielten, 31 im Jahre 1993 eine harmonische Einbettung der Innovationsaktivitäten in den Transformationstyp der Unternehmen aufweisen. Dies entspricht einem Anteil von ca. 38,8 %. Im Jahre 1995 reduzierte sich dieser auf 34 % und betrug 1997 ca. 45,8 %.[658] Unter den ungeförderten liegt der Anteil von Unternehmen, die die beschriebene Harmonie aufweisen, bei 39,1 % im Jahre 1993, bei ca. 33,5 % im Jahre 1995 und bei ca. 36,6 % im Jahre 1997.

Das Wechselverhalten der Unternehmen steht im Mittelpunkt des zweiten Analyseschritts. Hier zeigt sich, dass von den 33 Unternehmen, die bis 1993 nicht gefördert wurden und bis 1995 ausschließlich Zuwendungen durch Personalkostenzuschüsse erhielten, 13 vor und nach der Bezuschussung eine Disharmonie von Transformationstyp und Innovationsaktivitäten aufweisen. 10 Unternehmen werden durch die Bezuschussung beeinflusst, eine bestehende Disharmonie zu überwinden. 3 Unternehmen geben nach der Förderung ihre Harmonie auf und weitere 7 zeigen vor und nach der Förderung eine harmonische Einbindung der Innovationsaktivitäten in den Transformationstyp.[659]

Ein Vergleich mit der Kontrollgruppe der gänzlich ungeförderten Unternehmen in diesem Analysezeitraum verdeutlicht, dass der Anteil der Unternehmen, die sowohl 1993 als auch 1995 eine disharmonische Einbindung ihrer Innovationsaktivitäten in den Transformationstyp aufweisen mit ca. 73 % deutlich höher ausfällt als bei den geförderten Unternehmen (ca. 39 %). Zugleich ist der Anteil derjenigen, die nach 1993 eine bestehende Disharmonie überwinden deutlich geringer. Während ca. 30 % der Unternehmen nach der Förderung die beschriebene Harmonie aufweisen, liegt der Anteil ungeförderter bei ca. 7 %.[660]

Von 86 Unternehmen, die zwischen 1996 und 1997 ausschließlich Personalkostenzuschüsse erhielten und zuvor nicht hierdurch gefördert wurden, weisen 49 vor und nach der Förderung eine disharmonische Einbettung der Innovationsaktivitäten in

---

658 Vgl. Anhang H3.

659 Vgl. Anhang H3.

660 Vgl. Anhang H2.

den Transformationstyp auf. 4 Unternehmen geben eine bestehende Harmonie und 7 weitere eine bestehende Disharmonie auf. 26 Unternehmen verlassen eine bestehende Harmonie zwischen Transformationstyp und Innovationsaktivitäten nicht.[661]

Da für diesen Untersuchungszeitraum nicht genügend gänzlich ungeförderte Unternehmen erfasst wurden, kann kein Vergleich zu dieser Kontrollgruppe erfolgen.

3.3.3 Harmonie von Transformationstyp und Innovationsaktivitäten im Einflussbereich der indirekt-spezifischen Förderung

Für die indirekt-spezifische Förderung kann in keiner Erhebung ein signifikanter Zusammenhang zwischen der Einbettung der Innovationsaktivitäten in den Transformationstyp und der zuvor ausgereichten Förderung festgestellt werden. So zeigen geförderte Unternehmen gegenüber ungeförderten keine Unterschiede im Hinblick auf die beschriebene Harmonie.[662] Von 90 geförderten Unternehmen, die zwischen 1992 und 1993 Zuschüsse aus der indirekt-spezifischen Förderung erhielten, weisen insgesamt 41 im Jahre 1993 Harmonie zwischen Transformationstyp und Innovationsaktivitäten auf. Dies entspricht einem Anteil von ca. 45,6 %. Deren Anteil reduziert sich im Rahmen der Erhebung 1995 leicht auf ca. 41,2 %.[663]

Im Ergebnis des zweiten Analyseschritts zeigt sich folgendes Bild: Von 45 Unternehmen, die zwischen 1993 und 1995 Mittel aus der indirekt-spezifischen Förderung erhielten und zuvor nicht bezuschusst wurden, weisen 24 vor und nach der Förderung keine harmonische Einbettung der Innovationsaktivitäten in ihren Transformationstyp auf. Insgesamt 9 Unternehmen zeigen vor der Förderung die beschriebene Harmonie und verlassen diese nach der Ausreichung. Weitere 9 überwinden eine bestehende Disharmonie. Lediglich 3 Unternehmen geben eine bestehende Harmonie nicht auf. Somit zeigt sich auch im Rahmen der Untersuchung zur Wirkung der indirekt-spezifischen Förderung, dass der größte Teil der Unternehmen vor Förderung keine harmonische Einbindung ihrer Innovationsaktivitäten in den Transformationstyp aufweisen und durch die Förderung nicht beeinflusst werden, diese zu überwinden.[664]

Gänzlich ungeförderte Unternehmen weisen im Unterschied zu den geförderten einen deutlich höheren Anteil von Unternehmen auf, die sowohl 1993 als auch 1995 Harmonie von Innovationsaktivitäten und Transformationstyp zeigen (ca. 19 %).

---

661 Vgl. Anhang H3.

662 Da 1995 die Programme zur indirekt-spezifischen Förderung durch die Förderadministration eingestellt wurden, muss sich die Analyse lediglich auf den Zeitraum 1993 bis 1995 beschränken.

663 Vgl. Anhang H4.

664 Vgl. Anhang H4.

Nur ca. 6 % der geförderten Unternehmen behielten eine bestehende Harmonie bei. Darüber hinaus verließen deutlich mehr geförderte Unternehmen eine bestehende Harmonie. In der Kontrollgruppe gab kein Unternehmen eine bestehende harmonische Einbindung der Innovationsaktivitäten in den Transformationstyp auf.[665]

3.3.4 Zentrale Ergebnisse des dritten Analysebereichs

Auf der Basis der statistischen Analyse zum dritten Hypothesenkomplex lässt sich nachweisen, dass Unternehmen durch die direkte Projektförderung systematisch zur disharmonischen Einbettung der Innovationsaktivitäten in den Transformationstyp beeinflusst werden. So konnte aufgezeigt werden, dass ein signifikanter Zusammenhang zwischen der beschriebenen Disharmonie und der Ausreichung von Mitteln zu direkten Projektförderung besteht. Die Betrachtung des Wechselverhaltens zeigte, dass zwischen 1995 und 1997 die Mehrzahl der Unternehmen durch die Förderung beeinflusst wurden, eine bestehende Harmonie zu verlassen. Vor diesem Hintergrund kann Hypothese 7, die einen Zusammenhang zwischen der Ausreichung von Zuschüssen aus Programmen zur direkten Projektförderung und einer disharmonischen Einbindung der Innovationsaktivitäten in den Transformationstyp der Unternehmen formuliert, als bestätigt gelten.

Anders gestaltete sich das Ergebnis der Analyse zur indirekten Förderung. Hier zeigte sich, dass die Ausreichung von Mitteln in keinem Zusammenhang zur Harmonie steht. So lässt sich nicht nachweisen, dass die Innovationsaktivitäten signifikant häufiger bei geförderten Unternehmen harmonisch in den Transformationstyp eingebunden sind als bei ungeförderten. Im Rahmen des zweiten Untersuchungsschritts zeigte sich jedoch, dass der Anteil von Unternehmen, die durch die Förderung beeinflusst werden, eine bestehende Disharmonie zu überwinden, höher ist, als der, der eine bestehende Harmonie aufgibt. Dadurch, dass im Rahmen des ersten Analyseschritts kein Zusammenhang zwischen der Förderung und der Harmonie festgestellt werden kann, ist dieses Ergebnis jedoch zufällig.

Die Analyse zur indirekt-spezifischen Förderung gelangte im ersten Untersuchungsschritt ebenfalls zu dem Ergebnis, dass kein Zusammenhang zwischen der Ausreichung von Zuschüssen und der Einbindung der Innovationsaktivitäten in den Transformationstyp besteht. Darüber hinaus zeigte die Analyse des Wechselverhaltens, dass sich die Zahl der Unternehmen, die eine bestehende Disharmonie nach der Förderung überwinden, ebenso groß ist wie die derjenigen, die eine bestehende Harmonie aufgeben. Hypothese 8, die formulierte, dass die indirekte sowie die indirekt-spezifische Förderung zur Disharmonie beiträgt, weil sie ausschließlich Bestimmungsfaktoren betrieblicher Innovationsaktivitäten beeinflusst, muss somit abgelehnt werden.

---

665 Vgl. Anhang H2.

Hypothese 9 konnte keiner empirischen Überprüfung unterzogen werden, weil die Anzahl der Unternehmen, die ausschließlich in den Genuss von Zuschüssen aus der Verbundforschungsförderung gelangten, zu gering ist.

Als zentrale Erkenntnis aus dem dritten Analysebereich lässt sich folgendes festhalten: Durch die Einflussnahme der betrieblichen Technologieförderung entweder auf den Transformationstyp oder die Bestimmungsfaktoren betrieblicher Innovationsaktivitäten wird die Harmonie dieser Bestandteile tangiert.

Die Wirkung der Instrumente, die Einfluss auf die Bestimmungsfaktoren betrieblicher Innovationsaktivitäten ausüben ist jedoch zufällig. So zeigt sich für das untersuchte Unternehmenssample, dass die meisten Unternehmen sowohl vor als auch nach der Förderung Disharmonie von Transformationstyp und Innovationsaktivitäten aufweisen. Somit bleibt festzuhalten, dass diese Förderinstrumente zwar das Zusammenspiel von Transformationstyp und Innovationsaktivitäten tangieren, dass hierdurch jedoch nicht systematisch zur Harmonie oder Disharmonie beigetragen wird.

Zu einem anderen Ergebnis gelangen die Untersuchungen zur direkten Projektförderung. Hier konnte festgestellt werden, dass die Ausreichung von Zuschüssen in Zusammenhang zur harmonischen Einbettung der Innovationsaktivitäten in den Transformationstyp der Unternehmen steht. Somit ist im Unterschied zu den Instrumenten der indirekten und indirekt-spezifischen Förderung deren Wirkung auf die beschriebene Harmonie nicht zufällig. Im Rahmen des zweiten und dritten Analyseschritts konnte festgestellt werden, dass deutlich mehr Unternehmen des Untersuchungssamples durch die Förderung beeinflusst werden eine bestehende Harmonie zu verlassen als bei anderen Instrumenten der betrieblichen Technologieförderung.

4 Zusammenfassung der Analyseergebnisse

Im Rahmen der empirischen Untersuchung wurde der Frage nachgegangen, ob durch die Bezuschussung durch Instrumente der betrieblichen Technologieförderung die harmonische Einbindung von Innovationsaktivitäten in Transformationstypen tangiert und somit der Erfolg des betrieblichen Wandlungsprozesses beeinflusst wird.

Zur Beantwortung musste in einem ersten Analysebereich zunächst der Frage nachgegangen werden, ob die harmonische Einbettung der betrieblichen Innovationsaktivitäten in den Transformationstyp der Unternehmen überhaupt in Zusammenhang zur Bewertung des wirtschaftlichen Erfolgs steht. Daher wurde mittels einer statistischen Analyse untersucht, ob Unternehmen, die bestimmte Ausprägungen von

Bestimmungsfaktoren betrieblicher Innovationsaktivitäten aufweisen, eine bessere Erfolgsbewertung vornehmen als andere Unternehmen, die den gleichen Transformationstyp verfolgen. Den analytischen Rahmen für diese Untersuchung bildete die Hypothese 1, die sich auf eine im Theorieteil durchgeführte Zuordnung von Ausprägungsmustern der Bestimmungsfaktoren im Rahmen erfolgsmöglicher Transformationstypen[666] stützt.

Die Untersuchung kommt zu dem Ergebnis, dass sich die Innovationsaktivitäten innerhalb verschiedener Transformationstypen im Erfolgsfall erheblich unterscheiden. So konnte nachgewiesen werden, dass Unternehmen, die einen tiefgreifenden Wandel anstreben, im Erfolgsfall ein intensives Informationsverhalten mit betriebsexternen Akteuren aufweisen. Wenn diese Unternehmen darüber hinaus Innovationen einführen, die auch für den Markt neu sind, so wird eine umso höhere Erfolgsbewertung vorgenommen, je höher der Anteil formal qualifizierter Mitarbeiter ist. Unternehmen hingegen, die einen Transformationstyp verfolgen, der auf die Veränderung eines bereits durch das Unternehmen am Markt eingeführten Produkts abzielt, steht der wirtschaftliche Erfolg in positivem Zusammenhang mit einem hohen Anteil betriebsspezifisch qualifizierter Mitarbeiter. Auch deren Informationsverhalten unterscheidet sich im Erfolgsfall erheblich von dem anderer Unternehmen. Es ist ausschließlich betriebsintern orientiert und auf die Nutzung betriebsinterner Wissensressourcen gerichtet.

Die Organisationsstruktur stellte sich ebenfalls als ein Bestimmungsfaktor betrieblicher Innovationsaktivitäten heraus, der Einfluss auf die Erfolgsbewertung der Unternehmen ausübt. Lediglich Unternehmen, die einen Transformationstyp verfolgen, der auf die Imitation erfolgreicher, bereits am Markt eingeführter Neuerungen abzielt, zeigen keine Unterschiede in der Erfolgsbewertung bei unterschiedlichen Organisationsstrukturen. Verfolgen Unternehmen hingegen einen Transformationstyp der Technologieführerschaft, so wird immer dann eine höhere Erfolgsbewertung vorgenommen, wenn betriebliche Innovationsprojekte auf einer breiten organisatorischen Basis stehen. Auf einen engen Akteurskreis beschränken sich hingegen die Innovationsaktivitäten bei erfolgreichen Unternehmen, die entweder einen breiten Wandel vorbereiten oder lediglich Änderungen an einem bereits bestehenden Produktspektrum vornehmen.

Die Ergebnisse der statistischen Untersuchung zum ersten Analysebereich bestätigten im Wesentlichen die literaturgestützten Erwartungen, die im Rahmen der ersten Hypothese formuliert wurden.

666 Verschiedene empirische Untersuchungen gelangten zu dem Ergebnis, dass bestimmte betriebliche Transformationsstrategien existieren, die erfolgreicher sind als andere. Diese Analyseergebnisse wurden in dieser Arbeit übernommen und keiner weiteren Überprüfung unterzogen. (Vgl. Kap. C 1.1.)

Im Sinne der zentralen Fragestellung schloss sich ein zweiter Analysebereich an, in dem der Frage nachgegangen wurde, ob die verschiedenen Instrumente zur betrieblichen Technologieförderung[667] die Ausprägung der beiden Aspekte des Harmoniegedankens zu beeinflussen. Basis für die statistische Untersuchung stellten Hypothesen dar, die auf der Grundlage der strategischen Zielstellung der Förderinstrumente, Sachzusammenhänge zwischen einem Wechsel des Transformationstyps oder der Bestimmungsfaktoren betrieblicher Innovationsaktivitäten und der Ausreichung verschiedener Fördermittel formulieren.

Mit Hilfe der Ergebnisse der Hypothesenüberprüfung konnte nachgewiesen werden, dass die Bezuschussung durch Mittel der direkten Projektförderung die Unternehmen beeinflusst ihren Transformationstyp zu ändern. Alle sonstigen Instrumente, die in die Analyse einbezogen wurden, stehen in Zusammenhang zur Ausprägung der Bestimmungsfaktoren betrieblicher Innovationsaktivitäten. So beeinflusst die indirekte Förderung die Unternehmen, den Anteil formal qualifizierter Mitarbeiter zu erhöhen. Der Einfluss der indirekt-spezifischen Förderung zeigte sich komplexer als die anderer Instrumente. So werden Unternehmen durch die Ausreichung von Mittel beeinflusst, die Qualifikationsstruktur ihrer Beschäftigten sowie das Informationsverhalten und die Organisationsstruktur zu verändern. Die diesem Analysebereich zu Grunde liegenden Hypothesen 2, die einen den Einfluss der direkten Projektförderung auf den Transformationstyp der Unternehmen formuliert sowie Hypothese 3, die die Wirkung der indirekten Förderung auf das Qualifikationsprofil der Beschäftigten in den Unternehmen beschreibt sowie Hypothese 6, die den Einfluss der indirekt-spezifischen Förderung auf die Bestimmungsfaktoren betrieblicher Innovationsaktivitäten formuliert, konnten somit bestätigt werden. Die Verbundforschungsförderung entzog sich einer statistischen Überprüfung, weil die Anzahl der erfassten Unternehmen, die ausschließlich Mittel aus diesem Förderinstrument erhielten, zu gering war. Die Hypothesen 4 und 5 konnten somit keiner Überprüfung unterzogen werden.

Auf der Basis dieser Ergebnisse wurde im Rahmen eines dritten Analysebereichs der Frage nachgegangen, ob die Förderinstrumente den Transformationstyp oder die Bestimmungsfaktoren betrieblicher Innovationsaktivitäten so beeinflussen, dass deren Harmonie tangiert wird. So galt es zu überprüfen, ob die direkte Projektförderung durch ihre gezielte Beeinflussung den Transformationstyp der Unternehmen dazu führt, dass die harmonische Einbindung der Innovationsaktivitäten in den Transformationstyp der Unternehmen gestört wird. Weiterhin ging es darum zu analysieren, ob die indirekte und die indirekt spezifische Förderung durch ihren Einfluss auf die Bestimmungsfaktoren betrieblicher Innovationsaktivitäten zur Disharmonie führen.

667 Als Instrumente zur betrieblichen Technologieförderung wurden die direkte Projekt-, die indirekte, die indirekt-spezifische sowie die Verbundforschungsförderung voneinander abgegrenzt und untersucht.

Im Ergebnis der Analyse zur direkten Projektförderung konnte nachgewiesen werden, dass sich geförderte von nicht geförderten Unternehmen signifikant im Hinblick auf die Harmonie von Innovationsaktivitäten und Transformationstyp unterscheiden. So ist der Anteil von Unternehmen, die eine beschriebene Disharmonie aufweisen, in der Gruppe der geförderten signifikant höher als in der Gruppe der ungeförderten Unternehmen. Darüber hinaus zeigte sich, dass deutlich mehr Unternehmen, die ausschließlich Zuschüsse aus Programmen zu direkten Projektförderung erhielten, eine im Vorfeld der Förderung bestehende Harmonie nach der Bezuschussung verlassen, als Unternehmen eine bestehende Disharmonie überwinden. Hypothese 7, die beschreibt, dass die direkte Projektförderung durch ihre Einflussnahme auf den Transformationstyp zur disharmonischen Einbindung der Innovationsaktivitäten in den Transformationstyp der Unternehmen beiträgt, kann vor dem Hintergrund der Analyseergebnisse als bestätigt gelten.

Anders gestaltete sich das Ergebnis der Untersuchungen zu Förderinstrumenten, die die Bestimmungsfaktoren betrieblicher Innovationsaktivitäten beeinflussen. So konnte sowohl für die indirekte als auch für die indirekt-spezifische Förderung kein signifikanter Unterschied zwischen bezuschussten und nicht bezuschussten Unternehmen im Hinblick auf die harmonische Einbettung der Innovationsaktivitäten in den Transformationstyp festgestellt werden. Dieses Ergebnis bedeutet, dass der Einfluss auf die beschriebene Harmonie zufällig ist.

Jedoch zeigte sich im zweiten Analyseschritt, dass der Anteil von Unternehmen, die nach der Ausreichung von Mitteln aus der indirekten Förderung eine bestehende Disharmonie überwanden, höher war als der, der eine bestehende Harmonie aufgab. Die Anzahl der Unternehmen, die nach der Bezuschussung durch Mittel der indirekt-spezifischen Förderung eine bestehende Disharmonie überwanden war ebenso groß wie die, die nach der Bezuschussung eine bestehende Harmonie aufgaben.[668] Hypothese 8, die beschreibt, dass sowohl die indirekte als auch die indirekt-spezifische Förderung die beschriebene Harmonie durch ihre Einflussnahme auf die Bestimmungsfaktoren betrieblicher Innovationsaktivitäten stört, ist somit abzulehnen.

Hypothese 9 entzog sich der empirischen Überprüfung, da die Anzahl der Unternehmen, die ausschließlich Mittel der Verbundforschungsförderung erhielten, im zu Grunde liegenden Datensatz zu gering ist, um auf der Basis von Analyseergebnissen zu validen Aussagen zu gelangen.

Als zentrales Ergebnis kann festgehalten werden, dass die harmonische Einbindung von Innovationsaktivitäten in den Transformationstyp der Unternehmen, die in Zusammenhang zur Erfolgsbewertung der Unternehmen steht, durch die singuläre

---

668 Jedoch muss hier festgestellt werden, dass sich dieses Ergebnis lediglich auf einen Untersuchungszeitraum beschränkt, weil die indirekt-spezifische Förderung 1995 eingestellt wurde.

strategische Ausrichtung der direkten Projektförderung, der indirekten sowie der indirekt-spezifischen Förderung tangiert wird. Der Einfluss auf die beschriebene Harmonie ist bei Förderinstrumenten, deren Ausreichung in Zusammenhang zu einem Wechsel der Bestimmungsfaktoren betrieblicher Innovationsaktivitäten der Unternehmen steht, zufällig. Systematisch hingegen stellte sich der Einfluss der direkten Projektförderung auf die Harmonie dar. So zeigte sich, dass die Ausreichung von Fördermitteln deutlich mehr Unternehmen des Untersuchungssamples dazu beeinflusste eine bestehende Harmonie aufzugeben als bei anderen Förderinstrumenten.

F Schlussfolgerungen aus den Analyseergebnissen

Aus den Analyseergebnissen lassen sich zwei Schlussfolgerungen ableiten. Zum einen beeinflusst die harmonische Einbettung der Innovationsaktivitäten in den Transformationstyp von Unternehmen die Erfolgsbewertung des betrieblichen Wandlungsprozesses. Zum anderen zeigt sich, dass durch die fehlende Berücksichtung dieses Sachzusammenhangs bei der Formulierung der strategischen Zielsetzung der meisten Instrumente, die der öffentlichen Hand zur betrieblichen Technologieförderung zur Verfügung stehen, eine bestehende Harmonie gestört werden kann.

Der Einfluss der Förderinstrumente auf die Harmonie von Transformationstyp und Innovationsaktivitäten hängt davon ab, ob diese darauf abzielen, dass Unternehmen entweder ihren Transformationstyp oder die Bestimmungsfaktoren betrieblicher Innovationsaktivitäten verändern. Während die direkte Projektförderung über ihren Einfluss auf den Transformationstyp systematisch Unternehmen dazu beeinflusst eine bestehende Harmonie aufzugeben, hat die indirekte und indirekt-spezifische Förderung durch ihre Wirkung auf die Bestimmungsfaktoren betrieblicher Innovationsaktivitäten einen zufälligen Einfluss auf die beschriebene Harmonie.

Der systematische Einfluss, den die direkte Projektförderung auf die harmonische Einbettung der Innovationsaktivitäten in den Transformationstyp ausübt, ist mit der Wirkung der Förderung auf den Transformationstyp zu begründen. Im Ergebnis zum ersten Hypothesenbereich zeigte sich, dass sich im Erfolgsfall die verschiedenen Transformationstypen durch gänzlich unterschiedliche Ausprägungen der Bestimmungsfaktoren betrieblicher Innovationsaktivitäten unterscheiden. Ein Wechsel des Transformationstyps muss somit zu einer Veränderung nahezu aller Bestimmungsfaktoren führen.

Eine durch die Förderung bewirkte Veränderung einzelner Bestimmungsfaktoren betrieblicher Innovationsaktivitäten hingegen kann zwar ebenfalls zur disharmonischen Ausprägung dieser Determinanten führen, diese Entwicklung ist jedoch nicht zwangsläufig. Gründe hierfür lassen sich wie folgt benennen: Erstens zeigte sich im Rahmen der Untersuchungen, dass nicht jeder Bestimmungsfaktor in seiner Ausprägung erfolgsrelevant ist. Darüber hinaus besteht die Möglichkeit, dass durch die Veränderung eines Bestimmungsfaktors Harmonie hergestellt wird, ohne dass der Transformationstyp gewechselt werden müsste. Ein Wechsel des Transformationstyps hingegen muss auf ein bestimmtes Ausprägungsmuster von Bestimmungsfaktoren betrieblicher Innovationsaktivitäten treffen, um zur Harmonie zu führen. Somit ist die Wahrscheinlichkeit, dass ein Strategiewechsel zufällig zur beschriebenen Harmonie führt, geringer, als dass ein Wechsel einzelner Bestimmungsfaktoren zur beschriebenen Korrektur beiträgt.

Somit kann festgehalten werden, dass sich im Rahmen der empirischen Untersuchungen bestätigte, dass die direkte Projektförderung durch ihre ausschließliche Einflussnahme auf den Transformationstyp der Unternehmen systematisch zur Disharmonie zwischen Strategie und Innovationsaktivitäten beiträgt. Durch die indirekte sowie indirekt-spezifische Förderung wird die Möglichkeit eröffnet, dass zufällig einzelne Bestimmungsfaktoren, die im Vorfeld der Förderung eine disharmonische Ausprägung aufwiesen, korrigiert werden.

Für die Förderadministration, die den Anspruch erhebt, durch die Instrumente zur betrieblichen Technologieförderung Hilfestellung bei der Unternehmenstransformation in einer sich ändernden Umwelt zu leisten, bedeuten diese Ergebnisse der empirischen Analyse, dass die fehlende Beachtung der harmonischen Einbindung betrieblicher Innovationsaktivitäten in den Transformationstyp der Unternehmen im besten Fall zur Fehlallokation öffentlicher Fördermittel führt. Im schlechtesten Fall wird durch die singuläre förderstrategische Ausrichtung der Instrumente zur beschriebenen Disharmonie - welche ein Faktor für den Misserfolg des betrieblichen Wandlungsprozesses darstellt - beigetragen. Wenn man berücksichtigt, dass die harmonische Einbettung der Innovationsaktivitäten in den Transformationstyp in signifikanten Zusammenhang zur Erfolgsbewertung steht, so tragen die Instrumente zur betrieblichen Technologieförderung in keinem Fall zur systematischen Unterstützung des betrieblichen Wandlungsprozesses bei. Hierzu bedarf es der expliziten Berücksichtigung der harmonischen Einbindung von Innovationsaktivitäten in den Transformationstyp.

Um der Einbindung der betrieblichen Innovationsaktivitäten in den Transformationstyp der Unternehmen im Rahmen der betrieblichen Technologieförderung Rechnung zu tragen, muss die singuläre Ausrichtung der Instrumente aufgegeben werden. Nicht die gezielte Beeinflussung einzelner Aspekte der beschriebenen Harmonie kann zukünftig im Mittelpunkt der Förderstrategie stehen, sondern die gezielte Unterstützung einer harmonischen Einbettung von Innovationsaktivitäten in den Transformationstyp der Unternehmen. Dies bedeutet, dass das gesamte Instrumentarium zur betrieblichen Technologieförderung neue strategische Ziele benötigt, in deren Mittelpunkt die Einbindung der Innovationsaktivitäten in die Unternehmenstransformation steht.

Als Beispiel sei auf das Instrument der Verbundforschungsförderung verwiesen, welches darauf abzielt, dass Unternehmen ihren Transformationstyp verändern. Zugleich wird mit diesem Förderinstrument beabsichtigt, dass Unternehmen ihr Informationsverhalten als ein Bestimmungsfaktor betrieblicher Innovationsaktivitäten so verändern, dass dieses den Transformationstyp harmonisch untermauert. Somit ist in die strategische Zielstellung dieses Förderinstruments ein Automatismus implementiert, der der diskutierten Harmonie Rechnung trägt. Da eine empirische Behandlung dieses Förderinstruments vor dem Hintergrund einer geringen Datenmenge nicht möglich war, besteht hier weiterer Forschungsbedarf. Es sollte

überprüft werden, ob die Verbundforschungsförderung als einziges Instrument, welches der beschriebenen Harmonie in Teilen[669] Rechnung trägt, gegenüber anderen Vorteile aufweist.
Hilfestellung bei der Formulierung neuer förderstrategischer Ziele kann die Evaluationsforschung leisten, die in die begleitende Wirkungskontrolle für die Instrumente zur betrieblichen Technologieförderung das diskutierte Harmoniemodell integriert.

---

669 Das Instrument berücksichtigt nicht die Qualifikationsstruktur sowie die Organisation der Unternehmen als weitere Bestimmungsfaktoren betrieblicher Innovationsaktivitäten.

Literaturverzeichnis

Ahlert, D.: Grundzüge des Marketing, Düsseldorf 1984.

Albach, H.; Bock, K.; Warnke, T.: Kritische Wachstumsschwellen in der Unternehmensentwicklung, Stuttgart 1985.

Ansoff, H.I.; Stewart, J.M.: Strategy for a Technology-Based Business, in: Rothberg, R. (Hrsg.): Corporate Strategy and Product Innovation, New York 1976, S. 69-86.

Archibugi, D.; Evangelista, R.; Simonetti, R.: On the Definition and Measurement of Product and Process Innovations, in: Shionoya, Y.; Perlman, M. (Hrsg.): Innovation in Technology, Industries and Institutions, Michigan (Ann Arbour) 1994, S. 7-24.

Arnoldo, C.; Hax, N.; Majluf, S.: Strategisches Management, Frankfurt a.M. 1991.

Backhaus, K,: Erichson, B.; Plinke, W.; Weiber, R.: Multivariate Analysemethoden – Eine anwendungsorientierte Einführung, Berlin 1996.

Baldwin, W.L.; Scott, J.T.: Market Structure and Technological Change, Chur 1987.

Baumberge, J.; Gmür, U.; Käser, H.: Ausbreitung und Übernahme von Neuerungen – Ein Beitrag zur Diffusionsforschung, Stuttgart 1973, S. 105-112.

Becher, G.; Kuntze, U.: Forschung und Entwicklung in der Wirtschaft der ehemaligen DDR - Situationsanalyse im Juli/August 1990 und Beschreiben möglicher Veränderungen, Karlsruhe 1990.

Beer, M.; Eisenstat, R.A.; Spector, B.: The Critical Path to Corporate Renewal, Boston 1990.

Berteit, H.: Industrieforschung in den neuen Bundesländern akut gefährdet, in: Institut für Wirtschaftsforschung Halle, Konjunkturbericht 11-12, Halle 1992.

Bleicher, K.: Das Konzept integriertes Management, Frankfurt a.M. 1991.

Boden, S.; Lange, D.; Zimmermann, H.: Schrumpfende Industrieforschung gefährdet die Innovationskraft der Unternehmen, in: Institut für Wirtschaftsforschung Halle (Hrsg.): Konjunkturberichte Nr. 1, Halle 1992, S. 7-11.

Bortz, J.; Lienert, G.A.; Boehnke, K.: Verteilungsfreie Methoden in der Biostatistik, Berlin u.a. 1990.

Bowman, E.: A Risk/Return-Paradox for Strategic Management, in: Sloan Management Review, Vol. 21, Spring, S. 17-31.

Bretzke, W.-R.: Holistische Planung, in: Szyperski, N. (Hrsg.): Handwörterbuch der Planung, Stuttgart, 1989, Spalte 649-654.

Brockhoff, K.: Forschung und Entwicklung – Planung und Kontrolle, 5. Aufl., München 1999

Brockhoff, K.: Schnittstellenmanagement, Stuttgart 1989.

Brosius, G.: SPSS - Base System und Professional Statistics, Bonn 1995.

Bühl, A.; Zöfel, P.: SPSS – Einführung in die moderne Datenanalyse, Bonn 1998.

Bundesministerium für Bildung, Wissenschaft, Forschung und Technologie: Bundesbericht Forschung – Faktenbericht 1998, 2. Teil, Bonn 1998.

Bundesministerium für Bildung, Wissenschaft, Forschung und Technologie: BMBF-Förderfibel 1997 (Diskettenversion).

Bundesministerium für Forschung und Technologie (Hrsg.): Die Messung wissenschaftlicher und technischer Tätigkeiten. Allgemeine Richtlinie für statistische Überlegungen in Forschung und experimenteller Entwicklung – FRASCATI Handbuch, Bonn 1982.

Bundesministerium für Wirtschaft: Richtlinie zur Förderung von Forschung, Entwicklung und Innovation in kleinen und mittleren Unternehmen und externen Forschungseinrichtungen in den neuen Bundesländern (MVI).

Bundesministerium für Wirtschaft: Richtlinie: Zuschüsse zur Stützung des Forschungs- und Entwicklungspotentials in kleinen und mittleren Unternehmen im Beitrittsgebiet – Personalförderung Ost (PFO).

Bundesministerium für Wirtschaft: Wirtschaftliche Förderung in den neuen Bundesländern, Bonn 1998.

Bundesministerium für Wirtschaft; Bundesministerium für Bildung, Wissenschaft, Forschung und Technologie: Innovationsförderung für kleine und mittlere Unternehmen – Gesamtkonzept der Bundesregierung, Bonn 1997.

Bundesministers für Forschung und Technologie: Richtlinie des Bundesministers für Forschung und Technologie BMFT zur indirekt-spezifischen Förderung von Entwicklungsvorhaben zur Einführung rechnerintegrierter Fertigung im eigenen Betrieb im Rahmen des Programms Fertigungstechnik im Beitrittsgebiet 1992-1995.

Call, G.: Entstehung und Markteinführung von Produktneuheiten, Wiesbaden 1997.

Carter, C. F.; Williams, B. R.: Industry and Technical Progress, London 1957.

De Pay, D.: Informationsmanagement von Innovationen, Wiesbaden 1995.

Der Tagesspiegel: Die Einkaufsoffensive öffnet die Westmärkte kaum, in: Der Tagesspiegel vom 21. Februar 1993.

Deutsches Institut für Wirtschaftsforschung: DIW-Wochenbericht Nr. 38/97: Förderung der ostdeutschen Industrieforschung durch das Bundesministerium für Wirtschaft, Berlin 1997.

Deutsches Institut für Wirtschaftsforschung: Gesamtwirtschaftliche und unternehmerische Anpassungsfortschritte in Ostdeutschland – Dreizehnter Bericht; aus: Wochenbericht 28-29/95.

Doeringer, P.B.; Piore, M.J.: Internal Labour Markets and Manpower Analysis, Lexington 1971.

Domsch, M.; Sabisch, H.; Siemers, S. (Hrsg.): FuE-Management, Stuttgart 1993.

Dreher, C.: Technologiepolitik und Technikdiffusion, Baden-Baden 1997.

Drumm, H.-J.: Personalwirtschaftslehre, Berlin 1989.

Duchesneau, T.D.; Cohn, S.F.; Dutton, J.E.: A study of Innovation in Manufacturing – Determinants, Processes and Methodological Issues, Toronto 1979.

Ebmeyer, K.: Transformation durch Qualifikation – Weiterbildung im Übergang zur Marktwirtschaft; Berlin 1993.

Eickhof, N.: Strukturkrisenbekämpfung durch Innovation und Kooperation, Tübingen 1982.

Europäische Kommission (Hrsg.): Empfehlung der Europäischen Kommission betreffend die Definition der kleinen und mittleren Unternehmen, vom 3. April 1996, in: Amtsblatt der Europäischen Gemeinschaften L107 vom 30. April 1996.

Everswein, W.; Laufenberg, L.; Marczinski, G.: Integrierte Produktentwicklung mit einem zeitparallelen Ansatz, in: CIM-Management, Heft 2, 1993, S. 4-9.

Ewald, A.: Organisation des strategischen Technologiemanagements, Berlin 1989.

Fandel, G.; Francois, P.; Gubitz, K.-M.: PPS- und integrierte betriebliche Softwaresysteme, Heidelberg 1997.

Felder, J.; Spielkamp, A.: Innovationsstrategien und Forschungsaktivitäten ostdeutscher Unternehmen, in.: Pleschak, F. (Hrsg.): Innovationen in Ostdeutschland – Potentiale und Probleme, Karlsruhe 1997, S.169-186.

Fink, W.F.: Kognitive Stile – Informationsverhalten und Effizienz in komplexen betrieblichen Beurteilungsprozessen, Frankfurt a.M. 1987.

Franz, W.: Hysteresis in Economic Relationship: An Overview, in: Franz, W. (Hrsg.) Hysteresis Effekts in Economic Models, Heidelberg 1990, S. 1-17.

Freistaat Thüringen: Infrastrukturförderung, Technologie- und Einzelbetriebliche Förderung, Erfurt 1997.

Frisch, A.: Unternehmensgröße und Innovation, Frankfurt a.M. 1993.

Fritsch, M.: Technologieförderung als regionalpolitische Strategie?, in: Raumforschung und Raumordnung, Heft 2-3 / 1990.

Gabler Wirtschaftslexikon 12. Auflage, Wiesbaden 1988

Gebert, D.: Innovation – organisationsstrukturelle Bedingungen innovatorischen Verhaltens, in: Zeitschrift für Organisation, 48. Jg., S. 283-292.

Gemünden, H.G.; Heydebreck, P.: The Influence of business strategies on Technological Network Activities, in: Research Policy No. 24 (1995), S. 831-849.

Gielow, G.; Kuntze, U.; Meyer-Krahmer, F.: Investition und Innovation in kleinen und mittleren Unternehmen, Karlsruhe 1984.

Grefermann, K.; Sprenger, R.-U.: Probleme der Innovationspraxis in der Industrie, Berlin 1977.

Gutenberg, E.: Grundlagen der Betriebswirtschaftslehre, Bd. 1, Die Produktion, 7. Auflage, Berlin 1961.

Hage, J.; Deware, D.: Elite Values Versus Organizational Structure in Predicting Innovation, in: Administrative Science Quarterly 18. Jg. 1973, S. 279.

Hakanson, S.: Special Presses in Paper-Making, in.: Nasbeth, L.; Ray, G.F.: The Diffusion of New Industrial Processes – An International Study, Cambridge (MA), 1974, S. 58-104.

Hanft, A.: Identifikation als Einstellung zur Organisation – eine kritische Analyse aus interaktionistischer Perspektive, München 1991.

Hanusch, H, Canter, U.: Neuere Ansätze in der Innovationstheorie und der Theorie des technischen Wandels – Konsequenzen für eine Industrie- und Technologiepolitik, in: Meyer-Krahmer, F. (Hrsg): Industrieökonomik und Technologiepolitik, Heidelberg 1993, S. 11-46.

Hassink, R.: Regional Innovation Policy: Case-Studies from the Ruhr-Area, Baden-Würtemberg and the North East of England, Utrecht 1992.

Häusser, E.: Mehr Innovation durch bessere Information, in: Oppenländer, K.H. (Hrsg.): Patentwesen, technischer Fortschritt und Wettbewerb, Berlin 1984, S. 133-150.

Haustein, H.-D.: Experience and Prospects: The Case of the GDR, in: Giersch, H. (Hrsg.) Towards a Market Economy in Central and Eastern Europe, Berlin 1991, S. 143-154.

Haustein, H.-D.: Kreativer Wandel oder Katastrophe, in: Innovation & Management, Heft 9, 1991, S. 4-15.

Hax, A. C.; Majulf, N. S.: Strategisches Management – Ein integratives Konzept aus dem MIT, Frankfurt a.M. 1991.

Hayek, F.A.: The Use of Knowledge in Society, in: The American Economic Review, Vol. 35, S. 518-530.

Hedberg, B.; Nystrom, P.; Starbuck, W.: Camping on Seasaw – Prescription of a Self-Designing Organization, in: Administrative Science Quarterly, Vol. 21 / 1976, S. 41-65.

Hennings, R.: Entwicklung und Deckung des Kapitalbedarfs kleiner und mittlerer Unternehmen im Innovationsprozess, Frankfurt 1983.

Herden, R.: Technologieorientierte Außenbeziehungen im betrieblichen Innovationsmanagement: Ergebnisse einer empirischen Untersuchung, Heidelberg 1992.

Hermann, U.: Die Implementierung betrieblicher Rationalisierungshandlungen und der personelle Widerstand – eine Anwendung des funktional-strukturellen Systemsansatzes auf betriebliche Problemstellungen, Göttingen 1984.

Heuss, E.: Wettbewerb, in: Albers, W.; u.a. (Hrsg.): Handwörterbuch der Wirtschaftswissenschaften, Stuttgart 1980, S679-697.

Hickel, R.; Priewe, J.: Preis der Einheit – Bilanz und Perspektive der deutschen Vereinigung, Frankfurt a.M. 1991.

Hicks, D.: Published Papers, Tacid Competencies and Corporate Management of the Public/Private Character of Knowledge, in: Oxford University Press 1995, S. 401-424.

Hilbert, A.: Industrieforschung in den neuen Bundesländern, Kiel 1993

Hinterhuber, H.-H.: Wettbewerbsstrategie, Berlin 1982.

Hirsch-Kreinsen, H.; Seitz, B.: Innovationsprozesse im Maschinenbau, Dortmund 1999.

IFO Institut für Wirtschaftsforschung: IFO-Schnelldienst 25-26/97: Innovation als Motor für Wachstum und Beschäftigung, München 1997

IFO Institut für Wirtschaftsforschung: IFO-Schnelldienst 30/98: Systemwechsel und Transformationsprozess in Ostdeutschland – Erfahrungen und Neuorientierung der Förderpolitik, München 1998.

IFO Institut für Wirtschaftsforschung, BIFEGO: Abschlussbericht zum Forschungsbericht Gesamtwirtschaftliche Wirkungen der Existenzgründungspolitik sowie Entwicklung der mit öffentlichen Mittel – insbesondere Eigenkapitalhilfe – geförderter Unternehmensgründungen, München 1990.

Jünemann, R.: Materialfluss und Logistik – Systemtechnische Grundlagen mit Praxisbeispielen, Heidelberg 1989.

Jüttner-Kramny, L.: Unternehmensgröße, Unternehmenskonzentration und technologische Entwicklung, Göttingen 1976.

Kamien, M.J., Schwartz, N.L.: Market Strukture and Innovation, Cambridge 1983.

Kamien, M.J., Schwartz, N.L.: Uncertain Entry and Express Capacity, in: American Economic Review, 62 Jg. 1972, S. 918 – 927.

Kantzenbach, E.: Das Konzept der optimalen Wettbewerbsintensität. Eine Erwiderung auf den gleichnamigen Besprechungsaufsatz von Erich Hoppman, in: Jahrbücher für Nationalökonomie und Statistik, Bd. 181/1968, S. 191-241.

Kern, W.; Schröder, H.-H.: Forschung und Entwicklung in der Unternehmung, Reinbek 1977.

Keßler, U.: Unternehmensgröße, Innovation und Wertschöpfungswachstum, Frankfurt a.M. 1992.

Kieser, A.; Kubicek, H.: Organisation, Berlin 1992.

Kirsch, W.: Entscheidungsprozesse, Bd. 1, Wiesbaden 1977.

Kneerich, O.: FuE: Abstimmung von Strategie und Organisation, Berlin 1995.

Kommission für wirtschaftlichen und sozialen Wandel: Wirtschaftlicher und sozialer Wandel in der Bundesrepublik Deutschland, Göttingen 1977.

Koppelmann, U.: Produktmarketing – Entscheidungsgrundlage für Produktmanager, 2. Aufl. Stuttgart 1987.

Koschatzky, K.; Nellen, O.: Thematic evaluation of RTD and Innovation related actions under structural Funds (bisher unveröffentlichtes Manuskript).

Kramer, F.: Innovative Produktpolitik, Berlin 1989.

Krelle, W.: Probleme des Übergangs von einer Planwirtschaft zu einer Marktwirtschaft, in: Jens, U. (Hrsg.): Der Umbau. Von der Kommandowirtschaft zur sozialen Marktwirtschaft, Baden-Baden 1991, S. 15-34.

Krelle, W.: Über die Möglichkeit der Wirtschaftsrechnung in verschiedenen Wirtschaftsordnungen, in: Jahrbücher für Nationalökonomie und Statistik, Bd. 165/1953, S. 123-160.

Kuhlmann, S.: Evaluation von Technologiepolitik: Zur Analyse der Wirksamkeit politischer Techniksteuerung, in: Grimmer, K.; Häusler, J.; Kuhlmann, S.; Simonis, G. (Hrsg.): Politische Techniksteuerung – Forschungsstand und Forschungsperspektiven, Opladen 1992, S. 119-136.

Kuhlmann, S.; Holland, D.: Erfolgsfaktoren der wirtschaftsnahen Forschung, Heidelberg 1995.

Kuntze, U.: Forschung und Entwicklung in der Wirtschaft der ehemaligen DDR im Juli/August 1990, in: Holland, D.; Kuhlmann, S. (Hrsg.): Systemwandel und industrielle Innovation, Heidelberg 1995, S. 23-39.

Laschke, B.: Kontrastreicher Aufwärtstrend der Unternehmen im ostdeutschen verarbeitenden Gewerbe, in: Wirtschaft im Wandel, Heft 5 (1999), S. 13-17.

Lay, G.: Sachsens Investitionsgüterindustrie im Regionalvergleich, in: Mitteilungen aus der Produktionsinnovationserhebung 3, Karlsruhe 1996.

Lay, G.; Gagel, S.: Die Anpassung der Produkt- und Vertriebsstrukturen an die Marktwirtschaft, in: Lay, G. (Hrsg.): Strukturwandel in der Investitionsgüterindustrie, Heidelberg 1995, S. 20-52.

Lay, G.; Wengel, J. et. al.: Wirkungsanalyse der indirekt-spezifischen CIM-Förderung im Programm Fertigungstechnik 1988 – 1992, Karlsruhe 1994.

Leder, M.: Innovationsmanagement – ein Überblick, in: Albach, H. (Hrsg.): Innovatiosmanagement – Theorie und Praxis im Kulturvergleich, Wiesbaden 1990, S. 1–54.

Leipold, H.: Innovationen im Systemvergleich. Der Einfluss des Wirtschaftssystems auf die Hervorbringung von Innovationen, in: Oberender, P.; Streit, M.E. (Hrsg.): Marktwirtschaft und Innovation, Baden-Baden 1991, S. 163-182.

Lindbloom, C.E.: The Science of Muddling-Through, in: Ansoff, H. (Hrsg.): Business-Strategy, New-York 1969, S. 41-60.

Little, A. D. (Hrsg.): Management im Zeitalter der strategischen Führung – Von der Portfolio-Planung zum Führungssystem, Wiesbaden (ohne Jahresangabe).

Luhmann, N.: Zweckbegriffe und Systemrationalität. Über die Funktion von Zwecken in sozialen Systemen, Tübingen 1968.

Lütz, S.: Die staatliche Steuerung von Kooperationen in der Industrieforschung – Funktionsweisen und Erfolgsbedingungen des Förderinstruments Verbundforschung, Köln 1992.

Maas, C.: Determinanten betrieblichen Innovationsverhaltens, Berlin 1990.

Maier, H.: Innovation oder Stagnation – Bedingungen der Wirtschaftsreform in sozialistischen Ländern, Köln 1987.

Mansfield, E.; Rapoport, J.; Romeo, A.; Villau, E.; Wagner, S.; Husic, F.: The Production and Application of New Industrial Technology, New York 1977.

Marz, L.: Dispositionskosten des Transformationsprozesses, in: Aus Politik und Zeitgeschichte, Nr. 41, 1992, S. 3-14.

McDaniel, St. W.; Kolari, J.W.: Marketing Strategy Implications of the Miles and Snow-Strategic Typology, in: Journal of Marketing, Vol. 51 / 1987, S. 19-30.

Meffert, H.: Marketing – Grundlagen der Absatzpolitik, Wiesbaden 1986.

Merton, R.K.: Bürokratische Struktur und Persönilichkei, in: Mayntz, R. (Hrsg.): Bürokratische Organisation, Köln 1968, S. 265-276.

Meske, W.: Industrie F/E in der DDR: Umfang, Strukturen, Tendenzen, in: IGW-Report, 4.Jg., Heft 2, S.19-33

Meyer-Krahmer, F.: Der Einfluss staatlicher Technologiepolitik auf industrielle Innovationen, Baden-Baden 1989.

Meyer-Krahmer, F.: Innovation und Strukturwandel in Deutschland – Innovationssystem in einer globalen Ökonomie, in: Pleschak, F. (Hrsg.): Innovationen in Ostdeutschland, Heidelberg 1998, S. 3-20.

Meyer-Krahmer, F.: Technologiepolitik, in: Kahsnitz, D.; Ropohl, G.; Schmid, A. (Hrsg.): Handbuch zur Arbeitslehre, München 1997, S.731-752.

Meyer-Krahmer, F.; Kuntze, U.: Bestandsaufnahme der Forschungs- und Technologiepolitik, in: Grimmer, K.; Häusler, J.; Kuhlmann, S.; Simonis, G. (Hrsg.): Politische Techniksteuerung – Forschungsstand und Forschungsperspektiven, Opladen 1992, S. 95-118.

Miller, D.; Friesen, P.: Organizations – A Quantum View, Eaglewood Cliffs 1984.

Miller, G.D.: Managerial Dilemmas: The Political Economy of Hierarchy, Cambridge 1992.

Ministerium für Raumordnung, Landwirtschaft und Umwelt des Landes Sachsen-Anhalt: Landesförderung, Magdeburg 1997.

Mintzberg, H.: The Structuring of Organizations, Eaglewood Cliffs 1979.

Muller, E.: Innovation interactions between Knowledge-Intensive Business Services and Small and Medium-sized Enterprises, Strasbourg 1999.

Müller, R.: Ist eine spezifische FuE-Förderung für die neuen Länder notwendig?, in: Wirtschaft im andel, Heft 4 (1998), S. 7-11.

Müller, U.: Wettbewerb, Unternehmenskonzentration und Innovation, Göttingen 1975.

Nellen, O.; Hemer, J.; Zenker, A.: Fortschreibung der Technologiepolitischen Konzeption im Freistaat Thüringen, Karlsruhe 1998.

Nelson, R.R.; Winter, S.G.: An Evolutionary Theory of Economic Change, Cambridge (Mass.) 1982.

Neuberger, O.: Führen und geführt werden, Stuttgart 1990, S. 199ff; sowie: Drumm, H.-J.: Personalwirtschaftslehre, Berlin 1989.

Ochsenbauer, C.: Organisatorische Alternativen zur Hierarchie, München 1988.

Oechsler, W.A.: Personal und Arbeit, München 1992.

Pavitt, K.: Sectoral Patterns of Technical Change – Towards a Taxonomy and a Theory, in: Research Policy No. 13 (1984), S. 343-373.

Penzkofer, H.; Schmalholz, H.: Innovationsverhalten der deutschen Industrie – Ergebnisse des IFO-Innovationstests, München 1999.

Perillieux, R.: Der Zeitfaktor im strategischen Management – Früher oder später Einstieg bei technischen Produktinnovationen, Berlin 1987.

Perlitz, M.; Löbler, H.: Brauchen Unternehmen zum Innovieren Krisen?, in: Zeitschrift für Betriebswirtschaft, Heft 5, 1985, S. 424-450.

Pichottka, S.: Personelle Erfolgsfaktoren von Innovationsmanagement und Innovationsführung, Berlin 1991.

Picot, A.; Reichwald, R.; Wigand, R.T.: Die grenzenlose Unternehmung, Wiesbaden 1996.

Picot, A.; Reichwald, R.: Informationswirtschaft, in: Heinen, E. (Hrsg.): Industriebetriebslehre: Entscheidungen im Industriebetrieb, 9. Aufl., Wiesbaden 1991, S. 241-393.

Pleschak, F.; Fritsch, M.; Stummer, F.: Industrieforschung in den neuen Bundesländern (bisher unveröffentlichtes Manuskript).

Pleschak, F.; Nellen, O.; Stummer, F.: Förderung technologieorientierter Unternehmensgründungen, Bonn 1998.

Pleschak, F.; Sabisch, H.: Innovationsmanagement, Stuttgart 1996.

Porter, M.: Wettbewerbsstrategie, Frankfurt a.M. 1997.

Porter, M.E.: Technological Dimension of Competitive Strategy, in: Rosenbloom, R.S. (Hrsg.): research on Technological Innovation, Management and Policy, Greenwich London, 1983, S. 1-34.

Porter, M.E.: The Competitive Advantage of Nations, New York, 1990.

Porter, M.E.; Millar, V.E.: How Information gives you Competitive Advantage, in: Havard Business Review, 63 (1985) 7/8, S. 149-160.

Poths, W.; Löw, R.: CAD/CAM – Entscheidungshilfen für das Management, Frankfurt a.M. 1985.

Prigogine, I.; Stengers, I.: Order Out of Chaos – Man's New Dialogue with Nature, New York 1994.

Pümpin, C.; Prange, J.: Management und Unternehmensentwicklung, Frankfurt a.M., 1991.

Richter, R.; Furubotn, E.: Neue Institutionenökonomik, Tübingen 1996.

Röpke, J.: Die Strategie der Innovation – Eine systemorientierte Untersuchung der Interaktion von Individuum, Organisation und Markt im Neuerungsprozess, Tübingen 1977.

Rosenstil, L.: Entwicklung von Werthaltungen und interpersoneller Kompetenz – Beiträge zur Sozialpsychologie, in: Sonntag, K. (Hrsg.): Personalentwicklung in Organisationen, Göttingen 1992, S. 83-105.

Rothering, J.: Zwischen betriebliche Kooperation als alternative Kooperationsform – ein transaktionskosten-theoretischer Erklärungsansatz, Stuttgart 1993.

Rothschild, K.: Technischer Fortschritt in dogmenhistorischer Sicht, in: Bombach, G.; Gahlen, B.; Ott, A. (Hrsg.): Technologischer Wandel – Analyse und Fakten, Tübingen 1986, S.23-42.

Rothwell, R.: Issues in User Producer Relations in the innovation Process: The Role of Government, in: International Journal of technology Management, Vol. 9, No. 5,6,7, S. 629-649.

Rottmann, H.: Innovationsaktivitäten und Unternehmensgröße in Ost- und Westdeutschland, München 1996.

Sächsisches Staatsministerium für Wirtschaft und Arbeit (Hrsg.): Förderfibel Sachsen 1996, Dresden 1995.

Saurwein, K.-H.: Statistische Analyse mit SPSS/PC+, Bonn, München Reading (Mass.) 1990.

Schaad, J.: Spezifisches Humankapital und die Stabilität der Arbeitsbeziehungen, Winterthur 1996.

Schätzle, G.: Forschung und Entwicklung als unternehmerische Aufgabe, Opladen 1965.

Schellhass, H.-M.: Dynamische Marktschranken und Funktionsfähigkeit der Märkte, in: Bombach, G.; Gahlen, B.; Ott, A.E. (Hrsg.): Industrieökonomik – Theorie und Empirie, Tübingen 1985, S. 267-280.

Scherer, F.M.: Innovation and Groth – Schumpetrian Perspectives, Cambridge 1985.

Schinkel, F.: Auswirkungen der Existenzgründungsprogramme – Erfahrungen der Betriebe in der Praxis, Heft 40 – Beiträge zur Mittelstandsforschung, Göttingen 1980.

Schmal, K.: Technologischer Wandel als innerbetriebliches Konfliktfeld, in: Staudt, E. (Hrsg.): Das Management von Innovationen, Frankfurt a. Main, 1986, S. 434 – 444.

Schmidt, I.; Eißer, S.: Innovationsoptimale Unternehmensgrößen und Marktstrukturen, in: WiSt Heft 11 / 1990, S.556-562.

Schumpeter, J.A.: Business Cycles, New-York 1961.

Schumpeter, J.A.: Theorie der wirtschaftlichen Entwicklung – Eine Untersuchung für Unternehmergewinn, Kapital, Kredit, Zins und den Konjunkturzyklus, 5. Aufl., Berlin 1954.

Schwitalla, B.: Messung und Erklärung industrieller Innovationsaktivitäten, Heidelberg 1993.

Sengenberger, W.: Struktur und Funktionsweise von Arbeitsmärkten, Frankfurt a.M. 1987.

Sesselmeier, W.; Blauermel, G.: Arbeitsmarkttheorien – ein Überblick, Heidelberg 1990.

Sherman, P. M.: Strategic Planing for Technology Industries, Reading (Mass.) 1982.

Siebert, H.: Junge Bundesländer: Gibt es wirtschaftliche Alternativen, Kieler Diskussionsbeiträge, Nr. 200, Kiel 1993.

Simon, H.: Hysterese in Marketing und Wettbewerb, in: Zeitschrift für Betriebswirtschaft, 65. Jg. (1995), S. 1155 – 1182.

Simon, H.: Management strategischer Wettbewerbsvorteile, in: Simon, H.; Bohnenkamp, J.: Wettbewerbsvorteile und Wettbewerbsfähigkeit, USW-Schriften für Führungskräfte, Stuttgart 1988, S.1-17.

Sinn, G.; Sinn, H.-W.: Kaltstart – Volkswirtschaftliche Aspekte der deutschen Vereinigung, Tübingen 1991.

Staehle, W.: Management, 6. Aufl., München 1991.

Statistisches Bundesamt: Fachserie 2 Reihe 4.1 – Insolvenzverfahren, Bundes- und Ländererergebnisse, Wiesbaden 1995, 1997, 1999.

Statistisches Bundesamt: Fachserie 4 Reihe 4.2.1 – Beschäftigte, Umsatz und Investitionen der Unternehmen und Betriebe des verarbeitenden Gewerbes sowie des Bergbaus und der Gewinnung von Steinen und Erden, Wiesbaden 1995, 1997, 1999.

Staudt, E.; Schmeisser, W.: Invention, Kreativität und Erfinder, in: Staudt, E. (Hrsg.): Das Management von Innovationen, Frankfurt a. M. 1986, S. 289-294.

Stützle-Leinmüller, S.: Finanz- und Humankapital als innovationsrelevante Faktoren in kleinen und mittleren Unternehmen, Mannheim 1997.

Sydow, J.: Strategische Netzwerke – Evolution und Organisation, Wiesbaden 1992.

Thom, N.: Grundlagen des betrieblichen Innovationsmanagements, Königsstein 1980.

Türk, K.: Neuere Entwicklung in der Organisationsforschung, Stuttgart 1989.

Tushman, M.; Newman, W.; Nadler, D.: Executive Leadership and organizational evolution: Managing incremental and discontinous change, in: Kilman, R.; Covin, T.: Corporate Transformation, San Francisco 1988.

Tversky, A.; Kahnemann, D.: Advances in Prospect Theory: Cumulative Representation of Uncertainty, in: Journal of Risk and Uncertainty, Vol. 5, 1992, S. 297-323.

Ulrich, H.: Reflexion über Wandel und Management, in: Gomez, G.; Hahn, D.; Müller-Stevens, G.; Wunderer, R. (Hrsg.): Unternehmerischer Wandel: Konzepte zur organisatorischen Erneuerung, Wiesbaden 1994.

Ulrich, H.; Probst, G.J.: Anleitung zum ganzheitlichen Denken und Handeln, Bern 1988.

Varone, F.; von Wichert-Nick, D.: Forschungskooperation Industrie/Wissenschaft und Technologietransfer im Schwerpunktprogramm LESIT. Studie im Auftrag des Schweizerischen Wissenschaftsrates, Bern, Karlsruhe 1995.

Verordnung über die Leitung, Planung und Finanzierung der Forschung an der Akademie der Wissenschaften und an Universitäten und Hochschulen, insbesondere der Forschungskooperation mit den Kombinaten - Forschungsverordnung vom 12. Dezember 1985, GbI der DDR, Teil 1, Berlin 1985.

Vier, C.: Unternehmenstransformation und Netzwerkorganisation, Bern 1996.

Voigt, K.: Stategien im Zeitwettbewerb, Wiesbaden 1998.

Weber, M.: Unternehmerische Marktstrategien bei dynamischen Wettbewerb, Münster 1991.

Wengel, J.: Stand der Entwicklungstendenzen von CIM-Projekten in den neuen Bundesländern, in: Wengel, J. (Hrsg.): Modernisierung der Produktionsstrukturen in den neuen Bundesländern, Karlsruhe 1997, S.3-27.

Werner, H.: Entwicklungsverlauf und Erfolgsfaktoren junger Technologieunternehmen, (bisher unveröffentlichtes Manuskript).

Wirtschaftsministerium Brandenburg: Gründen, Festigen, Wachsen, Potsdam 1998.

Wirtschaftsministerium des Landes Mecklenburg-Vorpommern (Hrsg): Förderinstrumente für Industrie, gewerbliche Wirtschaft und das Handwerk in Mecklenburg-Vorpommern, Schwerin, 1995.

Witt, U.: Individualistische Grundlagen der evolutorischen Ökonomik, Tübingen 1987.

Witte, E.: Die Unternehmenskrise - Anfang oder Ende vom Neubeginn, in: Bratschisch, R.; Schnellinger W. (Hrsg.): Unternehmenskrisen – Ursachen, Frühwarnung, Bewältigung, Stuttgart 1981, S. 7-24.

Witte, E.: Informationsverhalten in Entscheidungsprozessen, in: Witte, E. (Hrsg.): Informationsverhalten in Entscheidungsprozessen, Tübingen 1972, S.1-88.

Wupperfeld, U.: Management und Rahmenbedingungen von Beteiligungsgesellschaften auf dem deutschen Seed-Capital-Markt, Frankfurt 1996.

Zanger, C.: Innovative Produktpolitik und Unternehmenskrise: Eine Betrachtung zur Situation in den neuen Bundesländern, in: Domsch, M.; Sabisch, H.; Siemers, S. (Hrsg.): FuE-Management, Stuttgart 1993, S. 49-66.

Zanger, C.: Unternehmenskrise und Produktentwicklung – Zum strategischen Verhalten von Unternehmen im Übergang von der Plan- zur Marktwirtschaft, in: Zeitschrift für Betriebswirtschaft H. 9, 1991, S.981-1006.

Zörbiegel, W.: Technologie in der Wettbewerbsstrategie, Darmstadt 1983.

zu Knyphausen-Aufsess, D.: Theorie der strategischen Unternehmensführung, Wiesbaden 1995.

Anhang

Inhaltsverzeichnis

Abbildungsverzeichnis

Fraunhofer Institut
Für Systemtechnik und Innovationsforschung
Karlsruhe

Produktionsstrukturen in der Investitionsgüterindustrie Deutschlands

Förderung der CIM-Anwendung

Umfrage bei geförderten Unternehmen im Auftrag des Bundesministeriums für Bildung, Wissenschaft, Forschung und Technologie (BMBF) Projektträger Fertigungstechnik und Qualitätssicherung (FTU-PFT)

Wir haben uns bemüht, den Fragebogen möglichst klar und eindeutig zu formulieren: wir wissen aber, dass dies nicht immer ganz gelingt. Wenn Sie es wünschen stehen wir Ihnen deshalb gerne für Rückfragen zur Verfügung. Bitte rufen Sie uns an:

Sabine Gagel Tel.: 0721/68 09 261
Jürgen Wengel Tel.: 0721/68 09 303

Ihre Angaben werden selbstverständlich strikt vertraulich und nur anonym ausgewertet. Sowohl unser Auftraggeber, das Bundesforschungsministerium, als auch der mit der Durchführung des Programms beauftragte Projektträger Fertigungstechnik und Qualität erhalten von uns nur zusammengefasste Auswertungen, die keinerlei Rückschlüsse auf einzelne Betriebe zulassen.

Bitte stecken Sie den ausgefüllten Fragebogen mit dem Zusatzbogen für CIM-geförderte Unternehmen in den beiliegenden Freiumschlag und senden Sie ihn uns baldmöglichst zurück. Wenn sie die kostenlose Zusendung einer zusammenfassenden Darstellung der Ergebnisse der Umfrage wünschen, bitten wir Sie um Ihren Namen, Ihre Position und Ihre Adresse. Sie können den Fragebogen auch anonym an uns schicken und die Zusendung der zusammengefassten Ergebnisse gesondert anfordern.

Selbstverständlich bleibt die Vertraulichkeit Ihrer Angaben in jedem Fall gewahrt!

Name: ☐ Adresse (ggfs. Firmenstempel)

Position: ☐ ☐

☐

☐

☐

Vielen Dank für Ihre Mitarbeit!

Hinweis zum Ausfüllen des Fragebogens

Sollte eine Frage nicht genau auf Sie zutreffen, so antworten Sie bitte möglichst sinngemäß - und wenn Sie keine genaue Angaben keine genaue Angaben keine genaue Angaben machen können, so tragen Sie bitte Schätzwerte ein. Bei ☐ kreuzen das jeweils Zutreffende an. Bei leeren Feldern tragen Sie bitte die gewünschten Angaben ein.

Bitte geben Sie an, ob Ihr Betrieb unter der angeschriebenen Adresse zu einem Unternehmen mit mehreren Betrieben gehört:

☐ ja, Unternehmen mit mehreren Betriebsstätten
☐ nein, wir sind ein Einbetriebsunternehmen.

Bitte beantworten Sie die folgenden Fragen jeweils für die Betriebsstätte an diesem Standort unter der angeschriebenen Adresse, nicht für die anderen Unternehmensteile.

1. Bitte nennen Sie uns Ihre Branche und das Hauptprodukt bzw. Die Hauptproduktgruppe für Ihren Betrieb.

Branche | Spyro-Nr. (falls bekannt)

Hauptprodukt (-gruppe) | Umsatzanteil ca. %

Charakterisieren Sie dieses Hauptprodukt bzw. Hauptproduktgruppe anhand folgender Merkmale bitte genauer:

Es wird hergestellt in (nur eine Nennung)

- kundenspezifischer Fertigung ☐
- Programmfertigung mit kundenspezifischen Varianten ☐
- Programmfertigung ☐

Es handelt sich um (nur eine Nennung)

- einteilige Erzeugnisse (z.B. Zahnräder) ☐
- mehrteilige Erzeugnisse mit einfacher Struktur (z.B. Pumpen, Getriebe) ☐
- mehrteilige Erzeugnisse mit komplexer Struktur (z.B. Werkzeugmaschinen) ☐

Es wird hergestellt in (nur eine Nennung)

- Einzel- und Kleinserienfertigung (<20 Stück pro Monat) ☐
- Mittelserienfertigung (20 – 1.000 Stück pro Monat) ☐
- Großserienfertigung (>1.000 Stück pro Monat) ☐

Durchschnittliche Durchlaufzeit vom Kundenauftrag bis zur Auslieferung? ca. Tage

Wieviel Prozent der Aufträge können termingerecht ausgeliefert werden? ca. %

Wie lange können Sie mit Ihren Beständen an Rohmaterialien und Kaufteilen produzieren? ca. Tage

Wieviel Prozent der bei Ihnen hergestellten Produkte müssen aufgrund der Endkontrolle einer Nacharbeitung unterzogen werden oder sind endgültig nicht verwertbar (Ausschuss)? ca. %

2. Haben Sie in den vergangenen 3 Jahren Produkte in Ihr Produktionsprogramm aufgenommen, die wesentliche technische Verbesserungen erhielten oder für Ihren Betrieb neu waren, z.B. durch Verwendung neuer Werkstoffe, Änderungen der Produktfunktionen, Änderungen der Wirkungsweise usw., die jedoch keine Detailänderungen waren?

☐ Nein. → *weiter mit Frage 3.*

☐ Ja. Welchen Umsatzanteil hatten diese Produkte im letzen Jahr am Gesamtumsatz Ihres Betriebs? ca. % (1994)

Wie lange dauert es, ein neues Produkt zur Marktreife zu entwickeln? ca. Monate

Waren unter diesen auch Produkte, die nicht nur für Ihren Betrieb neu waren, sondern auch für Ihre spezifischen Anwendungsmöglichkeiten am Markt bisher noch nicht angeboten wurden?

☐ Nein. → *weiter mit Frage 3.*

☐ Ja. Welchen ungefähren Umsatzanteil hatten diese neuen Produkte im letzten Jahr am Gesamtumsatz Ihres Betriebs? ca. % (1994)

3. Welchen Anteil haben folgende Formen der Fertigung bei der Herstellung Ihres Hauptproduktes zur Zeit?

	Anteil an allen Arbeitsplätzen in der Fertigung
Werkstättenfertigung, d.h. die einzelnen Werkstücke durchlaufen mehrere Werkstätten zur Durchführung der aufeinanderfolgenden Arbeitsgänge.	ca. %
Insel-/Gruppenfertigung, d.h. die zur weitgehenden Komplettbearbeitung einer Produkt- bzw. Teilefamilie notwendigen Arbeitsplätze und Maschinen sind zu Gruppen zusammengefasst.	ca. %
Fließ-/Reihenfertigung, d.h. Fertigung im Flussprinzip, bei der die Betriebsmittel in der Reihenfolge der vorzunehmenden Arbeiten angeordnet sind.	ca. %
Baustellenfertigung, d.h. der Arbeitsgegenstand ist infolge seines Gewichts oder seiner Größe ortsgebunden, die Betriebmittel und Werkstoffe müssen herangeschafft werden.	ca. %
	100 %

4. Wie würden Sie Ihre gegenwärtige wirtschaftliche Lage charakterisieren und welche Entwicklung erwarten Sie? (Bitte für Gegenwart und Zukunft jeweils nur eine Nennung)

	gute Ertragslage	zufriedenstellende Ertragslage	das Unternehmen noch sichernde Erträge	langfristig nicht tragfähige Erträge	akute Gefahr für das Unternehmen
heute	☐	☐	☐	☐	☐
in Zukunft	☐	☐	☐	☐	☐

5.1 Wie entwickelte sich Ihr Betrieb in den vergangenen Jahren und wie sehen Sie die zukünftige Entwicklung?

	in den Jahren 1999 bis 2003 im Mittel			2003 (Ist-Stand)	zukünftig erwartet		
	gewachsen	gleichgeblieben	geschrumpft		wachsend	gleich-bleibend	schrump-fend
Beschäftigte insgesamt	☐	☐	☐		☐	☐	☐
Umsatz (in Mio. €)	☐	☐	☐	Mio. €	☐	☐	☐
Vorleistungen in Mio. € (Kaufteile, Roh-, Betriebstoffe, ohne Energie und Wasser)	☐	☐	☐	Mio. €	☐	☐	☐
Exportquote (% vom Umsatz)	☐	☐	☐	%	☐	☐	☐
Anteil der Ausgaben für Forschung und Entwicklung am Umsatz (in %)	☐	☐	☐	%	☐	☐	☐
Investitionsquote (ohne Bauinvestitionen) (% vom Umsatz)	☐	☐	☐	%	☐	☐	☐
Grad der Kapazitätsauslastung (in %)	☐	☐	☐	%	☐	☐	☐

5.2 Bitte schätzen Sie, aus welchen Regionen Sie Ihre Vorleistungen beziehen und in welche Region Sie Ihre Produkte absetzen.

	Herkunft der Vorleistungen	Absatz der Produkte
Region (Umkreis bis ca. 50km)	ca. %	ca. %
sonstiges Bundesgebiet	ca. %	ca. %
West-Europa (Europäische Union)	ca. %	ca. %
Ost-Europa (ehemals RGW)	ca. %	ca. %
sonstiges Ausland	ca. %	ca. %
	100%	100%

5.3 Hat Ihr Betrieb in den letzten 2 Jahren Teile der Produktion an ausländische Standorte Ihres Unternehmens abgegeben? ☐ Ja ☐ Nein

Planen Sie (weitere) Verlagerungen in den nächsten 2 Jahren? ☐ Ja ☐ Nein

6.1 Wie setzt sich Ihr Personal zusammen?

	Anzahl
Angestellte (ohne Auszubildende)	
kaufmännische Angestellte (einschl. Verwaltungs- und Büropersonal)	
technische Angestellte	
Gewerbliche Mitarbeiter (ohne Auszubildende)	
Facharbeiter	
Angelernte, Ungelernte	
Auszubildende	
Insgesamt	

6.2 Wie verteilen sich die Beschäftigten Ihres Betriebs auf die folgenden Funktionsbereiche?

Forschung, Entwicklung, Konstruktion	ca.	%
Arbeitsvorbereitung, Materialwirtschaft, Einkauf, Logistik	ca.	%
Mechanische Fertigung	ca.	%
Montage	ca.	%
Instandhaltung, Qualitätswesen	ca.	%
Vertrieb / Service	ca.	%
Verwaltungsbereiche (incl. EDV und Geschäftsleistungspersonal)	ca.	%
		100%

7. Welche Lohn- bzw. Gehaltsformen haben Sie in der Fertigung?

	Anteil der Mitarbeiter	erwartete zukünftige Entwicklung: zunehmend	stabil	abnehmend
Zeitlohn / Gehalt	ca. %	☐	☐	☐
Zeitlohn / Gehalt mit Leistungszulage	ca. %	☐	☐	☐
Akkordlohn	ca. %	☐	☐	☐
Prämienlohn	ca. %	☐	☐	☐
	100%			

Falls Sie Lohn-/Gehaltsformen mit leistungsbezogenen Komponenten (Akkord, Prämie etc.) haben, an welcher Leistung werden diese vor allem festgemacht?

☐ an der individuellen Leistung ☐ an der Leistung der Arbeitsgruppe ☐ am betrieblichen Gesamtergebnis

Welche der folgenden Leistungsindikatoren finden dabei Verwendung?

☐ ausgebrachte Menge ☐ Qualität ☐ Maschinenauslastung
☐ Termintreue ☐ Verbesserungsvorschläge ☐ andere:

8. Welche Prioritäten ordnen Sie den folgenden Handlungsbereichen gegenwärtig zur Verbesserung Ihrer Wettbewerbsfähigkeit zu?
(Vergeben Sie für die folgenden Maßnahmen eindeutige Prioritäten von 1.-3.)

Entwicklung neuer bzw. Verbesserung bestehender Produkte und Dienstleistungen, neue Geschäftsfelder	Priorität
Verbesserung im Herstellungsprozess/ internen Leistungserstellungsprozess	Priorität
Verbesserung des Vertriebs/ Marketings. Erschließung neuer Märkte bzw. Marktsegmente	Priorität

9. Im folgenden möchten wir uns näher mit Ihrem <u>Herstellungsprozess/ internen Leistungserstellungsprozess</u> beschäftigen: In welche Richtung zielen Ihre derzeitigen Aktivitäten im Herstellungsprozess vorrangig?
(Bitte vergeben Sie für die folgenden Maßnahmen eindeutige Prioritäten von 1.-4.)

Senkung der Kosten	Priorität
Verbesserung der Qualität	Priorität
Verbreiterung des herstellbaren Produktspektrums (Produktionsflexibilität)	Priorität
Verbesserung der Lieferfähigkeit (Durchlaufzeiten, Termintreue)	Priorität

Welche Bedeutung haben die folgenden Maßnahmen für die Verwirklichung der oben genanten Ziele?

	sehr wichtig	wichtig	weniger wichtig	unwichtig
Investitionen (Maschinen, Anlagen, Informationstechnik)	☐	☐	☐	☐
Personelle Maßnahmen (Personalabbau, Einstellungen, Qualifizierung etc.)	☐	☐	☐	☐
Organisatorische Maßnahmen (Aufbau-, Ablauforganisation)	☐	☐	☐	☐
Strategische Allianzen/Kooperationen	☐	☐	☐	☐
Verlagerung eigener Produktion bzw. von Teilen davon an ausländische Standorte	☐	☐	☐	☐
Verringerung der Fertigungstiefe (Outsourcing)	☐	☐	☐	☐

Sind Sie in Ihre Betrieb relativ autonom in der Entscheidung über diese Ziele und Maßnahmen?

☐ Ja.

☐ Nein, starke Abstimmungsnotwendigkeit mit zentraler Konzernplanung o.a.

10. Welche der folgenden ausgewählten Techniken werden in Ihrem Betrieb derzeit oder zukünftig eingesetzt?

	Einsatz realisiert? ja	nein	*wenn ja,* erstmaliger Einsatz*	Einschätzung des Anteils des genutzten Potentials**	Ausbau, Modernisierung, Ablösung geplant	*wenn nein,* erstmaliger Einsatz geplant	Einsatz derzeit nicht sinnvoll
A. Informationstechnik zur Unterstützung von Aufgaben							
computergestütztes Entwickeln und Konstruieren (CAD)	☐	☐	19	%	☐	☐	☐
PPS-Materialwirtschaft	☐	☐	19	%	☐	☐	☐
PPS-Kapazitätsplanung/Zeitwirtschaft	☐	☐	19	%	☐	☐	☐
Werkstattsteuerungssysteme (Leitstand)	☐	☐	19	%	☐	☐	☐
computergestütztes Vorgangsmanagement (CSCW/Workflow-Systeme)	☐	☐	19	%	☐	☐	☐
computergestütztes Qualitätsmanagement (CAQ/SPC)	☐	☐	19	%	☐	☐	☐
B. Informationstechnische Vernetzungen							
Interne Vernetzung							
• CAD und NC-Programmierung (Geometriedatenübergabe)	☐	☐	19	%	☐	☐	☐
• CAD und PPS (z.B. Transfer von Stücklisten)	☐	☐	19	%	☐	☐	☐
• CAM/BDE und PPS (z.B. Transfer von Rückmeldedaten)	☐	☐	19	%	☐	☐	☐
Vernetzung mit externen Stellen							
• Ferndiagnose/Fernwartung	☐	☐	19	%	☐	☐	☐
• Produktdatenaustausch (CAD/CAD)	☐	☐	19	%	☐	☐	☐
• Produktionssteuerungsdaten (Hersteller – Zulieferer)	☐	☐	19	%	☐	☐	☐
• kaufmännische Daten/Bestelldaten (EDI/EDI-FACT)	☐	☐	19	%	☐	☐	☐
• Telearbeit, Telekooperation	☐	☐	19	%	☐	☐	☐
ISDN- Anschluss	☐	☐	19	%	☐	☐	☐
Standortübergreifendes Kommunikationsnetz (WAN)	☐	☐	19	%	☐	☐	☐
C. Maschinen und Anlagen							
CNC-gesteuerte Maschinen	☐	☐	19	%	☐	☐	☐
Maschinen für die Hochgeschwindigkeitsbearbeitung	☐	☐	19	%	☐	☐	☐
Trockenbearbeitung bei spanabhebenden Bearbeitungsverfahren	☐	☐	19	%	☐	☐	☐
Handhabungseinrichtungen und Industrieroboter	☐	☐	19	%	☐	☐	☐
automatisierte Montagesysteme	☐	☐	19	%	☐	☐	☐
Verfahren der Dünnschicht-Oberflächentechnik (z.B. Plasmatechnologie)	☐	☐	19	%	☐	☐	☐

Erläuterungen:

* Das Jahr in dem diese Technik in der genannten Form erstmals überhaupt eingesetzt wurde.

** Der Anteil des genutzten Potentials stellt den Prozentsatz dar, zu dem Sie schätzen, dass die jeweilige Technik in Relation zu den für den Betrieb maximalen Nutzungsmöglichkeiten eingesetzt wird.

11. Welche der folgenden organisatorischen Gestaltungselemente kommen in Ihrem Betrieb derzeit oder zukünftig zur Anwendung?

	kommen zur Anwendung?		wenn ja, erstmalige Anwendung *	in welchem Umfang nutzen Sie diese Gestaltungselemente?			*wenn nein,* Anwendung ist geplant	Anwendung derzeit nicht sinnvoll
	ja	nein		Pilot-versuche	in Teil-bereichen	flächen-deckend		
A. Konstruktion								
Simultaneous Engineering (Parallelisierung von Entwicklungsprozessen)	☐	☐	19	☐	☐	☐	☐	☐
Abteilungsübergreifende temporäre Entwicklungsteams	☐	☐	19	☐	☐	☐	☐	☐
FuE-Kooperation mit Zulieferern und/oder Abnehmern	☐	☐	19	☐	☐	☐	☐	☐
Baukastenprinzip/Modularisierung von Produktkomponenten	☐	☐	19	☐	☐	☐	☐	☐
B. Qualität								
Qualitätszirkel	☐	☐	19	☐	☐	☐	☐	☐
KPV - kontinuierlicher Verbesserungsprozess	☐	☐	19	☐	☐	☐	☐	☐
Verzicht auf Wareneingangskontrolle	☐	☐	19	☐	☐	☐	☐	☐
Zertifizierung nach DIN/ISO 9000 ff.	☐	☐	19	☐	☐	☐	☐	☐
• bei Kunden	☐	☐	19	☐	☐	☐	☐	☐
• durch Kunden im eigenen Betrieb	☐	☐	19	☐	☐	☐	☐	☐
Umweltauditierung des Betriebs (Ökoaudit)	☐	☐	19	☐	☐	☐	☐	☐
C. Fertigung								
Fertigungsinseln / produktorientierte Fertigungssegmentierung	☐	☐	19	☐	☐	☐	☐	☐
Null-Puffer-Prinzip (Just-in- time)	☐	☐	19	☐	☐	☐	☐	☐
• innerbetrieblich (kanban)	☐	☐	19	☐	☐	☐	☐	☐
• Zulieferung von außen	☐	☐	19	☐	☐	☐	☐	☐
• Anlieferung zu Kunden	☐	☐	19	☐	☐	☐	☐	☐
Konzentration der Zulieferer (Systemzulieferung, single sourcing)	☐	☐	19	☐	☐	☐	☐	☐
Dezentralisierung von planenden, steuernden und kontrollierenden Funktionen (räumlich)	☐	☐	19	☐	☐	☐	☐	☐
Aufgabenintegration (planende, steuernde, kontrollierende Aufgaben beim Werker)	☐	☐	19	☐	☐	☐	☐	☐
Gruppenarbeit	☐	☐	19	☐	☐	☐	☐	☐

Erläuterung:

* Das Jahr, in dem dieses organisatorische Gestaltungselement erstmalig überhaupt angewendet wurde.

12.1 Wenn im Betrieb Gruppenarbeit praktiziert wird, welche der folgenden Aussagen trifft für diese Gruppen tendenziell zu?

	ja	nein
Dispositive und Qualitätssichernde Aufgaben sind in das Aufgabenspektrum der Mitarbeiter integriert.	☐	☐
Je Arbeitsgruppe sind alle Mitglieder für alle Arbeiten qualifiziert, und die anfallenden Tätigkeiten werden im Wechsel ausgeführt.	☐	☐
Die Gruppen haben sich jeweils selbst einen Sprecher gewählt	☐	☐

12.2 Anzahl und Größe der Gruppen

	in der Fertigung	in der Montage	im Büro
Wieviele Gruppen gibt es?			
Wieviel Mitarbeiter umfasst eine Gruppe im Durchschnitt?			

13. Schätzen Sie grob bzw. geben Sie an, wer und zu welchen Anteilen in der Fertigung für die folgenden Aufgabenfelder zuständig ist.

	Arbeitsvorbereiter, Prüfer/Programmierer etc. *zentral / im Büro*	Arbeitsvorbereiter, Prüfer/Programmierer etc. *dezentral / im Büro*	Werkstattvorgesetzte (Meister, Vorarbeiter)	Werker (Maschinenführer, Monteur)
Grobe Auftragsplanung	%	%	%	%
Feinplanung der Werkstattaufträge (Reihenfolge)	%	%	%	%
CNC-Programmerstellung	%	%	%	%
CNC-Programmoptimierung	%	%	%	%
Maschinen rüsten, Werkzeug-voreinstellung/-bereitstellung	%	%	%	%
Qualitätsprüfung	%	%	%	%
Maschinenwartung/Inspektion, Instandhaltung/Reparatur	%	%	%	%

14.1 Mit welcher regelmäßigen wöchentlichen Betriebzeit nutzen Sie Ihre Maschinen und Anlagen?

ca. Stunden (durchschnittliche Maschinenlaufzeiten, max. 168 Stunden)

14. **Wird zur Umsetzung dieser Betriebszeiten in Ihrem Betrieb regelmäßig in Schichten gearbeitet?**

☐ **nein** ☐ **ja, und zwar in** ☐ Zweischicht ☐ Dreischicht ☐ Kontischicht

14.2 Welche Elemente der Arbeitsflexibilisierung haben Sie in der Produktion verwirklicht?

	nein	ja, Pilotversuche	ja, in Teilbereichen	ja, flächendeckend
Gleitende Arbeitszeit				
• mit Kernzeit	☐	☐	☐	☐
• ohne Kernzeit	☐	☐	☐	☐
Teilzeitarbeit	☐	☐	☐	☐
versetzte Arbeitszeiten/ gestaffelte Arbeitszeiten	☐	☐	☐	☐
Überstunden/Sonderschichten	☐	☐	☐	☐
am betrieblichen Arbeitsanfall orientiertes...				
• Modell mit monatlichem Ausgleich	☐	☐	☐	☐
• Modell mit jährlichem Ausgleich	☐	☐	☐	☐
• Lebensarbeitszeitmodell	☐	☐	☐	☐
Flexible Arbeitsschicht	☐	☐	☐	☐
• bezüglich der Schichtdauer	☐	☐	☐	☐
• bezüglich der Schichtwechselzeiten	☐	☐	☐	☐
Zeitautonome Arbeitsgruppen	☐	☐	☐	☐
Job-sharing	☐	☐	☐	☐
Sabbatical	☐	☐	☐	☐

15.1 Welche größeren technisch-organisatorischen Projekte (z.B. rechnerintegrierte Produktion/CIM, PPS-Einführung, Fertigungssegmentierung o.ä.) haben Sie in den letzten 2-3 Jahren durchgeführt und abgeschlossen, um Ihre Produktion zu modernisieren?
Projekte mit folgenden Schwerpunkten:

(1) Abschluss: (Monat/Jahr)

(2) Abschluss: (Monat/Jahr)

(3) Abschluss: (Monat/Jahr)

15.2 Ihr Betrieb ist vom Bundesforschungsministerium/Projektträger Fertigungstechnik bei der Einführung rechnerintegrierter Fertigung (CIM) gefördert worden. Bitte charakterisieren Sie Ihr gefördertes CIM-Projekt anhand folgender Merkmale genauer:

a) Projektschwerpunkt (keine Mehrfachnennung):
- ☐ Investition mit organisatorischer und qualifikatorischer Flankierung
- ☐ Reorganisation mit ggfs. investiven Maßnahmen für neue Organisationskonzepte
- ☐ Qualifizierung
- ☐ Strategische Allianzen
- ☐ Verlagerung des Produktionsstandorts bzw. von Teilen der Produktion (Verringerung der Fertigungstiefe)

b) Projektdauer Monate Planungsdauer + Monate Realisierungsphase = Monate Gesamtprojektdauer

c) Projektvolumen ca. T€

- Wie verteilen sich die Kosten in etwa auf die folgende Kostenarten (Schätzungen genügen):

Kosten für Hardware, Maschinen	ca.	%
Kosten für Software	ca.	%
Kosten für eigenes Planungspersonal	ca.	%
Kosten für Schulung und Qualifizierung	ca.	%
Kosten für externe fachliche Beratung, externe Forschung und Entwicklung	ca.	%
		100%

d) Projektorganisation
- Gab es eine Projektgruppe? ☐ ja ☐ nein
- Wenn ja, wer war in der Projektgruppe in welcher Form beteiligt?

	Projektleitung	im Projektteam beteiligt	fallweise hinzugezogen/ informiert	nicht beteiligt	nicht im Betrieb vorhanden
Betriebsleistung	☐	☐	☐	☐	
zentrale Organisation/EDV	☐	☐	☐	☐	☐
betroffene Fachabteilung	☐	☐	☐	☐	☐
Personalabteilung	☐	☐	☐	☐	☐
betroffene Mitarbeiter	☐	☐	☐	☐	
Betriebsrat		☐	☐	☐	☐
Betriebsexterne					
Unternehmensberater	☐	☐	☐	☐	
Forschungsinstitut	☐	☐	☐	☐	
Systemanbieter	☐	☐	☐	☐	

e) Projekthemmnisse/-schwierigkeiten

- ☐ Das Projekt konnte nicht im geplanten zeitlichen Rahmen abgewickelt werden (Zeitüberziehung > 20%).
- ☐ Das im Projekt zuerst entwickelte Konzept erwies sich in der Realisierung als nicht durchführbar.
- ☐ Die Realisierung des Projekts erwies sich als deutlich aufwendiger als geplant (>20% Mehraufwand).
- ☐ Die Realisierung stieß auf Widerstände bei den Betroffenen und/oder beim Betriebsrat.
- ☐ Das Projekt wurde durch die Geschäftsleitung nicht genügend unterstützt.
- ☐ Es gab Unvereinbarkeiten mit geltendem Arbeits- und Tarifvertragrecht.
- ☐ Die im Betrieb vorhandene Technik erwies sich als Hemmniss.
- ☐ Am Markt war keine Technik verfügbar, die den Projekterfordernissen entsprach.
- ☐ Es gab keine interne Finanzierungsmöglichkeit.
- ☐ Es gab keine Kreditaufnahmemöglichkeit.

f) Projektergebnisse

	Ziel im Projekt nicht abgestrebt	übererfüllt	erfüllt	nicht ganz erfüllt	bei weitem nicht erfüllt
Kostenziele	☐	☐	☐	☐	☐
Qualitätsziele	☐	☐	☐	☐	☐
Liferfähigkeitsziele	☐	☐	☐	☐	☐
Verarbeitung des Produktspektrums (Produktionsflexibilität)	☐	☐	☐	☐	☐

Anhang F1

Förderung von Forschung, Technologie und Innovation in den neuen Bundesländern durch Bund und neue Bundesländer 1990 bis 1997 (Stand 08.Juni 1998)

in Mio DM	Ist 1990	Ist 1991	Ist 1992	Ist 1993	Ist 1994	Ist 1995	Ist 1996	Ist 1997	Ist 1990-1997
BMWi	71,0	133,8	248,8	316,9	372,6	435,3	422,6	343,1	2344,1
BMBF	0,0	179,3	357,3	371,3	388,4	346,0	341,0	371,2	2354,5
Summe Bund	71,0	313,1	606,1	688,2	761,0	781,3	763,6	714,3	4698,6
neue Bundesländer	12,1	47,0	174,0	327,7	329,9	376,5	372,6	408,5	2048,3
Summe Bund und neue Bundesländer	83,1	360,1	780,1	1015,9	1090,9	1157,8	1136,2	1122,8	6746,9

Quelle: Bundesministerium für Wirtschaft

Anhang F2

	Direkte Projektförderung			Verbundforschungsförderung			indirekte Förderung - Personalkostenzuschüsse			indirekt spezifische Förderung		
	1992 bis 1993	1994 bis 1995	1995 bis 1996	1992 bis 1993	1994 bis 1995	1996 bis 1997	1992 bis 1993	1994 bis 1995	1996 bis 1997	1992 bis 1993	1994 bis 1995	1996 bis 1997
gefördert	79	80	90	46	18	10	80	50	120	90	51	0
nicht gefördert	111	245	175	144	307	255	110	275	145	100	274	265
	190	325	265	190	325	265	190	325	265	190	325	265

	Direkte Projektförderung			Verbundforschungsförderung			indirekte Förderung - Personalkostenzuschüsse			indirekt spezifische Förderung		
	1992 bis 1993	1994 bis 1995	1995 bis 1996	1992 bis 1993	1994 bis 1995	1996 bis 1997	1992 bis 1993	1994 bis 1995	1996 bis 1997	1992 bis 1993	1994 bis 1995	1996 bis 1997
gefördert	42%	25%	34%	24%	6%	4%	42%	15%	45%	47%	16%	0%
nicht gefördert	58%	75%	66%	76%	94%	96%	58%	85%	55%	53%	84%	100%

Anhang N1

	ungeförderte Unternehmen im Nucleus-Cluster	Ungeförderte Unternehmen insgesamt
akute Gefahr	4%	10%
nicht tragfähige Erträge	27%	25%
zu sichernde Erträge	35%	32%
Zufriedenstellende Erträge	31%	26%
gute Erträge	4%	8%
	100%	100%

Abb. 1: Vergleich der wirtschaftlichen Situation ungeförderter Unternehmen, die einen Nucleus-Transformationstyp aufweisen gegenüber allen ungeförderten Unternehmen.

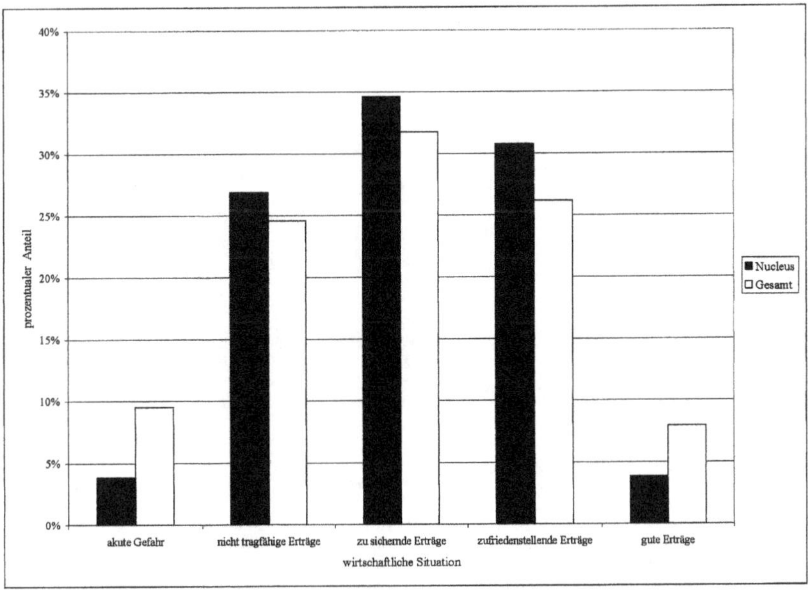

Anhang N2

Anteil angestellter Mitarbeiter	N	mittlerer Rang (Erfolg)
< 25 %	2	4,00
25,1 % bis 35 %	4	8,50
35,1 % bis 50 %	9	12,11
50,1 % bis 75 %	8	17,37
75,1 % bis 90 %	3	20,33
> 90 %	0	
Σ	26	

χ^2 =61,84
Asymptotische Signifikanz =0,001

Anhang N3

Anzahl von Techniken zur externen Kommunikation	N	mittlerer Rang (Erfolg)
1	5	7,20
2	7	9,14
3	9	16,00
4	4	20,50
5	1	25,00

$\chi^2 = 2,316$
Asymptotische Signifikanz = 0,458

Anzahl von Techniken zur internen Kommunikation	N	mittlerer Rang (Erfolg)
1	14	13,93
2	9	12,44
3	3	14,66
	26	

$\chi^2 = 0,586$
Asymptotische Signifikanz = 0,748

Anzahl von externen Akteuren in betrieblichen Innovationsprojekten	N	mittlerer Rang (Erfolg)
1	8	6,63
2	13	13,77
3	5	23,79
	26	

$\chi^2 = 13,164$
Asymptotische Signifikanz = 0,012

Forschungsinstitute	N	mittlerer Rang (Erfolg)
nicht beteiligt	4	7,25
fallweise hinzugezogen	11	12,73
in Projektteam integriert	9	17,88
Projektleitung	2	10,50
Σ	26	

$\chi^2 = 36,354$
Asymptotische Signifikanz = 0,013

Systemanbieter	N	mittlerer Rang (Erfolg)
nicht beteiligt	9	11,34
fallweise hinzugezogen	9	15,55
in Projektteam integriert	5	19,20
Projektleitung	3	4,33
Σ	26	

$\chi^2 = 12,217$
Asymptotische Signifikanz = 0,049

Unternehmensberater	N	mittlerer Rang (Erfolg)
nicht beteiligt	16	14,44
fallweise hinzugezogen	7	10,57
in Projektteam integriert	3	15,32
Projektleitung	0	
Σ		

$\chi^2 = 2,943$
Asymptotische Signifikanz = 0,233

Anteil angestellter Mitarbeiter	N	mittlerer Rang (Anzahl ext. Akteure in Innov.-Projekten)
< 25 %	2	1,50
25,1 % bis 35 %	4	9,25
35,1 % bis 50 %	9	12,55
50,1 % bis 75 %	8	14,88
75,1 % bis 90 %	3	22,00
> 90 %	0	
Σ	26	

$\chi^2 = 23,453$
Asymptotische Signifikanz = 0,034

Anteil angestellter Mitarbeiter	N	mittlerer Rang (Forschungsinstitute)
< 25 %	2	2,00
25,1 % bis 35 %	4	3,25
35,1 % bis 50 %	9	14,88
50,1 % bis 75 %	8	16,88
75,1 % bis 90 %	3	21,66
> 90 %	0	
Σ	26	

$\chi^2 = 7,481$
Asymptotische Signifikanz = 0,049

Anteil angestellter Mitarbeiter	N	mittlerer Rang (Systemanbieter)
< 25 %	2	6,50
25,1 % bis 35 %	4	8,00
35,1 % bis 50 %	9	10,22
50,1 % bis 75 %	8	19,13
75,1 % bis 90 %	3	20,33
> 90 %	0	
Σ	26	

$\chi^2 = 5,587$
Asymptotische Signifikanz = 0,041

Anhang N4

Anzahl eingebundener interner Akteure in betriebliche Innovationsprojekte	N	mittlerer Rang (Erfolg)
1	3	22,33
2	9	17,88
3	9	9,88
4	4	7,25
5	1	5,00
6		
Σ	26	

$\chi^2 = 14{,}231$
Asymptotische Signifikanz = 0,049

betroffene Fachabteilung	N	mittlerer Rang (Erfolg)
nicht beteiligt	1	4,00
fallweise hinzugezogen	4	9,25
in Projektteam integriert	15	12,80
Projektleitung	6	19,66
Σ	26	

$\chi^2 = 15{,}513$
Asymptotische Signifikanz = 0,031

Geschäftsführung	N	mittlerer Rang (Erfolg)
nicht beteiligt	4	6,00
fallweise hinzugezogen	5	10,20
in Projektteam integriert	5	21,80
Projektleitung	12	13,92
Σ	26	

$\chi^2 = 0{,}754$
Asymptotische Signifikanz = 0,645

Mitarbeiter	N	mittlerer Rang (Erfolg)
nicht beteiligt	6	11,60
fallweise hinzugezogen	5	12,20
in Projektteam integriert	12	16,00
Projektleitung	3	9,33
Σ	26	

$\chi^2 = 0{,}551$
Asymptotische Signifikanz = 0,449

betroffene Mitarbeiter	N	mittlerer Rang (Erfolg)
nicht beteiligt	6	5,83
fallweise hinzugezogen	5	9,60
in Projektteam integriert	10	15,20
Projektleitung	5	23,20
	26	

$\chi^2 = 8{,}392$
Asymptotische Signifikanz = 0,443

Qualitätszirkel	N	mittlerer Rang (Erfolg)	Rangsumme (Erfolg)
ja	12	11,75	430,000
nein	14	15,00	452,000
Σ			

Mann-Whitney-U = 23,000
Asymptotische Signifikanz = 0,351

Anteil angestellter Mitarbeiter	N	mittlerer Rang (Anzahl eingebundener interner Akteure in betriebliche Innovationsprojekte)
< 25 %	2	5,00
25,1 % bis 35 %	4	7,50
35,1 % bis 50 %	9	9,88
50,1 % bis 75 %	8	19,25
75,1 % bis 90 %	3	22,67
> 90 %	0	
Σ	26	

$\chi^2 = 2{,}587$
Asymptotische Signifikanz = 0,548

Anteil angestellter Mitarbeiter	N	mittlerer Rang (Fachabteilungen)
< 25 %	2	8,50
25,1 % bis 35 %	4	7,75
35,1 % bis 50 %	9	13,66
50,1 % bis 75 %	8	15,25
75,1 % bis 90 %	3	19,33
> 90 %	0	
Σ	26	

$\chi^2 = 5{,}774$
Asymptotische Signifikanz =0,299

Anzahl von externen Akteuren in betrieblichen Innovationsprojekten	N	mittlerer Rang (Anzahl eingebundener interner Akteure in betriebliche Innovationsprojekte)
1	8	15,50
2	13	9,85
3	5	19,80
	26	

$\chi^2 = 3{,}369$
Asymptotische Signifikanz = 0,812

Anzahl von externen Akteuren in betrieblichen Innovationsprojekten	N	mittlerer Rang (Fachabteilungen)
1	8	12,50
2	13	16,54
3	5	7,20
	26	

$\chi^2 = 4{,}874$
Asymptotische Signifikanz = 0,774

Forschungsinstitute	N	mittlerer Rang (Anzahl eingebundener interner Akteure in betriebliche Innovationsprojekte)
nicht beteiligt	4	5,50
fallweise hinzugezogen	11	15,82
in Projektteam integriert	9	12,22
Projektleitung	2	22,50
Σ	26	

$\chi^2 = 3{,}31$
Asymptotische Signifikanz = 0,664

Forschungsinstitute	N	mittlerer Rang (Fachabteilungen)
nicht beteiligt	4	7,75
fallweise hinzugezogen	11	17,54
in Projektteam integriert	9	12,89
Projektleitung	2	5,50
Σ	26	

$\chi^2 = 3{,}558$
Asymptotische Signifikanz = 0,201

Systemanbieter	N	mittlerer Rang (Anzahl eingebundener interner Akteure in betriebliche Innovationsprojekte)
nicht beteiligt	9	10,56
fallweise hinzugezogen	9	15,44
in Projektteam integriert	5	13,60
Projektleitung	3	16,33
Σ	26	

$\chi^2 = 1{,}297$

Asymptotische Signifikanz = 0,771

Systemanbieter	N	mittlerer Rang (Fachabteilungen)
nicht beteiligt	9	9,11
fallweise hinzugezogen	9	18,22
in Projektteam integriert	5	14,40
Projektleitung	3	11,00
Σ	26	

$\chi^2 = 5{,}554$

Asymptotische Signifikanz = 0,884

Anhang N5

Branchen	N	mittlerer Rang (Erfolg)
Ziehereien etc		
Stahl- und Leichtmetall-bau	1	4,00
Maschinenbau	9	10,56
Straßen- und Fahrzeugbau	2	13,50
Elektrotechnik	7	19,43
Feinmechanik, Optik	2	17,50
Herst. von Eisen-, Blech- und Metallwaren	4	11,75
Sonstige Branchen	1	7,00
Σ	26	

$\chi^2 = 0{,}574$
Asymptotische Signifikanz = 0,541

Branchen	N	mittlerer Rang (Anzahl externer Akteure an betrieblichen Innovationsprojekten)
Ziehereien etc		
Stahl- und Leichtmetall-bau	1	25,00
Maschinenbau	9	16,00
Straßen- und Fahrzeugbau	2	13,50
Elektrotechnik	7	13,00
Feinmechanik, Optik	2	7,50
Herst. von Eisen-, Blech- und Metallwaren	4	11,75
Sonstige Branchen	1	1,00
Σ	26	

$\chi^2 = 0{,}985$
Asymptotische Signifikanz = 0,887

Branchen	N	mittlerer Rang (Forschungsinstitute)
Ziehereien etc		
Stahl- und Leichtmetall-bau	1	13,00
Maschinenbau	9	15,22
Straßen- und Fahrzeugbau	2	22,50
Elektrotechnik	7	14,86
Feinmechanik, Optik	2	8,50
Herst. von Eisen-, Blech- und Metallwaren	4	11,50
Sonstige Branchen	1	2,00
Σ	26	

$\chi^2 = 2{,}501$
Asymptotische Signifikanz = 0,749

Branchen	N	mittlerer Rang (Systemanbieter)
Ziehereien etc		
Stahl- und Leichtmetall-bau	1	12,00
Maschinenbau	9	15,56
Straßen- und Fahrzeugbau	2	8,00
Elektrotechnik	7	13,71
Feinmechanik, Optik	2	7,50
Herst. von Eisen-, Blech- und Metallwaren	4	15,50
Sonstige Branchen	1	10,00
Σ	26	

$\chi^2 = 2{,}042$
Asymptotische Signifikanz = 0,287

Branchen	N	mittlerer Rang (Anzahl interner Akteure an betrieblichen Innovationsprojekten)
Ziehereien etc		
Stahl- und Leichtmetallbau	1	4,00
Maschinenbau	9	14,00
Straßen- und Fahrzeugbau	2	14,50
Elektrotechnik	7	14,71
Feinmechanik, Optik	2	14,00
Herst. von Eisen-, Blech- und Metallwaren	4	13,50
Sonstige Branchen	1	7,00
Σ	26	

$\chi^2 = 4{,}598$
Asymptotische Signifikanz = 0,874

Branchen	N	mittlerer Rang (betroffene Fachabteilungen)
Ziehereien etc		
Stahl- und Leichtmetallbau	1	11,00
Maschinenbau	9	14,44
Straßen- und Fahrzeugbau	2	19,50
Elektrotechnik	7	15,86
Feinmechanik, Optik	2	8,00
Herst. von Eisen-, Blech- und Metallwaren	4	10,50
Sonstige Branchen	1	2,00
Σ	26	

$\chi^2 = 2{,}874$
Asymptotische Signifikanz = 0,225

Unternehmensgröße	N	mittlerer Rang (Erfolg)
unter 20	2	7,50
20 bis 49	10	17,80
50 bis 99	6	15,50
100 bis 199	2	10,00
200 bis 499	4	8,25
500 bis 999	2	6,00
über 1000		
	26	

$\chi^2 = 4{,}258$
Asymptotische Signifikanz = 0,669

Unternehmensgröße	N	mittlerer Rang (Anzahl externer Akteure an betrieblichen Innovationsprojekten)
unter 20	2	25,00
20 bis 49	10	11,70
50 bis 99	6	19,00
100 bis 199	2	7,50
200 bis 499	4	10,00
500 bis 999	2	7,50
über 1000		
	26	

$\chi^2 = 4{,}248$
Asymptotische Signifikanz = 0,771

Unternehmensgröße	N	mittlerer Rang (Forschungsinstitute)
unter 20	2	12,00
20 bis 49	10	18,20
50 bis 99	6	15,83
100 bis 199	2	8,00
200 bis 499	4	9,25
500 bis 999	2	3,50
über 1000		

$\chi^2 = 5{,}587$
Asymptotische Signifikanz = 0,287

Unternehmensgröße	N	mittlerer Rang (Systemanbieter)
unter 20	2	19,00
20 bis 49	10	9,80
50 bis 99	6	17,67
100 bis 199	2	11,00
200 bis 499	4	10,00
500 bis 999	2	23,50
über 1000		

$\chi^2 = 5{,}541$
Asymptotische Signifikanz = 0,789

Unternehmensgröße	N	mittlerer Rang (Anzahl interner Akteure an betrieblichen Innovationsprojekten)
unter 20	2	9,50
20 bis 49	10	15,10
50 bis 99	6	18,83
100 bis 199	2	8,00
200 bis 499	4	12,00
500 bis 999	2	2,00
über 1000		

$\chi^2 = 4{,}099$
Asymptotische Signifikanz = 0,671

Unternehmensgröße	N	mittlerer Rang (Fachabteilungen)
unter 20	2	6,50
20 bis 49	10	17,90
50 bis 99	6	15,33
100 bis 199	2	17,00
200 bis 499	4	3,25
500 bis 999	2	10,00
über 1000		

$\chi^2 = 2{,}874$
Asymptotische Signifikanz = 0,199

Anhang E1

	ungeförderte Unternehmen im Engpaß-Cluster	ungeförderte Unternehmen insgesamt
akute Gefahr	14 %	10 %
nicht tragfähige Erträge	24 %	25 %
zu sichernde Erträge	28 %	32 %
zufriedenstellende Erträge	21 %	26 %
gute Erträge	14 %	8 %
	100 %	100 %

Abb. 2: Vergleich der wirtschaftlichen Situation ungeförderter Unternehmen, die einen Engpass-Transformationstyp aufweisen gegenüber allen ungeförderten Unternehmen.

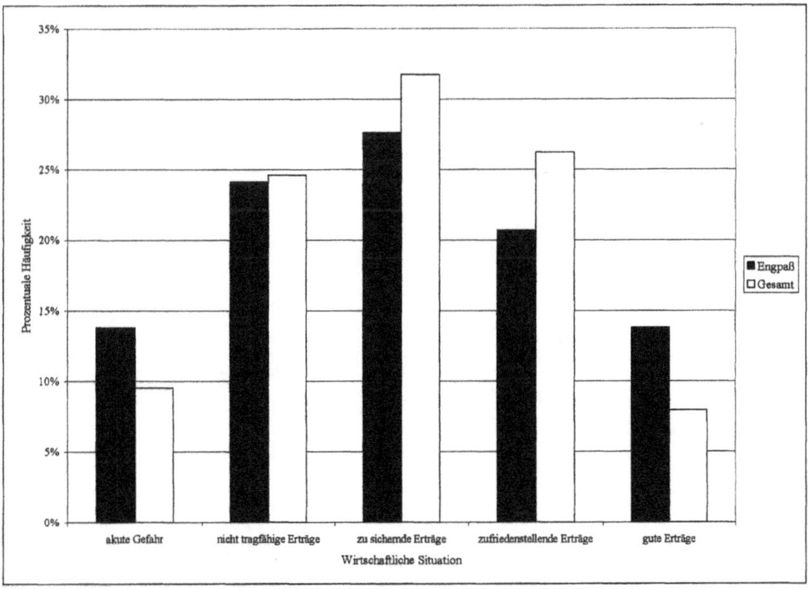

Anhang E2

Anteil angestellter Mitarbeiter	N	mittlerer Rang (Erfolg)
< 25 %	4	9,50
25,1 % bis 35 %	5	15,00
35,1 % bis 50 %	7	19,29
50,1 % bis 75 %	7	17,43
75,1 % bis 90 %	5	12,20
> 90 %	1	4,00
Σ	29	

$\chi^2 = 2{,}537$
Asymptotische Signifikanz = 0,329

Anhang E3

Anzahl von Techniken zur externen Kommunikation	N	mittlerer Rang (Erfolg)
1	10	9,70
2	8	12,75
3	5	16,20
4	3	22,66
5	3	29,00
Σ	29	

$\chi^2 = 13{,}054$
Asymptotische Signifikanz = 0,013

Anzahl von Techniken zur internen Kommunikation	N	mittlerer Rang (Erfolg)
1	6	13,50
2	10	14,80
3	13	15,85
Σ	29	

$\chi^2 = 12.154$
Asymptotische Signifikanz = 0,032

Bedeutung strategischer Allianzen	N	mittlerer Rang (Erfolg)
unwichtig	5	6,20
wenig wichtig	5	8,40
wichtig	11	16,55
sehrwichtig	8	22,50
Σ	29	

Mann-Whitney-U = 16,195
Asymptotische Signifikanz = 0,029

Anzahl von externen Akteuren in betrieblichen Innovationsprojekten	N	mittlerer Rang (Erfolg)
1	3	2,66
2	4	5,25
3	3	8,66
Σ	10	

$\chi^2 = 2{,}997$
Asymptotische Signifikanz = 0,154

Forschungsinstitute	N	mittlerer Rang (Erfolg)
nicht beteiligt	7	6,00
fallweise hinzugezogen	2	4,00
in Projektteam integriert	1	5,00
Projektleitung		
Σ	10	

$\chi^2 = 3{,}150$
Asymptotische Signifikanz = 0,529

Systemanbieter	N	mittlerer Rang (Erfolg)
nicht beteiligt	8	5,38
fallweise hinzugezogen	1	5,00
in Projektteam integriert	1	7,00
Projektleitung		
Σ	10	

$\chi^2 = 1{,}346$
Asymptotische Signifikanz = 0,562

Unternehmensberater	N	mittlerer Rang (Erfolg)
nicht beteiligt	8	5,00
fallweise hinzugezogen	1	7,00
in Projektteam integriert	1	8,00
Projektleitung		
Σ	10	

$\chi^2 = 0{,}869$
Asymptotische Signifikanz = 0,387

FuE-Kooperationen mit anderen Unternehmen	N	mittlerer Rang (Erfolg)	Rangsumme (Erfolg)
ja	13	13,00	152,000
nein	16	16,63	141,000
Σ	29		

Mann-Whitney-U = 54,000
Asymptotische Signifikanz = 0,686

WAN	N	mittlerer Rang (Erfolg)	Rangsumme (Erfolg)
ja	13	11,79	118,000
nein	16	17,61	215,000

Mann-Whitney-U = 45,500
Asymptotische Signifikanz = 0,093

Anhang E4

Anzahl eingebundener interner Akteure in betriebliche Innovationsprojekte	N	mittlerer Rang (Erfolg)
1	3	3,00
2	3	5,33
3	3	7,66
4	1	10,00
5		
6		
Σ	10	

$\chi^2 = 4{,}258$
Asymptotische Signifikanz = 0,051

Geschäftsführung	N	mittlerer Rang (Erfolg)
nicht beteiligt		
fallweise hinzugezogen	1	2,00
in Projektteam integriert	2	3,00
Projektleitung	7	7,14
Σ	10	

$\chi^2 = 1{,}228$
Asymptotische Signifikanz = 0,125

betroffene Fachabteilung	N	mittlerer Rang (Erfolg)
nicht beteiligt	2	2,00
fallweise hinzugezogen	2	5,50
in Projektteam integriert	3	6,66
Projektleitung	3	6,66
Σ	10	

$\chi^2 = 1{,}258$
Asymptotische Signifikanz = 0,741

betroffene Mitarbeiter	N	mittlerer Rang (Erfolg)
nicht beteiligt	5	5,40
fallweise hinzugezogen	2	4,00
in Projektteam integriert	3	6,66
Projektleitung		
Σ	10	

$\chi^2 = 0{,}998$
Asymptotische Signifikanz = 0,774

Aufgabenintegration	N	mittlerer Rang (Erfolg)	Rangsumme (Erfolg)
ja	10	25,00	230,500
nein	19	9,74	60,500
Σ	29		

Mann-Whitney-U = 45,000
Asymptotische Signifikanz = 0,221

Anteil von Mitarbeitern in Fließfertigung	N	mittlerer Rang (Erfolg)
< 25 %	2	8,50
26 % bis 50 %	3	13,66
51 % bis 75 %	10	11,20
> 76 %	14	18,93
Σ	29	

$\chi^2 = 3{,}119$
Asymptotische Signifikanz = 0,432

Anteil von Mitarbeitern in Insel- und Gruppenferti-gung	N	mittlerer Rang (Erfolg)
< 25 %	11	14,82
26 % bis 50 %	9	9,56
51 % bis 75 %	6	23,33
> 76 %	3	15,25
Σ	29	

$\chi^2 = 5{,}447$
Asymptotische Signifikanz = 0,347

Anhang E5

Branchen	N	mittlerer Rang (Erfolg)
Ziehereien etc		
Stahl- und Leichtmetallbau	3	12,66
Maschinenbau	10	11,20
Straßen- und Fahrzeugbau	2	10,00
Elektrotechnik	7	15,71
Feinmechanik, Optik	2	13,00
Herst. von Eisen-, Blech- und Metallwaren	5	25,80
Sonstige Branchen		
Σ	29	

$\chi^2 = 4{,}551$
Asymptotische Signifikanz = 0,667

Branchen	N	mittlerer Rang (Anzahl von Techniken zur externen Kommunikation)
Ziehereien etc		
Stahl- und Leichtmetallbau	3	10,00
Maschinenbau	10	16,90
Straßen- und Fahrzeugbau	2	15,00
Elektrotechnik	7	11,14
Feinmechanik, Optik	2	21,00
Herst. von Eisen-, Blech- und Metallwaren	5	17,20
Sonstige Branchen		
Σ	29	

$\chi^2 = 2{,}874$
Asymptotische Signifikanz = 0,874

Branchen	N	mittlerer Rang (Anzahl von Techniken zur internen Kommunikation)
Ziehereien etc		
Stahl- und Leichtmetallbau	3	6,33
Maschinenbau	10	20,20
Straßen- und Fahrzeugbau	2	5,50
Elektrotechnik	7	14,86
Feinmechanik, Optik	2	15,50
Herst. von Eisen-, Blech- und Metallwaren	5	13,60
Sonstige Branchen		
Σ	29	

$\chi^2 = 0{,}258$
Asymptotische Signifikanz = 0,228

Branchen	N	mittlerer Rang (strategische Allianzen)
Ziehereien etc		
Stahl- und Leichtmetallbau	3	17,00
Maschinenbau	10	18,90
Straßen- und Fahrzeugbau	2	17,00
Elektrotechnik	7	12,57
Feinmechanik, Optik	2	10,00
Herst. von Eisen-, Blech- und Metallwaren	5	10,60
Sonstige Branchen		
Σ	29	

$\chi^2 = 1{,}224$
Asymptotische Signifikanz = 0,847

Unternehmensgröße	N	mittlerer Rang (Größe)
unter 20	3	4,33
20 bis 49	12	19,92
50 bis 99	5	15,20
100 bis 199	5	15,00
200 bis 499	4	8,00
500 bis 999		
über 1000		
	29	

$\chi^2 = 5,574$
Asymptotische Signifikanz = 0,554

Unternehmensgröße	N	mittlerer Rang (Anzahl von Techniken zur externen Kommunikation)
unter 20	3	17,33
20 bis 49	12	14,67
50 bis 99	5	19,20
100 bis 199	5	18,80
200 bis 499	4	4,25
500 bis 999		
über 1000		
	29	

$\chi^2 = 2,554$
Asymptotische Signifikanz = 0,178

Unternehmensgröße	N	mittlerer Rang (Anzahl von Techniken zur internen Kommunikation)
unter 20	3	12,00
20 bis 49	12	11,25
50 bis 99	5	23,20
100 bis 199	5	15,80
200 bis 499	4	17,25
500 bis 999		
über 1000		
	29	

$\chi^2 = 0,971$
Asymptotische Signifikanz = 0,258

Unternehmensgröße	N	mittlerer Rang (strategische Allianzen)
unter 20	3	21,00
20 bis 49	12	16,92
50 bis 99	5	18,20
100 bis 199	5	7,40
200 bis 499	4	10,25
500 bis 999		
über 1000		
	29	

$\chi^2 = 8,47$
Asymptotische Signifikanz = 0,887

Anhang R1

	ungeförderte Unternehmen im Reversal-/Recreation-Cluster	ungeförderte Unternehmen insgesamt
akute Gefahr	16%	10 %
nicht tragfähige Erträge	36%	25 %
zu sichernde Erträge	20%	32 %
zufriedenstellende Erträge	16%	26 %
gute Erträge	12%	8 %
	100 %	100 %

Abb. 3: Vergleich der wirtschaftlichen Situation ungeförderter Unternehmen, die einen Reversal-/Recreation-Transformationstyp aufweisen gegenüber allen ungeförderten Unternehmen.

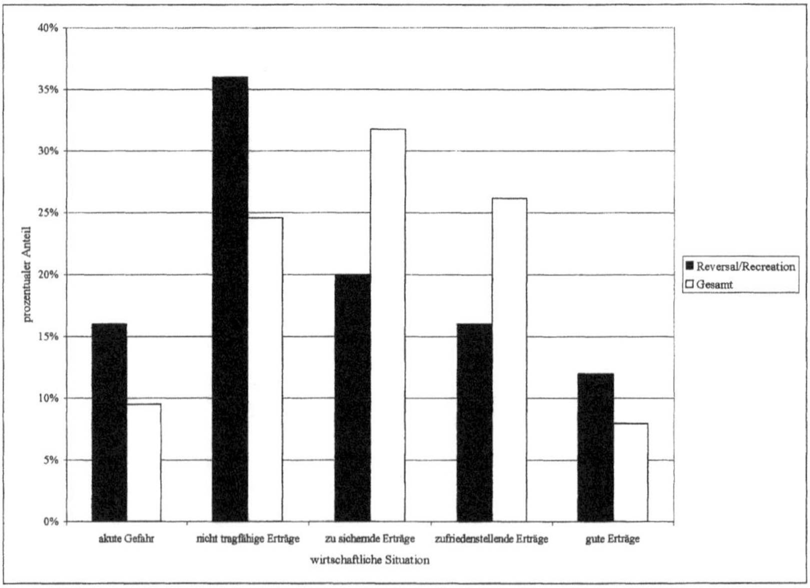

Anhang R2

Anteil angestellter Mitarbeiter	N	mittlerer Rang (Erfolg)
< 25 %	2	2,5
25,1 % bis 35 %	3	6,66
35,1 % bis 50 %	5	9,40
50,1 % bis 75 %	8	15,13
75,1 % bis 90 %	5	18,00
> 90 %	2	21,00
Σ	25	

$\chi^2 = 43{,}598$

Asymptotische Signifikanz = 0,001

Anhang R3

Anzahl von Techniken zur externen Kommunikation	N	mittlerer Rang (Erfolg)
1	9	8,23
2	6	12,50
3	3	15,66
4	3	17,33
5	4	19,25
Σ	25	

$\chi^2 = 33,337$
Asymptotische Signifikanz = 0,000

Anzahl von Techniken zur internen Kommunikation	N	mittlerer Rang (Erfolg)
1	10	10,91
2	7	12,42
3	8	16,12
Σ	25	

$\chi^2 = 27,754$
Asymptotische Signifikanz = 0,006

Bedeutung strategischer Allianzen	N	mittlerer Rang (Erfolg)
unwichtig	7	17,73
wenig wichtig	7	11,42
wichtig	9	10,22
sehr wichtig	2	9,50
Σ	25	

Mann-Whitney-U = 32,500
Asymptotische Signifikanz = 0,464

FuE-Kooperationen mit anderen Unternehmen	N	mittlerer Rang (Erfolg)	Rangsumme (Erfolg)
ja	11	8,21	221,000
nein	14	16,76	457,000
Σ	25		

Mann-Whitney-U = 92,000
Asymptotische Signifikanz = 0,013

Anzahl von externen Akteuren in betrieblichen Innovationsprojekten	N	mittlerer Rang (Erfolg)
1	7	5,14
2	11	11,72
3	7	22,87
Σ	25	

$\chi^2 = 16{,}521$
Asymptotische Signifikanz = 0,000

Forschungsinstitute	N	mittlerer Rang (Erfolg)
nicht beteiligt	8	12,12
fallweise hinzugezogen	9	14,11
in Projektteam integriert	6	15,66
Projektleitung	2	3,50
Σ	25	

$\chi^2 = 21{,}332$
Asymptotische Signifikanz = 0,005

Systemanbieter	N	mittlerer Rang (Erfolg)
nicht beteiligt	12	16,42
fallweise hinzugezogen	5	4,50
in Projektteam integriert	8	13,18
Projektleitung		
Σ	25	

$\chi^2 = 1{,}359$
Asymptotische Signifikanz = 0,381

Unternehmensberater	N	mittlerer Rang (Erfolg)
nicht beteiligt	15	16,50
fallweise hinzugezogen	5	7,00
in Projektteam integriert	5	8,50
Projektleitung		
Σ	25	

$\chi^2 = 2{,}338$
Asymptotische Signifikanz = 0,257

WAN	N	mittlerer Rang (Erfolg)	Rangsumme (Erfolg)
ja	3	15,00	526,000
nein	22	12,73	280,000
Σ	25		

Mann-Whitney-U = 14,000
Asymptotische Signifikanz = 0,272

Anteil angestellter Mitarbeiter	N	mittlerer Rang (Anzahl von Techniken zur externen Kommunikation)
< 25 %	2	9,00
25,1 % bis 35 %	3	9,66
35,1 % bis 50 %	5	12,20
50,1 % bis 75 %	8	13,12
75,1 % bis 90 %	5	15,20
> 90 %	2	18,00
Σ	25	

$\chi^2 = 23,511$
Asymptotische Signifikanz = 0,034

Anteil angestellter Mitarbeiter	N	mittlerer Rang (Anzahl von Techniken zur internen Kommunikation)
< 25 %	2	6,50
25,1 % bis 35 %	3	8,00
35,1 % bis 50 %	5	10,20
50,1 % bis 75 %	8	14,12
75,1 % bis 90 %	5	16,60
> 90 %	2	20,50
Σ	25	

$\chi^2 = 14,274$
Asymptotische Signifikanz = 0,051

Anteil angestellter Mitarbeiter	N	mittlerer Rang (ext. Einbindung der Innovationsprojekte)
< 25 %	2	4,50
25,1 % bis 35 %	3	8,66
35,1 % bis 50 %	5	11,00
50,1 % bis 75 %	8	12,25
75,1 % bis 90 %	5	18,20
> 90 %	2	23,00
Σ	25	

$\chi^2 = 16{,}547$
Asymptotische Signifikanz = 0,041

Anteil angestellter Mitarbeiter	N	mittlerer Rang (Forschungsinstitute)
< 25 %	2	3,50
25,1 % bis 35 %	3	9,33
35,1 % bis 50 %	5	11,00
50,1 % bis 75 %	8	13,75
75,1 % bis 90 %	5	15,20
> 90 %	2	21,50
Σ	25	

$\chi^2 = 25{,}382$
Asymptotische Signifikanz = 0,002

Anteil angestellter Mitarbeiter	N	mittlerer Rang (FuE-Kooperationen)
< 25 %	2	17,50
25,1 % bis 35 %	3	15,66
35,1 % bis 50 %	5	18,60
50,1 % bis 75 %	8	10,12
75,1 % bis 90 %	5	11,00
> 90 %	2	7,00
Σ	25	

$\chi^2 = 1{,}258$
Asymptotische Signifikanz = 0,587

Anteil angestellter Mitarbeiter	betriebliches Vorschlagswesen	
	ja	nein
< 25 %	1	1
25,1 % bis 35 %	2	1
35,1 % bis 50 %	2	3
50,1 % bis 75 %	5	3
75,1 % bis 90 %	2	3
> 90 %	1	1
Σ	13	12

$\chi^2 = 23{,}884$
Asymptotische Signifikanz = 0,784

Anhang R4

Anzahl eingebundener interner Akteure in betriebliche Innovationsprojekte	N	mittlerer Rang (Erfolg)
1	5	9,20
2	6	9,83
3	7	12,14
4	3	15,33
5	2	19,50
6	2	25,00
Σ	25	

$\chi^2 = 24{,}658$
Asymptotische Signifikanz = 0,004

Geschäftsführung	N	mittlerer Rang (Erfolg)
nicht beteiligt	2	5,50
fallweise hinzugezogen	8	9,00
in Projektteam integriert	8	14,50
Projektleitung	7	18,00
Σ	25	

$\chi^2 = 26{,}373$
Asymptotische Signifikanz = 0,043

betroffene Fachabteilung	N	mittlerer Rang (Erfolg)
nicht beteiligt		
fallweise hinzugezogen	1	9,00
in Projektteam integriert	18	13,94
Projektleitung	6	10,83
Σ	25	

$\chi^2 = 15{,}851$
Asymptotische Signifikanz = 0,047

betroffene Mitarbeiter	N	mittlerer Rang (Erfolg)
nicht beteiligt	7	11,28
fallweise hinzugezogen	8	12,13
in Projektteam integriert	6	19,17
Projektleitung	4	8,5
	25	

$\chi^2 = 35{,}615$
Asymptotische Signifikanz = 0,001

abteilungsübergreifende Entwicklungsteams	N	mittlerer Rang (Erfolg)	Rangsumme (Erfolg)
ja	14	16,50	258,000
nein	11	7,55	241,000

Mann-Whitney-U = 14,000
Asymptotische Signifikanz = 0,998

Aufgabenintegration	N	mittlerer Rang (Erfolg)	Rangsumme (Erfolg)
ja	15	8,67	455,000
nein	10	19,50	171,000

Mann-Whitney-U = 64,000
Asymptotische Signifikanz = 0,039

Anteil von Mitarbeitern in Fließfertigung	N	mittlerer Rang (Erfolg)
< 25 %	7	16,00
26 % bis 50 %	5	12,00
51 % bis 75 %	5	13,20
> 76 %	8	10,88

$\chi^2 = 1,257$
Asymptotische Signifikanz = 0,745

Anteil von Mitarbeitern in Insel- und Gruppenfertigung	N	mittlerer Rang (Erfolg)
< 25 %	11	10,36
26 % bis 50 %	5	11,00
51 % bis 75 %	4	14,25
> 76 %	5	19,80
Σ	25	

$\chi^2 = 5,962$
Asymptotische Signifikanz = 0,343

Anteil angestellter Mitarbeiter	N	mittlerer Rang (Anzahl interner Akteure in betrieblichen Innovationsprojekten)
< 25 %	2	2,00
25,1 % bis 35 %	3	5,66
35,1 % bis 50 %	5	10,20
50,1 % bis 75 %	8	15,00
75,1 % bis 90 %	5	17,40
> 90 %	2	23,00
Σ	25	

$\chi^2 = 23.921$
Asymptotische Signifikanz = 0,050

Anteil angestellter Mitarbeiter	N	mittlerer Rang (Geschäftsführung)
< 25 %	2	6,00
25,1 % bis 35 %	3	18,66
35,1 % bis 50 %	5	12,60
50,1 % bis 75 %	8	10,88
75,1 % bis 90 %	5	18,20
> 90 %	2	8,00
Σ	25	

$\chi^2 = 5,587$
Asymptotische Signifikanz = 0,254

Anteil angestellter Mitarbeiter	N	mittlerer Rang (betroffene Fachabteilung)
< 25 %	2	11,00
25,1 % bis 35 %	3	9,33
35,1 % bis 50 %	5	20,60
50,1 % bis 75 %	8	9,88
75,1 % bis 90 %	5	13,80
> 90 %	2	12,00
Σ	25	

$\chi^2 = 16,325$
Asymptotische Signifikanz = 0,871

	Aufgabenintegration	
Anteil angestellter Mitarbeiter	ja	nein
< 25 %	2	9,50
25,1 % bis 35 %	3	8,66
35,1 % bis 50 %	5	18,20
50,1 % bis 75 %	8	15,13
75,1 % bis 90 %	5	13,00
> 90 %	2	1,50
Σ	25	

$\chi^2 = 15{,}581$
Asymptotische Signifikanz = 0,258

Anteil angestellter Mitarbeiter	N	mittlerer Rang (betroffene Mitarbeiter)
< 25 %	2	14,00
25,1 % bis 35 %	3	12,33
35,1 % bis 50 %	5	18,00
50,1 % bis 75 %	8	8,88
75,1 % bis 90 %	5	10,20
> 90 %	2	24,00
Σ	25	

$\chi^2 = 8{,}981$
Asymptotische Signifikanz = 0,084

Anzahl von Techniken zur externen Kommunikation	N	mittlerer Rang (Anzahl interner Akteure in betrieblichen Innovationsprojekten)
1	9	15,11
2	6	8,66
3	3	14,33
4	3	14,00
5	4	13,00
Σ	25	

$\chi^2 = 0{,}997$
Asymptotische Signifikanz = 0,548

Anzahl von Techniken zur externen Kommunikation	N	mittlerer Rang (Geschäftsführung)
1	9	10,55
2	6	12,66
3	3	15,00
4	3	9,66
5	4	20,00
Σ	25	

$\chi^2 = 5,842$
Asymptotische Signifikanz = 0,584

Anzahl von Techniken zur externen Kommunikation	N	mittlerer Rang (betroffene Fachabteilung)
1	9	11,44
2	6	14,50
3	3	9,66
4	3	12,00
5	4	17,51
Σ	25	

$\chi^2 = 7,41$
Asymptotische Signifikanz = 0,451

Anzahl von Techniken zur externen Kommunikation	N	mittlerer Rang (betroffene Mitarbeiter)
1	9	11,22
2	6	13,50
3	3	8,00
4	3	14,33
5	4	19,00
Σ	25	

$\chi^2 = 5,410$
Asymptotische Signifikanz = 0,109

	Aufgabenintegration	
Anzahl von Techniken zur externen Kommunikation	ja	nein
1	5	4
2	4	2
3	2	1
4	2	1
5	2	2
Σ	15	10

$\chi^2 = 25{,}471$
Asymptotische Signifikanz = 0,201

Anzahl von Techniken zur internen Kommunikation	N	mittlerer Rang (Anzahl von internen Akteuren in betrieblichen Innovationsprojekten)
1	10	10,90
2	7	14,43
3	8	14,38
Σ	25	

$\chi^2 = 7{,}995$
Asymptotische Signifikanz = 0,099

Anzahl von Techniken zur internen Kommunikation	N	mittlerer Rang (Geschäftsführung)
1	10	13,80
2	7	12,28
3	8	12,63
Σ	25	

$\chi^2 = 8{,}441$
Asymptotische Signifikanz =0,529

Anzahl von Techniken zur internen Kommunikation	N	mittlerer Rang (betroffene Fachabteilungen)
1	10	15,10
2	7	9,14
3	8	13,75
Σ	25	

$\chi^2 = 7{,}667$
Asymptotische Signifikanz = 0,447

Anzahl von Techniken zur internen Kommunikation	N	mittlerer Rang (betroffene Mitarbeiter)
1	10	11,50
2	7	12,14
3	8	15,63
Σ	25	

$\chi^2 = 5{,}554$
Asymptotische Signifikanz = 0,884

	Aufgabenintegration	
Anzahl von Techniken zur internen Kommunikation	ja	nein
1	10	10,40
2	7	17,57
3	8	12,25
Σ	25	

$\chi^2 = 9{,}84$
Asymptotische Signifikanz = 0,207

FuE-Kooperationen mit anderen Unternehmen	N	mittlerer Rang (Anzahl interner Akteure in betrieblichen Innovationsprojekten)	Rangsumme (Anzahl interner Akteure in betrieblichen Innovationsprojekten)
ja	11	16,09	220,000
nein	14	10,57	185,000
Σ	25		

Mann-Whitney-U = 88,000
Asymptotische Signifikanz = 0,771

FuE-Kooperationen mit anderen Unternehmen	N	mittlerer Rang (Geschäftsführung)	Rangsumme (Geschäftsführung)
ja	11	18,29	315,000
nein	14	8,86	247,000
Σ	25		

Mann-Whitney-U = 101,000
Asymptotische Signifikanz = 0,554

FuE-Kooperationen mit anderen Unternehmen	N	mittlerer Rang (betroffene Fachabteilung)	Rangsumme (betroffene Fachabteilung)
ja	11	17,00	298,000
nein	14	9,86	299,000
Σ	25		

Mann-Whitney-U = 58,000
Asymptotische Signifikanz = 0,887

FuE-Kooperationen mit anderen Unternehmen	N	mittlerer Rang (Erfolg)	Rangsumme (Erfolg)
ja	11	22,82	489,000
nein	14	5,29	217,000
Σ	25		

Mann-Whitney-U = 54,000
Asymptotische Signifikanz = 0,254

	Aufgabenintegration	
FuE-Kooperationen mit anderen Unternehmen	ja	nein
ja	7	4
nein	8	6
Σ	15	10

$\chi^2 = 0,984$
Asymptotische Signifikanz = 0,845

Anzahl von externen Akteuren in betrieblichen Innovationsprojekten	N	mittlerer Rang (Anzahl interner Akteure in betrieblichen Innovationsprojekten)
1	7	10,14
2	11	14,09
3	7	14,14
Σ	25	

$\chi^2 = 3,981$
Asymptotische Signifikanz = 0,254

Anzahl von externen Akteuren in betrieblichen Innovationsprojekten	N	mittlerer Rang (Geschäftsführung)
1	7	14,29
2	11	9,18
3	7	17,71
Σ	25	

$\chi^2 = 5{,}669$
Asymptotische Signifikanz = 0,119

Anzahl von externen Akteuren in betrieblichen Innovationsprojekten	N	mittlerer Rang (betroffene Fachabteilung)
1	7	12,86
2	11	10,73
3	7	16,71
Σ	25	

$\chi^2 = 2{,}587$
Asymptotische Signifikanz = 0,471

Anzahl von externen Akteuren in betrieblichen Innovationsprojekten	N	mittlerer Rang (betroffene Mitarbeiter)
1	7	8,71
2	11	13,09
3	7	17,14
Σ	25	

$\chi^2 = 0{,}994$
Asymptotische Signifikanz = 0,555

	Aufgabenintegration	
Anzahl von externen Akteuren in betrieblichen Innovationsprojekten	ja	nein
1	3	4
2	6	5
3	3	4
Σ	12	13

$\chi^2 = 5{,}687$
Asymptotische Signifikanz = 0,847

Forschungsinstitute	N	mittlerer Rang (Anzahl interner Akteure in betrieblichen Innovationsprojekten)
nicht beteiligt	8	13,38
fallweise hinzugezogen	9	14,78
in Projektteam integriert	6	10,50
Projektleitung	2	11,00
Σ	25	

$\chi^2 = 2{,}997$
Asymptotische Signifikanz = 0,847

Forschungsinstitute	N	mittlerer Rang (Geschäftsführung)
nicht beteiligt	8	15,86
fallweise hinzugezogen	9	10,44
in Projektteam integriert	6	13,83
Projektleitung	2	10,5
Σ	25	

$\chi^2 = 5{,}584$
Asymptotische Signifikanz = 0,254

Forschungsinstitute	N	mittlerer Rang (betroffene Fachabteilung)
nicht beteiligt	8	11,00
fallweise hinzugezogen	9	15,00
in Projektteam integriert	6	13,50
Projektleitung	2	10,50
Σ	25	

$\chi^2 = 4{,}996$
Asymptotische Signifikanz = 0,099

Forschungsinstitute	N	mittlerer Rang (betroffene Mitarbeiter)
nicht beteiligt	8	15,00
fallweise hinzugezogen	9	9,22
in Projektteam integriert	6	15,16
Projektleitung	2	15,50
Σ	25	

$\chi^2 = 5{,}471$
Asymptotische Signifikanz = 0,248

	Aufgabenintegration	
Forschungsinstitute	ja	nein
nicht beteiligt	3	5
fallweise hinzugezogen	4	5
in Projektteam integriert	3	3
Projektleitung	2	
Σ	12	13

$\chi^2 = 12{,}587$
Asymptotische Signifikanz = 0,147

Betriebliches Vorschlagswesen	N	mittlerer Rang (Anzahl interner Akteure in betrieblichen Innovationsprojekten)	Rangsumme (Anzahl interner Akteure in betrieblichen Innovationsprojekten)
Ja	12	16,75	401,000
Nein	13	9,54	333,000
Σ	25		

Mann-Whitney-U = 47,000
Asymptotische Signifikanz = 0,547

betriebliches Vorschlagswesen	N	mittlerer Rang (Geschäftsführung)	Rangsumme (Geschäftsführung)
ja	12	12,66	212,000
nein	13	13,30	499,000
Σ	25		

Mann-Whitney-U = 112,000
Asymptotische Signifikanz = 0,101

betriebliches Vorschlagswesen	N	mittlerer Rang (betroffene Fachabteilung)	Rangsumme (betroffene Fachabteilung)
ja	12	9,33	356,000
nein	13	16,39	390,000
Σ	25		

Mann-Whitney-U = 49,000
Asymptotische Signifikanz = 0,254

betriebliches Vorschlagswesen	N	mittlerer Rang (betroffene Mitarbeiter)	Rangsumme (betroffene Mitarbeiter)
ja	12	11,66	280,000
nein	13	14,24	426,000
Σ	25		

Mann-Whitney-U = 25,000
Asymptotische Signifikanz = 0,148

	Aufgabenintegration	
betriebliches Vorschlagswesen	ja	nein
ja	7	5
nein	8	5
Σ	15	10

$\chi^2 = 2{,}365$
Asymptotische Signifikanz = 0,998

Anhang R5

Branchen	N	mittlerer Rang (Erfolg)
Ziehereien etc		
Stahl- und Leichtmetall-bau		
Maschinenbau	10	13,40
Straßen- und Fahrzeugbau	5	13,60
Elektrotechnik	5	14,20
Feinmechanik, Optik	2	9,50
Herst. von Eisen-, Blech- und Metallwaren	3	11,00
Sonstige Branchen		
Σ	25	

$\chi^2 = 5{,}541$
Asymptotische Signifikanz = 0,881

Branchen	N	mittlerer Rang (Anzahl von Techniken zur externen Kommunika-tion)
Ziehereien etc		
Stahl- und Leichtmetall-bau		
Maschinenbau	10	17,90
Straßen- und Fahrzeugbau	5	13,60
Elektrotechnik	5	12,40
Feinmechanik, Optik	2	4,00
Herst. von Eisen-, Blech- und Metallwaren	3	2,66
Sonstige Branchen		
Σ	25	

$\chi^2 = 0{,}985$
Asymptotische Signifikanz = 0,197

Branchen	N	mittlerer Rang (Anzahl von Techniken zur internen Kommunikation)
Ziehereien etc		
Stahl- und Leichtmetallbau		
Maschinenbau	10	15,10
Straßen- und Fahrzeugbau	5	12,40
Elektrotechnik	5	13,20
Feinmechanik, Optik	2	10,00
Herst. von Eisen-, Blech- und Metallwaren	3	8,67
Sonstige Branchen		
Σ	25	

$\chi^2 = 8{,}477$
Asymptotische Signifikanz = 0,883

		FuE-Kooperationen mit anderen Unternehmen	
		ja	nein
Branche	Ziehereien etc		
	Stahl- und Leichtmetallbau		
	Maschinenbau	4	6
	Straßen- und Fahrzeugbau	2	3
	Elektrotechnik	2	2
	Feinmechanik, Optik	1	1
	Herst. von Eisen-, Blech- und Metallwaren	1	2
	Sonstige Branchen		
	Σ	11	14

$\chi^2 = 1{,}015$
Asymptotische Signifikanz = 0,998

Branchen	N	mittlerer Rang (Anzahl von externen Akteuren in betrieblichen Innovationsprojekten)
Ziehereien etc		
Stahl- und Leichtmetallbau		
Maschinenbau	10	17,80
Straßen- und Fahrzeugbau	5	9,80
Elektrotechnik	5	9,80
Feinmechanik, Optik	2	9,00
Herst. von Eisen-, Blech- und Metallwaren	3	10,33
Sonstige Branchen		
Σ	25	

$\chi^2 = 3{,}942$
Asymptotische Signifikanz = 0,441

Branchen	N	mittlerer Rang (Forschungsinstitute)
Ziehereien etc		
Stahl- und Leichtmetallbau		
Maschinenbau	10	19,70
Straßen- und Fahrzeugbau	5	9,20
Elektrotechnik	5	8,20
Feinmechanik, Optik	2	9,00
Herst. von Eisen-, Blech- und Metallwaren	3	7,67
Sonstige Branchen		
Σ	25	

$\chi^2 = 8{,}997$
Asymptotische Signifikanz = 0,261

Branchen	N	mittlerer Rang (Anzahl eingebundener interner Akteure in betriebliche Innovationsprojekte)
Ziehereien etc		
Stahl- und Leichtmetall-bau		
Maschinenbau	10	10,20
Straßen- und Fahrzeugbau	5	19,80
Elektrotechnik	5	19,60
Feinmechanik, Optik	2	8,00
Herst. von Eisen-, Blech- und Metallwaren	3	3,33
Sonstige Branchen		
Σ	25	

$\chi^2 = 4{,}837$
Asymptotische Signifikanz = 0,338

Branchen	N	mittlerer Rang (Geschäftsführung)
Ziehereien etc		
Stahl- und Leichtmetall-bau		
Maschinenbau	10	14,20
Straßen- und Fahrzeugbau	5	18,60
Elektrotechnik	5	15,00
Feinmechanik, Optik	2	2,00
Herst. von Eisen-, Blech- und Metallwaren	3	3,67
Sonstige Branchen		
Σ	25	

$\chi^2 = 5{,}512$
Asymptotische Signifikanz = 0,591

Branchen	N	mittlerer Rang (betroffene Fachabteilung)
Ziehereien etc		
Stahl- und Leichtmetallbau		
Maschinenbau	10	15,90
Straßen- und Fahrzeugbau	5	9,60
Elektrotechnik	5	13,60
Feinmechanik, Optik	2	20,00
Herst. von Eisen-, Blech- und Metallwaren	3	3,33
Sonstige Branchen		
Σ	25	

$\chi^2 = 0{,}785$
Asymptotische Signifikanz = 0,349

Branchen	N	mittlerer Rang (betroffene Mitarbeiter)
Ziehereien etc		
Stahl- und Leichtmetallbau		
Maschinenbau	10	14,80
Straßen- und Fahrzeugbau	5	8,80
Elektrotechnik	5	19,20
Feinmechanik, Optik	2	10,00
Herst. von Eisen-, Blech- und Metallwaren	3	5,66
Sonstige Branchen		
Σ	25	

$\chi^2 = 6{,}827$
Asymptotische Signifikanz = 0,473

		Aufgabenintegration	
		ja	nein
Branche	Ziehereien etc		
	Stahl- und Leichtmetallbau		
	Maschinenbau	6	4
	Straßen- und Fahrzeugbau	3	2
	Elektrotechnik	3	2
	Feinmechanik, Optik	1	1
	Herst. von Eisen-, Blech- und Metallwaren	2	1
	Sonstige Branchen		
	Σ	15	10

$\chi^2 = 3,476$
Asymptotische Signifikanz = 0,997

Unternehmensgröße	N	mittlerer Rang (Erfolg)
unter 20	4	15,25
20 bis 49	10	14,90
50 bis 99	5	12,40
100 bis 199	5	6,60
200 bis 499	1	20,00
500 bis 999		
über 1000		
Σ	25	

$\chi^2 = 5,419$
Asymptotische Signifikanz = 0,541

Unternehmensgröße	N	mittlerer Rang (Anzahl von Techniken zur externen Kommunikation)
unter 20	4	7,50
20 bis 49	10	16,80
50 bis 99	5	16,80
100 bis 199	5	7,00
200 bis 499	1	8,00
500 bis 999		
über 1000		
Σ	25	

$\chi^2 = 5,847$
Asymptotische Signifikanz = 0,701

Unternehmensgröße	N	mittlerer Rang (Anzahl von Techniken zur internen Kommunikation)
unter 20	4	15,50
20 bis 49	10	16,00
50 bis 99	5	7,40
100 bis 199	5	10,00
200 bis 499	1	16,00
500 bis 999		
über 1000		
Σ	25	

$\chi^2 = 12,247$
Asymptotische Signifikanz = 0,547

		FuE-Kooperationen mit anderen Unternehmen	
		ja	nein
Unternehmensgröße	unter 20	2	2
	20 bis 49	4	6
	50 bis 99	2	3
	100 bis 199	2	3
	200 bis 499	1	0
	500 bis 999		
	über 1000		
	Σ	11	14

$\chi^2 = 31{,}012$
Asymptotische Signifikanz = 0,995

Unternehmensgröße	N	mittlerer Rang (Anzahl von externen Akteuren in betrieblichen Innovationsprojekten)
unter 20	4	7,50
20 bis 49	10	14,90
50 bis 99	5	15,00
100 bis 199	5	13,20
200 bis 499	1	5,00
500 bis 999		
über 1000		
Σ	25	

$\chi^2 = 9{,}420$
Asymptotische Signifikanz = 0,602

Unternehmensgröße	N	mittlerer Rang (Forschungsinstitute)
unter 20	4	15,50
20 bis 49	10	12,30
50 bis 99	5	15,40
100 bis 199	5	10,20
200 bis 499	1	12,00
500 bis 999		
über 1000		
Σ	25	

$\chi^2 = 5{,}842$
Asymptotische Signifikanz = 0,547

Unternehmensgröße	N	mittlerer Rang (Anzahl eingebundener interner Akteure in betriebliche Innovationsprojekte)
unter 20	4	12,25
20 bis 49	10	12,90
50 bis 99	5	12,80
100 bis 199	5	13,40
200 bis 499	1	16,00
500 bis 999		
über 1000		
Σ	25	

$\chi^2 = 0{,}945$
Asymptotische Signifikanz = 0,098

Unternehmensgröße	N	mittlerer Rang (Geschäftsführung)
unter 20	4	12,00
20 bis 49	10	14,50
50 bis 99	5	10,80
100 bis 199	5	11,20
200 bis 499	1	22,00
500 bis 999		
über 1000		
Σ	25	

$\chi^2 = 11{,}298$
Asymptotische Signifikanz = 0,337

Unternehmensgröße	N	mittlerer Rang (betroffene Fachabteilungen)
unter 20	4	8,00
20 bis 49	10	12,80
50 bis 99	5	17,20
100 bis 199	5	12,20
200 bis 499	1	18,00
500 bis 999		
über 1000		
Σ	25	

$\chi^2 = 8{,}119$
Asymptotische Signifikanz = 0,276

Unternehmensgröße	N	mittlerer Rang (betroffene Mitarbeiter)
unter 20	4	10,00
20 bis 49	10	12,90
50 bis 99	5	17,40
100 bis 199	5	12,80
200 bis 499	1	5,00
500 bis 999		
über 1000		
Σ	25	

$\chi^2 = 13{,}584$
Asymptotische Signifikanz = 0,444

		Aufgabenintegration	
		ja	nein
Unternehmensgröße	unter 20	2	2
	20 bis 49	6	4
	50 bis 99	3	2
	100 bis 199	3	2
	200 bis 499	1	0
	500 bis 999		
	über 1000		
	Σ	15	10

$\chi^2 = 1{,}584$
Asymptotische Signifikanz = 0,991

Anhang M1

	ungeförderte Unternehmen im Muddling-Through-Cluster	ungeförderte Unternehmen insgesamt
akute Gefahr	7%	10 %
nicht tragfähige Erträge	17%	25 %
zu sichernde Erträge	39%	32 %
zufriedenstellende Erträge	33%	26 %
gute Erträge	4%	8 %
	100 %	100 %

Abb. 4: Vergleich der wirtschaftlichen Situation ungeförderter Unternehmen, die einen Muddling-Through-Transformationstyp aufweisen gegenüber allen ungeförderten Unternehmen.

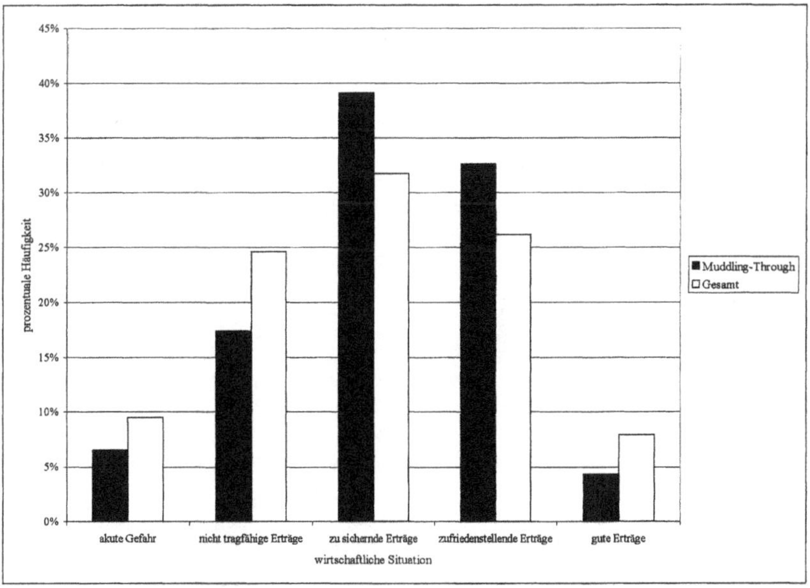

Anhang M2

Anteil gewerblicher Mitarbeiter	N	mittlerer Rang (Erfolg)
< 25 %	13	14,92
25,1 % bis 35 %	9	18,11
35,1 % bis 50 %	7	21,71
50,1 % bis 75 %	9	26,56
75,1 % bis 90 %	7	41,29
> 90 %	1	43,00
Σ	46	

$\chi^2 = 13{,}714$
Asymptotische Signifikanz = 0,041

Anteil angestellter Mitarbeiter	N	mittlerer Rang (Erfolg)
< 25 %	1	43,00
25,1 % bis 35 %	4	32,11
35,1 % bis 50 %	5	31,60
50,1 % bis 75 %	16	29,00
75,1 % bis 90 %	8	23,13
> 90 %	5	20,20
Σ	46	

$\chi^2 = 13{,}668$
Asymptotische Signifikanz = 0,039

Anhang M3

Anzahl von Techniken zur externen Kommunikation	N	mittlerer Rang (Erfolg)
1	27	25,19
2	7	24,14
3	9	23,00
4	3	8,67
5		
Σ	46	

$\chi^2 = 8,994$
Asymptotische Signifikanz = 0,251

Anzahl von Techniken zur internen Kommunikation	N	mittlerer Rang (Erfolg)
1	12	20,83
2	26	23,96
3	8	25,86
Σ	46	

$\chi^2 = 16,639$
Asymptotische Signifikanz = 0,039

Anzahl von externen Akteuren in betrieblichen Innovationsprojekten	N	mittlerer Rang (Erfolg)
1	22	23,95
2	19	24,89
3	5	16,24
Σ	46	

$\chi^2 = 8,497$
Asymptotische Signifikanz = 0,227

Forschungsinstitute	N	mittlerer Rang (Erfolg)
nicht beteiligt	31	27,81
fallweise hinzugezogen	11	10,09
in Projektteam integriert	4	27,00
Projektleitung		
Σ	46	

$\chi^2 = 0,985$
Asymptotische Signifikanz = 0,497

Systemanbieter	N	mittlerer Rang (Erfolg)
nicht beteiligt	20	25,50
fallweise hinzugezogen	15	29,07
in Projektteam integriert	11	12,27
Projektleitung		
Σ	46	

$\chi^2 = 13{,}547$
Asymptotische Signifikanz = 0,672

Unternehmensberater	N	mittlerer Rang (Erfolg)
nicht beteiligt	29	24,55
fallweise hinzugezogen	10	28,10
in Projektteam integriert	7	12,57
Projektleitung		
Σ	46	

$\chi^2 = 4{,}973$
Asymptotische Signifikanz = 0,891

betriebliches Vorschlagswesen	N	mittlerer Rang (Erfolg)	Rangsumme (Erfolg)
ja	22	24,95	1176,000
nein	24	22,13	1013,000

Mann-Whitney-U = 150,000
Asymptotische Signifikanz = 0,044

Beteiligung an strategischen Allianzen	N	mittlerer Rang (Erfolg)
unwichtig	19	23,95
wenig wichtig	20	24,00
wichtig	3	24,66
sehr wichtig	4	18,00
Σ	46	

Mann-Whitney-U = 27,000
Asymptotische Signifikanz = 0,148

Anteil gewerblicher Mitarbeiter	N	mittlerer Rang (Anzahl von Techniken zur internen Kommunikation)
< 25 %	13	16,85
25,1 % bis 35 %	9	18,11
35,1 % bis 50 %	7	22,71
50,1 % bis 75 %	9	30,22
75,1 % bis 90 %	7	32,71
> 90 %	1	39,00
Σ	46	

$\chi^2 = 4{,}312$

Asymptotische Signifikanz = 0,410

		betriebliches Vorschlagswesen	
		ja	nein
Anteil gewerblicher Mitarbeiter	< 25 %	7	6
	25,1 % bis 35 %	2	7
	35,1 % bis 50 %	3	4
	50,1 % bis 75 %	4	5
	75,1 % bis 90 %	5	2
	> 90 %	1	
	Σ	22	24

$\chi^2 = 8{,}497$

Asymptotische Signifikanz = 0,249

Anhang M4

Anzahl eingebundener interner Akteure in betriebliche Innovationsprojekte	N	mittlerer Rang (Erfolg)
1		
2	6	34,00
3	15	26,87
4	15	21,27
5	10	15,50
6		
Σ	46	

$\chi^2 = 11,874$
Asymptotische Signifikanz = 0,047

Geschäftsführung	N	mittlerer Rang (Erfolg)
nicht beteiligt	2	16,50
fallweise hinzugezogen	14	27,36
in Projektteam integriert	13	23,77
Projektleitung	17	20,82
Σ	46	

$\chi^2 = 9,840$
Asymptotische Signifikanz = 0,050

betroffene Fachabteilung	N	mittlerer Rang (Erfolg)
nicht beteiligt	3	17,66
fallweise hinzugezogen	13	8,69
in Projektteam integriert	23	28,96
Projektleitung	7	35,71
Σ	46	

$\chi^2 = 12,547$
Asymptotische Signifikanz = 0,040

betroffene Mitarbeiter	N	mittlerer Rang (Erfolg)
nicht beteiligt	12	16,50
fallweise hinzugezogen	10	19,80
in Projektteam integriert	16	25,63
Projektleitung	8	34,38
Σ	46	

$\chi^2 = 5{,}578$
Asymptotische Signifikanz = 0,049

Aufgabenintegration	N	mittlerer Rang (Erfolg)	Rangsumme (Erfolg)
ja	16	30,94	1653,000
nein	30	12,87	324,000

Mann-Whitney-U = 174,000
Asymptotische Signifikanz = 0,048

Anteil von Mitarbeitern in Insel- und Gruppenferti-gung	N	mittlerer Rang (Erfolg)
< 25 %	34	24,88
26 % bis 50 %	6	23,33
51 % bis 75 %	3	15,66
> 76 %	3	16
Σ	46	

$\chi^2 = 0{,}947$
Asymptotische Signifikanz = 0,473

Anteil von Mitarbeitern in Fließfertigung	N	mittlerer Rang (Erfolg)
< 25 %	10	21,20
26 % bis 50 %	15	26,66
51 % bis 75 %	14	33,50
> 76 %	7	

$\chi^2 = 2{,}547$
Asymptotische Signifikanz = 0,548

Anteil gewerblicher Mitarbeiter	N	mittlerer Rang (Anzahl eingebundener interner Akteure in betriebliche Innovationsprojekte)
< 25 %	13	26,77
25,1 % bis 35 %	9	20,22
35,1 % bis 50 %	7	20,71
50,1 % bis 75 %	9	19,89
75,1 % bis 90 %	7	28,14
> 90 %	1	30,00
Σ	46	

$\chi^2 = 5{,}548$
Asymptotische Signifikanz = 0,548

Anteil gewerblicher Mitarbeiter	N	mittlerer Rang (Geschäftsführung)
< 25 %	13	21,15
25,1 % bis 35 %	9	30,11
35,1 % bis 50 %	7	35,71
50,1 % bis 75 %	9	19,22
75,1 % bis 90 %	7	14,29
> 90 %	1	12,00
Σ	46	

$\chi^2 = 0{,}947$
Asymptotische Signifikanz = 0,748

Anteil gewerblicher Mitarbeiter	N	mittlerer Rang (Fachabteilung)
< 25 %	13	22,85
25,1 % bis 35 %	9	29,78
35,1 % bis 50 %	7	31,29
50,1 % bis 75 %	9	15,33
75,1 % bis 90 %	7	21,29
> 90 %	1	10,00
Σ	46	

$\chi^2 = 8{,}492$
Asymptotische Signifikanz = 0,542

Anteil gewerblicher Mitarbeiter	N	mittlerer Rang (Mitarbeiter)
< 25 %	13	28,69
25,1 % bis 35 %	9	13,11
35,1 % bis 50 %	7	26,71
50,1 % bis 75 %	9	26,89
75,1 % bis 90 %	7	18,57
> 90 %	1	31,00
Σ	46	

$\chi^2 = 10{,}800$
Asymptotische Signifikanz = 0,350

		Aufgabenintegration	
		ja	nein
Anteil gewerblicher Mitarbeiter	< 25 %	5	8
	25,1 % bis 35 %	3	6
	35,1 % bis 50 %	2	5
	50,1 % bis 75 %	4	5
	75,1 % bis 90 %	2	5
	> 90 %	0	1
	Σ	16	30

$\chi^2 = 19{,}586$
Asymptotische Signifikanz = 0,991

Anzahl von Techniken zur internen Kommunikation	N	mittlerer Rang (Anzahl eingebundener interner Akteure in betriebliche Innovationsprojekte)
1	12	28,83
2	26	25,50
3	8	9,00
Σ	46	

$\chi^2 = 1{,}118$
Asymptotische Signifikanz = 0,667

Anzahl von Techniken zur internen Kommunikation	N	mittlerer Rang (Geschäftsführung)
1	12	25,67
2	26	28,04
3	8	5,50
Σ	46	

$\chi^2 = 4{,}871$
Asymptotische Signifikanz = 0,209

Anzahl von Techniken zur internen Kommunikation	N	mittlerer Rang (Fachabteilungen)
1	12	10,75
2	26	28,81
3	8	25,38
Σ	46	

$\chi^2 = 0{,}739$
Asymptotische Signifikanz = 0,097

Anzahl von Techniken zur internen Kommunikation	N	mittlerer Rang (Mitarbeiter)
1	12	15,50
2	26	22,65
3	8	38,26
Σ	46	

$\chi^2 = 5{,}719$
Asymptotische Signifikanz = 0,847

		Aufgabenintegration	
		ja	nein
Anzahl von Techniken zur internen Kommunikation	1	4	8
	2	9	17
	3	3	5
	Σ	16	30

$\chi^2 = 2{,}502$
Asymptotische Signifikanz = 0,997

Anhang M5

Branchen	N	mittlerer Rang (Erfolg)
Ziehereien etc		
Stahl- und Leichtmetall-bau	5	25,20
Maschinenbau	20	21,70
Straßen- und Fahrzeugbau	5	20,60
Elektrotechnik	10	22,70
Feinmechanik, Optik	4	37,75
Herst. von Eisen-, Blech- und Metallwaren	2	20,00
Sonstige Branchen		
Σ	46	

$\chi^2 = 5{,}008$
Asymptotische Signifikanz = 0,487

Branchen	N	mittlerer Rang (Anzahl von Techniken zur internen Kommunikation)
Ziehereien etc		
Stahl- und Leichtmetall-bau	5	19,00
Maschinenbau	20	33,50
Straßen- und Fahrzeugbau	5	17,40
Elektrotechnik	10	14,80
Feinmechanik, Optik	4	18,00
Herst. von Eisen-, Blech- und Metallwaren	2	4,50
Sonstige Branchen		
Σ	46	

$\chi^2 = 12{,}090$
Asymptotische Signifikanz = 0,284

		betriebliches Vorschlagswesen	
		ja	nein
Branchen	Ziehereien etc		
	Stahl- und Leichtmetallbau	2	3
	Maschinenbau	10	10
	Straßen- und Fahrzeugbau	2	3
	Elektrotechnik	5	5
	Feinmechanik, Optik	2	2
	Herst. von Eisen-, Blech- und Metallwaren	1	1
	Sonstige Branchen		
	Σ	22	24

$\chi^2 = 24{,}571$
Asymptotische Signifikanz = 0,949

Branchen	N	mittlerer Rang (Anzahl eingebundener interner Akteure in betriebliche Innovationsprojekte)
Ziehereien etc		
Stahl- und Leichtmetallbau	5	17,20
Maschinenbau	20	26,90
Straßen- und Fahrzeugbau	5	27,40
Elektrotechnik	10	27,60
Feinmechanik, Optik	4	5,75
Herst. von Eisen-, Blech- und Metallwaren	2	10,50
Sonstige Branchen		
Σ	46	

$\chi^2 = 0{,}971$
Asymptotische Signifikanz = 0,408

Branchen	N	mittlerer Rang (Geschäftsführung)
Ziehereien etc		
Stahl- und Leichtmetall-bau	5	25,80
Maschinenbau	20	23,70
Straßen- und Fahrzeugbau	5	29,20
Elektrotechnik	10	30,00
Feinmechanik, Optik	4	4,25
Herst. von Eisen-, Blech- und Metallwaren	2	7,50
Sonstige Branchen		
Σ	46	

$\chi^2 = 4{,}370$
Asymptotische Signifikanz = 0,549

Branchen	N	mittlerer Rang (Fachabteilung)
Ziehereien etc		
Stahl- und Leichtmetall-bau	5	19,40
Maschinenbau	20	21,70
Straßen- und Fahrzeugbau	5	25,40
Elektrotechnik	10	31,60
Feinmechanik, Optik	4	21,25
Herst. von Eisen-, Blech- und Metallwaren	2	11,00
Sonstige Branchen		
Σ	46	

$\chi^2 = 5{,}807$
Asymptotische Signifikanz = 0,716

Branchen	N	mittlerer Rang (Mitarbeiter)
Ziehereien etc		
Stahl- und Leichtmetall-bau	5	24,60
Maschinenbau	20	25,90
Straßen- und Fahrzeugbau	5	31,40
Elektrotechnik	10	21,50
Feinmechanik, Optik	4	14,50
Herst. von Eisen-, Blech- und Metallwaren	2	5,00
Sonstige Branchen		
Σ	46	

$\chi^2 = 6{,}571$
Asymptotische Signifikanz = 0,697

		Aufgabenintegration	
		ja	nein
Branchen	Ziehereien etc		
	Stahl- und Leichtmetallbau	1	4
	Maschinenbau	7	13
	Straßen- und Fahrzeugbau	1	4
	Elektrotechnik	4	6
	Feinmechanik, Optik	2	2
	Herst. von Eisen-, Blech- und Metallwaren	1	1
	Sonstige Branchen		
	Σ	16	30

$\chi^2 = 20{,}971$
Asymptotische Signifikanz = 0,821

Unternehmensgröße	N	mittlerer Rang (Erfolg)
unter 20	4	21,25
20 bis 49	15	25,87
50 bis 99	10	28,90
100 bis 199	10	22,30
200 bis 499	5	10,80
500 bis 999	2	21,00
über 1000		
	46	

$\chi^2 = 4{,}007$
Asymptotische Signifikanz = 0,719

Unternehmensgröße	N	mittlerer Rang (Anzahl von Techniken zur internen Kommunikation)
unter 20	4	25,50
20 bis 49	15	23,27
50 bis 99	10	31,70
100 bis 199	10	21,30
200 bis 499	5	14,40
500 bis 999	2	14,5
über 1000		
	46	

$\chi^2 = 11{,}903$
Asymptotische Signifikanz = 0,847

		betriebliches Vorschlagswesen	
		ja	nein
Unternehmensgröße	unter 20	2	2
	20 bis 49	5	10
	50 bis 99	5	5
	100 bis 199	6	4
	200 bis 499	3	2
	500 bis 999	1	1
	über 1000		
		22	24

$\chi^2 = 5{,}543$
Asymptotische Signifikanz = 0,513

Unternehmensgröße	N	mittlerer Rang (Anzahl eingebundener interner Akteure in betriebliche Innovationsprojekte)
unter 20	4	29,75
20 bis 49	15	22,47
50 bis 99	10	29,80
100 bis 199	10	22,20
200 bis 499	5	17,20
500 bis 999	2	9,50
über 1000		
	46	

$\chi^2 = 6{,}910$
Asymptotische Signifikanz = 0,497

Unternehmensgröße	N	mittlerer Rang (Geschäftsführung)
unter 20	4	17,25
20 bis 49	15	29,53
50 bis 99	10	31,10
100 bis 199	10	19,80
200 bis 499	5	8,00
500 bis 999	2	10,00
über 1000		
	46	

$\chi^2 = 4{,}873$
Asymptotische Signifikanz = 0,099

Unternehmensgröße	N	mittlerer Rang (Fachabteilung)
unter 20	4	19,75
20 bis 49	15	20,93
50 bis 99	10	22,50
100 bis 199	10	25,50
200 bis 499	5	37,40
500 bis 999	2	10,50
über 1000		
	46	

$\chi^2 = 2{,}849$
Asymptotische Signifikanz = 0,779

Unternehmensgröße	N	mittlerer Rang (Mitarbeiter)
unter 20	4	10,75
20 bis 49	15	18,67
50 bis 99	10	29,80
100 bis 199	10	30,00
200 bis 499	5	20,80
500 bis 999	2	28,00
über 1000		
	46	

$\chi^2 = 8{,}109$
Asymptotische Signifikanz = 0,661

		Aufgabenintegration	
		ja	nein
Unternehmensgröße	unter 20	1	3
	20 bis 49	5	10
	50 bis 99	3	7
	100 bis 199	4	6
	200 bis 499	1	4
	500 bis 999	2	
	über 1000		
		16	30

$\chi^2 = 1{,}278$
Asymptotische Signifikanz = 0,751

Anhang DP1

1. Direkte Projektförderung und Verbundforschungsförderung

1993	Nucleus	Engpass	Reversal/ Recreation	Muddling-Through
bis 1993 gefördert	28	3	49	4
bis 1993 nicht gefördert	16	47	4	39

$\chi^2 = 21{,}298$
asymptotische Signifikanz = 0,021

1995	Nucleus	Engpass	Reversal/ Recreation	Muddling-Through
bis 1995 gefördert	49	3	24	7
bis 1995 nicht gefördert	94	33	34	81

$\chi^2 = 15{,}298$
asymptotische Signifikanz = 0,041

1997	Nucleus	Engpass	Reversal/ Recreation	Muddling-Through
bis 1997 gefördert	61	0	23	6
bis 1997 nicht gefördert	102	12	10	51

$\chi^2 = 23{,}298$
asymptotische Signifikanz = 0,001

2. Direkte Projektförderung

1993	Nucleus	Engpass	Reversal/ Recreation	Muddling-Through
bis 1993 gefördert	26	2	49	2
bis 1993 nicht gefördert	18	48	4	41

$\chi^2 = 20{,}505$
asymptotische Signifikanz = 0,030

1995	Nucleus	Engpass	Reversal/ Recreation	Muddling-Through
bis 1995 gefördert	48	2	23	7
bis 1995 nicht gefördert	95	34	35	81

$\chi^2 = 14{,}987$
asymptotische Signifikanz = 0,021

1997	Nucleus	Engpass	Reversal/ Recreation	Muddling-Through
bis 1997 gefördert	60	0	23	7
bis 1997 nicht gefördert	103	12	10	50

$\chi^2 = 22{,}997$
asymptotische Signifikanz = 0,002

Anhang DP2

	1995 Nucleus	1995 Engpass	1995 Reversal/ Recreation	1995 Muddling-Through
1993 Nucleus	1	2	2	
1993 Engpass	10		22	2
1993 Reversal/Recreation				
1993 Muddling-Through	27			5

	1997 Nucleus	1997 Engpass	1997 Reversal/ Recreation	1997 Muddling-Through
1995 Nucleus	17			
1995 Engpass	2		22	4
1995 Reversal/Recreation			1	
1995 Muddling-Through	34			2

Anhang DP3

	1995 Nucleus	1995 Engpass	1995 Reversal/ Recreation	1995 Muddling-Through
1993 Nucleus	1	2	2	
1993 Engpass	8		21	1
1993 Reversal/Recreation				
1993 Muddling-Through	27			5

	1997 Nucleus	1997 Engpass	1997 Reversal/ Recreation	1997 Muddling-Through
1995 Nucleus	15			
1995 Engpass	2		21	4
1995 Reversal/Recreation			1	
1995 Muddling-Through	34			2

Anhang DP4

	1995 Nucleus	1995 Engpass	1995 Reversal/ Recreation	1995 Muddling-Through
1993 Nucleus	3	2	2	2
1993 Engpass		8	2	1
1993 Reversal/ Recreation		1	3	2
1993 Muddling-Through		2	1	12

Anhang PKZ1

bis 1993 indirekt gefördert	N	mittlerer Rang (Anteil formal qualifizierter Mitarbeiter - 1993)	Rangsumme (Anteil formal qualifizierter Mitarbeiter - 1993)
ja	80	132,23	10578,00
nein	110	68,79	7567,00

Mann-Whitney-U = 352,000
Asymptotische Signifikanz = 0,044

1994 bis 1995 indirekt gefördert	N	mittlerer Rang (Anteil formal qualifizierter Mitarbeiter - 1995)	Rangsumme (Anteil formal qualifizierter Mitarbeiter – 1995)
ja	50	225,50	11275,00
nein	275	150,45	41375,00

Mann-Whitney-U = 399,000
Asymptotische Signifikanz = 0,050

1995 bis 1997 indirekt gefördert	N	mittlerer Rang (Anteil formal qualifizierter Mitarbeiter - 1997)	Rangsumme (Anteil formal qualifizierter Mitarbeiter – 1997)
ja	120	158,34	19001,00
nein	145	112,03	16244,00

Mann-Whitney-U = 284,000
Asymptotische Signifikanz = 0,031

Anhang PKZ2

Bis 1993 ungefördert; zwischen 1993 und 1995 gefördert

		N	mittlerer Rang	Rangsumme
Anteil formal Qualifizierter Mitarbeiter	negative Ränge	16	14,56	234,50
	positive Ränge	8	8,19	65,50
	Bindungen	9		
	Gesamt	33		

asymptotische Signifikanz = 0,015

Bis 1995 ungefördert, zwischen 1995 und 1977 gefördert

		N	mittlerer Rang	Rangsumme
Anteil formal Qualifizierter Mitarbeiter	negative Ränge	51	12,49	637,00
	positive Ränge	15	3,33	50,00
	Bindungen	20		
	Gesamt	85		

asymptotische Signifikanz = 0,009

Anhang PKZ3

Gänzlich ungeförderte Unternehmen 1993 bis 1995

		N	mittlerer Rang	Rangsumme
Anteil formal Qualifizierter Mitarbeiter	negative Ränge	10	39,40	394,00
	positive Ränge	9	32,33	291,00
	Bindungen	22		
	Gesamt	41		

asymptotische Signifikanz = 0,241

Anhang ISF1

bis 1993 indirekt-spezifisch gefördert	N	mittlerer Rang (Anteil formal qualifizierter Mitarbeiter - 1993)	Rangsumme (Anteil formal qualifizierter Mitarbeiter - 1993)
ja	90	200,93	18083,000
nein	100	140,77	14077,000

Mann-Whitney-U = 551,000
Asymptotische Signifikanz = 0,027

1993 bis 1995 indirekt-spezifisch gefördert	N	mittlerer Rang (Anteil formal qualifizierter Mitarbeiter - 1995)	Rangsumme (Anteil formal qualifizierter Mitarbeiter – 1995)
ja	51	208,53	10635,000
nein	274	94,94	34233,000

Mann-Whitney-U = 452,000
Asymptotische Signifikanz = 0,044

bis 1993 indirekt-spezifisch gefördert	N	mittlerer Rang (Anzahl von Techniken zur Unterstützung der betriebsinternen Kommunikation - 1993)	Rangsumme (Anzahl von Techniken zur Unterstützung der betriebsinternen Kommunikation - 1993)
ja	80	123,44	9875,000
nein	110	75,18	8270,000

Mann-Whitney-U = 304,000
Asymptotische Signifikanz = 0,001

1993 bis 1995 indirekt-spezifisch gefördert	N	mittlerer Rang (Anzahl von Techniken zur Unterstützung der betriebsinternen Kommunikation - 1995)	Rangsumme (Anzahl von Techniken zur Unterstützung der betriebsinternen Kommunikation - 1995)
ja	51	276,78	14116,000
nein	274	140,63	38534,000

Mann-Whitney-U = 1024,000
Asymptotische Signifikanz = 0,000

bis 1993 indirekt-spezifisch gefördert	N	mittlerer Rang (Anzahl interner Akteure in betrieblichen Innovationsprojekten - 1993)	Rangsumme (Anzahl interner Akteure in betrieblichen Innovationsprojekten - 1993)
ja	80	111,93	8954,000
nein	110	83,55	9191,000

Mann-Whitney-U = 378,000
Asymptotische Signifikanz = 0,047

1993 bis 1995 indirekt-spezifisch gefördert	N	mittlerer Rang (Anzahl interner Akteure in betrieblichen Innovationsprojekten - 1995)	Rangsumme (Anzahl interner Akteure in betrieblichen Innovationsprojekten – 1995)
ja	51	195,90	9991,000
nein	274	155,69	42659,000

Mann-Whitney-U = 441,000
Asymptotische Signifikanz = 0,039

bis 1993 indirekt-spezifisch gefördert	N	mittlerer Rang (Bedeutung von Fachabteilungen in betrieblichen Innovationsprojekten - 1993)	Rangsumme (Bedeutung von Fachabteilungen in betrieblichen Innovationsprojekten - 1993)
ja	80	109,98	8798,000
nein	110	84,97	9347,000

Mann-Whitney-U = 477,000
Asymptotische Signifikanz = 0,009

1993 bis 1995 indirekt-spezifisch gefördert	N	mittlerer Rang (Bedeutung von Fachabteilungen in betrieblichen Innovationsprojekten - 1995)	Rangsumme (Bedeutung von Fachabteilungen in betrieblichen Innovationsprojekten - 1995)
ja	51	198,06	10101
nein	274	155,29	42549

Mann-Whitney-U = 699,000
Asymptotische Signifikanz = 0,05

bis 1993 indirekt-spezifisch gefördert	N	mittlerer Rang (Bedeutung von Mitarbeitern in betrieblichen Innovationsprojekten - 1993)	Rangsumme (Bedeutung von Mitarbeitern in betrieblichen Innovationsprojekten - 1993)
ja	80	99,78	7979
nein	110	92,42	10166

Mann-Whitney-U = 387,000
Asymptotische Signifikanz = 0,041

1993 bis 1995 indirekt-spezifisch gefördert	N	mittlerer Rang (Bedeutung von Mitarbeitern in betrieblichen Innovationsprojekten - 1995)	Rangsumme (Bedeutung von Mitarbeitern in betrieblichen Innovationsprojekten - 1995)
ja	51	211,45	10784
nein	274	152,80	41866

Mann-Whitney-U = 690,000
Asymptotische Signifikanz = 0,05

		Übertragung planender, steuernder und kontrollierender Aufgaben auf den Werker (Aufgabenintegration) – 1993	
		ja	nein
bis 1993 indirekt spezifisch gefördert	ja	55	25
	nein	11	99

$\chi^2 = 45,874$
Asymptotische Signifikanz = 0,001

		Übertragung planender, steuernder und kontrollierender Aufgaben auf den Werker (Aufgabenintegration) – 1995	
		ja	nein
1993 bis 1995 indirekt spezifisch gefördert	ja	45	6
	nein	68	206

$\chi^2 = 27,116$
Asymptotische Signifikanz = 0,047

bis 1993 indirekt-spezifisch gefördert	N	mittlerer Rang (Anzahl von Techniken zur Unterstützung der betriebsexternen Kommunikation - 1993)	Rangsumme (Anzahl von Techniken zur Unterstützung der betriebsexternen Kommunikation - 1993)
ja	80	114,73	9178,000
nein	110	81,52	8967,000

Mann-Whitney-U = 147,000
Asymptotische Signifikanz = 0,140

1993 bis 1995 indirekt-spezifisch gefördert	N	mittlerer Rang (Anzahl von Techniken zur Unterstützung der betriebsexternen Kommunikation - 1995)	Rangsumme (Anzahl von Techniken zur Unterstützung der betriebsexternen Kommunikation - 1995)
ja	51	153,90	7849
nein	274	163,51	44801

Mann-Whitney-U = 158,000
Asymptotische Signifikanz = 0,772

		Abteilungsübergreifende Entwicklungsteams – 1993	
		ja	nein
bis 1993 indirekt spezifisch gefördert	ja	22	58
	nein	29	81

$\chi^2 = 3,007$
Asymptotische Signifikanz = 0,749

		Abteilungsübergreifende Entwicklungsteams– 1995	
		ja	nein
1993 bis 1995 indirekt spezifisch gefördert	ja	11	40
	nein	60	214

$\chi^2 = 1,241$
Asymptotische Signifikanz = 0,997

		Betriebliches Vorschlagswesen – 1993	
		ja	nein
bis 1993 indirekt spezifisch gefördert	ja	34	46
	nein	45	65

$\chi^2 = 1{,}078$
Asymptotische Signifikanz = 0,941

		Betriebliches Vorschlagswesen – 1995	
		ja	nein
1993 bis 1995 indirekt spezifisch gefördert	ja	24	27
	nein	121	153

$\chi^2 = 1{,}884$
Asymptotische Signifikanz = 0,947

bis 1993 indirekt-spezifisch gefördert	N	mittlerer Rang (Anzahl externer Akteure in betrieblichen Innovationsprojekten - 1993)	Rangsumme (Anzahl externer Akteure in betrieblichen Innovationsprojekten - 1993)
ja	80	121,75	9740
nein	110	76,41	8405

Mann-Whitney-U = 142,000
Asymptotische Signifikanz = 0,803

1993 bis 1995 indirekt-spezifisch gefördert	N	mittlerer Rang (Anzahl externer Akteure in betrieblichen Innovationsprojekten - 1995)	Rangsumme (Anzahl externer Akteure in betrieblichen Innovationsprojekten – 1995)
ja	51	137,73	7024
nein	274	16,52	45626

Mann-Whitney-U = 224,000
Asymptotische Signifikanz = 0,871

bis 1993 indirekt-spezifisch gefördert	N	mittlerer Rang (Bedeutung der Geschäftsführung in betrieblichen Innovationsprojekten - 1993)	Rangsumme (Bedeutung der Geschäftsführung in betrieblichen Innovationsprojekten - 1993)
ja	80	97,70	7816
nein	110	93,90	10329

Mann-Whitney-U = 114,000
Asymptotische Signifikanz = 0,447

1993 bis 1995 indirekt-spezifisch gefördert	N	mittlerer Rang (Bedeutung der Geschäftsführung in betrieblichen Innovationsprojekten - 1995)	Rangsumme (Bedeutung der Geschäftsführung in betrieblichen Innovationsprojekten - 1995)
ja	51	191,02	9742
nein	274	156,60	42908

Mann-Whitney-U = 299,000
Asymptotische Signifikanz = 0,559

Anhang ISF2

		N	mittlerer Rang	Rangsumme
Anteil formal Qualifizierter Mitarbeiter	negative Ränge	23	13,35	307,00
	positive Ränge	11	6,55	72,00
	Bindungen	11		
	Gesamt	45		

asymptotische Signifikanz = 0,049

		N	mittlerer Rang	Rangsumme
Anzahl von Techniken zur Unterstützung der betriebs-internen Kommunika-tion	negative Ränge	31	10,77	334,00
	positive Ränge	4	6,25	25,00
	Bindungen	10		
	Gesamt	45		

asymptotische Signifikanz = 0,001

		N	mittlerer Rang	Rangsumme
Anzahl interner Akteure in betrieblichen Innovations-projekten	negative Ränge	30	17,60	528,00
	positive Ränge	2	9,00	18,00
	Bindungen	1		
	Gesamt	33		

asymptotische Signifikanz = 0,000

		N	mittlerer Rang	Rangsumme
Bedeutung von Fachab-teilungen in betrieblichen Innovationspr ojekten	negative Ränge	24	16,79	403,00
	positive Ränge	2	10,00	20,00
	Bindungen	7		
	Gesamt	33		

asymptotische Signifikanz = 0,033

		N	mittlerer Rang	Rangsumme
Bedeutung von Mitarbeitern in betrieblichen Innovationsprojekten	negative Ränge	15	13,87	208,00
	positive Ränge	0		
	Bindungen	7		
	Gesamt	22		

		Übertragung planender, steuernder und kontrollierender Aufgaben auf den Werker (Aufgabenintegration) – 1995	
		ja	nein
Übertragung planender, steuernder und kontrollierender Aufgaben auf den Werker (Aufgabenintegration) - 1993	ja	7	8
	nein	24	6

$\chi^2 = 5{,}184$
Asymptotische Signifikanz = 0,023

Anhang ISF3

Gänzlich ungeförderte Unternehmen 1993 bis 1995

		N	mittlerer Rang	Rangsumme
Anteil formal Qualifizierter Mitarbeiter	negative Ränge	10	35,40	354,00
	positive Ränge	11	30,19	332,00
	Bindungen	20		
	Gesamt	41		

asymptotische Signifikanz = 0,574

		N	mittlerer Rang	Rangsumme
Techniken zur Unterstützung der innerbetrieblichen Kommunikation	negative Ränge	16	18,50	296,00
	positive Ränge	14	17,21	241,00
	Bindungen	11		
	Gesamt	41		

asymptotische Signifikanz = 0,901

		N	mittlerer Rang	Rangsumme
Anzahl der Akteure in betrieblichen Innovationsprojekten	negative Ränge	14	16,21	227,00
	positive Ränge	9	28,66	258,00
	Bindungen	18		
	Gesamt	41		

asymptotische Signifikanz = 0,819

		N	mittlerer Rang	Rangsumme
Bedeutung von Fachabteilungen in betrieblichen Innovationsprojekten	negative Ränge	10	19,40	194,00
	positive Ränge	14	18,07	253,00
	Bindungen	16		
	Gesamt	41		

asymptotische Signifikanz = 0,772

		N	mittlerer Rang	Rangsumme
Bedeutung von Mitarbeitern in betrieblichen Innovationsprojekten	negative Ränge	13	21,15	275,00
	positive Ränge	13	19,62	255,00
	Bindungen	15		
	Gesamt	41		

asymptotische Signifikanz = 0,599

		Übertragung planender, steuernder und kontrollierender Aufgaben auf den Werker (Aufgabenintegration) – 1995	
		ja	nein
Übertragung planender, steuernder und kontrollierender Aufgaben auf den Werker (Aufgabenintegration) – 1993	ja	17	5
	nein	3	16

Anhang H1

		Harmonie in 1993	
		ja	nein
Direkte Projektförderung bis 1993	ja	9	70
	nein	65	46

$\chi^2 = 43{,}179$
Asymptotische Signifikanz = 0,000

		Harmonie in 1995	
		ja	nein
Direkte Projektförderung 1993 bis 1995	ja	19	61
	nein	90	155

$\chi^2 = 4{,}561$
Asymptotische Signifikanz = 0,033

		Harmonie in 1997	
		ja	nein
Direkte Projektförderung 1995 bis 1997	ja	7	83
	nein	116	49

$\chi^2 = 81{,}802$
Asymptotische Signifikanz = 0,000

		Harmonie nach der Förderung - 1995	
		ja	nein
Harmonie vor der Förderung - 1993	ja	10	15
	nein	4	38

		Harmonie nach der Förderung - 1997	
		ja	nein
Harmonie vor der Förderung – 1995	ja	20	31
	nein	0	28

Anhang H2

Harmonische Einbindung der Innovationsaktivitäten in den betrieblichen Transformationstyp ungeförderter Unternehmen im Erhebungszeitraum 1993 bis 1995

		Harmonie 1995	
		ja	nein
Harmonie 1993	ja	8	0
	nein	3	30

Anhang H3

		Harmonie in 1993	
		ja	nein
indirekte Förderung bis 1993	ja	31	49
	nein	43	67

$\chi^2 = 0{,}002$
Asymptotische Signifikanz = 0,962

		Harmonie in 1995	
		ja	nein
indirekte Förderung 1993 bis 1995	ja	17	33
	nein	92	183

$\chi^2 = 0{,}006$
Asymptotische Signifikanz = 0,940

		Harmonie in 1997	
		ja	nein
indirekte Förderung 1995 bis 1997	ja	55	65
	nein	53	92

$\chi^2 = 2{,}343$
Asymptotische Signifikanz = 0,126

		Harmonie nach der Förderung 1995	
		ja	nein
Harmonie vor der Förderung 1993	ja	7	3
	nein	10	13

		Harmonie nach der Förderung 1997	
		ja	nein
Harmonie vor der Förderung 1995	ja	26	4
	nein	7	49

Anhang H4

		Harmonie in 1993	
		ja	nein
indirekte Förderung bis 1993	ja	34	56
	nein	33	67

$\chi^2 = 0{,}474$
Asymptotische Signifikanz = 0,491

		Harmonie in 1995	
		ja	nein
indirekte Förderung 1993 bis 1995	ja	21	30
	nein	88	186

$\chi^2 = 1{,}583$
Asymptotische Signifikanz = 0,208

		Harmonie nach der Förderung 1995	
		ja	nein
Harmonie vor der Förderung 1993	ja	3	9
	nein	9	24

FSC
www.fsc.org
MIX
Papier | Fördert
gute Waldnutzung
FSC® C083411

Kolibri 360 GmbH
Ferdinand-Jühlke-Straße 7
99095 Erfurt, Deutschland
produktsicherheit@kolibri360.de

Druck:
CPI Druckdienstleistungen GmbH
im Auftrag der
Kolibri 360 GmbH
Ferdinand-Jühlke-Str. 7
99095 Erfurt